Lecture Notes in Mathematics

Edited by A. Dold and B. Eckmann

1049

Bruno Iochum

Cônes autopolaires et algèbres de Jordan

Springer-Verlag
Berlin Heidelberg New York Tokyo 1984

Auteur

Bruno Iochum
C.N.R.S. Luminy Case 907, Centre de Physique Théorique
13288-Marseille Cedex 9, France

AMS Subject Classifications (1980): 06F, 17C, 46L

ISBN 3-540-12901-4 Springer-Verlag Berlin Heidelberg New York Tokyo
ISBN 0-387-12901-4 Springer-Verlag New York Heidelberg Berlin Tokyo

Printed in Germany

Printing and binding: Beltz Offsetdruck, Hemsbach/Bergstr.
2146/3140-543210

Je tiens à remercier J. BELLISSARD qui, par son apport très important (cf. bibliographie) , a permis d'achever ce travail*, ainsi que E. ALFSEN, A. CONNES, D. KASTLER, R. LIMA et D. TESTARD pour le temps qu'ils m'ont consacré.

F. BECKER et M.P. COLONNA se sont merveilleusement acquittées de la lourde tâche de déchiffrage et frappe d'un manuscrit difficilement lisible.

Enfin, je remercie les bibliothécaires et le secrétariat du Centre de Physique Théorique de Marseille pour leur efficacité.

Le 26 Mai 1982

B. IOCHUM

* A noter cependant que les J.B. algèbres ne font pas allusion à Jean Bellissard !

SOMMAIRE

INTRODUCTION

Le but de ce travail est d'étudier la structure d'ordre sous jacente aux algèbres de Jordan et son point de départ se trouve dans un article de CONNES [2] concernant le même problème pour les algèbres de von Neumann. Une des motivations réside dans l'axiomatique de la mécanique quantique.

Le résultat essentiel est l'isomorphisme entre la catégorie des cônes autopolaires facialement homogènes et celle des algèbres de Jordan-Banach avec prédual.

Pour expliciter le cheminement de ce travail on examinera dans un premier temps le cas des matrices ce qui permettra de préciser les définitions, pour continuer avec une approche historique des cônes autopolaires, des algèbres de Jordan et de leur utilisation en mécanique quantique.

Soit K l'ensemble des réels ou complexes et A l'espace vectoriel des matrices nxn à entrées dans K. A a une structure naturelle d'algèbre associative et involutive donnée par $(xy)_{ij} = \sum_{k=1}^{n} x_{ik}\, y_{kj}$ et $(x^*)_{ij} = \overline{x_{ji}}$. Si B est le sous-espace réel des matrices selfadjointes, on définit sur B le produit de Jordan $x \circ y = \frac{1}{2}(xy+yx)$. Ce produit est bilinéaire symétrique et satisfait à $x \circ x = x^2$ et $x \circ (x^2 \circ y) = x^2 \circ (x \circ y)$. Cette dernière égalité (Identité de Jordan) signifie que les opérateurs de multiplication par x et x^2 commutent. Si M dénote l'algèbre de Jordan $(B,\circ)$, l'ensemble M^+ des matrices positives (ie : toutes les valeurs propres sont positives) est un cône convexe propre tel que $(M,M^+,\mathbb{1})$ soit un espace ordonné avec unité d'ordre $\mathbb{1}$.

<u>1ère Etape ; construction d'un cône</u> : La trace usuelle $\phi : x \to \sum_i x_{ii}$ permet de considérer M comme un espace de Hilbert H au moyen du produit scalaire $\langle x,y\rangle = \phi(x \circ y) = \phi(xy)$. Si H^+ est l'ensemble des matrices positives dans H, (H,H^+) est un espace ordonné que l'on distingue artificiellement de la structure algébrique M. Puisque $x \in H^+$ si et seulement si $\phi(xy) \geqslant 0$ $\forall y \in M^+$, on a en notant $(H^+)^* = \{x \in H / \langle x,y\rangle \geqslant 0 \ \forall y \in H^+\}$ le

<u>Résultat 1</u> : $H^+ = (H^+)^*$ c'est-à-dire H^+ est autopolaire dans $H = H^+ - H^+$. On note $\geqslant$ l'ordre induit par H^+.

<u>2ème Etape ; étude des faces</u> : Une face F de H^+ est un sous-cône convexe héréditaire au sens où $o \leq y \leq x \in F$ entraîne $y \in F$. On désigne par $\langle x \rangle$ la plus petite face contenant $x \in H^+$. Pour toute face F il existe un projecteur e_F de M^+ tel que $F = e_F H^+ e_F$. En effet du fait de la dimension finie, $F = \langle x \rangle$ pour $x \in H^+$ et d'après la théorie spectrale $\langle x \rangle = \langle e_F \rangle$ si e_F est le support de x. On définit l'opérateur $P_F : x \in H^+ \to e_F x e_F \in H^+$. P_F est un projecteur orthogonal vérifiant $F = P_F H^+$. L'ensemble $F^\perp = \{x \in H^+ / \langle x, F \rangle = 0\}$ est appelée face orthogonale de F. Il est clair que $e_{F^\perp} = \mathbb{1} - e_F$ donc $F = F^{\perp\perp}$. Si $\delta_F = \frac{1}{2}(\mathbb{1} + P_F - P_{F^\perp})$, alors $\delta_F x = e_F \circ x$ pour $x \in M$. Ainsi l'application $F \to \delta_F$ relie la structure faciale à la structure algébrique. Pour tout réel t, $e^{t\delta_F} x = e^{t/2 e_F} x\, e^{t/2 e_F}$ pour $x \in H$ et le groupe à un paramètre $\{e^{t\delta_F}\}_{t \in \mathbb{R}}$ envoie H^+ dans H^+. CONNES appelle cette propriété l'homogénéité faciale. Plus précisément on définit les dérivations de H^+ comme des opérateurs bornés δ vérifiant $e^{t\delta} H^+ \subset H^+$ pour tout réel t. Les dérivations forment une algèbre de Lie réelle. Si $\mathcal{M}$ dénote la partie selfadjointe des dérivations alors H^+ est facialement homogène quand $\delta_F \in \mathcal{M}$ pour toute face F.

<u>Résultat 2</u> : H^+ est un cône facialement homogène.

Si e est un idempotent de M , l'application $P : x \in H \to exe \in H$ est un projecteur tel que $P = P_F$ où $F = eH^+e$. Il y a donc bijection entre les idempotents de M et les faces de H^+. Ces idempotents forment un treillis (stabilité par borne supérieure et inférieure notée $\vee$ et $\wedge$) orthocomplementé par $e \to \mathbb{1} - e$ et possédent des propriétés qui peuvent être traduites sur les faces. Si l'on ordonne les faces par inclusion, on obtient un treillis pour les opérations $F \vee G = \langle F \cup G \rangle$ et $F \wedge G = F \cap G$ qui est orthocomplementé par $F \to F^\perp$. La correspondance précédente implique le

<u>Résultat 3</u> : Les faces de H^+ forment un treillis orthomodulaire, modulaire, atomique et possédant la propriété de couverture.

(Rappelons qu'un treillis orthocomplementé est orthomodulaire si $x \leq y \Longrightarrow y = x \vee (y \wedge x^\perp)$, modulaire si $x \leq y \Longrightarrow (x \vee z) \wedge y = x \vee (z \wedge y)\ \forall z$, atomique si pour chaque x, il existe un atome $e \neq o$ (ie : $0 \leq y \leq e \Longrightarrow y = 0$ ou $y = e$) tel que $e \leq x$. Propriété de couverture : Si e est un atome et $e \wedge x = 0$ alors $x \leq y \leq e \vee x$ entraîne $y = x$ ou $y = e \vee x$).

<u>3ème Etape ; étude des dérivations</u> : Soit δ_a où $a \in M$ l'application : $x \in H \longrightarrow a \circ x$. En utilisant la décomposition spectrale $\sum_i a_i e_{Fi}$ de a, où $a_i \in \mathbb{R}$ et $e_{Fi} \circ e_{Fj} = \delta_{ij}\, e_{Fi}$, on obtient $\delta_a = \sum_i a_i\, \delta_{Fi}$. Si $\mathcal{M}^+$ est la

partie positive de $\mathcal{M}$ alors $a \in M^+$ si et seulement si $\delta_a \in \mathcal{M}^+$. Réciproquement si $\delta \in \mathcal{M}$ et $a = \delta\, \mathbb{1} \in M$ alors $(\delta_a - \delta)\, \mathbb{1} = 0$. Pour $x \in H^+$, $t \in \mathbb{R}$, $0 \leqslant e^{t(\delta_a - \delta)} x \leqslant \|x\|\, e^{t(\delta_a-\delta)} \mathbb{1} = \|x\|\, \mathbb{1}$ donc $0 \leqslant < e^{t(\delta_a - \delta)} x, x > \leqslant \|x\|^2$.
La théorie spectrale des opérateurs entraîne $(\delta_a - \delta)\, x = 0$ et $\delta_a = \delta$ car H^+ engendre H.

Résultat 4 : Toute dérivation selfadjointe est de la forme δ_a où $a \in M$ et l'application $a \to \delta_a$ est un isomorphisme d'ordre entre $(M, M^+, \mathbb{1})$ et $(\mathcal{M}, \mathcal{M}^+, \mathbb{1})$.

4ème Etape ; construction géométrique d'un produit de Jordan sur $\mathcal{M}$:
Pour toute face F de H^+ il existe une projection $\mathcal{T}_F$ sur $\mathcal{M}$ correspondant au projecteur P_F sur H définie par $\mathcal{T}_F(\delta_a) = \delta_{P_F a}$. On vérifie que $P_F \mathcal{T}_F(\delta_a) = P_F \delta_a P_F$ et $P_F{}^{\perp} \mathcal{T}_F(\delta_a) = 0$ pour $a \in M$ et ces deux conditions caractérisent $\mathcal{T}_F$. Si $a = \sum_i a_i e_{Fi}$ et $x \in M$ alors on définit

$$\delta_a \circ \delta_x = \frac{1}{2} \sum_i a_i (\mathbb{1} + \mathcal{T}_{Fi} - \mathcal{T}_{Fi}{}^{\perp})(\delta_x).$$

Puisque ce produit est symétrique, il est bilinéaire et vérifie

$$\delta_x \circ \delta_y = \delta_{x \circ y}.$$

Résultat 5 : $\mathcal{M}$ muni du produit $\circ$ est une algèbre de Jordan isomorphe à M.

Cette étude des matrices est assez générale car elle contient toutes les étapes utilisées pour la dimension infinie.

Voyons maintenant comment son apparues les connections entre les structures d'ordre et les structures algébriques. Les cônes autopolaires de dimension finie ont été intensivement étudiés au début des années soixante sous la forme de domaines de positivité introduits par KOECHER [1] puis ROTHAUS [1]. Une des motivations étaient la donnée d'une classe à priori plus grande que celle des domaines symétriques bornés classifiés par CARTAN. De plus si C est un ouvert convexe saillant de $\mathbb{R}^n$ dont le groupe des automorphismes affines est unimodulaire et transitif sur C alors la fermeture de C est un cône autopolaire (KOSZUL [1]). L'équivalence entre les cônes autopolaires transitivement homogènes (ie : action transitive du groupe des automorphismes sur l'intérieur du cône) et les algèbres de Jordan fut immédiatement établie (KOECHER [2], HERTNECK [1], VINBERG [3] cf. aussi [1], [2]). La dimension finie permet différents processus de construction générique de ces cônes (ROTHAUS [2], SATAKE [1], DORFMEISTER [1], [2], [3]). Une équivalence dans le cas de la dimension infinie entre algèbres de Jordan et domaines symétriques bornés a été établi récemment par BRAUN-KAUP-UPMEIER [1].

Cette correspondance entre ordre et algèbre est très ancienne. Les premiers exemples se trouvent dans la théorie de la mesure. Par exemple les treillis de Banach les plus connus étaient les espaces de Banach $L^p(Z,\nu)$ où (Z,ν) est un espace mesuré et $C(X)$: espace des fonctions continues sur le compact X. En fait tous les treillis de Banach vérifiant pour $1\leqslant p<\infty$, $\|x+y\|^p=\|x\|^p+\|y\|^p$ si $x\wedge y = 0$ sont du type $L^p(Z,\nu)$ et ceux vérifiant $\|x\vee y\| = \max(\|x\|, \|y\|)$ sont des sous-treillis de $C(X)$ (LACEY [1], LINDENSTRAUSS-TZAFRIRI [1], SCHAEFER [1]). Il est à noter que $C(X)$ a aussi une structure d'algèbre commutative. La donnée d'un treillis ayant de bonnes propriétés permet donc de reconstruire une algèbre. Cependant l'extension de cette construction au cas non commutatif présente deux difficultés. Premièrement l'ordre naturel sur une C^* algèbre donné par la notion algébrique de spectre ne définit un treillis que si l'algèbre est commutative (SHERMAN [2], TOPPING [3]). Deuxièmement l'ordre n'est pas directement relié au produit usuel mais au produit de Jordan : $x\circ y = \frac{1}{2}(xy + yx)$. En effet une bijection linéaire conserve l'ordre et l'identité entre deux C^* algèbres si et seulement si c'est un isomorphisme de Jordan (KADISON [1] ; voir aussi DYE [1] pour les treillis de projecteurs d'algèbres de von Neumann). Dans le cadre non commutatif il peut cependant rester une notion de commutativité sous la forme d'une trace sur l'algèbre ce qui permet de faire une théorie des espaces L^p (SEGAL [1], DIXMIER [2]) et de caractériser la structure d'ordre sous-jacente (SAKAI [2]). Il peut aussi ne pas y avoir de trace (cas des facteurs de type III) mais encore dans ce cas il est possible d'associer un ordre canonique à l'algèbre (et faire une théorie des espaces L^p : HAAGERUP [3], CONNES [3], HILSUM [1], KOSAKI [2],[3]). Pour ce faire on commence par déplacer le problème, c'est-à-dire on définit un ordre non pas sur $L(H)$ (algèbre des opérateurs linéaires bornés sur un espace de Hilbert H) mais sur H lui-même. Examinons tout d'abord le cas commutatif vu sous cet angle. Soit $M = C(X)$. ω étant un état normal sur M, le théorème de RIESZ assure l'existence d'une mesure ν sur X telle que $\omega(a) = \int_X a(x)d\nu(x)$. Donc si (H, π, ξ) est la représentation de Gelfand-Naimark-Segal associé à ω, $H \approx L^2(X,\nu)$, $\pi(M) \approx L^\infty(X,\nu)$ agissant comme opérateurs de multiplication sur $L^2(X,\nu)$ et $\xi \approx$ fonction 1 sur X. Si ω est fidèle, le prédual M_* de M est identifié à $L^1(X,\nu)$. Pour tout ϕ dans M_*^+ il existe une unique fonction positive g dans $L^2(X,\nu)$ représentant ϕ. Le cône $L^2(X,\nu)^+$ des fonctions positives de $L^2(X,\nu)$ est autopolaire. Cette façon de déplacer le problème apparaît donc comme intéressante car l'espace de Hilbert $L^2(X,\nu)$ dépend seulement de M et l'ordre donné par $L^2(X,\nu)^+$ donne à cet espace une structure assimilable à celle de M_* au sens où l'on peut parler de décomposition en éléments selfadjoints, positifs, décomposition polaire etc... Le cadre de travail est plus agréable car au lieu d'utiliser la dualité algèbre et prédual, on n'utilise qu'un seul espace à structure très riche puisqu'il s'agit d'un espace de Hilbert. De plus aucune information algébrique n'est perdue. Nous reviendrons plus loin sur l'avantage de l'ordre par rapport à l'algèbre à propos de l'algèbre exceptionnelle mais généralisons maintenant le cas commutatif précédent. Soit M une algèbre de von Neumann sur H et ξ un vecteur cyclique et séparateur pour M. Si S désigne la fermeture de l'application : $x\xi \to x^*\xi$ et $J\Delta^{1/2}$ est la décomposition polaire de S alors la théorie de TOMITA (cf. TAKESAKI [1]) montre que $JMJ = M'$ et $\{\Delta^{it}.\Delta^{-it}\}_{t\in\mathbb{R}}$ est un groupe d'automorphismes de M. De plus $H^+ = \overline{\Delta^{1/4}M^+\xi}$ est un cône autopolaire dans H (ARAKI [1], CONNES [1], HAAGERUP [1]). CONNES [2] a caractérisé l'ensemble des cônes de ce type en introduisant deux nouvelles propriétés géométriques : l'homogénéité faciale et l'orientabilité. Le présent travail montre que la suppression de l'orientabilité sur les cônes autopolaires facialement homogènes revient à remplacer du côté algébrique, algèbres de von Neumann par algèbresde Jordan. On peut dire inversement que l'orientation permet de désymétriser le produit de Jordan 1/2(xy+yx) pour distinguer le produit à droite du produit à gauche. Il est donc grand temps de parler des algèbres de Jordan et pour cela reprenons notre démarche historique.

On ne sait pas si une théorie complète des algèbres de Jordan pourrait être trouvée dans des papiers inconnus d'Evariste GALOIS ! Leur naissance semble s'être effectuée dans un programme proposé par JORDAN [1], [2],[3] (voir aussi [4]) vers le début des années trente et surtout par JORDAN-von NEUMANN-WIGNER [1] en 1934 sur une généralisation du formalisme de la mécanique quantique. La stratégie de cet article est de définir des systèmes abstraits assimilables aux observables d'un système physique ayant les mêmes propriétés que les matrices de HEISENBERG, BORN, DIRAC ou que les opérateurs sur un espace de Hilbert de von NEUMANN [4], [5] et ceci indépendamment d'une représentation sur un espace de Hilbert. Cette recherche d'une axiomatisation s'inscrivait d'ailleurs dans le prolongement des travaux de HILBERT sur les liens entre la mathématique et la physique (Sixième problème de HILBERT : cf.WIGHTMAN [1]). L'ensemble des opérateurs selfadjoints qu'il faut reproduire a des propriétés de stabilité par rapport aux opérations : $x + y$, λx pour $\lambda\in\mathbb{R}$, x^n pour $n\in\mathbb{N}$, $x\circ y = \frac{1}{2}(xy+yx)$, xyx. On pressent rapidement que deux identités de base de degré 2 et 4 impliquent toutes les autres. Le produit $\circ$ présente l'avantage d'être commutatif mais l'inconvénient d'être non associatif quoiqu'il satisfasse à $x^2\circ(x\circ y) = x\circ(x^2\circ y)$. On remarque que $x\circ y = \frac{1}{2}[(x+y)^2-x^2-y^2]$. Donc si le carré d'une observable est défini explicitement par le processus de mesure (on mesure x puis on éléve au carré le résultat de la mesure et l'observable correspondante est notée x^2) et si l'on admet que la somme de deux observables est une observable (ce qui ne peut être justifié par le processus de mesure) (cf. von NEUMANN [3] IV.1.) alors il est naturel d'utiliser le produit de Jordan. Ceci permet d'éviter le problème de la justification physique dans l'approche opératorielle du produit usuel de deux observables qui ne commutent pas. Une algèbre de Jordan (nom proposé par ALBERT [2]) est donc un espace vectoriel réel muni d'un produit bilinéaire symétrique satisfaisant à $x^2\circ(x\circ y) = x\circ(x^2\circ y)$. Cette identité de Jordan apparaît comme une condition "minimale" impliquant que l'algèbre engendrée par une observable est de puissance associative. JORDAN-von NEUMANN-WIGNER [1] ont classifié toutes les algèbres de Jordan formelles réelles (ie : $x^2+y^2+...+z^2 = 0$ implique $x=y=...=z=0$) de dimension finie. En particulier celles qui sont irréductibles sont du type algèbres de matrices à entrée dans les réels, complexes, quaternions ou l'algèbre exceptionnelle : matrices 3x3 à entrée dans les octonions (ou algèbre de CAYLEY) plus les algèbres appelées (plus tard) de spins. Ces dernières sont engendrées par l'identité et les opérateurs selfadjoints $\{s_i\}_{i\in\{1,...,n\}}$ tels que $s_i\circ s_j = \delta_{ij}\mathbb{1}$. Comme il est impossible de représenter la relation de commutation $[X,P] = i\hbar$ avec des opérateurs bornés, ce travail effectué en dimension finie a eu peu d'échos chez les physiciens pendant longtemps et ce, malgré les tentatives de von NEUMANN [2] (la suite de cet article n'est jamais parue) et de SEGAL [2] qui ont introduit une topologie dans le système d'axiomes afin d'étendre les résultats. JORDAN lui même a donné un modèle physique où la règle de puissance associative $x^n x^m = x^{n+m}$ n'est plus vraie. De plus bien que les axiomes de SEGAL permettent de retrouver tous les ingrédients usuels de la mécanique quantique (états, probabilité de présence etc...) seuls les systèmes d'opérateurs selfadjoints d'une C^* algèbre sont susceptibles d'une interprétation en terme de mécanique quantique grâce au théorème de GELFAND-NAIMARK-SEGAL sur la représentation concrète de toute C^* algèbre abstraite. SHERMAN [1] a montré que beaucoup de systèmes de SEGAL ne sont pas de ce type et on ne sait toujours pas leur donner un contenu physique. Une deuxième raison de la désaffection pour les algèbres de Jordan était l'apparition des quaternions et octonions alors inconnus en physique. Une troisième raison fut l'évolution très rapide de la théorie des C^* algèbres dont les premières retombées sur l'axiomatique furent les approches de KADISON [3] et HAAG-KASTLER [1](notamment en théorie des champs et en mécanique statistique quantique). Dans les années soixante, TOPPING [1], [2] puis STØRMER [1], [2], [3], [4] ont repris l'étude des algèbres de Jordan d'un type particulier appelées J.C. algèbres (pour Jordan-C^* algèbres). Ce sont des sous-espaces vectoriels stables par carré de la partie selfadjointe d'une C^* algèbre qui possèdent donc une norme naturelle. Ce n'est que récemment que ALFSEN-SHULTZ-STØRMER [1] ont introduit des algèbres de Jordan abstraites appelées J.B. algèbres (pour Jordan-Banach). Ce sont des algèbres de Jordan munies d'une structure d'espaces de Banach tels que $\|xy\| \leqslant \|x\| \|y\|$, $\|x^2\| = \|x\|^2$ et $\|x^2-y^2\| \leqslant \max(\|x\|^2, \|y\|^2)$. Ce type d'algèbre comprend tous les exemples déjà cités. ALFSEN-SHULTZ-STØRMER ont démontré que le quotient d'une J.B.algèbre par un certain idéal se représente isométriquement sur une J.C.algèbre. L'idéal est canonique en ce sens que toute représentation factorielle de l'algèbre ne s'annulant pas sur cet idéal est représentée sur l'algèbre exceptionnelle. Les J.B. algèbres qui sont le dual d'un espace de Banach (appelées J.B.W. algèbres) sont l'équivalent des algèbres de von Neumann par rapport aux C^* algèbres (SHULTZ [1]). Elles ont un comportement identique pour la théorie spectrale, les propriétés du prédual. Par contre une différence essentielle au niveau du comportement se situe sur les représentations en différents types : réels, complexes ou quaternioniques (cf. ALFSEN-HANCHE-OLSEN-SHULTZ [1]). Ceci nous permet de préciser que dans ce travail on a privilégié l'ordre car c'est une notion intrinsèque. En particulier l'algèbre exceptionnelle ou les différents types ne jouent aucun rôle De plus toute J.B. algèbre peut être considérée comme un sous-espace d'ordre de L(H) où H est un espace de Hilbert réel (Appendice 10) sans être nécessairement une sous-algèbre de L(H) pour le produit de Jordan.

Ce renouveau des algèbres de Jordan s'est aussi manifesté en physique. KASTLER-SOURIAU [1], PAIS [1], GAMBA [1] ont utilisé les octonions pour décrire des propriétés de symétries en théorie des particules élémentaires. GÜNAYDIN [1], [2] et GÜRSEY [1], [2] ont remarqué que SU(3) est un sous-groupe du groupe des automorphismes des octonions identifiable au groupe de couleurs et ont donné une explication algébrique à l'observation des états singulets de quarks colorés et à l'inobservabilité des autres états de couleur. Un lien avec l'axiomatique quantique utilisant l'algèbre exceptionnelle est donné par GÜNAYDIN-PIRON-RUEGG [1]. Citons enfin pour mémoire que les algèbres de Jordan, en dehors de l'analyse réelle et complexe, ont été utilisées pour traiter des problèmes de génétique et de perception des couleurs (voir à ce propos les panoramas de Mc CRIMMON [1], IORDANESCU [1] et TILGNER [1]).

Faisons maintenant une approche plus géométrique. Toute algèbre de von Neumann est engendrée par ses projecteurs et l'ordre des projecteurs est algébrique ($e \leqslant f$ si $ef = e$), d'où l'importance du treillis des projecteurs. Leur étude a conduit von NEUMANN [1] à introduire les géométries continues, notion contenant les géométries projectives de dimension finie. Ce sont des treillis modulaires (terme dû à DEDEKIND) complet satisfaisant une propriété de continuité. Cependant un treillis standard, celui de L(H) n'est modulaire que si H est de dimension finie. Parallèlement, BIRKHOFF-von NEUMANN [1] ont jeté les bases d'une logique quantique qui la différencie de la logique utilisée pour la mécanique classique, cette dernière coïncidant avec la théorie des probabilités de KOLMOGOROV [1]. Ils utilisent aussi des treillis modulaires tout en reconnaissant la difficulté d'une justification physique. Bien entendu ce point de vue peut être relié au point de vue algébrique grace notamment à GUNSON [1] (voir aussi ARAKI [3]) rapprochant les algèbres de Jordan de la logique quantique.

Nous allons faire maintenant une petite incursion dans les treillis et la logique quantique et voir que cela ne nous éloigne pas du tout des algèbres de Jordan.

L'utilisation dans la logique quantique de la théorie des treillis a rendu nécessaire l'approfondissement de celle-ci. Les travaux de LOOMIS [1], MAEDA, Mc LAREN [2], RAMSAY [1] ont montré que les principaux résultats obtenus sous l'hypothèse de modularité comme par exemple la théorie de la dimension, pouvaient être obtenus dans les treillis orthomodulaires (terme dû à KAPLANSKY). FOULIS [2] a prouvé que tout treillis orthomodulaire peut se représenter par des idempotents fermés d'un * semi-groupe de BAER (généralisation de JANOWITZ [1] : la théorie des treillis est une partie de la théorie des semi-groupes). Après les travaux de BIRKHOFF-von NEUMANN, MACKEY [1] a défini une axiomatique à partir d'observables, d'états et d'une classe particulière d'observables : les questions (ou tests, évènements, propositions; on peut inclure l'axiomatique de SEGAL dans celle de MACKEY : BOYCE - GUDDER [1]). L'ensemble partiellement ordonné de ces questions est encore isomorphe au treillis des projecteurs de L(H) où H est un espace de Hilbert complexe. PIRON [1] (cf. aussi [2]) et ZIERLER [1], [2] furent les premiers à utiliser systématiquement le treillis des propositions. En particulier PIRON suppose qu'il est complet, atomique, orthomodulaire et satisfait à la propriété de couverture. (L'atomicité semble l'hypothèse la plus "ad hoc"). Ces treillis (tout au moins ceux de rang $\geqslant 4$ pour éviter les problèmes de géométries non Desarguesiennes : cf. GREECHIE [1]) peuvent se plonger dans le treillis des sous-espaces fermés d'un espace vectoriel sur un certain corps, muni d'un produit scalaire; ce qui"justifie" l'utilisation du septième axiome de MACKEY invoquant le cadre des espaces de Hilbert complexes (cf. dans cet esprit VARADARAJAN [1], GUZ [3], [4], CIRELLI-GALLONE-GUBBAY [1], PULMANNOVA [1]). L'orthocomplementation du treillis joue à ce niveau un rôle important puisque si le treillis des sous-espaces fermés d'un espace de Banach réel, complexe ou quaternionique est orthocomplementé alors il existe sur cet espace un produit scalaire dans l'algèbre à division considérée dont la norme déduite est équivalente à la norme initiale et dont l'orthogonalité correspond à l'orthocomplementation . Un espace de Hilbert apparaît : BIRKHOFF-VON NEUMANN [1], KAKUTANI-MACKEY [1],[2], LINDENSTRAUSS-TZAFRIRI [2], Mc LAREN [3], VARADARAJAN [1]; Voir aussi PRUGOVEČKI [1] pour une axiomatique quantique plus générale que celle utilisant les espaces de Hilbert. A noter que le corps des treillis du plongement de PIRON n'est pas forcément celui des réels, complexes ou quaternions. Le processus de mesure (idéale de première sorte pour PAULI (cf JAUCH [1]) est intimement lié à la projection de SASAKI sur les treillis orthomodulaires (: $y \to x \wedge (x^{\perp} \vee y)$ pour x donné), à la notion de filtres au sens de MIELNIK [1], [2] ainsi qu'à la propriété de couverture (PIRON [2] th. 4.3). GUZ [2] a montré en prenant les premiers axiomes de MACKEY, que la logique quantique est atomique si elle possède "suffisamment" d'états purs, la propriété de couverture apparaissant comme conséquence d'une probabilité conditionnelle sur les états. Ceci montre qu'une vision différente donnée par l'approche opérationnelle est possible. Dans cette approche, le concept de base est l'espace vectoriel ordonné engendré par les états d'un système physique (cf. LUDWIG [1], [2], EDWARDS [7], [8], [9], MIELNIK [1], [2], DAVIES [1], DAVIES-LEWIS [1], FOULIS-RANDALL [1]. A noter que les structures linéaires et topologiques ne sont pas nécessaires cf. GUDDER [1]). Les propositions sont les points extrémaux de l'intervalle d'ordre $[0, \mathbb{1}]$ de l'ensemble des applications affines bornées sur les états. Les filtres (ou compteurs) correspondent aux unités projectives de ALFSEN-SHULTZ [1], aux "nth. projections" de WITTSTOCK [1], WERNER [2], aux F-projections de ABBATI-MANIA [1] et aux "filtering projections" de ARAKI [3]. (le côté algébrique de cette approche est la dualité algèbre-dual ou prédual). HAAG [1] a remarqué en 1960 l'importance de la symétrie des probabilités de transition entre deux états purs. GUZ [2] montre que cette symétrie entraîne l'existence d'une structure d'algèbre de Segal distributive sur la logique et qu'un axiome sur la probabilité conditionnelle entre deux états purs implique que la logique est une J.B. algèbre. De manière duale, il montre que les observables bornées du système possèdent aussi une structure de J.B. algèbre.

Puisque ce travail s'intéresse plus à la structure d'ordre qu'aux algèbres de Jordan, voyons pour terminer le rôle exact des treillis. Le problème de la caractérisation des treillis de projecteurs d'une algèbre de von Neumann est encore entier (voir cependant ZIERLER [1], WILBUR [1] pour celui de L(H), STOLZ [1], [2]). C'est pourquoi toute correspondance reliant une structure d'ordre à une structure algébrique est intéressante bien que de moindre ambition que le problème cité. On a donc choisi de développer la notion d'ordre donné par un cône autopolaire en faisant ressortir les propriétés du treillis des faces. GUNSON [1] a le premier remarqué le lien entre les cônes autopolaires de dimension finie et l'axiomatique quantique par l'intermédiaire des algèbres de Jordan. Une approche directe toujours en dimension finie faite par ARAKI [3] montre qu'un produit scalaire "naturel" apparaît dès que l'on se donne un processus de filtres. La condition de symétrie déjà vue entraîne que le cône engendré par les états est autopolaire, régulier (ie : pour toute face F, P_F conserve l'ordre) et possède un vecteur trace. Réciproquement la donnée d'un tel cône implique un processus de filtrage sur l'ensemble des états, ensemble que l'on prend égal à une base du cône définie par le vecteur trace. A chaque état pur correspond un filtre constitué par la projection sur la face extrémale du cône engendré par cet état. Puisqu'un cône autopolaire régulier et symétrique (ie : pour toute face F la symétrie $2(P_F+P_{F^\perp})-\mathbb{1}$ par rapport à l'espace engendré par F et $F^\perp$ conserve l'ordre) vérifie les conditions de ARAKI [3] un problème naturel est de savoir si ce cône est facialement homogène. Une réponse positive à cette conjecture donnerait une "justification" physique à l'homogénéité faciale.

PLAN DU TRAVAIL :

Puisque chaque chapitre comporte une introduction détaillée contentons nous d'indiquer rapidement leur contenu.

Le chapitre I concerne les propriétés générales des cônes autopolaires : cônes particuliers, étude des faces, du groupe du cône, comportement vis à vis de l'intégration-désintégration, classification.

Le chapitre II concerne l'homogénéité faciale et ses conséquences : symétrie du cône et théorie spectrale.

Le chapitre III concerne la construction d'une algèbre de Jordan à partir d'un cône avec toutes les conséquences que l'on tire des résultats déjà connus sur ces algèbres notamment concernant le treillis des faces.

Le chapitre IV concerne les poids et plus particulièrement les traces sur un cône. L'équivalence entre homogénéité faciale et homogénéité transitive y est démontrée.

Le chapitre V, pendant du précédent, concerne les traces sur les J.B. algèbres. On y montre l'équivalence de la catégorie des cônes à traces et celle des J.B.W. algèbres à traces.

Le chapitre VI concerne les cônes orientables. Le résultat principal bien que dû à CONNES, a sa place ici car il fait le lien entre les J.B.W. algèbres et les algèbres de von Neumann.

Le chapitre VII concerne le résultat principal : Equivalence de la catégorie des cônes autopolaires facialement homogènes et celle des J.B.W. algèbres.

Dans les appendices sont groupés, outre les rappels, des résultats un peu annexes.

La bibliographie est divisée en deux parties; la premiere contient les references utilisées au fil des pages et la seconde des references apparues après (ou inconnues de l'auteur à l'époque de) ce travail.

I - CONES AUTOPOLAIRES

Dans ce chapitre on étudie les principales propriétés des cônes autopolaires (i.e. égaux à leurs polaires) notés H^+ dans un espace de Hilbert réel noté H. Ces cônes sont caractérisés par l'existence d'une décomposition unique de tout élément de l'espace de Hilbert en deux vecteurs orthogonaux du cône (I.1.2.). Les exemples de tels cônes ne manquent pas : $(\mathbb{R}^+)^n$, cônes de $\mathbb{R}^3$ construits à partir de courbes autopolaires, cônes de matrices self-adjointes positives à entrée dans les réels, complexes, quaternions, octonions avec généralisation en dimension infinie aux algèbres de von Neumann, cône $L^2(G,\mu)^+$ où G est un groupe localement compact unimodulaire avec mesure de Haar μ, cônes dont la base est une boule de dimension quelconque (I.1.11.). L'étude des faces de ces cônes est essentielle à leur connaissance. Certaines faces appelées complètes car égales à leurs biorthogonales (l'orthogonale d'une face F est $F^\perp = \{\xi \in H^+ / <\xi, F> = 0\}$) jouent un rôle crucial dans ce travail. Elles forment un treillis complet (I.1.9.) qui est orthomodulaire pour $F \to F^\perp$ dans les bons cas (I.1.19). Certains cônes peuvent être d'intérieur topologique vide, ce qui conduit à plusieurs définitions : vecteur quasi-intérieur (i.e. l'orthogonale de la face engendrée par le vecteur est réduite à $\{0\}$), unité d'ordre faible (i.e. vecteur dont la face engendrée est dense dans le cône), qui sont reliées à la séparabilité (I.1.16) ou au fait que le cône possède une base (I.1.15). Le groupe des automorphismes conservant le cône ainsi que l'algèbre de Lie des dérivations bornées sont rapidement étudiés en I.2. ; en particulier, les dérivations δ se caractérisent par la propriété : $P_F \delta P_{F^\perp} = 0$ pour toute face F où P_F est le projecteur sur l'espace de Hilbert engendré par F. Comme tout espace ordonné, l'espace de Hilbert muni d'un cône autopolaire possède un centre (I.2.6., I.2.7.) qui permet de faire la décomposition du cône en intégrale directe de cônes autopolaires indécomposables (I.3.5.). Ceci nécessite de savoir caractériser les propriétés de treillis que possède éventuellement l'espace de Hilbert en fonction des propriétés du treillis des faces complètes. En particulier H est un treillis vectoriel si et seulement si toute face complète est décomposante (i.e. $H^+ = F \oplus F^\perp$) (I.3.2.). Tous les cônes autopolaires définissant un treillis vectoriel sont du type $L^2(Z,\nu)^+$ où (Z,ν) est un espace mesuré (I.3.6.). Réciproquement il est possible d'intégrer un champ de cônes autopolaires (I.3.4.).

Ces opérations d'intégration et de désintégration des cônes autopolaires conservent toutes les propriétés faciales (I.3.2.). Une propriété géométrique intéressante pour un cône autopolaire est de posséder un vecteur trace (I.4.6.) c'est-à-dire un vecteur invariant par tous les unitaires conservant le cône et commutant avec le centre (ces unitaires sont appelés symétries). Un cône autopolaire de dimension finie possède toujours un vecteur trace (I.2.10) ce qui n'est pas le cas en général. On est donc amené à faire une classification des cônes autopolaires. Ceci se fait au moyen de la notion de P- projection introduite par ALFSEN-SHULTZ et adaptée au présent contexte. Il y a trois types de P - projections centrales (comme il y a trois types d'algèbres de von Neumann et dans ce cas les P - projections ne sont autres que les applications : $x \to pxp$ où p est un projecteur ; la théorie de l'ordre développée en I.4. est alors la même que la théorie algébrique usuelle comme on le montrera au chapitre VI sur les cônes orientables). Tout cône autopolaire se décompose donc orthogonalement en cinq faces du type I_{finie}, I_∞, II_1, II_∞, III (I.4.8.).

Les résultats de ce chapitre sont loin d'être tous originaux. Il faut citer notamment les deux articles de BÖS [1], [2]. On utilise aussi des résultats de CONNES [2], PENNEY [1] et le travail de CHO-HO-CHU-WRIGHT [1] qui lui-même s'appuie sur celui de ALFSEN-SHULTZ [1] dont on s'attachera au fil des pages à montrer les similitudes avec le présent contexte.

I.0. RAPPELS

Un ordre sur un ensemble E est la donnée d'une relation $\leqslant$ qui est reflexive transitive et antisymétrique (i.e. : $x \leqslant y$ et $y \leqslant x \Longrightarrow x = y$). (Si ce dernier axiome n'est pas satisfait on parlera de préordre).

Un ordre est total si pour tout couple $(x, y) \in E \times E$ on a $x \leqslant y$ ou $y \leqslant x$.

Un espace vectoriel ordonné E sur les réels $\mathbb{R}$ est un espace possédant un ordre $\leqslant$ qui satisfait aux relations de compatibilité suivante :

$$x \geqslant y \Longrightarrow x + z \geqslant y + z \quad \forall z \in E$$
$$x \geqslant y \Longrightarrow \lambda x \geqslant \lambda y \quad \forall \lambda \in \mathbb{R}^+ \text{ où } x, y \in E \ .$$

Un cône E^+ dans un espace vectoriel E est un ensemble convexe stable par dilatation et tel que $E^+ \cap (-E^+) = \{0\}$ (i.e. E^+ est dit saillant ou propre).

Soit $B \subset E^+$; B est une base de E si B est convexe et tout $x \in E$, $x \neq 0$ s'écrit de façon unique $x = \lambda y$ où $(\lambda, y) \in \mathbb{R}^+ \times B$.

Equivalence entre ordre et cône : Si E est un espace vectoriel ordonné alors $E^+ = \{x \in E / x \geqslant 0\}$ est un cône. Réciproquement la donnée d'un cône définit un ordre sur un espace vectoriel. On notera donc (E, E^+) un espace vectoriel ordonné.

(E, E^+) est archimédien si $nx \leqslant y$ $\forall n \in \mathbb{N}$ entraîne $x \leqslant 0$.

Un treillis (ou ensemble reticulé) est un ensemble ordonné E tel que chaque paire $(x,y) \in E \times E$ possède une borne supérieure dans E notée $x \vee y$ et une borne inférieure dans E notée $x \wedge y$. Si de plus la loi de distribution

$$(x \vee y) \wedge z = (x \wedge z) \ (y \wedge z)$$

est satisfaite pour tous x,y,z dans E, le treillis est dit distributif.

Un treillis vectoriel ou espace de Riesz est un espace vectoriel ordonné dont l'ordre définit un treillis.

Soit $(E, \leqslant)$ un treillis. E est dit complet si chaque sous ensemble de E possède une borne supérieure et une borne inférieure dans E. Si E possède un élément minimal (noté 0) et un élément maximal (noté $\mathbb{1}$), E est dit orthocomplémenté s'il existe une application bijective $x \to x^{\perp}$ dans E telle que $x \vee x^{\perp} = \mathbb{1}$, $x \wedge x^{\perp} = 0$, $x \leqslant y$ implique $y^{\perp} \leqslant x^{\perp}$ et $x^{\perp\perp} = x$ $\forall x \in E$.

Dans ce travail, H sera un espace de Hilbert réel (sauf mention contraire). H^+ désignera un cône de H. Les éléments de H^+ seront dits positifs.
Références sur les espaces vectoriels ordonnés : ALFSEN [1], ASIMOW-ELLIS [1], JAMESON [1], PERESSINI [1], SCHAEFER [1], [2].

I.1. PROPRIÉTÉS GÉNÉRALES

Si A est un sous-ensemble de H, le dual A^* de A est

$$A^* = \{\xi \in H \,/ <\xi\,,\,\eta> \geqslant 0 \ \forall \eta \in A\}.$$

D'après le théorème de HAHN-BANACH, A^{**} est le plus petit cône fermé contenant A.

I.1.1. DEFINITION : Un cône H^+ de H est autopolaire (ou selfdual) si $H^+ = (H^+)^*$.

La donnée d'un tel cône fait de (H, H^+) un espace ordonné archimédien.

Les deux résultats suivants fournissent une caractérisation très utile des cônes autopolaires :

I.1.2. LEMME : Soit H^+ un cône fermé de H. H^+ est autopolaire si et seulement si tout élément ξ de H se décompose de manière unique en $\xi = \xi^+ - \xi^-$ où ξ^+ et ξ^- sont deux vecteurs de H^+ orthogonaux. En fait ξ^+ (resp. ξ^-) est la projection de ξ sur H^+ (resp. $-H^+$). De plus l'application $\xi \to \xi^+$ (resp. ξ^-) est continue(et Lipschitzienne de constante 1).

DEFINITION : La décomposition $\xi = \xi^+ - \xi^-$ s'appelle la décomposition de Jordan de ξ.

Preuve : Soient $\xi \in H$ et ξ^+ la projection de ξ sur H^+. Montrons que $\xi^- = \xi^+ - \xi \in (H^+)^*$ et $<\xi^+, \xi^-> = 0$ (cf. MOREAU [1], HAYNSWORTH [1], PENNEY [1]).

Si $\eta \in H^+$ alors pour tout λ réel positif on a :

$$\|\xi-\xi^+\|^2 \leqslant \|\xi-(\xi^++\lambda\eta)\|^2 = \|\xi-\xi^+\|^2 - 2\lambda<\xi-\xi^+, \eta> + \lambda^2\|\eta\|^2 .$$

Donc $<\xi-\xi^+, \eta> \leqslant 0$ et $\xi^- \in (H^+)^*$. En utilisant le même raisonnement avec $\eta = \xi^+$ et $-1 \leqslant \lambda \leqslant 0$ on obtient $<\xi-\xi^+, \xi^+> \geqslant 0$ c'est-à-dire $<\xi^+, \xi^-> = 0$.

Ainsi si H^+ est autopolaire, $\xi^+ - \xi^-$ est une décomposition de Jordan de ξ. Montrons qu'elle est unique : Si $\eta^+ - \eta^-$ est une autre telle décomposition de ξ, alors :

$$\|\xi^+-\eta^+\|^2 = <\xi^+-\eta^+,\ \xi^--\eta^-> = -<\xi^+,\eta^-> - <\eta^+,\xi^-> \leqslant 0 \text{ et } \xi^+=\eta^+.$$

Réciproquement supposons que tout élément de H a une décomposition de Jordan unique : Soit $\xi=\xi^+-\xi^-\in(H^+)^*$ tel que $\xi\notin H^+$. Alors $0\leqslant<\xi^-,\xi>=-\|\xi^-\|^2$ et $\xi=\xi^+\in H^+$ entraîne une contradiction donc $(H^+)^*\subset H^+$. L'inclusion inverse se démontre comme suit : Si $\xi\in H^+$ et $\xi\notin(H^+)^*$ alors la projection orthogonale η de ξ sur $(H^+)^*$ vérifie $\eta-\xi\in(H^+)^{**}$ et $<\eta-\xi,\eta>=0$ comme précédemment. Puisque $(H^+)^{**} = H^+$, $\xi=\eta-(\eta-\xi)$ est une décomposition de Jordan de ξ donc par hypothèse $\eta-\xi = 0$ ce qui implique une contradiction.

Montrons la continuité de : $\xi\to\xi^+$.

Si $\xi,\eta\in H$ alors $\|\xi^+-\eta^+\|^2 =< \xi^+-\xi,\xi^+-\eta^+>+<\xi-\eta,\ \xi^+-\eta^+> +<\eta-\eta^+,\xi^+-\eta^+>$

Donc $\|\xi^+-\eta^+\|^2 = -<\xi^-,\eta^+>-<\eta^-,\xi^+> + <\xi-\eta,\ \xi^+-\eta^+>\leqslant\|\xi-\eta\|\ \|\xi^+-\eta^+\|$,
$\xi\to\xi^+$ est continue. Idem pour ξ^-. □

On en déduit immédiatement le résultat suivant :

I.1.3. COROLLAIRE : Soient H un espace de Hilbert complexe et H^+ un cône autopolaire de H. Si $H^J = \{\xi\in H/<\xi,H^+>\in\mathbb{R}\}$ alors H^J est un espace de Hilbert réel dans lequel H^+ est autopolaire. De plus H est la complexification de H^J (i.e. : $H = H^J\oplus iH^J$) et l'application $J : \xi+i\eta\to\xi-i\eta$ où ξ et η sont dans H^J est une involution antiunitaire de H conservant l'ordre. Réciproquement si H est réel alors la complexification de H donne une telle involution.

I.1.4. PROPOSITION : Si H^+ est un cône autopolaire dans H alors H est monotone fermé (order complete) c'est-à-dire tout sous-ensemble filtrant à droite (resp. à gauche) qui est soit majoré (resp. minoré) soit borné en norme admet une borne supérieure (resp. inférieure). De plus si $\{\xi_\alpha\}_{\alpha\in\Gamma}$ est une famille filtrante croissante de H^+ telle que $\xi = \bigvee_\alpha \xi_\alpha\in H$ alors $\{\xi_\alpha\}_\alpha$ converge en norme vers ξ selon Γ.

Preuve : cf. SCHAEFER [1] V.4.3. :

Soit K un sous-ensemble de H filtrant à droite et majoré par $\xi\in H$. Si $\eta\in K$ on note $K\eta$ la section $\{\rho\in K/\rho\geqslant\eta\}$. $K\eta$ est inclus dans $[\eta,\xi]=\{\rho\in H/\eta\leqslant\rho\leqslant\xi\}$ qui est borné en norme car si $\eta\leqslant\rho\leqslant\xi$ alors pour $\eta=\eta^+-\eta^-$ (I.1.2) on a :

$0 \leqslant \rho+\eta^- \leqslant \xi+\eta^-$ et $\|\xi+\eta^-\|^2 \geqslant \langle\rho+\eta^-, \xi+\eta^-\rangle \geqslant \|\rho+\eta^-\|^2$

Puisque $\rho \geqslant -\eta^-$, $\|\rho+\eta^-\|^2 \geqslant \|\rho\|^2 - \|\eta^-\|^2$ c'est-à-dire $\|\rho\|^2 \leqslant \|\xi+\eta^-\|^2 + \|\eta^-\|^2$.

Donc on peut supposer que K est borné en norme. On note σ la topologie faible $\sigma(H,H^*)$.

Si $\eta \in K$ alors $\overline{K\eta}^\sigma$ est un ensemble σ-compact et la trace sur $\overline{K\eta}^\sigma$ du filtre des sections $K\eta$ de K a un point d'adhérence faible $\rho \in \overline{K\eta}^\sigma$. H^+ étant convexe et fermé, H^+ est σ-fermé donc l'ensemble $\eta+H^+$ est σ-fermé et contient $\overline{K\eta}^\sigma$. Ainsi $\rho \in \eta+H^+$ et ρ est un majorant de K. De plus si $\xi \in H$ est un autre majorant de K alors K est inclus dans $\xi-H^+$ qui est σ fermé donc $\rho \in \overline{K}^\sigma \subset \xi-H^+$ et $\rho \leqslant \xi$ c'est-à-dire $\rho = \sup K$. Même preuve avec les ensembles filtrants à gauche.

Si $\xi = \bigvee_\alpha \xi_\alpha$ alors $\{\xi_\alpha\}_\alpha$ converge faiblement vers ξ d'après ce qui précède. On a $\|\xi-\xi_\alpha\|^2 = \langle\xi-\xi_\alpha, \xi-\xi_\alpha\rangle = \langle\xi-\xi_\alpha, \xi\rangle - \langle\xi-\xi_\alpha, \xi_\alpha\rangle \leqslant \langle\xi-\xi_\alpha, \xi\rangle$ et $\xi_\alpha \to \xi$ selon Γ. □

I.1.5. DEFINITIONS : Une face F d'un cône H^+ est un sous-cône tel que si $\eta \in H$ vérifie $0 \leqslant \eta \leqslant \xi$ où $\xi \in F$ alors $\eta \in F$. En d'autres termes $F = (F-H^+) \cap H^+$.

Si A est un sous-ensemble d'un cône H^+, on note $\langle A\rangle$ la plus petite face contenant A. Ceci a un sens car une intersection de faces est une face. Il est à noter que la fermeture d'une face n'est pas forcément une face.

On notera $\mathrm{Fac}(H^+)$ l'ensemble des faces de H^+.

Pour une face F on désigne par P_F la projection orthogonale sur le sous-espace fermé engendré par F. Dans le cas complexe, P_F commute avec J car H^J est fermé. Pour un sous-ensemble A de H, on note $[A]$ l'intervalle d'ordre $(A+H^+) \cap (A-H^+)$ engendré par A.

Dans les résultats suivants on s'intéresse aux propriétés faciales du cône notamment à la face orthogonale (I.1.6.) et biorthogonale d'une face donnée (I.1.7.).

Si $A \subset H^+$ notons $A^\perp = \{\xi \in H^+ / \langle\xi,\eta\rangle = 0 \ \forall \eta \in A\}$ et $A^{\perp\perp} = (A^\perp)^\perp$.

I.1.6. LEMME : Soit H^+ un cône autopolaire dans H.

Si $A \subset H^+$, $A^\perp$ est une face fermée de H^+ telle que $A^\perp = (A^{\perp\perp})^\perp = (A^\perp)^{\perp\perp} = \langle A\rangle^\perp$.

Si F est une face de H^+ alors on a l'équivalence de

1°/ $\eta \in F^\perp$

2°/ $\eta \in H^+$ et $P_{F^\perp}\eta = \eta$

3°/ $\eta \in H^+$ et $P_F \eta = 0$.

Donc $F^\perp = P_{F^\perp} H \cap H^+$ et $P_F P_{F^\perp} = 0$.

Preuve : Soient $A \subset H^+$ et $\eta \in H$. Si $0 \leqslant \eta \leqslant \xi \in A^\perp$ alors pour $\rho \in A$ on a $0 \leqslant \langle \eta, \rho\rangle \leqslant \langle \xi, \rho\rangle = 0$ et $\eta \in A^\perp$. Puisque $A^\perp$ est un cône, $A^\perp$ est une face qui est clairement fermée.

Si $A \subset B \subset H^+$, alors $B^\perp \subset A^\perp$ donc $A^\perp = (A^{\perp\perp})^\perp$.

Montrons que si $\xi \in A^\perp$ alors $\xi \in \langle A\rangle^\perp$: Pour $\eta \in \langle A\rangle$ il existe $\lambda \in \mathbb{R}^+$ et $\rho \in A$ tels que $\eta \leqslant \lambda\rho$. Donc $0 \leqslant \langle \xi , \eta\rangle \leqslant \lambda \langle \xi, \rho\rangle = 0$.

Soit maintenant F une face de H^+ : 1°/ $\Longrightarrow$ 2°/ est immédiat.

2°/ $\Longrightarrow$ 3°/ : Le sous-espace fermé engendré par F est évidemment orthogonal à $F^\perp$ donc au sous-espace fermé engendré par $F^\perp$. Ainsi $P_F P_{F^\perp} = 0$.

3°/ $\Longrightarrow$ 1°/ :Si $\xi \in F$, $\langle \eta, \xi\rangle = \langle \eta, P_F \xi\rangle = \langle P_F \eta, \xi\rangle = 0$ donc $\eta \in F^\perp$.

On vient de montrer que $F^\perp = P_{F^\perp} H \cap H^+$. □

I.1.7. PROPOSITION : Soient H^+ un cône autopolaire dans H et F une face de H^+.

i) $F^{\perp\perp} = \overline{(F - H^+)} \cap H^+$.

ii) Si V(0) est la base canonique de voisinages de 0 alors $F^{\perp\perp} = \bigcap_{B \in V(0)} [F+B]$.

iii) Si $\hat{}$ est la projection canonique de H sur l'espace quotient $H / F - F$ alors $F = F^{\perp\perp}$ si et seulement si $\hat{H}$ est un espace vectoriel ordonné par $\widehat{H^+}$ qui est localement convexe.

Preuve : i) On a $(F-H^+)^* = -F^\perp$ car si $\xi\in H$ et $<\xi, (F-H^+)>\geqslant 0$ alors $<\xi, H^+> \leqslant 0$ et $0\leqslant<\xi, F>\leqslant 0$ puisque $F\subset H^+$. D'après le théorème du bipolaire on a $\overline{(F-H^+)} = (F-H^+)^{**} = (-F^\perp)^* = \{\xi\in H/<\xi, F^\perp>\leqslant 0\}$. Donc $\overline{(F-H^+)}\cap H^+ = F^{\perp\perp}$.

ii) Si $\xi\in F^{\perp\perp}$ alors $\xi = \lim_n(\eta_n-\rho_n)$ où $\{\eta_n\}_{n\in\mathbb{N}}\subset F$ et $\{\rho_n\}_{n\in\mathbb{N}} \subset H^+$.
Soit $\{\phi_n\}_{n\in\mathbb{N}}\subset H$ définie par $\xi = \eta_n - \rho_n + \phi_n$. On a $0\leqslant\xi\leqslant \eta_n + \phi_n$, $\phi_n \to 0$ si $n \to \infty$, $\xi\in[F+\phi_n]$ et $\xi\in\bigcap_{B\in V(0)}[F+B]$.
Réciproquement soit $\xi\in\bigcap_{B\in V(0)}[F+B]$. Si $B_n = \{\eta\in H/\|\eta\| \leqslant\frac{1}{n}\}$ pour $n\in\mathbb{N}$, alors

$-\eta'_n \leqslant\xi\leqslant \xi_n + \eta_n$ où $\xi_n \in F$ et $\eta_n, \eta'_n \in B_n$. Pour $\rho\in F^\perp$ on a

$-\|\rho\| \, \|\eta'_n\| \leqslant -<\eta'_n,\rho>\leqslant<\xi,\rho>\leqslant<\xi_n,\rho>+<\eta_n,\rho>\leqslant \|\eta_n\| \, \|\rho\|$ et $\xi \in F^{\perp\perp}$.

iii) On remarque tout d'abord que $\widehat{H^+}$ est un cône saillant (cf. ALFSEN [1] prop. II.1.1.). En suivant le raisonnement de NAGEL [1] prop. 2.2., on a :

$\widehat{F^{\perp\perp}} = \bigcap_{B\in V(0)} \widehat{\overline{F+B}} = \bigcap_{B\in V(0)} [\widehat{F+B}] = \bigcap_{B\in V(0)} [\,\widehat{B}\,]$. Donc $F = F^{\perp\perp}$ si et seulement si

$\bigcap_{B\in V(0)} [\,\widehat{B}\,] = \widehat{0}$ c'est-à-dire si et seulement si la topologie de $\widehat{H}$ engendré par $[\widehat{V(0)}]$ est séparée (cf. SCHAEFER [1]p. 17). □

Dans ce cas si $\xi\in H$ et $\eta\in H^+$ vérifie $\xi\leqslant\frac{1}{n}\eta$ pour tout entier $n \neq 0$, on a $\hat{\xi}\leqslant\hat{0}$ car $\{\frac{1}{n}\hat{\eta}\}_{n\in\mathbb{N}}$ $[\widehat{V(0)}]$-converge vers 0 donc l'ordre de $\widehat{H}$ est archimédien.

I.1.8. REMARQUE : Si $(\widehat{H}, \widehat{H^+})$ est archimédien alors $F = F^{\perp\perp}$ quand H est de dimension finie (cf. JANSSEN [1] III.2.3.).

I.1.9. LEMME : Soit H^+ un cône autopolaire de H alors Fac (H^+) est un treillis complet pour les opérations $\wedge$ et $\vee$ définies sur une famille $\{F_\alpha\}_\alpha$ de faces par $\wedge_\alpha F_\alpha = \bigcap_\alpha F_\alpha$ et $\vee_\alpha F_\alpha = <\bigcup_\alpha F_\alpha>$, qui vérifie $\wedge_\alpha F_\alpha^\perp = (\vee F_\alpha)^\perp$.

Preuve : Il est clair que $Fac(H^+)$ est un treillis complet.

Si $F, G \in Fac(H^+)$ et $F \subset G$ alors $G^\perp \subset F^\perp$. Ainsi pour tout $\beta \in \Gamma$ où Γ est un ensemble d'indices tel que $\{F_\alpha\}_{\alpha\in\Gamma} \subset Fac(H^+)$, $F_\beta \subset \bigvee_\alpha F_\alpha$, $(\bigvee_\alpha F_\alpha)^\perp \subset F_\beta^\perp$ et $(\bigvee_\alpha F_\alpha)^\perp \subset \bigwedge_\alpha F_\alpha^\perp$. Réciproquement si $\xi \in \bigwedge_\alpha F_\alpha^\perp$ alors pour $\eta \in \bigvee_\alpha F_\alpha$ il existe $\alpha \in \Gamma$ et $\rho \in F_\alpha$ tels que $\eta \leqslant \rho$ donc $0 \leqslant \langle\xi, \eta\rangle \leqslant \langle\xi, \rho\rangle = 0$ et $\xi \in (\bigvee_\alpha F_\alpha)^\perp$. □

Pour terminer cette étude des faces, signalons une situation qui sera courante dans la suite à savoir l'étude d'une face dans une face.

I.1.10. LEMME : Soient H^+ un cône autopolaire de H, F une face de H^+ et G une face de F. Si $G^{\perp_F} = \{\xi \in F / \langle\xi, \eta\rangle = 0 \ \forall \eta \in G\}$ alors $G^{\perp_F} = G^\perp \cap F$. De plus $G = G^{\perp_F \perp_F}$ entraîne $G = G^{\perp\perp} \cap F$.

Preuve : Puisque $G \subset F$, G est une face de H^+. Clairement $G^{\perp_F} = G^\perp \cap F$ et $G^{\perp_F \perp_F} = (G^\perp \cap F)^\perp \cap F$. Puisque $G^\perp \cap F \subset G^\perp$, $G^{\perp\perp} \cap F \subset G^{\perp_F \perp_F}$. Donc $G = G^{\perp_F \perp_F}$ implique $G = G^{\perp\perp} \cap F$ car $G \subset G^{\perp\perp} \cap F$. □

I.1.11. EXEMPLES : En dimension finie

1°/ $H = \mathbb{R}^n$ et $H^+ = (\mathbb{R}^+)^n$.

2°/ a) Si $H = \mathbb{R}^3$ les cônes ayant pour base un polygone régulier à nombre n de côtés formant avec l'axe un angle θ_n tel que $\cot^2\theta_n = \cos\frac{\pi}{n}$ où n est impair et supérieur strictement à trois.

b) La construction de courbes planes fermées autopolaires par rapport à un point permet de construire une infinité de cônes autopolaires :

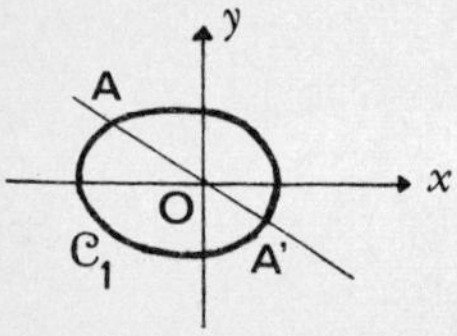

La courbe $\mathcal{C}_1$ est autopolaire par rapport à O si $|\overrightarrow{OA}||\overrightarrow{OA'}| = 1 \ \forall A \in \mathcal{C}_1$.

Le cône $H_1^+ = \bigcup_{\lambda>0} \lambda\{\xi \in \mathbb{R}^3 / \xi = (x,y,1)$ et $(x,y,o) \in \mathcal{C}_1\}$ est autopolaire dans $\mathbb{R}^3$.

c) Il est possible de prendre des courbes à facettes :

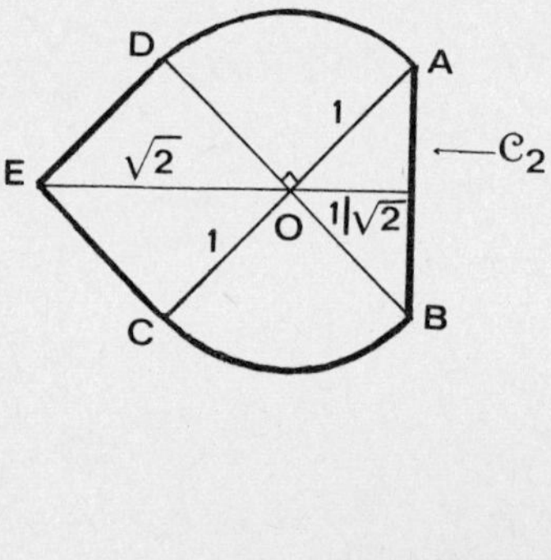

3°/ $M_n(K)^+$: Ensemble de matrices selfadjointes positives à entrées dans $K = \mathbb{R}$, $\mathbb{C}$ ou $\mathbb{H}$ (quaternions) pour $n \in \mathbb{N}$ et $K = \mathbb{O}$ (algèbre de Cayley) pour $n = 3$; Ici $M_n(K)$ est muni d'une structure d'espace Hilbertien au moyen de la trace usuelle.

Pour une étude des cônes (non nécessairement autopolaires) de dimension finie, voir BARKER [4].

<u>En dimension quelconque</u> :

4°/ Soit M une algèbre de von Neumann munie d'une trace normale semi-finie fidèle ϕ. Si H est l'espace de Hilbert des opérateurs de Hilbert-Schmidt relatifs à ϕ, qui sont affiliés à M (i.e. $L^2(M,\phi)$) et H^+ est l'ensemble des opérateurs positifs, alors H^+ est autopolaire dans H (cf. ARAKI [1] p. 345, CONNES [1], HAAGERUP [1]).

5°/Soit Z un espace mesuré muni d'une mesure borélienne positive ; alors l'ensemble des fonctions presque partout positives est autopolaire dans l'espace de Hilbert $L^2(Z,\mu)$.

6°/ Si G est un groupe localement compact unimodulaire avec sa mesure de Haar μ et H est l'espace de Hilbert des fonctions réelles de carré μ-intégrable, l'ensemble H^+ des fonctions de type positif est autopolaire dans H (cf. PENNEY [1]).

7°/ <u>Cônes ronds (ou de spins)</u> : Soit K un espace de Hilbert réel et $H = \mathbb{R}\oplus K$. Soit H^+ le cône $\{(x,\xi) \in \mathbb{R}\oplus K / x \geq \|\xi\|\}$. H^+ est autopolaire dans H car si $(x,\xi) \in (H^+)^*$ et $x < \|\xi\|$ on a $0 \leq \langle \|\xi\| \oplus -\xi, x\oplus\xi \rangle = \|\xi\| (x - \|\xi\|) < 0$ et une contradiction. Ce cône est appelé cône de spin car si dim K = 3, on peut utiliser les matrices de Pauli 2x2 (spin $\frac{1}{2}$) pour le représenter (cf. HURT[1], KAEMPFFER [1]).

<u>I.1.12. REMARQUES</u> : + L'exemple 1°/ suggère la notion de décomposabilité (cf. I.3.1.)

+ L'exemple du 2°/ : Le cône construit à partir de $\mathcal{C}_1$ a toutes ses faces F de dimension 1. De plus P_F conserve l'ordre pour tout F. Le cône construit à partir de $\mathcal{C}_2$ montre que la face biorthogonale à celle passant par D la contient strictement. De plus si F est une face $\neq H^+$ contenant D et E alors P_F ne conserve pas l'ordre. En outre les faces passant par D et E donnent un contre-exemple à la relation duale de I.1.9. :

$$(\bigvee_\alpha F_\alpha^\perp) \neq (\bigwedge_\alpha F_\alpha)^\perp .$$

On s'intéressera donc aux cônes autopolaires suffisamment réguliers et plus particulièrement facialement homogènes (cf. définition II.1.1.). Les exemples 3°/et 7°/ ont cette propriété et en fait classifient complètement de tels cônes en dimension finie (cf. IV.3.1 et IV.3.2).
La décomposition de Jordan est la décomposition usuelle des matrices en partie positive et négative.

+ L'exemple 4°/ est un cas "non commutatif" comparé à 5°/.

+ Un cône fermé H^+ est réflexif si $H^+ \subset (H^+)^*$. H^+ est autopolaire si et seulement si H^+ est maximal réflexif (POULSEN [1]).

+ Il est toujours possible de plonger un cône fermé K^+ d'un espace de Hilbert K dans un cône autopolaire. En effet on prend $H^+ = K^+ \oplus (K^+)^*$ dans $H = K \oplus K$ muni du produit scalaire $\langle\langle \xi \oplus \eta, \xi' \oplus \eta' \rangle\rangle = \langle \xi, \eta' \rangle + \langle \eta, \xi' \rangle$.
Montrons que H^+ est autopolaire dans $K \oplus K$: En effet $H^+ \subset (H^+)^*$ et si $\xi \oplus \eta \in K \oplus K$ vérifie $\langle\langle \xi \oplus \eta, \xi' \oplus \eta' \rangle\rangle \geq 0 \; \forall \xi' \in K^+$ et $\forall \eta' \in (K^+)^*$ alors $\xi \in (K^+)^{**} = K^+$ et $\eta \in (K^+)^*$ d'où $\xi \oplus \eta \in H^+$ (cf. ROTHAUS [2]).

Des cônes contenant leurs polaires apparaissent dans COFFMAN-GROVER ([1] et références incluses) pour l'étude de la positivité de Greeen associée à des opérateurs elliptiques.

L'étude des sous-cônes autopolaires utilisera souvent le résultat suivant :

<u>I.1.13. LEMME :</u> <u>Soit H^+ un cône autopolaire dans H.</u>

<u>i) Si P est une projection orthogonale telle que $PH^+ \subset H^+$ alors PH^+ est un cône autopolaire dans PH.</u>

<u>ii) Si F est une face de H^+, la condition $\bar{F}$ autopolaire dans $P_F H$ entraîne que $P_F H^+ \subset H^+$.</u>

<u>Preuve</u> : i) si $\eta \in PH$ est tel que $\langle \eta, P\xi \rangle \geq 0$ pour tout ξ de H^+ alors $\langle \eta, \xi \rangle \geq 0$ et $\eta \in H^+ \cap PH = PH^+$. Donc PH^+ est autopolaire dans PH.

ii) si $\bar{F}$ est autopolaire dans $P_F H$, alors pour $\xi \in H^+$ et $\eta = P_F \xi$ on a d'après I.1.2. $\eta = \eta^+ - \eta^-$ où $\eta^\pm \in \bar{F}$ et $\langle \eta^+, \eta^- \rangle = 0$. Donc $0 \leq \langle \eta^-, \xi \rangle = \langle \eta^-, P_F \xi \rangle = - \| \eta^- \|^2$, $\eta^- = 0$ et P_F conserve l'ordre. □

Il est à noter cependant que si $P = P^* = P^2$ conserve l'ordre et $\xi \in H$ vérifie $P\xi \in PH^+$ alors ξ n'est pas forcément dans H^+.

I.1.14. DEFINITIONS : Soit H^+ un cône autopolaire. On note $\mathcal{F}(H^+)$ l'ensemble des faces F complètes c'est-à-dire $F = F^{\perp\perp}$. Le cône H^+ est dit semi-régulier si $P_F\, H^+ \subset H^+ \;\forall\, F \in \mathcal{F}(H^+)$

régulier si $P_F\, H^+ \subset H^+$ pour toute face F.

Dans les exemples de I.1.11, les cônes 2°/ a) et c) sont non semi-réguliers alors que le cône 2°/b) est régulier.

Problème : Trouver des cônes autopolaires semi-réguliers non réguliers.

On remarque que si H^+ est régulier, $(\mathbb{1}-P_F)\, H$ est un idéal d'ordre dont l'intersection avec H^+ est $F^{\perp}$.

Certains cônes peuvent être d'intérieur topologique vide. C'est le cas de l'exemple 4°/ où M est l'ensemble des opérateurs bornés sur un espace de Hilbert de dimension infinie. Ceci conduit à introduire les notions suivantes :

$\xi \in H^+$ est une unité d'ordre si $\forall \eta \in H, \exists\, n \in \mathbb{N}$ tel que $-n\xi \leqslant \eta \leqslant n\xi$.

une unité d'ordre faible si $\overline{\langle\xi\rangle} = H^+$.

un point quasi-intérieur si $\langle\xi\rangle^{\perp} = 0$.

I.1.15. PROPOSITION : Soit H^+ un cône autopolaire dans H.

i) Si l'intérieur topologique de H^+ est non vide alors les notions de vecteurs intérieurs, quasi-intérieurs, unités d'ordre et unités d'ordre faible coïncident.

Si Front $(H^+) = H^+ \cap \overline{CH^+}$ est la frontière topologique de H^+ alors $H^+ = \text{Conv}\,(\text{Front}\,(H^+))$ ($\overline{CH^+}$ est la fermeture du complementaire de H^+ dans H).

ii) L'existence d'un vecteur quasi-intérieur dans H^+ est équivalent à H^+ de type dénombrable (i.e. : toute famille de vecteurs orthogonaux $\neq 0$ dans H^+ est au plus dénombrable) ou encore H^+ possède une base .

Preuve : Il est clair qu'une unité d'ordre est une unité d'ordre faible et qu'une unité d'ordre faible est un point quasi-intérieur, ceci en toute généralité.

i) Soit maintenant $\xi \in \overset{\circ}{H^+}$ ($\circ$ désigne l'intérieur topologique). Donc il existe $r>0$ tel que la boule $B(\xi,r) = \{\eta \in H / \|\xi-\eta\| \leqslant r\}$ soit incluse dans H^+. Si $\eta \in H^+$, $\xi - \frac{r\,\eta}{\|\eta\|}$ et $\xi + \frac{r\,\eta}{\|\eta\|}$ sont dans $B(\xi,r)$ donc

$$-\frac{1}{r}\|\eta\|_\xi \leq \eta \leq \frac{1}{r}\|\eta\|_\xi$$ et ξ est une unité d'ordre.

Montrons maintenant qu'un vecteur quasi-intérieur est intérieur. Soit ξ un vecteur quasi-intérieur tel que $\xi \notin \overset{\circ}{H}{}^+$. Puisque H^+ est convexe, il existe d'après le théorème de HAHN-BANACH un vecteur η non nul de H tel que $<\eta,\xi> \leq 0$ et $<\eta,\rho> \geq 0$ $\forall \rho \in \overset{\circ}{H}{}^+$. On en tire immédiatement que $<\eta, \rho> \geq 0$ $\forall \rho \in H^+$ et $\eta \in H^+$. Ainsi $\eta \in <\xi>^{\perp} = \{o\}$. D'où une contradiction. Il reste à montrer que H^+ est l'enveloppe convexe de sa frontière topologique (cf. NAGEL [1]) : Soit $0 \neq \xi \in H^+$ et $\eta \notin H^+ \cup (-H^+)$. Alors l'ensemble $\{\lambda\eta+\xi / 0 \neq \lambda \in R^+\}$ n'est pas inclus dans H^+ car sinon $\eta \in H^+$. De même pour $\{-\lambda\eta+\xi / 0 \neq \lambda \in R^+\}$. Donc il existe $\lambda_1, \lambda_2 \geq 0$ tel que $\eta_i = \lambda_i\eta+\xi \in \mathrm{Front}(H^+)$. Si $\alpha = \frac{\lambda_2}{\lambda_1+\lambda_2}$ on a $\alpha \in [0,1]$ et

$\xi = \alpha\eta_1+(1-\alpha)\eta_2$.

ii) Soit ξ un vecteur quasi-intérieur dans H^+. Si $\{\eta_i\}_{i\in I}$ est une famille de vecteurs (non nuls) orthonormés de H^+ et $I_n = \{i \in I / <\eta_i,\xi> \geq \frac{1}{n}\}$, on a $I = \bigcup_n I_n$ car $<\xi, \eta_i> \neq 0$. De plus d'après l'inégalité de Bessel,

$$\|\xi\|^2 \geq \sum_{i\in I} <\eta_i, \xi>^2 \geq \sum_{i\in I_n} <\eta_i, \xi>^2 \geq \frac{1}{n^2}\,\mathrm{card}(I_n).$$

Donc I_n a un nombre fini d'éléments et I est dénombrable.

Réciproquement si $\{\eta_i\}_{i\in\mathbb{N}}$ est une famille dénombrable de vecteurs orthonormés qui est maximale, alors $\xi = \sum_{i\in\mathbb{N}} \frac{\eta_i}{2^i}$ est un vecteur quasi-intérieur de H^+.

H^+ possède une base B si et seulement si il existe une forme linéaire strictement positive f telle que $B = \{\eta \in H^+ / f(\eta)=1\}$ (PERESSINI [1] I.3.6) Puisque f est nécessairement continue (cf. SCHAEFER [1] p. 228) $f = <\xi, .>$ où $\xi \in H$ et il est clair que ξ est un quasi-intérieur de H^+. □

I.1.16. PROPOSITION : Soit H^+ un cône autopolaire dans l'espace de Hilbert séparable H.

i) L'ensemble des unités d'ordre faible est dense dans H^+.

ii) Pour toute face F telle que $\overline{F}$ soit une face, il existe $\xi \in \overline{F}$ vérifiant $\overline{F} = \overline{<\xi>}$.

Preuve : Puisque H est métrique et séparable, H^+ est un ensemble métrique séparable. Soit $\{\xi_n\}_{n\in\mathbb{N}}$ une famille totale dans la boule unité de H^+.

i) $\xi = \sum_n 2^{-n}\xi_n$ est une unité d'ordre faible car $0\leqslant\xi_n\leqslant 2^n\xi$ et donc $<\{\xi_n\}>\subset<\xi>$. Soit maintenant ξ une unité d'ordre faible dans H^+, alors si $n\in\mathbb{N}-\{0\}$ et $\eta\in[+1/n\xi, n\xi]$, η est une unité d'ordre faible puisque $<\eta> = <\xi>$. D'où $A = \bigcup_n [\frac{1}{n}\xi, n\xi]$ ne contient que des unités d'ordre faible et est dense dans H+ car $<\xi>$ étant dense on a pour $\eta\in<\xi>$, $\eta_n = \eta + \frac{1}{n}\xi \in A$ et $\{\eta_n\}_{n\in\mathbb{N}}$ converge vers η.

ii) Si η_n est la projection de ξ_n sur le convexe fermé $\bar{F}$ et $\xi = \sum_n 2^{-n}\eta_n \in \bar{F}$ alors $<\xi>\subset<\bar{F}> = \bar{F}$. Puisque $\eta_n \leqslant 2^n\xi$ on a $\eta_n\in<\xi>$. La famille $\{\eta_n\}_{n\in\mathbb{N}}$ étant totale dans $\bar{F}$ on a $\bar{F} = \overline{<\xi>}$. □

I.1.17. REMARQUE : Il existe des cônes autopolaires non séparables avec unité d'ordre: Soit K un espace de Hilbert non séparable et $H = \mathbb{R}\oplus K$. Alors $H^+ = \{(x,\xi)\in\mathbb{R}\oplus K / x\geqslant\|\xi\|\}$ admet (1,0) comme unité d'ordre. En fait H^+ est de type dénombrable car toute famille de vecteurs orthogonaux de H^+ contient au plus 2 éléments.

On s'intéresse maintenant aux propriétés de $\mathcal{F}(H^+)$. On remarque que si $\{F_\alpha\}_{\alpha\in\Gamma}$ est une famille de faces complètes alors $\bigcap_\alpha F_\alpha = \bigcap_\alpha (F_\alpha^\perp)^\perp = <\bigcup_\alpha F_\alpha^\perp>^\perp$ (I.1.9.) est dans $\mathcal{F}(H^+)$ (I.1.6.) et $<\bigcup_\alpha F_\alpha>^{\perp\perp}$ est la plus petite face complète contenant toutes les faces F_α. Ces faces seront notées respectivement $\bigwedge_\alpha F_\alpha$ et $\bigvee_\alpha F_\alpha$.

I.1.18. PROPOSITION : Soit H^+ un cône autopolaire dans H.

i) $\mathcal{F}(H^+) = \{0, H^+\}$ si et seulement si $H = \mathbb{R}$.

ii) $\mathcal{F}(H^+)$ est un treillis complet orthocomplémenté pour les opérations $\wedge$, $\vee$ et $\perp$ qui vérifient :

$\bigvee_\alpha (F_\alpha^\perp) = (\bigwedge_\alpha F_\alpha)^\perp$ pour toute famille $\{F_\alpha\}_\alpha \subset \mathcal{F}(H^+)$.

Preuve : i) Si dim H = 1 alors $H^+ \approx \mathbb{R}^+$ et $\mathcal{F}(H^+) = \{0, H^+\}$.

Réciproquement supposons que $\mathcal{F}(H^+)$ soit trivial.

Si $\xi \in H$ et $\xi = \xi^+ - \xi^-$ (cf. I.1.2.) alors $\xi^- \in \langle\xi^+\rangle^\perp$ et $\xi^+ \in \langle\xi^-\rangle^\perp$.

Puisque $\langle\xi^+\rangle^\perp$ et $\langle\xi^-\rangle^\perp$ sont des faces complètes (I.1.6.) orthogonales, ξ^+ ou ξ^- est nul et l'ordre est total dans H. Soient ξ_1 et ξ_2 deux vecteurs linéairement indépendants. On peut supposer

$$\xi_1 \geqslant \xi_2 \geqslant 0 \qquad \text{et} \qquad \|\xi_1\| = \|\xi_2\|$$

puisque l'ordre est total. Donc $\langle\xi_1 - \xi_2, \xi_1 + \xi_2\rangle = \|\xi_1\|^2 - \|\xi_2\|^2 = 0$ et $\xi_1 - \xi_2 \; \langle\xi_1 + \xi_2\rangle^\perp$. Puisque $\xi_1 - \xi_2 \leqslant \xi_1 + \xi_2$ on a

$$\xi_1 - \xi_2 \in \langle\xi_1 + \xi_2\rangle \cap \langle\xi_1 + \xi_2\rangle^\perp = \{0\}$$

ce qui est contradictoire.

ii) Clairement $\mathcal{F}(H^+)$ est un treillis complet. Montrons que $\bigvee_\alpha (F_\alpha^\perp) = (\bigwedge_\alpha F_\alpha)^\perp$. Si $\xi \in H^+$ alors $\xi \in (\vee F_\alpha^\perp)^\perp = \langle \bigcup_\alpha F_\alpha^\perp \rangle^\perp$ est équivalent à $\langle \xi, F_\alpha^\perp \rangle = 0$ $\forall \alpha$ c'est-à-dire $\xi \in F_\alpha^{\perp\perp} = F_\alpha$ et $\xi \in \bigwedge_\alpha F_\alpha$.

Ainsi

$$\bigvee_\alpha (F_\alpha^\perp) = (\bigvee_\alpha F_\alpha^\perp)^{\perp\perp} = (\bigwedge_\alpha F_\alpha^{\perp\perp})^\perp = (\bigwedge_\alpha F_\alpha)^\perp$$

d'après I.1.9. En particulier $F \vee F^\perp = (F \wedge F^\perp)^\perp = H^+$ et $\mathcal{F}(H^+)$ est orthocomplémenté.

□

Ce résultat conduit à l'étude de propriétés supplémentaires du treillis $\mathcal{F}(H^+)$

Rappelons (cf. MAEDA et MAEDA [1]) que $F, G \in \mathcal{F}(H^+)$ forment une <u>paire modulaire</u> notée $(F,G)M$ si $L \in \mathcal{F}(H^+)$ est telle que $L \subset G$ alors $(L \vee F) \wedge G = L \vee (F \wedge G)$.

$\mathcal{F}(H^+)$ est <u>orthomodulaire</u> si $(F, F^\perp)$ M, $\forall F \in \mathcal{F}(H^+)$. On écrira $F \perp G$ si $F \subset G^\perp$.

<u>modulaire</u> si $(F,G)M$ pour toutes faces F et G de $\mathcal{F}(H^+)$.

I.1.19. PROPOSITION : Soit H^+ un cône autopolaire et semi-régulier.

i) Si $F, G \in \mathcal{F}(H^+)$ on a l'équivalence de

1°/ $[P_F, P_G] = 0$.

2°/ $P_F P_G = P_{F \cap G}$.

3°/ Le sous-treillis orthocomplémenté engendré par F et G est distributif.

4°/ $F = (F \wedge G) \vee (F \wedge G^\perp)$.

5°/ $\exists$ $K, L, M \in \mathcal{F}(H^+)$ telles que $K \perp L$, $L \perp M$, $M \perp K$ avec $F = K \vee L$ et $G = K \vee M$.

ii) $\mathcal{F}(H^+)$ est un treillis orthomodulaire dont les atomes (s'ils existent) sont les faces unidimensionnelles.

Preuve : i) 1°/⟺2°/ : Supposons que $[P_F, P_G] = 0$. D'après I.1.2., I.1.6. et I.1.13 on a

$$(F-F)\cap(G-G) = P_F P_G H = P_F P_G H^+ - P_F P_G H^+ \subset F\cap G - F\cap G \subset P_{F\cap G} H \subset (F-F)\cap(G-G)$$

Donc $P_F P_G = P_{F\cap G}$. La réciproque est immédiate.

1°/⟹3°/ Si $[P_F, P_G] = 0$ alors d'après I.2.2. on a

$$[P_{F^\perp}, P_G] = [P_F, P_{G^\perp}] = [P_{F^\perp}, P_{G^\perp}] = 0$$

Pour montrer que le treillis engendré par F et G est Booleen il suffit, à cause de la symétrie, de montrer une relation du type $F\wedge(F^\perp \vee G) = F\wedge G$. Puisque $F\wedge G \subset F\wedge(F^\perp \vee G)$ est immédiat, montrons l'inclusion inverse.

Si $\xi \in F\wedge(F^\perp \vee G)$ alors $\xi = P_F\xi = P_{F^\perp \vee G}\xi$ et

$$P_{G^\perp}\xi = P_{G^\perp}P_F\xi = P_{F\wedge G}\ \xi = P_{F\wedge G^\perp}\xi = P_{F\wedge G^\perp}\ P_{F^\perp \vee G}\xi = P_{(F\wedge G^\perp)\wedge(F\wedge G^\perp)^\perp}\xi = 0$$

en utilisant l'équivalence des 1°/ et 2°/ ainsi que I.1.18. Donc $\xi \in G$.

Il est clair maintenant que $\mathcal{F}(H^+)$ est orthomodulaire car si $G \subset F^\perp$ alors $0 = [P_G, P_{F^\perp}] = [P_G, P_F]$ et donc le lattis engendré par F et G est distributif d'où $(F, F^\perp)$ M.

3°/⟹4°/ cf. MAEDA et MAEDA [1] Corol. 36.8.

4°/⟹5°/ cf. D.J. FOULIS [1] th. 6

5°/⟹1°/ Puisque K et L sont orthogonales, $[P_{K^\perp}, P_{L^\perp}] = 0$ et $F^\perp = K^\perp \wedge L^\perp$ implique $P_{F^\perp} = P_{K^\perp} P_{L^\perp}$. De même $P_{G^\perp} = P_{K^\perp} P_{M^\perp}$ donc $P_{F^\perp} P_{G^\perp} = P_{K^\perp} P_{L^\perp} P_{M^\perp}$ est un projecteur et $[P_{F^\perp}, P_{G^\perp}] = 0$ ce qui entraîne $[P_F, P_G] = 0$

ii) Soit $F \in \mathcal{F}(H^+)$ un atome. Alors F est autopolaire dans $P_F H$ d'après I.1.6. Si $G \in \mathcal{F}(F)$ est non nulle alors $G = G^{\perp\perp} \wedge F = G^{\perp\perp} \in \mathcal{F}(H^+)$ d'après I.1.10 et donc G = F. Ainsi $\mathcal{F}(F) = \{0, F\}$ et d'après I.1.18, $P_F H$ est de dimension 1. □

I.1.20. REMARQUES :

i) La définition du 5°/ précédent est la définition de la compatibilité de deux observables (cf. MACKEY [1] p. 70).

ii) Si le treillis Fac(H^+) (I.1.9.) est modulaire et que dim $H<\infty$ alors H^+ est régulier (cf. BARKER [1]). Il existe un cône autopolaire H^+ tel que dim H = 4 et Fac$(H^+) = \mathcal{F}(H^+)$ n'est pas modulaire (BARKER [2]).

iii) On verra d'autres propriétés du treillis $\mathcal{F}(H^+)$ en III.3.4.

Terminons ce paragraphe avec deux résultats un peu annexes utilisés dans la suite.

I.1.21. LEMME : Soit H^+ un cône autopolaire dans H et K un sous-espace fermé de H. Alors $K \cap H^+ \neq \{0\}$ ou $K^\perp \cap H^+ \neq \{0\}$ ($K^\perp$ désigne l'espace orthogonal à K).

Preuve : On peut supposer que $K \neq \{0\}$ et $K^\perp \neq \{0\}$. Si $K \cap H^+ = \{0\}$ alors il existe d'après le théorème de HAHN-BANACH $\xi \neq 0$ dans H et $\lambda \in \mathbb{R}$ tels que $\langle \xi, \eta \rangle \geq \lambda$ $\forall \eta \in H^+$ et $\langle \xi, \rho \rangle \leq \lambda$ $\forall \rho \in K$. En utilisant l'invariance par dilatation de H^+ et K, on obtient $\xi \in H^+$ et $\langle \xi, \eta \rangle = 0$ $\forall \eta \in K$. □

I.1.22. LEMME : Soit H^+ un cône autopolaire muni d'un vecteur quasi-intérieur ξ. Alors $\{(P_F - P_{F^\perp})\xi / F \in \mathcal{F}(H^+)\}$ est total dans H.

Preuve : (BÖS [1]) Soient $\eta \in H$ orthogonal à $\{(P_F - P_{F^\perp})\xi / F \in \mathcal{F}(H^+)\}$ et $\eta^+ - \eta^-$ sa décomposition de Jordan (I.1.2.). Si $F = \langle \eta^+ \rangle^{\perp\perp}$ alors d'après I.1.6., $(P_F - P_{F^\perp})\eta = \eta^+ + \eta^- \in H^+$. Donc $0 = \langle \eta, (P_F - P_{F^\perp})\xi \rangle = \langle \eta^+ + \eta^-, \xi \rangle$ entraîne $\eta^+ + \eta^- = 0$ c'est-à-dire $0 = \eta^+ = \eta^- = \eta$. □

I.2. GROUPE ET ALGÈBRE DE LIE D'UN CÔNE AUTOPOLAIRE

I.2.1. NOTATIONS : Soit H^+ un cône autopolaire dans H. L'ensemble des opérateurs bornés laissant H^+ invariant est noté $L(H^+)$. Si $A \in L(H^+)$ alors $A^* \in L(H^+)$ et pour chaque face F, $A^{-1}(F)$ est aussi une face. Soit

$$GL(H^+) = \{A \in L(H^+) / A^{-1} \in L(H^+)\}$$

le groupe du cône et $U(H^+)$ le sous groupe de $GL(H^+)$ des éléments unitaires.

On verra en II.3.2. que pour les cônes facialement homogènes, $A \in GL(H^+)$ entraîne U et $|A| \in GL(H^+)$ si $U|A|$ est la décomposition polaire de A.

Soit $D(H^+) = \{\delta \in L(H) / e^{t\delta} \in L(H^+)\ \forall t \in \mathbb{R}\}$. Un élément de $D(H^+)$ est appelé dérivation.

I.2.2. LEMME : Soit H^+ un cône autopolaire.

i) Soient $A \in L(H^+)$ et une face F tels que $P_{F^\perp} H^+ \subset H^+$ et $[A, P_F] = 0$, alors $[A, P_{F^\perp}] = 0$. De plus si $\delta \in D(H^+)$ vérifie $[\delta, P_F] = 0$ alors $[\delta, P_{F^\perp}] = 0$.

ii) Soit $U \in U(H^+)$ tel que $[U, P_{\langle\xi\rangle^{\perp\perp}}] = 0$ pour tout $\xi \in H^+$. Alors $U = \mathbb{1}$.

iii) Si $A \in GL(H^+)$ et $F \in \mathcal{F}(H^+)$ alors $AF \in \mathcal{F}(H^+)$, $AF^\perp = (A^{*-1}F)^\perp$. De plus $P_{AF} = AP_F A^{-1}$ si $A \in U(H^+)$.

Preuve : i) Si $[A, P_F] = 0$ alors pour $\xi \in H^+$ et $\eta = AP_{F^\perp}\xi$ on a $P_F\eta = AP_F P_{F^\perp}\xi$ et $P_F\eta$ est nul d'après I.1.6.. Puisque A conserve l'ordre, on a pour la même raison $AP_{F^\perp}\xi = P_{F^\perp}AP_{F^\perp}\xi$. Donc $AP_{F^\perp} = P_{F^\perp}AP_{F^\perp}$ car H^+ engendre H (cf. I.1.2.). En changeant A en A^* on obtient $P_{F^\perp}A = P_{F^\perp}AP_{F^\perp} = AP_{F^\perp}$.

Soit $\delta \in D(H^+)$ tel que $[\delta, P_F] = 0$ alors $A_t = e^{t\delta} \in L(H^+)\ \forall t \in \mathbb{R}$ et $[A_t, P_F] = 0$. Donc $[A_t, P_{F^\perp}] = 0\ \ \forall t$ et $[\delta, P_{F^\perp}] = 0$ en dérivant.

ii) (cf. CONNES [2] lem. 5.4.). Soit $\xi \in H$ et $\xi^+ - \xi^-$ sa décomposition de Jordan, alors si $F = \langle\xi^+\rangle^{\perp\perp}$ on a $\xi^- \in F^\perp$ et

$$\begin{aligned} \langle U\xi, \xi\rangle &= \langle U(P_F\xi^+ - P_{F^\perp}\xi^-), P_F\xi^+ - P_{F^\perp}\xi^-\rangle \\ &= \langle U\xi^+, \xi^+\rangle + \langle U\xi^-, \xi^-\rangle \quad \text{car } [U, P_F] = 0 \\ &\geq 0 \end{aligned}$$

Donc U est un unitaire positif. Soit $H^{\mathbb{C}}$ l'espace de Hilbert complexifié de H. Le prolongement de U à $H^{\mathbb{C}}$ est un unitaire positif donc égal à $\mathbb{1}$ d'après l'unicité de la décomposition polaire.

iii) Soit $0\leqslant\eta\leqslant\xi\in AF$ alors $0\leqslant A^{-1}\eta\leqslant A^{-1}\xi\in F$ et $A^{-1}\eta\in F$ donc $\eta\in AF$ et AF est une face. De plus si $\xi,\eta\in H^+$ alors ξ est orthogonal à η si et seulement si $A\xi$ est orthogonal à $(A^*)^{-1}\eta$ donc $AF^{\perp} = (A^{*-1}F)^{\perp}$. On vérifie que AP_FA^{-1} est un projecteur qui applique H sur $\overline{AF-AF}$, donc $AP_FA^{-1} = P_{AF}$ si $A\in U(H^+)$.
□

I.2.3. PROPOSITION (CONNES [2]) : Soit H^+ un cône autopolaire. Alors :

i) $D(H^+)$ est une algèbre de Lie réelle selfadjointe faiblement fermée.

ii) Un opérateur borné δ est dans $D(H^+)$ si et seulement si $\xi,\eta\in H^+$ sont tels que $<\xi,\eta> = 0$ alors $<\delta\xi,\eta> = 0$ (et $[\delta,J] = 0$ dans le cas complexe).

Preuve : i) Le fait que $D(H^+)$ est une algèbre de Lie résulte des formules

$$\left\{\begin{aligned} e^{t^2[\delta,\delta']} &= \lim_{n\to\infty}\left(e^{-\frac{t}{n}\delta}\, e^{-\frac{t}{n}\delta'}\, e^{\frac{t}{n}\delta}\, e^{\frac{t}{n}\delta'}\right)^{n^2} \\ e^{t(\delta+\delta')} &= \lim_{n\to\infty}\left(e^{\frac{t}{n}\delta}\, e^{\frac{t}{n}\delta'}\right)^{n} \end{aligned}\right.$$

et du fait que H^+ est fermé.

ii) cf. EVANS - HANCHE-OLSEN [1] :

Soit $\delta\in D(H^+)$. L'application : $t\in\mathbb{R}\to <e^{t\delta}\xi,\eta>$ est positive pour $\xi,\eta\in H^+$. Si $\xi\perp\eta$ alors elle atteint son minimum en 0 et par différentiation $<\delta\xi,\eta> = 0$.

Réciproquement si δ est un opérateur ayant la propriété énoncée, il suffit de montrer que pour $\lambda>\|\delta\|$ alors $(\lambda-\delta)^{-1}H^+\subset H^+$. En effet $e^{t\delta} = \lim_{n\to\infty}(\mathbb{1}-\frac{t}{n}\delta)^{-n}$ conservera l'ordre puisque $t\delta$ a la même propriété que δ pour tout réel t.

Montrons que $(\lambda-\delta)^{-1}H^+\subset H^+$: il suffit de montrer que si $\xi\in H$ et $(\lambda-\delta)\xi\in H^+$ alors $\xi\in H^+$. Supposons que $\xi\notin H^+$ et a pour décomposition de Jordan $\xi^+-\xi^-$.

Si $B = \{\eta\in H / \|\xi - \eta\| \leqslant \|\xi^-\|\}$ alors on vérifie facilement que $<\xi^-,B>\leqslant 0$.
Donc en remarquant que $\lambda-\delta\in D(H^+)$ on a

$$\begin{aligned} 0\leqslant <\xi^-, (\lambda-\delta)\xi> &= - <\xi^-, (\lambda-\delta)\xi^-> \\ &\leqslant -(\lambda-\|\delta\|)\ \|\xi^-\|^2 \\ &< 0 \end{aligned}$$

et une contradiction. Cette caractérisation montre immédiatement que $D(H^+)$ est faiblement fermée. □

Remarque : En dimension finie, ce résultat a été prouvé par SCHNEIDER-VIDYASAGAR ([1] th.3). Voir aussi B.S. TAM [1].

I.2.4. COROLLAIRE : Soit δ un opérateur borné. Alors $\delta\in D(H^+)$ si et seulement si $P_F\delta P_{F^\perp} = 0$ pour toute face F (et $[\delta, J] = 0$ dans le cas complexe).

I.2.5. COROLLAIRE : Si $A\in L(H)$ vérifie $[A,P_{<\xi>^{\perp\perp}}] = 0$ $\forall\xi\in H^+$ alors $A\in D(H^+)_{s.a.}$.

Preuve : D'après I.2.3., A est une dérivation. Il suffit de montrer que si $A = -A^*$ alors $A = 0$: $e^A\in U(H^+)$ et e^A commute avec $P_{<\xi>^{\perp\perp}}$ $\forall\xi\in H^+$, donc $e^A = \mathbb{1}$ (I.2.2.). □

Puisque (H,H^+) est un espace ordonné, il existe une notion de centre qui peut être relié au centre (en tant qu'algèbre de Lie) de $D(H^+)$ que l'on note $ZD(H^+)$. Rappelons pour cela que le centre idéal (order ideal) de (H,H^+) est $Z_{H^+} = \{T\in L(H) / \exists\alpha_T\geqslant 0$ tel que $\forall\xi\in H^+, -\alpha_T\xi \leqslant T\xi\leqslant\alpha_T\,\xi\}$ (cf. WILS [1], ALFSEN [1]).

I.2.6. LEMME : (BÖS [1])

Soit H^+ un cône autopolaire dans H. Si P est une projection orthogonale, alors on a l'équivalence de :

i) $P \in D(H^+)$

ii) $PH^+ \subset H^+$ et $(\mathbb{1}-P)H^+ \subset H^+$

iii) $P \in Z_{H^+}$.

iv) $[P, P_{<\xi>^{\perp\perp}}] = 0 \quad \forall \xi \in H^+$ = (et $[P,J] = 0$ dans le cas complexe)

v) $P \in Z\, D(H^+)$.

Preuve : i)$\Longrightarrow$ii) Puisque $e^{tP} = \mathbb{1} - P + e^t P$, $\mathbb{1} - P = \lim_{t \to -\infty} e^{tP} \in L(H^+)$.

De même $P = \lim_{t \to \infty} e^{-t} e^{tP} \in L(H^+)$.

ii)$\Longrightarrow$iii) est immédiat.

iii)$\Longrightarrow$iv) si $P \in Z_{H^+}$ et $\xi \in H^+$ alors $P<\xi> \subset <\xi>$. Puisque $<\xi>^{\perp\perp} = (\overline{<\xi> - H^+}) \cap H^+$ (I.1.7.) on a $P<\xi>^{\perp\perp} \subset <\xi>^{\perp\perp}$ et $[P, P_{<\xi>^{\perp\perp}}] = 0$.

iv)$\Longrightarrow$v) D'après I.2.5., $P \in D(H^+)$. Donc si $\delta \in D(H^+)$, $[\delta, P] \in D(H^+)$ (I.23.) et si $\xi, \eta \in H^+$ alors $P\xi \in H^+$ et $(\mathbb{1}-P)\eta \in H^+$ d'après i)$\Longrightarrow$ii).

Ainsi $<(\delta P - P\delta)P\xi, (\mathbb{1}-P)\eta> = 0$ (I.2.3.).

D'où $\delta P = P\delta P$ car ξ et η sont arbitraires. Par symétrie $P\delta = P\delta P$ et $p \in Z\, D(H^+)$.

v)$\Longrightarrow$i) est immédiat. □

I.2.7. LEMME (BÖS [1]) : Soit H^+ un cône autopolaire dans H.

i) $T \in Z_{H^+}$ si et seulement si $T = T^*$ et les projections spectrales de T sont dans Z_{H^+}.

ii) Les projections orthogonales satisfaisant les propriétés du lemme précédent sont les points extremaux de $Z^+_{H^+} = \{T \in Z_{H^+} \,/\, 0 \leq T\xi \leq \xi \ , \ \forall \xi \in H^+\}$.

iii) $Z_{H^+} = \{P_{<\xi>^{\perp\perp}} / \xi \in H^+\}'$ où ' désigne le commutant.

(et $Z_{H^+} = \{P_{<\xi>^{\perp\perp}} / \xi \in H^+\}' \cap \{J\}'$ dans le cas complexe)

En particulier $Z_{H^+} \subset Z\, D(H^+)$.

iv) Z_{H^+} est la partie selfadjointe d'une algèbre de von Neumann abelienne (i.e. $Z^+_{H^+} - Z^+_{H^+}$ est une algèbre commutative).

Preuve : i) $T = T^*$ d'après 1.2.5. car T commute avec P_F pour toute face F et ses projections spectrales sont dans Z_{H^+} (cf. I.2.6. iv). La réciproque résulte du théorème spectral dans $L(H)_{s.a.}$.

ii) Si $P = P^* = P^2 \in D(H^+)$ alors d'après le lemme précédent $P \in Z_{H^+}$. Montrons que P est extrémal dans $Z^+_{H^+}$:

Si $P = \lambda T_1 + (1-\lambda) T_2$ où $\lambda \in [0,1]$ et $T_i \in Z^+_{H^+}$ alors d'après i) $T_i = T_i^*$ et $T_i \in D(H^+)$ d'après I.2.6. et I.2.3. i). Donc $T_i \geqslant 0$ car si ξ a pour décomposition de Jordan $\xi^+ - \xi^-$, on a :

$$\langle T\xi,\xi\rangle = \langle T\xi^+ - T\xi^-, \xi^+ - \xi^-\rangle = \langle T\xi^+,\xi^+\rangle + \langle T\xi^-, \xi^-\rangle \geqslant 0$$

On en déduit $T_i = P$ et P est extrémal.
Réciproquement si T est un point extrémal de $Z^+_{H^+}$ alors $T = T^*$ et si T^2 et $2T-T^2$ sont dans $Z^+_{H^+}$, $T = \frac{1}{2}(2T-T^2) + \frac{1}{2}T^2$ entraînera $T=T^2$. Montrons donc que pour $\xi \in H^+$, $0 \leqslant (2T-T^2)\xi \leqslant \xi$. En fait on a $0 \leqslant T^2\xi \leqslant T\xi$ donc $(2T-T^2)\xi \geqslant 0$ et $(\mathbb{1} - T)^2\xi \geqslant 0$ car $(\mathbb{1} - T)\eta \geqslant 0$ pour $\eta \in H^+$ si bien que $(2T-T^2)\xi \leqslant \xi$.

Le reste est maintenant immédiat d'après I.2.5. et I.2.6. □

Associé à la notion de centre, il existe une notion de symétrie du cône :

I.2.8. DEFINITION : L'ensemble $S(H^+)$ des symétries d'un cône H^+ est l'ensemble des $U \in \mathcal{U}(H^+)$ tels que $[U, Z_{H^+}] = 0$.

Exemples: Si δ, $\delta' \in D(H^+)_{s.a.}$, alors $e^{t[\delta,\delta']} \in S(H^+)$ $\forall t \in \mathbb{R}$ d'après I.2.7. De même si $\delta \neq \delta^*$, $e^{t(\delta-\delta^*)} \in S(H^+)$.

I.2.9. REMARQUE : Il existe des symétries qui n'ont pas de point fixe :

Soit K un espace de Hilbert de dimension infinie muni d'une base $\{\xi_i\}_{i\in\mathbb{Z}}$. Soit $H = \{A \in L(K) / Tr(A^*A) = \sum_{i\in\mathbb{Z}} \|A\xi_i\|^2 < \infty\}$ l'ensemble des opérateurs de Hilbert-Schmidt. H est un espace de Hilbert pour $\langle A,B\rangle = Tr(A^*B)$. Le sous-ensemble H^+ des opérateurs positifs est un cône autopolaire indécomposable (cf. PENNEY [1] ou II.1.12.). Si $u \in L(K)$ est définit par $u\xi_i = \xi_{i+1}$ alors u est un unitaire. Soit $U : A \in H \to uAu^*$. On a $U \in U(H^+)$ et U est une symétrie car $Z_{H^+} = \mathbb{R}\,\mathbb{1}$ (I.3.2.). Donc si $A \in H$ est un point fixe de U, on a pour i, $n \in \mathbb{Z}$ $\|A\xi_i\|^2 = \|U^nA\xi_i\|^2 = \|A\xi_{i-n}\|^2$ ce qui est impossible.

En dimension finie, les transformations linéaires appliquant les matrices hermitiennes dans elles-mêmes sont du type : $A \to \sum_i \lambda_i X_i^* A^t X_i$: Voir par exemple de PILLIS [1].

Par contre en dimension finie toute symétrie a un point fixe (théorème de KREIN-RUTMAN , cf. SCHAEFER [1] p. 267). En fait on a le résultat plus fort suivant (cf. KOECHER [1], [2] , [3], ROTHAUS [1], VINDBERG [1], JANSSEN [1]):

I.2.10. LEMME : Soit H^+ un cône autopolaire de type dénombrable dans H. Tout sous groupe compact G de $GL(H^+)$ possède un point fixe quasi-intérieur de H^+. C'est en particulier le cas de $U(H^+)$ et $S(H^+)$ quand dim $H<\infty$.

Preuve : Soit ξ un quasi-intérieur de H^+ (I.1.15). Pour tout A dans G, $A\xi$ est un quasi-intérieur. L'application $A\in G\to A\xi$ est continue. Si $\tilde{\xi} = \int_G A\xi \, d\mu(A)$ où μ est la mesure de Haar sur G, $\tilde{\xi}$ est un quasi-intérieur de H^+ invariant par G. □

I.2.11 REMARQUE : En dimension finie, la bicontinuité d'une application conservant l'ordre ainsi que son inverse implique la linéarité de cette application (ROTHAUS [3], ZEEMAN [1]).

I.3 - DECOMPOSITION DES CÔNES AUTOPOLAIRES

Soit H^+ un cône autopolaire dans H. Si K et L sont des sous cônes non triviaux de H^+ tels que $H^+ = K \oplus L$, alors K et L sont des faces satisfaisant $K^\perp = L$.

I.3.0 DEFINITIONS :

H^+ est dit décomposable (resp. indécomposable) si il existe (resp. n'existe pas) une face $F \neq 0, H^+$ telle que $H^+ = F \oplus F^\perp$. Une telle face est dite décomposante (split face : cf ALFSEN [1]). A noter qu'une telle face vérifie $F = F^{\perp\perp} = P_F H^+$ d'après I.1.6 et $P_{F^\perp} = \mathbb{1} - P_F$.

I.3.1 LEMME : Soit H^+ un cône autopolaire dans H. Si $\xi, \eta \in H^+$ sont tels que $\sup(\xi,\eta)$ existe alors $\sup(\xi,\eta) = \eta + (\xi-\eta)^+$ et $\inf(\xi,\eta) = \eta - (\xi-\eta)^-$.

Preuve : Montrons tout d'abord que la décomposition en éléments disjoints au sens des treillis correspond à la décomposition de Jordan I.1.2.

(★) Si $\xi,\eta \in H^+$, $\langle\xi,\eta\rangle = 0$ et $\inf(\xi,\eta)$ existe $\Longleftrightarrow$ $\inf(\xi,\eta) = 0$

Supposons que $\inf(\xi,\eta) = 0$. D'après SCHAEFER [1] p. 206 (1) et p. 209
$\sup(\xi,\eta) = \xi+\eta - \inf(\xi,\eta) = \xi+\eta$, $\sup(\xi-\eta,0) = \xi$ et $\inf(\xi-\eta,0) = -\eta$.
Puisque $(\xi-\eta)^+ \geqslant \xi-\eta$ on a $(\xi-\eta)^+ \geqslant \sup(\xi-\eta,0) = \xi$ et de même $(\xi-\eta)^- \geqslant \eta$ donc $0 \leqslant \langle\xi,\eta\rangle \leqslant \langle (\xi-\eta)^+, (\xi-\eta)^- \rangle = 0$.
Réciproquement si $\langle\xi,\eta\rangle=0$ et $\rho = \inf(\xi,\eta)$ existe alors $\rho \in H^+$ et $\|\rho\|^2 \leqslant \langle\rho,\eta\rangle \leqslant \langle\xi,\eta\rangle = 0$. D'où $\rho = 0$ et (★) est démontrée.
Supposons maintenant que $\xi,\eta \in H^+$ sont tels que $\rho = \sup(\xi,\eta)$ existe.
Alors $\zeta = \xi+\eta-\rho$ est égal à $\inf(\xi,\eta)$. On a $\rho-\eta = \sup(\xi-\eta,0)$ et $\zeta-\eta = \inf(\xi-\eta,0)$
D'où $\xi-\eta = \sup(\xi-\eta,0) + \inf(\xi-\eta,0) = (\rho-\eta)-(-(\zeta-\eta))$
Montrons que cette décomposition de $\xi-\eta$ en différence d'éléments positifs est orthogonale.
On a $\inf(\rho-\eta, -(\zeta-\eta)) = \inf(\rho-\eta, (\rho-\eta)-(\xi-\eta)) = \inf(\rho-\eta,\rho-\xi) = \rho - \sup(\eta,\xi) = 0$
Donc d'après (★) $\langle\rho-\eta, -(\zeta-\eta)\rangle = 0$ et comme $\xi-\eta = (\rho-\eta)+(\zeta-\eta)$, l'unicité de la décomposition de Jordan fournit : $\rho-\eta = (\xi-\eta)^+$, $\zeta-\eta = -(\xi-\eta)^-$. □

Le fait que Z_{H^+} soit une algèbre maximale ou minimale se caractérise de la façon suivante (cf. PENNEY [1]). On rappelle qu'un espace de Riesz est un treillis vectoriel. Dans ce cas, H est un treillis de Banach.

I.3.2. PROPOSITION : Soit H^+ un cône autopolaire dans H.

i) H^+ est indécomposable si et seulement si $Z_{H^+} = \mathbb{R}\,\mathbb{1}$.

ii) Les conditions suivantes sont équivalentes :

1°/ H est un espace de Riesz pour l'ordre induit par H^+.

2°/ Toute face F de $\mathcal{F}(H^+)$ est décomposante i.e. : $H^+ = F \oplus F^\perp$.

3°/ $P_F \in Z_{H^+}$ $\forall F \in \mathcal{F}(H^+)$.

4°/ Z_{H^+} est la partie selfadjointe d'une algèbre de von Neumann abélienne maximale.

iii) Chacune des conditions suivantes impliquent celle qui suit et la dernière implique la première si H^+ possède un vecteur quasi-intérieur ξ tel que $D(H^+)\xi$ soit un sous-espace dense de H.

1°/ H est un espace de Riesz.

2°/ $S(H^+) = \{\mathbb{1}\}$ et $Z_{H^+} = \mathbb{Z}D(H^+)$.

3°/ $Z_{H^+} = D(H^+)$.

iv) $\mathcal{F}(H^+)$ est un treillis distributif si et seulement si H est un espace de Riesz.

v) Si H est un antitreillis (ie : si $\xi,\eta \in H$ et $\inf(\xi,\eta)$ existe alors $\xi \leq \eta$ ou $\eta \leq \xi$) alors $Z_{H^+} = \mathbb{R}\,\mathbb{1}$.

vi) Si F est une face décomposante alors $Z_{H^+} \approx Z_F \oplus Z_{F^\perp}$ et $S(H^+) \approx S(F) \oplus S(F^\perp)$.

Preuve : i) $P = P^* = P^2 \in Z_{H^+}$ est équivalent à $F = PH^+$ est une face décomposante, donc i) est démontré ainsi que 2°/$\Leftrightarrow$3°/ du ii).

ii) 1°$\Rightarrow$3°/

Soit H un espace de Riesz. Etablissons tout d'abord la propriété suivante :

(★★) Si $\xi = \xi^+ - \xi^-$ et $\eta \in H^+$ alors $\langle \xi^+, \eta \rangle = \sup_{0 \leq \rho \leq \eta} \langle \xi, \rho \rangle$ et $\langle \xi^-, \eta \rangle = \sup_{-\eta \leq \rho \leq 0} \langle \xi, \rho \rangle$

En fait ceci résulte directement du théorème de décomposition de Riesz (cf. par exemple JAMESON [1] : 2.6.5., 3.5.6. en utilisant I.1.4.).
Soit F une face de H^+. Si $\xi \in (\mathbb{1} - P_F)H$ et $\eta \in F$ alors d'après (★★) ξ^+ et ξ^- sont dans $F^\perp$. D'où $(\mathbb{1} - P_F)H \subset P_{F^\perp}H$ et $P_F + P_{F^\perp} = \mathbb{1}$ car $P_F P_{F^\perp} = 0$ (I.1.6.).
Par symétrie, si $\xi \in H^+$ et $\eta = P_F\xi$, alors $\eta = \eta^+ - \eta^-$ où $\eta^\pm \in P_F H$. Donc pour $\xi \in H^+$ on a $0 \leq \langle \xi, \eta^- \rangle = \langle P_F\xi, \eta^- \rangle = -\|\eta^-\|^2 \leq 0$ et $\eta^- = 0$.

Donc $P_F H^+ \subset H^+$ et $(\mathbb{1}-P_F)H^+ = P_{F^\perp}H^+ \subset H^+$ c'est-à-dire $P_F \in Z_{H^+}$.

3°/ $\Longrightarrow$ 4°/ est immédiat car $Z_{H^+} = \{P_{<\xi>^{\perp\perp}} / \xi \in H^+\}'$ d'après I.2.7.

4°/ $\Longrightarrow$ 1°/ Pour montrer que H est un espace de Riesz, il suffit d'après SCHAEFER [1] V.1.2. de montrer que si ξ, $\eta \in H^+$ alors $\inf(\xi,\eta)$ existe.

Soit $\rho = \eta-(\xi-\eta)^-$ (cf. I.1.2.) alors $\rho \leqslant \eta$ et $\rho \leqslant \rho+(\xi-\eta)^+ = \xi$.
Soit maintenant $\zeta \in H$ inférieur à ξ et η. Montrons que $\zeta \leqslant \rho$:

On a $\zeta-\rho \leqslant \xi-\eta+(\xi-\eta)^- = (\xi-\eta)^+$ et $\zeta-\rho \leqslant \eta-\eta+(\xi-\eta)^- = (\xi-\eta)^-$.

Par hypothèse si $F = <(\zeta-\rho)^+>^{\perp\perp}$, $P_F \in Z_{H^+}$ et $P_F+P_{F^\perp} = \mathbb{1}$ donc
$0 \leqslant (\zeta-\rho)^+ = P_F(\zeta-\rho) \leqslant P_F(\xi-\eta)^+ \leqslant (P_F+P_{F^\perp})(\xi-\eta)^+ = (\xi-\eta)^+$

De même $0 \leqslant (\zeta-\rho)^+ \leqslant (\xi-\eta)^- \in <(\xi-\eta)^+>^\perp$.

Donc $(\zeta-\rho)^+ \in <(\xi-\eta)^+> \cap <(\xi-\eta)^+>^\perp = \{0\}$

et $\zeta-\rho = -(\zeta-\rho)^- \leqslant 0$ ce qui implique que $\rho = \eta-(\xi-\eta)^-$ est la borne inférieure de ξ et η.

iii) 1°/ $\Longrightarrow$ 2°/ Supposons que H est un espace de Riesz. D'après I.2.7. $Z_{H^+} \subset ZD(H^+)$ et ii) entraîne que $P_F \in ZD(H^+)$ pour toute face complète F. Si $\delta \in ZD(H^+)$ on a $[P_F,\delta] = 0$ et $\delta \in Z_{H^+}$ (I.2.7.). Ainsi $Z_{H^+} = ZD(H^+)$. Soit $U \in S(H^+)$ alors $U \in Z_{H^+}' \subset Z_{H^+}$ car Z_{H^+} est maximale. Donc $[U, P_{<\xi>^{\perp\perp}}] = 0$ $\forall \xi \in H^+$ c'est-à-dire $U = \mathbb{1}$ d'après I.2.2.

2°/ $\Longrightarrow$ 3°/ : Supposons que $S(H^+) = \{\mathbb{1}\}$ et $Z_{H^+} = ZD(H^+)$. Montrons que la partie antiselfadjointe de $D(H^+)$ est nulle : Si $\delta = -\delta^* \in D(H^+)$ alors $e^{t\delta} \in S(H^+)$ car $Z_{H^+} = ZD(H^+)$ et $\delta = 0$. Si δ, $\delta' \in D(H^+)$ alors d'après I.2.3., $[\delta,\delta']$ est une dérivation antiselfadjointe donc est nulle et
$D(H^+) = ZD(H^+) = Z_{H^+}$.

3°/ + {H^+ possède un quasi-intérieur ξ tel que $K = D(H^+)\xi$ soit dense} $\Longrightarrow$ 1°/ : Si l'application de $D(H^+)$ dans K définie par $\delta \mapsto \delta\xi$ est un isomorphisme d'ordre, alors puisque $D(H^+) = Z_{H^+}$ est un treillis vectoriel il enest de même de K donc de sa fermeture (cf. SCHAEFER [2] p. 84 cor. 2) puisque H^+ est fermé.

Montrons donc que $\delta\xi \in H^+$ si et seulement si $\delta \geqslant 0$.
On remarque que $D(H^+) = D(H^+)_{s.a}$ d'après I.2.7.

Soit $\delta \geq 0$ alors si $\eta = \delta\xi$ a pour décomposition de Jordan $\eta^+ - \eta^-$ on a (puisque $[\delta, P_{<\eta^->^{\perp\perp}}] = 0$):

$$0 \leq <\delta P_{<\eta^->^{\perp\perp}}\xi, P_{<\eta^->^{\perp\perp}}\xi> = <P_{<\eta^->^{\perp\perp}}\delta\xi, \xi> = -<\eta^-, \xi> \leq 0$$

Donc $\eta^- = 0$ et $\delta\xi \in H^+$.

Réciproquement soit $\delta = \delta_1 - \delta_2$ la décomposition en partie positive orthogonale dans $L(H)$ de $\delta \in D(H^+)$ tel que $\delta\xi \in H^+$. Puisque les projecteurs spectraux de δ sont dans Z_{H^+}, $\delta_i \in Z_{H^+} \subset D(H^+)$, $\delta_1\xi - \delta_2\xi$ est la décomposition de Jordan de $\delta\xi$ d'après ce qui précède et l'unicité (cf. I.1.2.) implique $\delta_2\xi = 0$. Donc si $\eta \in H^+$, $\delta_2\eta \in H^+$ et $0 = <\delta_2\xi, \eta> = <\xi, \delta_2\eta>$ entraîne $\delta_2\eta = 0$, $\delta_2 = 0$ et $\delta \geq 0$.

iv) Supposons que H soit un espace de Riesz. D'après ii) tout couple F,G de faces complètes satisfait $F = F\wedge G \oplus F\wedge G^\perp$, $F+G = F\wedge G \oplus F\wedge G^\perp \oplus F^\perp \wedge G$ et en utilisant I.1.19. et le fait que

$$P_F + P_{F^\perp} = P_G + P_{G^\perp} = \mathbb{1}, \quad P_{F+G} = P_F P_G + P_F P_{G^\perp} + P_{F^\perp} P_G = P_F + P_G - P_F P_G$$

Donc $\mathbb{1} - P_{F+G} = (\mathbb{1} - P_F)(\mathbb{1} - P_G) = P_{F^\perp \wedge G^\perp}$ et $F \vee G = (F^\perp \wedge G^\perp)^\perp = F+G$.

Ainsi l'application $F \to P_F$ est un isomorphisme entre $\mathcal{F}(H^+)$ et le treillis distributif des projecteurs de Z_{H^+}.

Supposons maintenant que H ne soit pas un treillis. D'après ii) $\exists F \in \mathcal{F}(H^+)$ t.q. $F \oplus F^\perp \neq H^+$. Soient $\xi \in H^+$, $\xi \in F \oplus F^\perp$, $\eta = (\mathbb{1} - (P_F + P_{F^\perp}))\xi$ et $G = <\eta^+>^{\perp\perp}$. Si $\rho \in F \wedge G$ alors $P_F\rho = \rho$ et $<\rho, \eta^-> = 0$. D'où $<\rho, \eta^+> = <\rho, (\mathbb{1} - P_F - P_{F^\perp})\xi> = 0$ et $\rho \in <\eta^+>^\perp \cap <\eta^+>^{\perp\perp} = \{0\}$ (I.1.6.). De la même manière $F \wedge G^\perp = \{0\}$.

Donc $(F\wedge G) \vee (F \wedge G^\perp) = \{0\}$ alors que $F \wedge (G \vee G^\perp) = F \wedge H^+ = F$ et $\mathcal{F}(H^+)$ n'est pas un treillis distributif.

(A noter que cette équivalence est une généralisation de BARKER [3] th.4.1).

v) Soit H un antitreillis. Supposons que $Z_{H^+} \neq \mathbb{R}\,\mathbb{1}$. D'après I.3.2. i) il existe une face F non triviale telle que $H^+ = F \oplus F^\perp$. Soient $\xi \in F$ et $\eta \in F^\perp$ non nuls. Montrons que $\inf(\xi, \eta) = 0$ ce qui impliquera que H n'est pas un antitreillis et une contradiction. Si $\rho = \rho^+ - \rho^-$ est inférieur à ξ et η alors $P_F\rho \leq P_F\eta = 0$ et $P_{F^\perp}\rho \leq P_{F^\perp}\xi = 0$. Donc $\rho = (P_F + P_{F^\perp})\rho \leq 0$.

Le vi) est une simple vérification. □

<u>Problèmes</u>: * La condition sur ξ dans iii) est-elle nécessaire ?

On remarque que dans l'exemple I.1.11.2°/a, $P_F + P_{F^\perp} = \mathbb{1}$ pour toute face F bien qu'aucune face ne soit décomposante. Donc $H^+ = F \oplus F^\perp \not\Leftrightarrow P_F + P_{F^\perp} = \mathbb{1}$.

* La réciproque du v) est-elle vraie ? (cf. KADISON [1]).

Cette proposition indique que l'on peut décomposer H avec l'algèbre de von Neumann abelienne $Z^{\mathbb{C}}_{H^+} = Z_{H^+} + iZ_{H^+}$ et conduit à la définition suivante :

I.3.3. DEFINITION : Soient Z un espace Borelien et ν une mesure Borelienne positive σ-finie sur Z de support Z. Soient $\{H(\alpha)\}_{\alpha\in Z}$ un champ ν-intégrable (ie : mesurable et de carré ν-intégrable) d'espaces de Hilbert séparables indexés par Z et $H = \int_Z^{\oplus} H(\alpha)d\nu(\alpha)$ son intégrable hilbertienne (cf. DIXMIER [1]). Soit $H^+(\alpha)\subset H(\alpha)$, $\alpha\in Z$, une famille de cônes autopolaires. Ce champ $\{H^+(\alpha)\}_{\alpha\in Z}$ est dit ν-intégrable s'il existe une suite $\{\xi_n\}_{n\in\mathbb{N}}$ telle que $\xi_n(\alpha)\in H^+(\alpha)$ νp.p. et $\{\xi_n(\alpha)\}_{n\in\mathbb{N}}$ est dense dans $H^+(\alpha)$ νp.p. (ν-presque partout).

I.3.4. PROPOSITION : (PENNEY [1]) "INTEGRATION" :

Soit H comme dans I.3.3. et $\{H^+(\alpha)\}_{\alpha\in Z}$ un champ ν-intégrable de cônes autopolaires. Alors $H^+ = \{\xi\in H/\xi(\alpha)\in H^+(\alpha)\nu.p.p\}$ est un cône autopolaire de H tel que $\xi^{\pm}(\alpha) = \xi(\alpha)^{\pm}$ ν.p.p. , $Z_{H^+} = \int^{\oplus} Z_{H^+(\alpha)}\, d\nu(\alpha)$ et

$$D(H^+) = \{ \int^{\oplus}\delta(\alpha)d\nu(\alpha) \,/\, \delta(\alpha) \in D(H^+(\alpha))\ \nu.p.p\}.$$

Si ν est standard, toute face $F\in\mathfrak{F}(H^+)$ est de la forme $\int^{\oplus}F(\alpha)\, d\nu(\alpha)$ où $F(\alpha)\in\mathfrak{F}(H^+(\alpha))$ νp.p.. Dans ce cas $F^{\perp}=\int^{\oplus}F(\alpha)^{\perp}\, d\nu(\alpha)$ et $P_F = \int^{\oplus}P_{F(\alpha)}\, d\nu(\alpha)$. De plus H est un espace de Riesz si et seulement si $H(\alpha)$ est un espace de Riesz νp.p..

I.3.5. THEOREME : (PENNEY [1] BÖS [2])"DESINTEGRATION" :

Soit H un espace de Hilbert séparable muni d'un cône autopolaire H^+. Alors il existe un espace Borelien standard Z, une mesure Borelienne positive σ-finie sur Z, supportée par Z, des champs ν-intégrable d'espaces de Hilbert $\{H(\alpha)\}_{\alpha\in Z}$ et de cônes autopolaires indécomposables $H^+(\alpha)$ dans $H(\alpha)$ tels que H^+ est isomorphe à $\int_Z^{\oplus} H^+(\alpha)\, d\nu(\alpha)$ et Z_{H^+} est isomorphe à $L^{\infty}_{\mathbb{R}}(Z,\nu)$.

Preuve de I.3.4. : Intégration : Soient (Z,ν), $\{\xi_n\}_{n\in\mathbb{N}}\subset H = \int_Z^{\oplus} H(\alpha)d\nu(\alpha)$ comme dans I.3.3.

1°/ Il est clair que H^+ est un cône tel que $<\xi,\eta> \geqslant 0$ $\forall \xi,\eta \in H^+$. Soit $\xi \in (H^+)^*$, on a $<\xi(\alpha),\eta(\alpha)> \geqslant 0$ $\forall \eta \in H^+$ ν.p.p. En effet, soient M l'ensemble mesurable $\{\alpha \in Z / <\xi(\alpha), \eta(\alpha)> < 0\}$, X_M sa fonction caractéristique et $\eta \in H^+$ tel que $X_M \eta \neq 0$. Alors $X_M \eta \in H^+$ et $0 \leqslant <\xi, X_M \eta> < 0$ ce qui est impossible donc $X_M \eta = 0$ et M est de mesure nulle. D'où pour $n \in \mathbb{N}$ $<\xi(\alpha), \xi_n(\alpha)> \geqslant 0$ ν.p.p. et puisque $\{\xi_n\}_{n \in \mathbb{N}}$ est dénombrable, on peut supposer que $<\xi(\alpha), \xi_n(\alpha)> \geqslant 0$ p.p. indépendamment de n. Puisque $\{\xi_n(\alpha)\}_n$ est dense dans $H^+(\alpha)$, $\xi(\alpha) \in H^+(\alpha)$ ν.p.p. et $\xi \in H^+$.

On a $\xi^{\pm}(\alpha) = \xi(\alpha)^{\pm}$ νp.p. car la décomposition de Jordan est unique (cf. I.1.2.) . Ceci implique que $\alpha \to \xi(\alpha)^{\pm}$ est mesurable.

2°/ L'intégrale directe d'une famille mesurable d'éléments de $Z_{H^+(\alpha)}$ est dans Z_{H^+}. Inversement si M est un sous-ensemble mesurable de Z alors $X_M \in Z_{H^+}$. Si $T \in Z_{H^+}$ alors $[T, X_M] = 0$ (I.2.7.) et d'après TAKESAKI [1] IV.8.16, $T = \int^{\oplus} T(\alpha) d\nu(\alpha)$ où $T(\alpha) \in Z_{H^+(\alpha)}$ p.p. , donc $Z_{H^+} = \int^{\oplus} Z_{H^+(\alpha)} d\nu(\alpha)$.
Si $\delta \in D(H^+)$, δ commute avec Z_{H^+} d'après I.2.7., $\delta = \int^{\oplus} \delta(\alpha)\, d\nu(\alpha)$ et $e^{t\delta} = \int^{\oplus} e^{t\delta(\alpha)}\, d\nu(\alpha)$, ce qui entraîne $\delta(\alpha) \in D(H^+(\alpha))$ ν-p.p.
En effet il existe un ensemble $M \subset Z$ ν-conégligeable tel que $e^{t\delta(\alpha)} \xi_n^{\pm} \in H^+(\alpha)$ $\forall t \in \mathbb{Q}$ et $\forall \alpha \in M$. Par continuité $e^{t\delta(\alpha)} H^+(\alpha) \subset H^+(\alpha)$ $\forall t \in \mathbb{R}$ et $\forall \alpha \in M$ donc $\delta(\alpha) \in D(H^+(\alpha))$.

3°/ Soit $\xi \in H^+$. Montrons que $<\xi> \subset \int^{\oplus} <\xi(\alpha)> d\nu(\alpha) \subset \overline{<\xi>}$. La première inclusion est immédiate. Soit $\eta \in \int^{\oplus} <\xi(\alpha)> d\nu(\alpha)$ c'est-à-dire $\eta(\alpha) \leqslant \lambda(\alpha)\xi(\alpha)$ νpp. où $\lambda(\alpha) \in \mathbb{R}^+$. Soit $Z_n = \{\alpha \in Z / \eta(\alpha) \leqslant n\xi(\alpha)\}$ alors Z_n est mesurable car $Z_n = \bigcup_{m \in \mathbb{N}} \{\alpha \in Z \ / < n\,\xi(\alpha) - \eta(\alpha), \xi_m(\alpha) > \ \geqslant 0\}$.
Si $Z'_n = Z_n \setminus Z_{n-1}$, les Z'_n sont disjoints et $Z = \bigcup_{n \in \mathbb{N}} Z'_n$ à un ensemble de mesure nulle près. On a $\eta_n \equiv \int^{\oplus}_{Z'_n} \eta(\alpha) d\nu(\alpha) \leqslant n\xi$ donc $\eta = \sum_n \eta_n \in \overline{<\xi>}$. Il est clair que $(\int^{\oplus} <\xi(\alpha)>\, d\nu(\alpha))^{\perp} = \int^{\oplus} <\xi(\alpha)>^{\perp}\, d\nu(\alpha)$. Donc $<\xi>^{\perp\perp} = \int^{\oplus} <\xi(\alpha)>^{\perp\perp} d\nu(\alpha)$.

4°/ Ainsi si ν est standard, H est séparable et d'après I.1.16 toute face F de $\mathcal{F}(H^+)$ est de la forme $<\xi>^{\perp\perp}$ et $F = \int^{\oplus} F(\alpha) d\nu(\alpha)$ pour $F(\alpha) = <\xi(\alpha)>^{\perp\perp}$ ν.p.p.
Soit $f \in L^{\infty}(Z,\nu)^+$ et T_f l'opérateur diagonalisable associé. Puisque $T_f \in Z_{H^+}$, $[T_f, P_{<\xi>^{\perp\perp}}] = 0$ d'après I.2.7. et $P_{<\xi>^{\perp\perp}}$ est décomposable (DIXMIER [1] II.2.5. th. 1). Avec les notations précédentes, $P_F = \int^{\oplus} P(\alpha) d\nu(\alpha)$ où les $P(\alpha)$ sont des projecteurs de $H(\alpha)$. Il est clair que $P(\alpha) = P_{F(\alpha)}$ ν.p.p.

5°/ Si $H(\alpha)$ est un espace de Riesz ν.p.p. alors d'après I.3.2.

$$\sup_{H(\alpha)}(\xi(\alpha),\ \eta(\alpha)) = \eta(\alpha)+(\xi(\alpha)-\eta(\alpha))^+$$

pour ξ et η dans H^+ et il est clair que H est un espace de Riesz, car on peut choisir un ensemble de mesure 1 relativement à ν, commun à ξ et η. Réciproquement si H est un espace de Riesz et ν est standard, la condition $H^+ = F\oplus F^\perp$ $\forall F\in\mathcal{F}(H^+)$ impose $H^+(\alpha) = F(\alpha)\oplus F(\alpha)^\perp$ $\forall F(\alpha)\in\mathcal{F}(H^+(\alpha))$ ν.p.p. d'après le 4°/ et $H^+(\alpha)$ est un espace de Riesz ν.p.p. (I.3.2.). □

Preuve de I.3.5. : Désintégration : D'après DIXMIER [1] II.6.2. th.1, il existe un espace Borelien standard Z et une mesure ν borelienne positive σ-finie sur Z tels que l'algèbre de von Neumann $Z^{\mathbb{C}}_{H^+}$ agissant sur H soit identifiée aux opérateurs diagonalisables de $H \approx \int_Z^\oplus H(\alpha)d\nu(\alpha)$.

Soit $\{\xi_n\}_{n\in\mathbb{N}}$ une famille dense dans H et $H^+(\alpha)$ la fermeture dans $H(\alpha)$ du cône engendré par $\{\xi_n^\pm(\alpha)\}_{n\in\mathbb{N}}$ où on définit $\xi_n^\pm(\alpha) = \xi_n(\alpha)^\pm$ par cohérence de notation.

Montrons que $H^+(\alpha)$ est autopolaire : Si $\xi,\eta\in H^+$ alors $\langle\xi(\alpha),\ \eta(\alpha)\rangle \geqslant 0$ car sinon soit N l'ensemble mesurable $\{\alpha\in Z/\langle\xi(\alpha),\ \eta(\alpha)\rangle < 0\}$. X_N peut s'identifier à un projecteur de Z_{H^+} où X est la fonction caractéristique et $X_N\xi\in H^+$ (I.2.6.) ce qui implique $\langle X_N\xi,\ \eta\rangle<0$ et une contradiction. Soit M l'ensemble des $\alpha\in Z$ tels que $\forall n,\ m\in N$:

+ $\langle\xi_n^\pm(\alpha),\ \xi_m^\pm(\alpha)\rangle \geqslant 0$

+ $\langle\xi_n^+(\alpha),\ \xi_n^-(\alpha)\rangle = 0$

+ $\xi_n(\alpha) = \xi_n^+(\alpha) - \xi_n^-(\alpha)$

+ $\{\xi_n(\alpha)\}_n$ est dense dans $H(\alpha)$.

Comme précédemment, on vérifie que M est ν-conégligeable. Si $\xi(\alpha)\in H(\alpha)$ pour $\alpha\in M$ vérifie $\langle\xi(\alpha),\ \eta(\alpha)\rangle \geqslant 0$ $\forall\ \eta(\alpha)\in H^+(\alpha)$, alors puisque $\xi(\alpha) = \lim_k \xi_{n_k}(\alpha)$ et $\|\xi(\alpha)-\xi_{n_k}(\alpha)\|^2 = \|\xi(\alpha)-\xi^+_{n_k}(\alpha)\|^2 + 2\langle\xi(\alpha),\xi^-_{n_k}(\alpha)\rangle + \|\xi^-_{n_k}(\alpha)\|^2$ est une somme de termes positifs qui tend vers zéro. Donc $\xi(\alpha) = \lim_k \xi^+_{n_k}(\alpha)\in H^+(\alpha)$

$H(\alpha)$ est autopolaire et le champ $H^+(\alpha)$ est ν-intégrable car $\{\xi_n^+(\alpha)\}_n$ est dense dans $H^+(\alpha)$. $\int_Z^\oplus H^+(\alpha)d\nu(\alpha)$ est un cône autopolaire dans H d'après i) qui est inclus dans H^+ donc $H^+ = \int_Z^\oplus H^+(\alpha)d\nu(\alpha)$.

Montrons que les $H^+(\alpha)$ sont indécomposables : Soit L un sous-ensemble mesurable de Z tel que $\nu(L)\notin\{0,1\}$ et $H^+(\alpha) = F(\alpha)\oplus F(\alpha)^\perp$, $F(\alpha)$ non triviale $\forall\alpha\in L$.

Par restriction à $\int_L^\oplus H(\alpha)d\nu(\alpha)$ on peut supposer que Z = L. Donc si

$F = \int_Z^\oplus F(\alpha)d\nu(\alpha)$, on a $F^\perp = \int_Z^\oplus F(\alpha)^\perp d\nu(\alpha)$ et $H^+ = F\oplus F^\perp$ c'est-à-dire F est une face, $P_F\in Z_{H^+}$ et $F = P_F H^+$ d'après I.2.6.

Puisque $P_F\in Z_{H^+}$, P_F est diagonalisable et donc il existe un borelien M de Z tel que $P_F = X_M$. Ainsi $\int_Z^\oplus F(\alpha)d\nu(\alpha) = \int_M^\oplus H^+(\alpha)d\nu(\alpha)$ c'est-à-dire $F(\alpha) = H^+(\alpha)$ pour $\alpha\in M$ et $F(\alpha) = \{0\}$ si $\alpha\in Z\setminus M$ à un ensemble de mesure nulle près.

On obtient une contradiction et $H^+(\alpha)$ est indécomposable ν-p.p. □

Le résultat suivant renforce I.3.2.

I.3.6. PROPOSITION : Soit H un espace de Hilbert muni d'un cône autopolaire H^+. H un espace de Riesz si et seulement si H^+ est isomorphe à $L^2(Z,\nu)^+$ où Z est un espace localement compact et ν une mesure de Radon positive sur Z . Si H^+ possède un quasi-intérieur, on peut supposer que Z est compact et ν est finie.

Preuve : Cas général : Résulte de la caractérisation des treillis de Banach L^p (th. de BOHNENBLUST-NAKANO, cf. LACEY [1] p. 135 ou LINDENSTRAUSS-TZAFRIRI [1] th. I.b.2) et de I.3.1.

Cas séparable : D'après I.1.18 et I.3.5. $H^+ = \int^\oplus H^+(\alpha)\, d\nu(\alpha)$ et $H(\alpha)$ étant un treillis indécomposable est égal à $\mathbb{R}$ ν.p.p. Donc $H^+ = L^2(Z,\nu)^+$.

□

I.3.7. REMARQUES: * Si H^+ est un cône dans H tel que $\dim(H)<\infty$, la condition $L(H^+) = L(H^+)^*$ implique que H^+ est un cône autopolaire et H un espace de Riesz (BARKER-LOEWY [1]).

* Les faces propres des cônes autopolaires I.1.11. 2°/b) et 7°/ induisent des ordres de treillis dans l'espace qu'elles engendrent sans que ces cônes ne définissent des treillis.

I.4 - CLASSIFICATION DES CÔNES AUTOPOLAIRES

ALFSEN-SHULTZ ont introduit dans [1] la notion de P-projection pour les espaces vectoriels avec unité d'ordre. CHO-HO-CHU - WRIGHT [1] ont montré que cette notion permettait une classification en différents types des points d'un convexe compact (par exemple l'espace des états d'une C^* algèbre) calquée sur celle des algèbres de von Neumann . Dans ce chapitre on adapte ces notions au cadre des cônes autopolaires afin de classifier cette catégorie de cônes. Ce travail a été fait par BÖS dans le cas des cônes de type dénombrable.
Le lecteur doit être averti que cette classification n'est pas utilisée dans la suite et ne doit être considérée que comme un souci d'étudier exhaustivement les cônes autopolaires.

I.4.1 DEFINITION :

(BÖS [1]) Soit H^+ un cône autopolaire. Une P-projection **est une projection** orthogonale P telle que :

i) $PH^+ \in \mathcal{F}(H^+)$

ii) Si $P^\perp = P_{<PH^+>^\perp}$ alors $P^\perp H^+ \subset H^+$.

On note $\mathcal{P}(H^+)$ l'ensemble des P-projections.

I.4.2 REMARQUES :

i) Si $P \in \mathcal{P}(H^+)$ alors d'après I.1.6 et I.1.13, $F = PH^+$ est autopolaire dans PH, $P_F = P$ et de plus $P^\perp \in \mathcal{P}(H^+)$, $PP^\perp = 0$ et $P^{\perp\perp} = P$.

ii) Dans les exemples de I.1.11 on a

Cas du 1° : $\mathcal{P}(H^+) = \{ P_F \ / \ F \in \text{Fac } H^+ = \mathcal{F}(H^+)\}$.

2° a : $\mathcal{P}(H^+) = \{0,\mathbb{1}\}$.

2° b : $\mathcal{P}(H^+) = \{ P_F \ / \ F \in \text{Fac } H^+ = \mathcal{F}(H^+)\}$.

2° c : $\mathcal{P}(H^+) = \{P_{<\xi>} \ / \ \xi = (x,y,1)$ où $(x,y,0) \in]\widehat{AD}[\cup]\widehat{BC}[\}$

où $]\widehat{AD}[$ est l'arc de cercle bornes exclues.

iii) Si H^+ est semi-régulier (I.1.14) et $F \in \mathcal{F}(H^+)$ alors $P_F \in \mathcal{P}(H^+)$ (I.1.6).

I.4.3. LEMME (BÖS [1] : Soit H^+ un cône autopolaire. Si $P \in Z_{H^+}$ est une projection, alors $P \in \mathcal{P}(H^+)$. De plus $[Z_{H^+}, \mathcal{P}(H^+)] = 0$.

Preuve : Si $P \in Z_{H^+}$ alors $P \in \mathcal{T}(H^+)$ d'après I.3.2. Soit $Q \in Z_{H^+}$; On peut supposer que Q est un projecteur (I.2.7) et pour $\xi \in H^+$, on a :
$-\xi \leq Q\xi \leq \xi$ et P conservant l'ordre $-2P\xi \leq [P,Q]\, P\xi \leq 2P\xi$.
PH^+ étant une face, on en déduit $[P,Q]P = P[P,Q]P = 0$ et $[P,Q] = 0$. □

On note $\preccurlyeq$ et $\leq$ les ordres sur L(H) induits par H^+ (ie : $P \preccurlyeq Q$ si $Q-P \in L(H^+)$) et par l'ordre naturel de L(H) (ie : $P \leq 0$ si $\langle P\xi,\xi\rangle \leq 0 \quad \forall\, \xi \in H$).
On remarque que ces deux ordres sont différents en général : Si $P,Q \in \mathcal{T}(H^+)$ alors $P \preccurlyeq Q$ implique $P \leq Q$: En effet si $\xi \in H^+$, $0 \leq P\xi \leq Q\xi$ et QH^+ étant une face $P\xi = QP\xi$ c'est à dire $P = QP$ et $P \leq Q$. La réciproque est fausse : Soient $H^+ = M_{3x3}(\mathbb{R})^+_{s.a.}$ (cf. I.1.11.3°/) et $\{e_{ij}\}_{i,j}$ les unités matricielles.
Les applications $P : A \in H \to e_{11}Ae_{11}$ et $Q : A \in H \to (e_{11} + e_{22})\, A\, (e_{11} + e_{22})$ sont des P-projections (cf. introduction, 2ème étape ; on vérifie que $P_{(PH^+)^\perp} A = (e_{22} + e_{23})\, A\, (e_{22} + e_{33})$ et $P_{(QH^+)^\perp} = e_{33}\, A\, e_{33})$. Donc $P \leq Q$ mais QA-PA n'est jamais une matrice positive si $e_{12}\, A\, e_{11} \neq 0$ ce qui est possible avec $A \in H^+$. On a montré le lemme suivant :

I.4.4. LEMME : Soit H^+ un cône autopolaire.
Si $P,Q \in Z_{H^+}$ alors $P \leq Q$ est équivalent à $P \preccurlyeq Q$.

Les propriétés du treillis $\mathcal{T}(H^+)$ sont importantes pour la classification des cônes. D'où la

I.4.5. PROPOSITION : Soit H^+ un cône autopolaire dans H.

i) Z_{H^+} est un treillis pour $\leq$ et $\preccurlyeq$, complet distributif et orthocomplémenté pour $P \longrightarrow P^\perp = \mathbb{1}-P$.

Si H^+ est semi-régulier alors :

ii) L'application de $\mathcal{F}(H^+)$ dans $\mathcal{T}(H^+)$ définie par $F \longrightarrow P_F$ est un ismorphisme de treillis qui fait de $\mathcal{T}(H^+)$ un treillis pour $\leq$ complet orthomodulaire (pour $P_F \longrightarrow P_{F^\perp}$) dont le centre est Z_{H^+}.

iii) Si $P \in \mathcal{T}(H^+)$ ne majore aucune autre P-projection non nulle si et seulement si $PH^+ = \mathbb{R}^+$.

Preuve : i) résulte de I.4.4., I.2.7 iv) et du fait que le treillis des projections d'une algèbre de von Neumann abelienne vérifie les mêmes propriétés.

ii) Il est immédiat que l'application $F \in \mathcal{F}(H^+) \longrightarrow P_F \in \mathcal{T}(H^+)$ est une bijection de $\mathcal{F}(H^+)$ sur $\mathcal{T}(H^+)$. D'après I.1.18 et I.1.19 il suffit de montrer que si $\{F_\alpha\}_\alpha \subset \mathcal{F}(H^+)$ alors $P_{\wedge F_\alpha}$ est la borne inférieure dans $\mathcal{T}(H^+)$ des P_{F_α} pour que le treillis $\mathcal{T}(H^+)$ ait les propriétés énoncées. Si $F = \wedge_\alpha F_\alpha$

alors $P_F \leq P_{F_\alpha}$ car $F \subset F_\alpha$ entraine $P_F H = \overline{F - F} \subset \overline{P_{F_\alpha} H^+ - P_{F_\alpha} H^+} = P_{F_\alpha} H$.

Si $Q \in \mathfrak{T}(H^+)$ vérifie $Q \leq P_{F_\alpha}$ alors $Q H^+ \subset P_{F_\alpha} H \cap H^+ = F_\alpha$ (I.1.4). $QH^+ \subset F$ entraine $Q \leq P_F$ et $P_F = \bigwedge_\alpha P_{F_\alpha}$. Si P_F est dans le centre du treillis $\mathfrak{T}(H^+)$ alors d'après I.1.19 $[P_F, P_G] = 0 \quad \forall G \in \mathfrak{F}(H^+)$ et d'après I.2.6 $P_F \in Z_{H^+}$. I.4.3 permet de conclure que Z_{H^+} est le centre de $\mathfrak{T}(H^+)$.

iii) Conséquence immédiate de I.1.18. □

Les P-projections de Z_{H^+} seront appelées <u>centrales</u> et on notera $Z\,\mathfrak{T}(H^+)$ l'ensemble de ces P-projections centrales.

Ne disposant pas pour l'instant de notion de P-projections équivalentes, on utilisera la notion de trace (cf. IV.2.1 pour d'autres propriétés) pour définir une P-projection finie.

<u>I.4.6 DEFINITIONS</u> : (CHO-HO-CHU et WRIGHT [1]) Soit H^+ un cône autopolaire.

i) Un vecteur $\xi \in H^+$ est appelé <u>vecteur trace</u> si ξ est tel que $U\xi = \xi$ pour tout U dans $S(H^+)$.

Soit $P \in \mathfrak{T}(H^+)$.

ii) P est <u>finie</u> si PH^+ possède un vecteur trace.

P est <u>abelienne</u> si PH est un espace de Riesz pour l'ordre induit par PH^+.

P est un <u>atome</u> si P ne majore aucune autre P-projection non nulle.

Soit $P \in Z\,\mathfrak{T}(H^+)$.

iii) P est de <u>type I</u> si chaque projection centrale non nulle majorée par P majore une P-projection abelienne non nulle.

P est de <u>type II</u> **si** P ne majore aucune P-projection abelienne non nulle et si chaque P-projection centrale non nulle majorée par P contient une P-projection finie non nulle.

P est de <u>type III</u> s'il n'existe pas de P-projection finie majorée par P.

P est <u>proprement infinie</u> s'il n'existe aucune P-projection centrale finie majorée par P.

Si P est proprement infinie de type I (resp. de type II)

on dit que P est de type I_∞ (resp II_∞). Si P est de type I (resp. II) fini P est appelée de type I_{fini} (resp. II_1).

Le cône autopolaire H^+ est du type : $i = I_{fini}$, I_∞, II_1, II_∞, III si l'identité de L(H) est de type i.

I.4.7 REMARQUES : * Une P-projection P abelienne est finie car d'après I.3.2 $S(PH^+) = \{1\}$. Ceci implique qu'une P-projection centrale ne peut être de deux types différents.

* Si dim H < ∞ alors H^+ est de type I_{fini} ou II_1 d'après I.2.10. En particulier l'exemple I.1.11 2°/a est du type II_1 (cf. I.4.2)

Le théorème suivant obtenu par BÖS dans le cas où H^+ est de type dénombrable classifie les cônes autopolaires et coïncide avec la classification des algèbres de von Neumann si $H^+ = \mathcal{P}^\natural_{M,\xi_0}$ est le cône associé à l'algèbre de von Neumann M et au vecteur cyclique et séparateur ξ_0 (cf. CONNES [2]).

I.4.8. THEOREME : Soit H^+ un cône autopolaire dans H. Alors

H^+ se décompose orthogonalement de manière unique en

$$H^+ = F_{I_{fini}} \oplus F_{I_\infty} \oplus F_{II_1} \oplus F_{II_\infty} \oplus F_{III}$$

où les faces F_i sont des cônes autopolaires de type i dans $P_{F_i}H$.

La preuve passe par les deux résultats suivants qui rassemblent les propriétés principales des P-projections et qui sont une simple adaptation de CHO-HO-CHU-WRIGHT [1] au présent contexte.

I.4.9. LEMME : Soit H^+ un cône autopolaire.

i) Si $P \in \mathcal{P}(H^+)$ et $Q \in Z\mathcal{P}(H^+)$ alors $PQ \in \mathcal{P}(H^+)$ et $(PQ)^\perp = P^\perp Q + Q^\perp$.

ii) Soient $P, Q \in \mathcal{P}(H^+)$ telles que P soit finie et Q abelienne. Si $R \in Z\mathcal{P}(H^+)$ alors PR est finie et QR est abelienne.

iii) Soient P, Q deux P-projections centrales finies. Alors $P \vee Q$ (dans $Z\mathcal{P}(H^+)$) est finie.

Preuve : **i)** Il est clair que PQ ainsi que $S = P^\perp Q + Q^\perp$ sont des projections qui conservent l'ordre. Si $\xi \in H^+$ est tel que $S\xi = 0$ alors $0 \leqslant Q^\perp \xi \leqslant S\xi = 0$ et en utilisant I.1.6, $\xi = Q\xi$, $P^\perp \xi = 0$ et $\xi = P\xi$. Donc $(SH^+)^\perp \subset PQH^+$.

L'inclusion inverse étant immédiate, $(PQ)\,H^+$ est une face complète (I.1.6).
De même $(PQH^+)^\perp = S(H^+)$: En effet si $\xi \in H^+$ vérifie $PQ\xi = 0$ alors $Q\xi = P^\perp Q\xi$.
Donc $S\xi = P^\perp Q\xi + Q^\perp \xi = (Q + Q^\perp)\,\xi = \xi$. On a ainsi $S = P_{(PQ(H^+))^\perp}$ et $S = (PQ)^\perp$.

ii) Soit ξ un vecteur trace de PH^+.

La restriction de R à PH est dans Z_{PH^+} d'après I.2.6 et $S(RPH^+) \approx S(PH^+)R$ d'après I.3.2, donc $R\xi$ est un vecteur trace de $RP(H^+)$.

Si Q est abelienne alors QH est un treillis vectoriel. Donc si ξ,η sont dans QRH, alors ξ,η sont dans RH et $\sup(\xi,\eta)$ existe dans QH. D'après I.3.2 $\sup(\xi,\eta) = \eta + (\xi-\eta)^+$. D'après l'unicité de la décomposition de Jordan (I.1.2) $\sup(\xi,\eta) \in$ QRH et est égal au $\sup(\xi,\eta)$ dans QRH.

iii) D'après I.4.5, $P \vee Q$ existe et on vérifie que $P \vee Q = P \oplus P^\perp Q$.
D'après I.3.2, $S((P\vee Q)H^+) = S(PH^+) \oplus S(P^\perp QH^+)$ et $S(P^\perp QH^+) \approx S(QH^+)P^\perp$.
Donc si ξ et η sont des vecteurs traces de PH^+ et QH^+, $\xi \oplus P^\perp \eta$ sera un vecteur trace de $(P\vee Q)H^+$. □

<u>I.4.10 PROPOSITION : Soit H^+ un cône autopolaire dans H.</u>

i) <u>Si $\mathcal{C}$ est la famille des P-projections centrales finies alors $P_{finie} = \bigvee_{P\in\mathcal{C}} P$ est la plus grande P-projection centrale finie.</u>

ii) <u>Si $\{P_\alpha\}_\alpha$ est une famille de P-projections centrales de type i où i = I, II, III alors $\bigvee_\alpha P_\alpha$ est de type i.</u>

iii) <u>Si $P \in Z\mathcal{P}(H^+)$ alors P se décompose en $P = P_I \oplus P_{II} \oplus P_{III}$ où P_i est de type i.</u>

<u>Preuve</u> : i) P_{finie} existe puisque $Z\mathcal{P}(H^+)$ est un treillis complet.
Soit $X = \{(\xi_p, P) \,/\, P \in \mathcal{C}$ et ξ_p est un vecteur trace normalisé de $PH^+\}$.
L'ensemble X devient partiellement ordonné avec $(\xi_p,P) \ll (\xi_q,Q)$ si $P \leqslant Q$ et $\xi_p = P\xi_q$. Montrons que cet ordre est inductif : Soit $(\xi_\alpha, P_\alpha)_{\alpha\in\Gamma}$ un sous ensemble totalement ordonné de X. Soit $P = \bigvee_\alpha P_\alpha$ (dans $Z\mathcal{P}(H^+)$).
La famille $\{\xi_\alpha\}_{\alpha\in\Gamma}$ de H^+ est filtrante à droite car pour $\alpha,\beta \in \Gamma$, on a soit $\xi_\alpha = P_\alpha\xi_\beta$ soit $\xi_\beta = P_\beta\xi_\alpha$ donc soit $\xi_\beta = P_\alpha\xi_\beta + (\mathbb{1}-P_\alpha)\xi_\beta \geqslant P_\alpha\xi_\beta = \xi_\alpha$ soit $\xi_\alpha \geqslant \xi_\beta$. D'après I.1.4 il existe $\xi \in H^+$ tel que $\xi = \bigvee_\alpha \xi_\alpha$. Puisque $P\xi_\alpha = \xi_\alpha$ on a $P\xi = \bigvee_\alpha P\,\xi_\alpha = \xi$. Si $U \in S(PH^+)$ alors $U\xi = \bigvee_\alpha U\xi_\alpha = \bigvee_\alpha (U\,P_\alpha)\xi_\alpha$ et puisque $(UP_\alpha)\,\xi_\alpha = \xi_\alpha$ d'après I.3.2, $U\xi = \xi$ et ξ est vecteur trace de PH^+.

D'après le lemme de Zorn, X contient un élément maximal (ξ_m, P_m). Si $P \in \mathcal{C}$ est tel que $P \geqslant P_m$ alors puisque $PP_m^{\perp}$ est une P-projection centrale finie d'après ii), $PP_m^{\perp} H^+$ possède un vecteur trace η. D'après I.4.9 iii) $\xi = \xi_m \oplus \eta$ est vecteur trace de $(P_m \vee PP_m^{\perp}) H^+ = PH^+$ et $(\xi_m, P_m) \ll (\xi, P)$ ce qui contredit la maximalité de (ξ_m, P_m). Donc $P_m = \bigvee_{P \in \mathcal{C}} P = P_{finie}$.

ii) Si P_α est de type I $\forall\alpha$ alors pour toute P-projection P centrale $\neq 0$ majorée par $\bigvee_\alpha P_\alpha$ on a $P = \bigvee_\alpha (PP_\alpha)$. Donc $\exists\, \alpha$ tel que $PP_\alpha \neq 0$ et $Q_\alpha \in Z\mathcal{P}(H^+)$ tel que Q_α soit abelienne et majorée par PP_α et donc par P. Ainsi $\bigvee_\alpha P_\alpha$ **est de** type I.

Si P_α est de type II $\forall\alpha$, alors pour tout $P \in \mathcal{P}(H^+)$ abelienne et majorée par $\bigvee_\alpha P_\alpha$ on a $P = \bigvee_\alpha PP_\alpha$ et PP_α est une P-projection abelienne majorée par P_α. Donc $PP_\alpha = 0$ $\forall\alpha$ et $P = 0$. On peut conclure avec le même raisonnement que précédemment et faire de même si P_α est de type III $\forall\alpha$.

iii) Soient $P \in Z\mathcal{P}(H^+)$ et $\mathcal{C}_i$ les familles de P-projections centrales de type i (où i = I, II, III) majorée par P. D'après le ii), les $P_i = \bigvee_{Q \in \mathcal{C}_i} Q$ sont des P-projections centrales de type i dominée par P.

Puisque si $Q, Q' \in Z\mathcal{P}(H^+)$ et Q est de type i, QQ' est de type i on a $P_i P_j = 0$ si $i \neq j$. Supposons que $Q = P - (P_I + P_{II} + P_{III})$ **soit** non nulle alors puisque Q n'est pas majorée par P_I, Q n'est pas de type I. Donc il existe $0 \neq R \in Z\mathcal{P}(H^+)$ majorée par Q telle que R ne domine aucune P-projection abelienne. Puisque R n'est pas dominé par P_{II} car $R \leqslant P-(P_I + P_{II} + P_{III})$, R n'est pas de type II. Donc il existe $0 \neq S \in Z\mathcal{P}(H^+)$ tel que $S \leqslant R$ et S ne contienne aucune P-projection finie. Donc S est de type III et $S \leqslant P_{III}$ ce qui entraine S = 0 et cette contradiction implique Q = 0 et $P = P_I \oplus P_{II} \oplus P_{III}$. □

<u>PREUVE DE I.4.8</u> : Avec les notations et les résultats de I.4.6, on a

$$\mathbb{1} = P_{finie} P_I \oplus (\mathbb{1} - P_{finie}) P_I \oplus P_{finie} P_{II} \oplus (\mathbb{1} - P_{finie}) P_{II} \oplus P_{III}$$

Ceci est une décomposition de l'identité en P-projections centrales respectivement de type I_{finie}, I_∞, II, II_∞ et III.

Si $P \in Z\mathcal{P}(H^+)$ et $Q \in \mathcal{P}(PH^+)$ il est clair que $QP \in \mathcal{P}(H^+)$ $(QP)^{\perp} = Q^{\perp}P + P^{\perp}$ et QP est finie (resp. abelienne) si et seulement si Q est finie (resp. abelienne). Le théorème est donc immédiat. □

II - CONES AUTOPOLAIRES FACIALEMENT HOMOGENES

Dans ce chapitre, on s'intéresse à la notion d'homogénéité faciale introduite par CONNES [2]. Cette propriété qui assure l'existence de suffisamment de **dérivations**, à savoir $P_F - P_{F^\perp}$ est une dérivation pour toute face F, implique que le cône est régulier, que les projecteurs faciaux P_F correspondants à des faces F appliquent le cône sur la face biorthogonale $F^{\perp\perp}$ à F (II.1.3). Elle est héréditaire dans la catégorie des cônes autopolaires (II.1.6) et se caractérise techniquement de façon simple par $P_F(P_G - P_{G^\perp})\,P_{F^\perp} = 0$ pour toutes faces F et G (II.1.7). De plus, **elle entraîne** que le cône est symétrique par rapport à l'espace engendré par F et $F^\perp$ pour toute face F (II.1.10), et est compatible avec la décomposition en intégrale directe d'un cône autopolaire (II.1.17). En fait la conséquence essentielle de cette propriété est qu'elle implique une théorie spectrale sur les dérivations du cône : Toute dérivation selfadjointe δ est une intégrale (au sens faible) d'une unique famille spectrale de dérivations faciales (i.e. de la forme $\delta_F = 1/2(\mathbb{1} + P_F - P_{F^\perp})$ où F est une face complète) : $\delta = \int_{\mathcal{S}} \lambda d\delta_{F(\lambda)}$, $\mathcal{S}$ = spectre (δ). Ce résultat est tiré des propriétés spectrales de δ en tant qu'opérateur sur H (II.2.4). Ces dérivations faciales sont les points extrémaux du convexe faiblement compact constitué par la partie positive de la boule unité des dérivations (II.2.7). On peut, grâce à ce résultat, étendre une dérivation d'un sous cône en une dérivation du cône (II.2.8). On verra au chapitre IV que l'homogénéité faciale est équivalente dans le cas de dimension finie au fait que le groupe linéaire du cône agit de façon transitive sur l'intérieur du cône.

II. 1 DÉFINITIONS ET PROPRIÉTÉS GÉNÉRALES

II.1.1 DEFINITION : Un cône autopolaire est dit facialement homogène si pour toute face F, $N_F \equiv P_F - P_{F^\perp} \in D(H^+)$.

II.1.2 REMARQUES : + $e^{tN_F} = e^t P_F + e^{-t} P_{F^\perp} + (\mathbb{1} - N_F^2)$ car P_F, $P_{F^\perp}$ et $N_F^2 = P_F + P_{F^\perp}$ sont des projecteurs.

+ Si H est un treillis de Banach, H^+ est facialement homogène d'après I.2.7 et I.3.2 car P_F et $P_{F^\perp}$ sont dans $ZD(H^+)$.

+ Les exemples de cônes $H^+ = M_n(\mathbb{K})^+_{s.a.}$ du 3°/ de I.1.11 sont facialement homogènes car pour toute face F, il existe d'après la théorie spectrale un projecteur π_F de $M_n(\mathbb{K})^+_{s.a.}$ tel que $P_F A = \pi_F A \pi_F \quad \forall A \in M_n(\mathbb{K})_{s.a.}$
On vérifie que pour $t \in \mathbb{R}$

$$e^{tN_F} A = (e^{t/2}\pi_F + e^{-t/2}(\mathbb{1} - \pi_F))\, A\, (e^{t/2}\pi_F + e^{-t/2}(\mathbb{1} - \pi_F))$$

Donc e^{tN_F} conserve l'ordre. (Il est à noter que l'on peut faire une théorie spectrale dans le cas de $M_3(\mathbb{O})^+_{s.a.}$: cf. FREUDENTHAL [1] ; Plus précisément tout élément de $M_3(\mathbb{O})^+_{s.a.}$ peut être diagonilisé par un élément du groupe exceptionnel F_4 : cf. GÜNAYDIN-PIRON-RUEGG [1]).

II.1.3 PROPOSITION : Soit H^+ un cône autopolaire facialement homogène dans H.

i) H^+ est régulier (i.e. $P_F H^+ \subset H^+$ pour toute face F).
ii) $P_F = P_{F^{\perp\perp}}$, $P_F H^+ = F^{\perp\perp}$ et $P_F \in \mathcal{P}(H^+)$ $\forall F \in Fac(H^+)$.
iii) $Z_{H^+} = ZD(H^+) = (D(H^+)_{s.a.})'$.

Preuve : i) On a $e^{t(N_F - \mathbb{1})} \in L(H^+)$, $\forall t \in \mathbb{R}$ et $P_F = s\text{-}\lim_{t\to\infty} e^{t(N_F-\mathbb{1})}$ est dans $L(H^+)$ car $L(H^+)$ est faiblement fermé.

ii) BÖS [1] : Si $F \in Fac(H^+)$ alors $P = P_{F^{\perp\perp}} - P_F$ est une projection orthogonale égale à $N_{F^{\perp\perp}} - N_F \in D(H^+)$ (cf. I.2.3). D'après I.2.6 si $\xi \in H^+$ alors $0 \leq P\xi$ et $P_F P\xi = P_{F^\perp} P\xi = 0$. Donc d'après I.1.6 $P\xi \in F^{\perp\perp} \cap F^\perp = \{0\}$ et $P = 0$ car H^+ engendre H. On déduit de I.1.6 et du i) que $F^{\perp\perp} = P_{F^{\perp\perp}} H^+ \cap H^+ = P_F H^+$. Il est clair maintenant que P_F est une P-projection.

iii) Il suffit de montrer d'après I.2.7 que $(D(H^+)_{s.a.})' \subset Z_{H^+}$. Soit $A \in L(H)$ tel que $A \in (D(H^+)_{s.a.})'$. De $[A, N_F] = 0 \;\; \forall F$ on tire

$0 = P_{F^\perp} [A, N_F] P_F$ et $P_{F^\perp} A P_F = P_F A P_{F^\perp} = 0$. Donc $[A, P_F] = 0 \ \forall F$ et $A \in Z_{H^+}$ d'après I.2.7. □

La proposition suivante montre qu'il suffit de connaitre une dérivation sur une face et son orthogonale pour la connaitre partout.

II.1.4 PROPOSITION : Soient H^+ un cône autopolaire facialement homogène dans H et $\delta \in D(H^+)_{s.a.}$. Si A est une partie de H^+ telle que $\delta P_A = \delta P_{<A>^\perp} = 0$ alors $\delta = 0$ (Ici P_A est le projecteur orthogonal sur l'espace vectoriel fermé engendré par A).

Preuve : Soient $F = <A>$ et $G = <F \cup F^\perp>$. Si $\xi \in G$, il existe $\eta \in A$ et $\rho \in F^\perp$ tels que $0 \leqslant \xi \leqslant \eta + \rho$, donc $0 \leqslant e^{t\delta}\xi \leqslant e^{t\delta}(\eta+\rho) = \eta + \rho$. La théorie spectrale des opérateurs selfadjoints implique que $\delta\xi = 0$ c'est à dire $\delta P_G = 0$. D'après I.1.9, $G^\perp = F^\perp \cap F^{\perp\perp} = \{0\}$ et $G^{\perp\perp} = H^+$. II.1.3. implique $\delta = \delta P_{G^{\perp\perp}} = \delta P_G = 0$.□

II.1.5 COROLLAIRE : Soient H^+ un cône autopolaire facialement homogène et $\xi \in H^+$. ξ est un quasi-intérieur si et seulement si ξ est cyclique (ie.$\mathfrak{M}\xi$ est dense) et séparateur pour $\mathfrak{M} = D(H^+)_{s.a.}$.

Preuve : Si ξ est un quasi-intérieur, ξ est cyclique d'après I.1.22. Montrons que ξ est séparateur : Soit $\delta \in \mathfrak{M}$ tel que $\delta\xi = 0$. Si $\eta \in H$ vérifie $0 \leqslant \eta \leqslant \xi$ on a $0 \leqslant e^{t\delta}\eta \leqslant e^{t\delta}\xi = \xi \quad \forall t \in \mathbb{R}$. La théorie spectrale de L(H) implique $\delta\eta = 0$ et $\delta <\xi> = 0$. Donc $\delta = \delta P_{<\xi>^{\perp\perp}} = \delta P_{<\xi>} = 0$ d'après II.1.3 et II.1.4.
Réciproquement si ξ est cyclique pour $\mathfrak{M}$ et $\eta \in H^+$ vérifie $<\eta,\xi> = 0$ alors $<\eta, \delta\xi> = 0 \quad \forall \delta \in \mathfrak{M}$ (I.2.3) entraîne $\delta = 0$.□

La notion d'homogénéité faciale est héréditaire :

II.1.6 PROPOSITION : Soit H^+ un cône autopolaire facialement homogène dans H. Si K^+ est un cône autopolaire dans K tel que $K^+ \subset H^+$ alors K^+ est facialement homogène. En particulier si $F \in \mathfrak{F}(H^+)$ alors F est un cône autopolaire facialement homogène dans $P_F H$.

La preuve passe par le lemme suivant

II.1.7 LEMME : Mêmes hypothèses que II.1.6. Soient $F \in Fac(K^+)$ et $<F>$ la face engendrée par F dans H^+.

i) $F = P_K <F>$.

ii) Si $F^{\perp_K} = \{\xi \in K^+ \ / \ <\xi,F> = 0\}$ alors $F^{\perp_K} = P_K <F>^{\perp}$.

iii) $[P_K, P_{<F>}] = 0$.

iv) $P_F = P_K P_{<F>} P_K$ et $P_{F^{\perp_K}} = P_K P_{<F>^{\perp}} P_K$.

Preuve : Montrons tout d'abord que $P_K H^+ \subset H^+$: Si $\xi \in H^+$ et $\eta = P_K\xi$ alors $\eta = \eta^+ - \eta^-$ où $\eta^{\pm} \in K^+$ (I.1.2). Donc $0 \leq <\eta^-, \xi> = <\eta^-, P_K\xi> = - \|\eta^-\|^2$ et $P_K\xi = \eta^+ \in H^+$.

i) Si $\xi \in <F>$ il existe $\lambda \in \mathbb{R}^+$ et $\eta \in F$ tels que $0 \leq \xi \leq \lambda\eta$. donc $0 \leq P_K\xi \leq \lambda P_K\eta = \lambda\eta$, $P_K\xi \in F$ et $P_K <F> \subset F \subset P_K <F>$.

ii) Si $\xi \in <F>^{\perp}$ alors si $\eta \in F$ on a $<P_K\xi, \eta> = <\xi,\eta> = 0$ et $P_K <F>^{\perp} \subset F^{\perp_K}$ (I.1.6). Puisque $F^{\perp_K} \subset <F>^{\perp}$ on a $F^{\perp_K} = P_K <F>^{\perp}$.

iii) Sachant que P_K envoie un fermé sur un fermé on a

$$P_K P_{<F>^{\perp}} H = \overline{P_K(<F>^{\perp} - <F>^{\perp})} = \overline{F^{\perp_K} - F^{\perp_K}} \subset \overline{<F>^{\perp} - <F>^{\perp}} = P_{<F>^{\perp}} H$$

et $[P_K, P_{<F>^{\perp}}] = 0$. D'après I.2.2 et II.1.3, $0 = [P_K, P_{<F>^{\perp\perp}}] = [P_K, P_{<F>}]$

iv) Les deux projecteurs P_F et $P_KP_{<F>}P_K$ sont égaux car ils ont même image : $P_K P_{<F>} P_K H = P_K P_{<F>} H = P_K \overline{<F> - <F>} = \overline{F - F} = P_F H$. Même raisonnement pour $P_{F^{\perp_K}}$. □

Preuve de II.1.6 : Soient $\xi,\eta \in K^+$ tels que $<\xi,\eta> = 0$. En utilisant I.2.3 et II.1.7 on a $<(P_F - P_{F^{\perp_K}}) \xi,\eta> = <(P_{<F>} - P_{<F>^{\perp}}) \xi,\eta> = 0$ et $P_F - P_{F^{\perp_K}} \in D(K^+)$. En particulier si $F \in \mathfrak{F}(H^+)$, $F = P_F H^+$ est autopolaire dans $P_F H$ (I.1.13 et II.1.3) et le résultat précédent s'applique. □

Il est intéressant d'avoir plusieurs caractérisations de la propriété d'homogénéité faciale qui est plus forte que la notion de régularité des cônes autopolaires (cf. II.1.12 pour un contre-exemple).

II.1.8 LEMME : Soit H^+ un cône autopolaire. On a l'équivalence de :

i) H^+ est facialement homogène.

ii) H^+ est régulier et si $\xi,\eta \in H^+$, $F \in \mathrm{Fac}(H^+)$ alors

$<\xi,\eta> \geq (<P_F\, \xi,\eta>^{1/2} - <P_{F^\perp}\, \xi,\eta>^{1/2})^2$.

iii) $P_F\, N_G\, P_{F^\perp} = 0 \quad \forall\, F, G \in \mathrm{Fac}(H^+)$.

iv) $N_F\, N_G\, N_F = N_F^2\, N_G\, N_F^2 \quad \forall\, F, G \in \mathrm{Fac}(H^+)$.

Preuve : i) $\Longrightarrow$ ii) Si H^+ est facialement homogène, H^+ est régulier d'après II.1.3 et la fonction à valeurs positives $f : t \longrightarrow f(t) = <e^{t(P_F - P_{F^\perp})}\, \xi,\eta>$ où $\xi,\eta \in H^+$ atteint son minimum en t_0 tel que

$$e^{2t_0} <P_F\, \xi, \eta> \;=\; <P_{F^\perp}\, \xi, \eta> \quad \text{et} \quad 0 \leq f(t_0) = <\xi,\eta> - (<P_F\, \xi,\eta>^{1/2} - P_{F^\perp}\, \xi,\eta>^{1/2})^2$$

ii) $\Longrightarrow$ iii) Si $\xi, \eta \in H^+$ alors $\forall\, G \in \mathrm{Fac}(H^+)$ (puisque H^+ est régulier) on a $0 = <P_F\xi, P_{F^\perp}\, \eta> \geq (<P_G\, P_F\xi, P_{F^\perp}\, \eta>^{1/2} - <P_{G^\perp}\, P_F\xi, P_{F^\perp}\, \eta>^{1/2})^2$

Donc $<P_F\, N_G\, P_{F^\perp}\, \xi, \eta> = 0$ et $P_F\, N_G\, P_{F^\perp} = 0$ car H^+ engendre H.

iii) $\Longrightarrow$ iv) $\Longrightarrow$ i) : Si $P_F\, N_G\, P_{F^\perp} = 0$ alors $N_F\, N_G\, N_F = N_F^2\, N_G\, N_F^2$. Si cette dernière condition est vérifiée alors $P_F\, N_G\, P_{F^\perp} + P_{F^\perp}\, N_G\, P_F = 0$ d'où en multipliant à droite par $P_{F^\perp}$, $P_F\, N_G\, P_{F^\perp} = 0$ ce qui implique, F étant arbitraire, que $N_G \in D(H^+)$ (I.2.4). □

II.1.9 DEFINITION : Un cône autopolaire H^+ est dit symétrique si $U_F = 2\, N_F^2 - \mathbb{1}$ conserve l'ordre pour toute face F.

Remarque : U_F est la symétrie par rapport à l'espace vectoriel fermé engendré par F et $F^\perp$ et $U_F \in S(H^+)$ d'après I.2.7.

II.1.10 THEOREME : Un cône autopolaire facialement homogène est symétrique

Preuve : Soit H^+ un tel cône. On montre, en utilisant la relation $P_F N_G P_{F^\perp} = 0$ de manière répétée, que $U_F N_G U_F = N_G + 2[N_F, [N_G, N_F]]$. Donc $U_F N_G U_F \in D(H^+)$ d'après I.2.3. Puisque $U_F P_G U_F = \lim_{t\to\infty} U_F e^{t(N_G - 1\!\!1)} U_F = \lim_{t\to\infty} e^{t(U_F N_G U_F - 1\!\!1)}$ (topologie de la norme de L(H)), $U_F P_G U_F$ conserve l'ordre. Supposons que U_F ne conserve pas l'ordre, c'est à dire qu'il existe $\xi \in H^+$ tel que $\eta = U_F\xi$ a pour décomposition de Jordan $\eta^+ - \eta^-$ où $\eta^- \neq 0$. Dans ce cas $0 \leqslant U_F P_{<\eta^->} U_F\xi = - U_F\eta^-$ et $U_F\eta^- \leqslant 0$. Puisque P_F et $P_{F^\perp}$ conserve l'ordre

$0 \leqslant (P_F + P_{F^\perp})\, \eta^- = (P_F + P_{F^\perp})\, U_F\eta^- \leqslant 0$ donc $P_F\eta^- + P_{F^\perp}\, \eta^- = 0$ ce qui implique

$P_F\eta^- = P_{F^\perp}\, \eta^- = 0$, $\eta^- \in F^\perp \cap F^{\perp\perp} = \{0\}$ et une contradiction. □

II.1.11 COROLLAIRE : Soit H^+ un cône autopolaire facialement homogène.

i) Si $\xi, \eta \in H^+$ et $F \in Fac(H^+)$,

$$|\langle(1\!\!1 - N_F^2)\xi,\eta\rangle| \leqslant 2 \langle P_F\xi,\eta\rangle^{1/2} \langle P_{F^\perp}\xi,\eta\rangle^{1/2} .$$

ii) Si $\xi \in H^+$, $F \in Fac(H^+)$, $\eta = (1\!\!1 - N_F^2)\xi$ et $t \in \mathbb{R}$ alors

* $U_F\eta^+ = \eta^-$.
* $e^{t[N_F, N_{<\eta^+>}]}\eta = \cos t\, \eta + \sin t\, N_F(\eta^+ + \eta^-)$.
* $e^{t[N_F, N_{<\eta^+>}]}\eta^+ = \frac{1}{2}(\eta^+ + \eta^- + \cos t\,(\eta^+ - \eta^-) + \sin t\, N_F\,(\eta^+ + \eta^-))$.

Preuve : i) D'après II.1.8 on a pour ξ et η dans H^+

$$- \langle(1\!\!1 - N_F^2)\, U_F\xi,\eta\rangle = \langle(1\!\!1 - N_F^2)\, \xi,\eta\rangle \geqslant - 2 \langle P_F\xi,\eta\rangle^{1/2} \langle P_{F^\perp}\, \xi,\eta\rangle^{1/2}$$

Donc $|\langle(1\!\!1 - N_F^2)\, \xi,\eta\rangle| \leqslant 2 \langle P_F\xi,\eta\rangle^{1/2} \langle P_{F^\perp}\xi,\eta\rangle^{1/2}$.

ii) On a $U_F\eta = -\eta$ et puisque U_F est un unitaire qui conserve l'ordre, l'unicité de la décomposition de Jordan entraine $U_F\eta^+ = \eta^-$ (I.1.2) et donc

$N_F^2(\eta^+ + \eta^-) = \eta^+ + \eta^-$. Si $\delta = [N_F, N_{<\eta^+>}]$, il suffit de montrer les égalités suivantes :

$\delta(\eta^+ + \eta^-) = 0$, $\delta\eta = N_F(\eta^+ + \eta^-)$ et $\delta N_F(\eta^+ + \eta^-) = -\eta$. Tout d'abord on remarque que $N_F \eta^+ = N_F \eta^-$. Donc

$$\delta(\eta^+ + \eta^-) = N_F(\eta^+ - \eta^-) - N_{<\eta^+>} N_F(\eta^+ + \eta^-) = -N_{<\eta^+>} N_F N_{<\eta^+>} (\eta^+ - \eta^-)$$

$$= -N^2_{<\eta^+>} N_F N^2_{<\eta^+>} (\eta^+ - \eta^-) = -N^2_{<\eta>} N_F (\eta^+ - \eta^-) = 0 \qquad \text{(II.1.8.)}.$$

$$\delta(\eta^+ - \eta^-) = N_F N_{<\eta+>}(\eta^+ - \eta^-) = N_F (\eta^+ + \eta^-) \cdot$$

$$\delta N_F(\eta^+ + \eta^-) = (N_F N_{<\eta^+>} N_F - N_{<\eta+>} N_F^2)(\eta^+ + \eta^-) = (N_F^2 - \mathbb{1}) N_{<\eta^+>} N_F^2 (\eta^+ + \eta^-)$$

$$= -(\mathbb{1} - N_F^2) N_{<\eta^+>} (\eta^+ + \eta^-) = -(\mathbb{1} - N_F^2)(\eta^+ - \eta^-)$$

$$= -\eta \,. \ \square$$

II.1.12. REMARQUES : • Dans les exemples de I.1.11, les cônes du 2°a/ sont symétriques mais non facialement homogènes car non semi-réguliers (I.1.14.), ceux du 2° b/ sont réguliers mais pas facialement homogènes car non symétriques sauf si $\mathcal{C}_1$ est un cercle.

• Dans un cône autopolaire régulier et symétrique H^+ on a $\xi \leqslant 2 N_F^2 \xi$ pour $\xi \in H^+$ et $F \in Fac(H^+)$. Par contre on ne peut pas en général trouver de réel positif λ tel que $N_F^2 \xi \leqslant \lambda \xi \forall \xi \in H^+$: Reprenons l'exemple I.2.9. des opérateurs de Hilbert-Schmidt H sur un espace de Hilbert séparable K de dimension infinie. Puisque H est séparable, alors pour toute face $F \in \mathfrak{F}(H^+)$ il existe d'après I.1.16 un $A \in H^+$ tel que $F = \overline{<A>}$. Si $\{\eta_i\}_{i \in \mathbb{N}}$ est une base de K de vecteurs propres orthogonaux de A correspondant aux valeurs propres $\{\lambda_i\}_{i \in \mathbb{N}}$, alors $A = \sum_{i \in \mathbb{N}} \lambda_i \eta_i \otimes \eta_i$ où $\eta \otimes \rho \in H$ est défini par $(\eta \otimes \rho)(\xi) = <\rho, \xi> \eta$ pour $\xi \in K$.

Soit $J = \{i \in \mathbb{N} / \lambda_i \neq 0\}$ et λ_1 la plus petite valeur propre non nulle de A. Alors $0 \leqslant \lambda_1 (\sum_{i \in J} \eta_i \otimes \eta_i) \leqslant A \leqslant \|A\| \sum_{i \in J} \eta_i \otimes \eta_i$. Donc si $\pi_F = \sum_{i \in J} \eta_i \otimes \eta_i$ on a $F = \overline{<\pi_F>}$ et $<\pi_F> = \{A \in H^+ / A = \Pi_F A \Pi_F\} = \Pi_F H^+ \Pi_F$. Donc $P_F H = \overline{F - F} = \overline{\Pi_F H^+ \Pi_F - \Pi_F H^+ \Pi_F} = \Pi_F H \Pi_F$ et P_F est l'application définie par $P_F B = \Pi_F B \Pi_F$. De même $P_{F^\perp} B = (\mathbb{1} - \Pi_F) B (\mathbb{1} - \Pi_F)$ car $(\mathbb{1} - \Pi_F) H^+ (\mathbb{1} - \Pi_F) \subset P_{F^\perp} H^+$ et si

$B \in F^{\perp}$ alors $0 = \langle \pi_F, B \rangle = Tr(\pi_F B) = \langle B^{1/2}\pi_F, B^{1/2}\pi_F \rangle$ et $B\pi_F = \pi_F B = 0$ ce qui implique $B = (1\!\!1 - \pi_F)B(1\!\!1 - \pi_F)$. Ceci montre que H^+ est indécomposable car sinon il existe d'après I.2.6. $P_F \in Z_{H^+}$ tel que $P_{F^\perp} = 1\!\!1 - P_F$ ce qui entraîne $\pi_F = 1\!\!1$ et $F = H^+$. Soit A la matrice par blocs 2x2 : $\bigoplus_{i \in \mathbb{N}} A_i$ où $A_0 = 0$ et $A_{i \neq 0} = \begin{bmatrix} a_i & b_i \\ b_i & a_i \end{bmatrix}$ est une matrice dans l'espace engendré par $\{\eta_{2i}, \eta_{2i+1}\}$,

avec $a_i = \frac{1}{i}(1+i)$ et $b_i = \frac{1}{i}$. Alors $A \in H^+$ car A est une matrice positive et $Tr(|A|^2) = 2 \sum_{0 \neq i \in \mathbb{N}} \frac{1}{i^2}\left((1+\frac{1}{i})^2 + 1\right) \leq 10 \sum_{0 \neq i \in \mathbb{N}} \frac{1}{i^2} < \infty$. Si $\lambda \in R^+$ il faut pour que $(\lambda+1)A - N_F^2 A = \bigoplus_{0 \neq i \in \mathbb{N}} \begin{bmatrix} \lambda a_i & (\lambda+1)b_i \\ (\lambda+1)b_i & \lambda a_i \end{bmatrix}$ soit dans H^+ que $\lambda^2 a_i^2 \geq (\lambda+1)^2 b_i^2$

c'est-à-dire $\lambda \geq \frac{2\, b_i^2}{a_i^2 - b_i^2} = \frac{2\ \ i^2}{2i+1} \geq \frac{2}{3}\, i \quad \forall i \in \mathbb{N}$ ce qui est impossible.

II.1.13. PROBLEME : Existe-t-il un cône autopolaire régulier et symétrique qui ne soit pas facialement homogène ?

La notion de symétrie est importante pour cette étude. En particulier l'ensemble des vecteurs de $\bigcap_{F \in \mathfrak{F}(H^+)} F \oplus F^{\perp}$ sera invariant par toutes les symétries de la forme U_F. En fait le résultat suivant permettra de caractériser les vecteurs traces (I.4.6.) comme les vecteurs invariants par les U_F (cf. IV.2.1.). C'est aussi une extension de VINBERG [2] Théorème 3 page 88.

II.1.14. PROPOSITION : Soit H^+ un cône autopolaire facialement homogène tel que $K^+ = \bigcap_{F \in \mathfrak{F}(H^+)} F \oplus F^{\perp}$ soit non réduit à zéro. Alors K^+ est un cône autopolaire dans $K = \bigcap_{F \in \mathfrak{F}(H^+)} N_F^2 H$ dont les faces complètes sont les intersections des faces décomposantes de H^+ avec K^+. De plus K est un espace de Riesz.

Preuve : Soit P la borne inférieure des projecteurs $\{N_F^2\}_{F \in \mathfrak{F}(H^+)}$. Donc P est un projecteur sur $\bigcap_{F \in \mathfrak{F}(H^+)} N_F^2 H$ qui conserve l'ordre car si $F, G \in \mathfrak{F}(H^+)$ alors $N_F^2 \wedge N_G^2 = s\text{-}\lim (N_F^2 N_G^2)^n \in L(H^+)$; donc si I décrit les parties finies de $\mathfrak{F}(H^+)$ ordonnées par inclusion, l'ensemble filtrant $(P_I = \bigwedge_{\alpha \in I} P_\alpha)_I$ d'éléments de $L(H^+)$ est décroissant et $P = \bigwedge_I P_I = s\text{-}\lim_I P_I \in L(H^+)$ (i.e. : les projections de de $L(H^+)$ forment un treillis complet).

Ainsi $PH^+ = (\bigcap_F N_F^2 H) \cap H^+ = \bigcap_F N_F^2 H^+ = K^+$ est autopolaire dans PH d'après I.1.13.
Montrons que si G est une face de K^+ alors $P_{<G>} \in Z_{H^+}$: Puisque $P \leq N_F^2$ pour $F \in \mathfrak{F}(H^+)$, $N_F^2 G \subset G$ car $G \subset K$. Puisque N_F^2 conserve l'ordre, on a $N_F^2 <G>^\perp \subset <G>^\perp$ ce qui entraîne $P_{<G>} (P_F + P_{F^\perp}) P_{<G>^\perp} \xi = 0$ si $\xi \in H^+$ et $P_{<G>} P_F P_{<G>^\perp} = 0$.
Donc $[P_F, P_{<G>^\perp}] = 0$ (I.1.6.) et $[P_F, P_{<G>}] = 0$ d'après I.2.2. et le fait que $P_{<G>} = P_{<G>^{\perp\perp}}$. I.2.7. implique que $P_{<G>} \in Z_{H^+}$. Réciproquement soit G une face de H^+ telle que $P_G \in Z_{H^+}$ alors $P_G K^+ = G^{\perp\perp} \cap K^+$: En effet $P_G H^+ = G^{\perp\perp}$ et $[P_G, N_F^2] = 0$ $\forall F \in \mathfrak{F}(H^+)$ donc $P_G K^+ \subset G_+^{\perp\perp} \cap K^+$. L'inclusion inverse résulte de $P_G(G^{\perp\perp} \cap K^+) = G^{\perp\perp} \cap K^+ \subset P_G K^+$ car $P_G = P_{G^{\perp\perp}}$. La première partie du lemme est donc démontrée.

Puisque chaque face complète de K^+ est décomposante dans K^+ (II.1.7.), K est un espace de Riesz d'après I.3.2. □

Une caractérisation de $S(H^+)$ commençant avec le résultat suivant sera faite en III.7.2.

II.1.15. COROLLAIRE : Soit H^+ un cône autopolaire facialement homogène dans H.

i) Si $K^+ = \bigcap_{F \in \mathfrak{F}(H+)} F \oplus F^\perp$ est non réduit à zéro, alors $U \in S(H^+)$ implique $U\xi = \xi$ pour ξ dans K^+.
Réciproquement si $< K^+ >^\perp = \{0\}$ alors les conditions $U \in U(H^+)$ et $U\xi = \xi$ pour $\xi \in K^+$ implique $U \in S(H^+)$.

ii) $S(H^+)$ contient un sous-groupe à un paramètre (non trivial) continu en norme si et seulement si H n'est pas un espace de Riesz.

Preuve : i) On garde les notations de II.1.14. Si $U \in S(H^+)$, $[U,P] = 0$ car $U N_F^2 U^{-1} = N_{UF}^2$ (I.2.2.). Donc U laisse K^+ invariant ainsi que chaque face de K^+. D'après I.2.2., $U_{/K^+} = \mathbb{1}$.

Réciproquement montrons que $[U, Z_{H^+}] = 0$. D'après I.2.6. et I.2.7. il suffit de montrer que pour $G \in Fac(H^+)$ telle que $P_G \in Z_{H^+}$ alors $[U, P_G] = 0$. On a

$$< G \cap K^+ >^\perp = \{\xi \in H^+ / < \xi, G \cap K^+ > = 0\} \qquad (I.1.6.)$$
$$= \{\xi \in H^+ / < P_G \xi, K^+ > = 0\} \qquad (II.1.14)$$

Puisque $< K^+ >^\perp = \{0\}$, $G^{\perp\perp} = <G \cap K^+>^{\perp\perp}$. L'égalité $P_F = P_{F^{\perp\perp}}$ pour toute face entraîne $UP_G H = UP_{<G \cap K^+>} H \subset U < G \cap K^+ > - U < G \cap K^+ >$. On a $P_{G^\perp} U < G \cap K^+ > = \{0\}$.
En effet si $\eta \in H^+$ vérifie $\eta \leq \zeta \in < G \cap K^+ >$ alors il existe $\xi \in G \cap K^+$ tel que $0 \leq \eta \leq \xi$ et

$0 \leqslant P_{G^\perp} U\eta \leqslant P_{G^\perp} U\xi = P_{G^\perp}\xi = 0$. Ainsi $P_G UP_{G^\perp} = 0$, $UP_G = P_G UP_{G^\perp}$ (I.1.6.) et $[U,P_G] = 0$.

ii) Si H est un espace de Riesz, $S(H^+) = \mathbb{R}\mathbb{1}$ d'après I.3.2.

Réciproquement supposons que $\{U_t\}_{t\in\mathbb{R}}$ est un groupe à un paramètre non trivial dans $S(H^+)$. Le théorème de STONE implique l'existence d'une dérivation antiselfadjointe. Si H est un espace de Riesz, cette dérivation est dans Z_{H^+} (I.3.2) donc est selfadjointe (I.2.7). Cette contradiction entraîne que H n'est pas un espace de Riesz. □

II.1.16 REMARQUES : Cas des cônes"ronds". Soit H^+ un cône du type I.1.11 7°/. Soit $\xi = (\xi_0, \vec{\xi})$ où $\xi_0 \in \mathbb{R}^+$ et $\vec{\xi} \in K$. $\eta = (\|\xi\|, \vec{\xi})$et $\eta^\perp = (\|\xi\|, -\vec{\xi})$ sont deux vecteurs orthogonaux de H^+ ; on a $\xi = \dfrac{\langle\xi,\eta\rangle}{\|\eta\|^2}\eta + \dfrac{\langle\xi,\eta^\perp\rangle}{\|\eta^\perp\|^2}\eta^\perp$.

Si $U \in U(H^+) = S(H^+)$ (I.3.2) alors $\mathbb{R}(U\eta)$et $\mathbb{R}(U\eta^\perp)$sont deux faces orthogonales de H^+. Puisque $U\xi$ a les mêmes coordonnées dans le repère $(U\eta, U\eta^\perp)$ **que** ξ dans le repère $(\eta, \eta^\perp)$, le sommet de $U\xi$ se trouve sur l'intersection avec H^+ de l'hyperplan Δ défini par $(\xi_0, 0)$ et donc $U\xi$ se trouve sur un cercle de Δ centré sur l'axe du cône et passant par le sommet de ξ. La médiatrice du segment défini par les sommets de $U\xi$ et ξ donne sur H^+ deux faces F et $F^\perp$. Il est clair que $U_F\xi = U\xi$. La construction précédente de $e^{t[N_F, N_G]}$ est minimale en ce sens que le cône **rond** H^+ où dim H = 3 est tel que $S(H^+)$ est

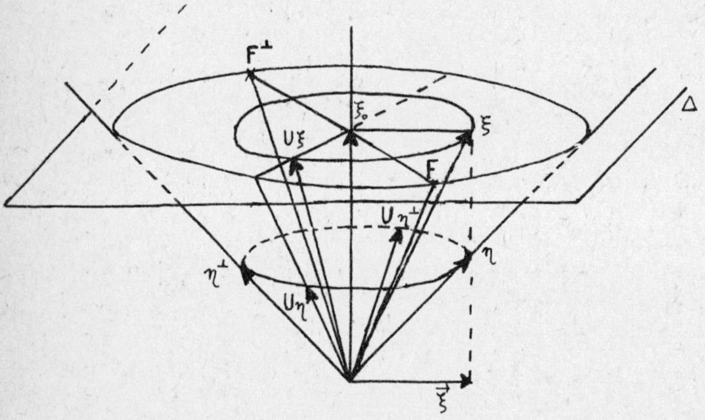

réduit à $\{U_F \ / \ F \in \mathfrak{F}(H^+)\} \cup \{e^{t[N_{F_1}, N_{F_2}]} \ / \ t \in \mathbb{R}\}$ où F_1 et F_2 sont deux faces telles que $F_1 \not\subset F_2 \cup F_2^\perp$.

En fait on verra plus généralement en III.3.10 que la composante connexe pour la norme $S_0(H^+)$ de $S(H^+)$ est la fermeture forte du groupe engendré par $\{U_F \ / \ F\in\mathfrak{F}(H^+)\}$

pour tous les cônes de type I_2 (Mais U_F n'est pas forcément dans $S_o(H^+)$). De plus $S(H^+)$ a deux composantes connexes si dim K est paire ou infinie. Si dim K = 3 alors H^+ est un cône autopolaire facialement homogène qui est de plus orientable (cf. VI.1.2) car c'est le cône H^+ des matrices 2 x 2 selfadjointes à coefficients complexes muni du produit scalaire défini par la trace :

$$A = \frac{1}{2}\begin{bmatrix} Tr(A) + x & y + iz \\ y - iz & Tr(A) - x \end{bmatrix} \in H^+ \text{ si } \quad 0 \leqslant \det A = \frac{1}{4}\,(Tr(A)^2 - x^2 - y^2 - z^2).$$

Dans ce cas $S(H^+)$ est connexe car $U_F \in S(H^+)$ pour toute face F (cf. VI.2.3). Quelques propriétés des cônes ronds sont étudiées dans JANSSEN [5].

II.1.17 PROPOSITION : Soit $H^+ = \int^{\oplus} H^+(\alpha)\, d\nu(\alpha)$ où ν est standard (cf. I.3.3 et I.3.4).
Alors H^+ est facialement homogène si et seulement si $H^+(\alpha)$ est facialement homogène ν.p.p.

Preuve : Conséquence immédiate de I.3.4. □
En fait toute propriété sur les faces est vérifiée sur H^+ si et seulement si elle est vérifiée sur $H^+(\alpha)$ ν.p.p. Le résultat suivant est une extension de HAAGERUP-SKAU [1] prop. 1.1 (on se rapportera au chapitre VI pour une comparaison).

II.1.18 PROPOSITION : Soit H^+ un cône autopolaire facialement homogène. Si ξ est un quasi-intérieur de H^+ et $K_\xi^+ = \{\delta\xi \ / \ \delta \in D(H^+)^+_{s.a.}\}$ alors

i) K_ξ^+ est un cône tel que $(K_\xi^+)^* \subset H^+ \subset \overline{K_\xi^+}^{\|.\|}$.

ii) Si $\eta \in H^+$, l'intervalle d'ordre $[0,\eta]$ est inclus dans $\{\delta\eta \ / \ \delta \in D(H^+) \quad 0 \leqslant \delta \leqslant \mathbb{1}\}$.

iii) $\langle\xi\rangle \subset K_\xi^+$.

Preuve : i) Si $\eta \in (K_\xi^+)^*$ alors $\delta_{\langle\eta^+\rangle^\perp}\, \eta = \frac{1}{2}\,(\mathbb{1} + P_{\langle\eta^+\rangle^\perp} - P_{\langle\eta^+\rangle^{\perp\perp}})\,(\eta^+ - \eta^-)$
$= -\eta^-$

car $\eta^- \in \langle\eta^+\rangle^\perp$. Donc $0 \leqslant \langle\eta, \delta_{\langle\eta^+\rangle^\perp}\,\xi\rangle = -\langle\eta^-, \xi\rangle \leqslant 0$ et $\eta^- = 0$, c'est à dire $(K_\xi^+)^* \subset H^+$.

Le théorème du bipolaire implique $\overline{K_\xi^+} = (K_\xi^+)^{**} \supset (H^+)^* = H^+$.

ii) Soit η' tel que $0 \leqslant \eta' \leqslant \eta$. Supposons que $\eta' \notin E$ où

$$E = \{\delta\eta \ / \ \delta \in D(H^+) \quad 0 \leqslant \delta \leqslant \mathbb{1}\}.$$

L'application $\delta \longrightarrow \delta\eta$ étant faiblement continue, E est faiblement compact donc fermé en norme car convexe. D'après le théorème d'HAHN-BANACH, il existe $\rho \in H$ et $r \in \mathbb{R}$ tels que $\langle\rho, \delta\eta\rangle \geqslant r \ \ \forall\ \delta\eta \in E$ et $\langle\rho,\eta'\rangle < r$. En prenant $\delta = \delta_{\langle\rho^-\rangle}$ on a $-\langle\rho^-, \eta\rangle \geqslant r$ donc $r > \langle\rho,\eta'\rangle \geqslant -\langle\rho^-,\eta'\rangle \geqslant -\langle\rho^-, \eta\rangle \geqslant r$ et cette contradiction entraine aussi que $\langle\xi\rangle \subset K_\xi^+$. □

Il est à noter que la condition pour ξ d'être quasi-intérieur est nécessaire pour le i) car si $\eta \in \langle\xi\rangle^{\perp} - \langle\xi\rangle^{\perp}$, $\eta \in (K_\xi^+)^*$.

II.2. Théorie spectrale

II.2.1. INTRODUCTION ET NOTATIONS :

Le but de ce paragraphe est de montrer que toute dérivation selfadjointe d'un cône autopolaire facialement homogène se décompose spectralement en dérivations faciales c'est-à-dire du type $\delta_F = \frac{1}{2}(\mathbb{1} + N_F)$ (th. II.2.4.). Cette théorie spectrale s'avère être l'étape décisive pour introduire un produit de Jordan associé à un tel cône.

Soit H^+ un cône autopolaire facialement homogène. Soient

$$\mathcal{M} = D(H^+)_{s.a.},\ \mathcal{M}^+ = \{\delta\in\mathcal{M}/\delta\geqslant 0\} \text{ et } \mathcal{M}_1^+ = \{\delta\in\mathcal{M}^+/\ \|\delta\|\leqslant 1\}.$$

On remarque que $\mathcal{M}_1^+$ est un convexe faiblement compact. Soit $\delta\in\mathcal{M}_1^+$. Par la théorie spectrale de L(H) on obtient l'existence d'une famille spectrale (où résolution de l'identité) $\{\pi(\lambda)\}_{\lambda\in\mathbb{R}}$ de projecteurs telle que cette famille soit croissante, $\lambda\to\pi(\lambda)$ est faiblement continue à droite, $\pi(\lambda) = 0$ si $\lambda<0$, $\pi(\lambda) = 1$ si $\lambda \geqslant 1$. et $\delta = \int_{0^-}^{1+} \lambda d\pi(\lambda)$ au sens faible.

Soit $F(\lambda) = \{\xi \in H^+/\ \pi(\lambda)\xi = \xi\}$.

II.2.2. LEMME : i) $F(\lambda) \in \mathcal{F}(H^+)$, $F(\lambda)^\perp = \{\xi\in H^+/\ \pi(\lambda)\xi = 0\}$.

ii) $(P_{F(\lambda)})_{\lambda\in\mathbb{R}}$ et $(\mathbb{1} - P_{F(\lambda)^\perp})_{\lambda\in\mathbb{R}}$ sont deux familles spectrales de projecteurs à support dans $[0,1]$ telles que $P_{F(\lambda)} \leqslant \pi(\lambda) \leqslant (\mathbb{1} - P_{F(\lambda)^\perp})$.

Preuve : i) Soient $\xi\in H^+$, $d\nu_\xi(\lambda) = d\langle\xi, \pi(\lambda)\xi\rangle$ et ν_ξ la mesure spectrale associée. Si $\xi\in F(\lambda)$ alors ν_ξ est concentrée sur $]-\infty, \lambda]$. Réciproquement si ν_ξ est concentrée sur $]-\infty,\lambda]$ alors $\langle\xi, \pi(\mu)\xi\rangle$ = cte $\forall\mu\geqslant\lambda$. Donc $\forall\mu\geqslant\lambda$, $\|\xi\|^2 = \|\pi(\mu)\xi\|^2$ et $\xi = \pi(\mu)\xi$. De même si $G(\lambda) = \{\xi\in H^+/\pi(\lambda)\xi = 0\}$ alors $\xi\in G(\lambda)$ est équivalent à ν_ξ est concentrée sur $]\lambda,\infty[$. Montrons que $F(\lambda)$ est une face complète : $F(\lambda) = \pi(\lambda)H\cap H^+$ est un cône convexe fermé dans H^+. Soient $\xi\in F(\lambda)$ et $\eta\in H^+$ tels que $\eta\leqslant\xi$. Alors l'autopolarité de H^+ implique $0 \leqslant \langle e^{t\delta}\eta, \eta\rangle \leqslant \langle e^{t\delta}\xi, \xi\rangle$ c'est-à-dire $\int e^{t\lambda}d\nu_\eta(\lambda) \leqslant \int_{\mathbb{R}} e^{t\lambda}d\nu_\xi(\lambda)$. D'après l'appendice 1, ν_η est concentrée en $]-\infty,\lambda]$ donc $\eta\in F(\lambda)$ et $F(\lambda)$ est une face.

Puisque $F(\lambda)\text{-}F(\lambda) \subset \pi(\lambda)H$, on a d'après II.1.3. $F_\lambda^{\perp\perp} = P_{F(\lambda)}H^+ \subset \pi(\lambda)H$ donc $F_\lambda^{\perp\perp} \subset F(\lambda)$ et $F(\lambda)$ est une face complète.

De la même manière $G(\lambda) \in \mathcal{F}(H^+)$. Il reste à montrer que $F(\lambda)^\perp = G(\lambda)$: il est clair que $G(\lambda) \subset F(\lambda)^\perp$ donc $[P_{G(\lambda)}, P_{F(\lambda)^\perp}] = 0$. D'après I.2.2. $[P_{G(\lambda)^\perp}, P_{F(\lambda)^\perp}] = 0$. Si on montre que la face $L = F(\lambda)^\perp \wedge G(\lambda)^\perp$ est réduite à zéro alors d'après I.1.19 et II.1.3. $F(\lambda)^\perp = (F(\lambda)^\perp \wedge G(\lambda)) \vee (F(\lambda)^\perp \wedge G(\lambda)^\perp) = G(\lambda)$.
L est un cône autopolaire dans $P_L H$ (I.1.13 et II.1.3.) tel que $P_L = P_{F(\lambda)^\perp} P_{G(\lambda)^\perp}$ (I.1.19). Puisque $e^{t\delta}$ laisse stable $F(\lambda)$ pour tout $t \in \mathbb{R}$, δ laisse stable $P_{F(\lambda)}H$. De même $[\delta, P_{G(\lambda)}] = 0$ donc $[\delta, P_{F(\lambda)^\perp}] = [\delta, P_{G(\lambda)^\perp}] = 0$ d'après I.2.2. et $[P_L, \pi(\lambda)] = 0$.
Soit K le sous espace $((\mathbb{1} - \pi(\lambda))P_L H$ de $P_L H$ et son supplémentaire $K^\perp = \pi(\lambda)P_L H$. K vérifie $K \cap L = \{0\} = K^\perp \cap L$ ce qui est impossible si $L \neq \{0\}$ à cause de I.1.21.

ii) Le fait que $\{P_{F(\lambda)}\}_{\lambda \in \mathbb{R}}$ soit une résolution de l'identité résulte directement du fait que $\{\pi(\lambda)\}_{\lambda \in \mathbb{R}}$ en est une et de i).
Il reste uniquement à montrer que $\pi(\lambda) \leq \mathbb{1} - P_{F(\lambda)^\perp}$: Soit $\xi = \xi^+ - \xi^-$ tel que $\xi = \pi(\lambda)\xi$ alors $P_{F(\lambda)^\perp}\xi = \pi(\lambda)\,(P_{F(\lambda)^\perp}\,\xi^+ - P_{F(\lambda)^\perp}\xi^-) = 0$ car $P_{F(\lambda)^\perp}\xi^\pm \in F(\lambda)^\perp$ d'après II.1.3. □

Pour retrouver la dérivation δ à partir des dérivations faciales

$$\delta_{F(\lambda)} = \frac{1}{2}\,(\mathbb{1} + N_{F(\lambda)})$$

il faut relier plus précisément $\pi(\lambda)$ à $P_{F(\lambda)}$ et $P_{F(\lambda)^\perp}$. C'est l'objet du résultat suivant :

<u>II.2.3. LEMME : La famille</u> $\{P_{F(\alpha)}\,(\mathbb{1} - P_{F(\beta)^\perp})\}_{(\alpha,\beta) \in \mathbb{R}^2}$ <u>définit une mesure spectrale sur $\mathbb{R} \times \mathbb{R}$ à support dans $[0,1] \times [0,1]$ telle que</u> $\pi(\lambda) = \int_{\mathbb{R}^2} \chi_{E(\lambda)}(\alpha,\beta)\,d(P_{F(\alpha)}(\mathbb{1} - P_{F(\beta)^\perp}))$; <u>Intégrale de Lebesgue-Stieltjes où $E(\lambda) = \{(\alpha,\beta) \in \mathbb{R}^2 /\ \alpha+\beta \leq 2\lambda\}$</u>.

<u>Preuve</u> : L'application : $(\alpha,\beta) \to P_{F(\alpha)}\,(\mathbb{1} - P_{F(\beta)^\perp})$ définit une mesure spectrale (voir par exemple S.K. BERBERIAN [1] th.33 p. 98). Montrons tout d'abord les relations suivantes :

$$(*) \qquad P_{F(\alpha)}\,(\mathbb{1} - P_{F(\beta)^\perp}) \leq \pi\left(\frac{\alpha+\beta}{2}\right)$$

$$(**) \qquad P_{F(\beta)^\perp}\,(\mathbb{1} - P_{F(\alpha)}) \leq \mathbb{1} - \pi\left(\frac{\alpha+\beta}{2}\right)$$

Supposons $\alpha \leqslant \beta$. D'après II.2.2. on a $P_{F(\alpha)} \leqslant P_{F(\beta)} \leqslant \mathbb{1} - P_{F(\beta)^\perp}$ et puisque $\alpha \leqslant \frac{\alpha+\beta}{2}$, $\beta \geqslant \frac{\alpha+\beta}{2}$ on a $P_{F(\alpha)} \leqslant \pi(\alpha) \leqslant \pi(\frac{\alpha+\beta}{2})$ et $P_{F(\beta)^\perp} \leqslant \mathbb{1} - \pi(\beta) \leqslant \mathbb{1} - \pi(\frac{\alpha+\beta}{2})$ ce qui implique les relations (*) et (**).

Supposons $\alpha > \beta$.
Alors $P_{F(\beta)} \leqslant \pi(\frac{\alpha+\beta}{2})$ et $P_{F(\beta)}$ est orthogonal à $(\mathbb{1} - P_{F(\beta)} - P_{F(\beta)^\perp})P_{F(\alpha)}$.
Si on montre que ce dernier projecteur est aussi inférieur à $\pi(\frac{\alpha+\beta}{2})$ alors $P_{F(\alpha)}(\mathbb{1} - P_{F(\beta)^\perp}) = P_{F(\beta)} + (\mathbb{1} - P_{F(\beta)} - P_{F(\beta)^\perp})P_{F(\alpha)} \leqslant \pi(\frac{\alpha+\beta}{2})$ et (*) sera démontrée: Si $\xi \in H^+$ et $\eta = (\mathbb{1} - P_{F(\beta)} - P_{F(\beta)^\perp})P_{F(\alpha)}\xi$ alors $\forall t \in \mathbb{R}^+$ et $\varepsilon > 0$ assez petit on a en utilisant II.1.11. et le fait que $P_{F(\alpha)}\xi \in F(\alpha)$:

$$0 \leqslant e^{t\varepsilon} \|(\mathbb{1} - \pi(\tfrac{\alpha+\beta}{2} + \varepsilon))\eta\|^2 = \int_{1/2(\alpha+\beta)+\varepsilon^-}^{1+} e^{t\varepsilon}\, d\nu_\eta(\lambda)$$

$$\leqslant \int_{1/2(\alpha+\beta)+\varepsilon^-}^{1+} e^{t(\lambda - \frac{1}{2}(\alpha+\beta))}\, d\nu_\eta(\lambda) \leqslant e^{-\frac{t}{2}(\alpha+\beta)} <\eta , e^{t\delta}\eta>$$

$$\leqslant e^{-\frac{t}{2}(\alpha+\beta)} <(\mathbb{1} - N^2_{F(\beta)})P_{F(\alpha)}\xi, e^{t\delta}\xi>$$

$$\leqslant 2 < P_{F(\beta)} P_{F(\alpha)}\xi, e^{t(\delta-\beta)} P_{F(\beta)}\xi >^{1/2} < P_{F(\beta)^\perp}P_{F(\alpha)}\xi, e^{t(\delta-\alpha)}P_{F(\alpha)}\xi >^{1/2}$$

$$\leqslant 2\left[\int_{0-}^{\beta+} e^{t(\lambda-\beta)}\, d\nu_{P_{F(\beta)}\xi}(\lambda) \int_{0-}^{\alpha+} e^{t(\lambda-\alpha)}\, d\nu_{P_{F(\alpha)}P_{F(\beta)^\perp}\xi}(\lambda)\right]^{1/2}$$

$$\leqslant 2 \quad \|P_{F(\beta)}\xi\| \; \|P_{F(\alpha)}P_{F(\beta)^\perp}\xi\| \leqslant 2\|\xi\|^2 .$$

Donc si $t \to \infty$ et $\varepsilon \to 0$, on a $\pi(\frac{\alpha+\beta}{2})\eta = \eta$ et (*) est démontrée car H^+ engendre H.
On démontre de la même manière (**).

Pour $(\alpha,\beta) \in [0,1]\times[0,1]$ définissons l'ensemble $C(\alpha,\beta)$ par $C(\alpha,\beta) = [0,\alpha]\times[0,\alpha]$ si $\alpha \leqslant \beta$ et $C(\alpha,\beta) = [0,\alpha]\times[0,\alpha] - [\beta,1]\ [\beta,1]$ si $\beta<\alpha$. Si Q est la mesure définie par $dQ(\alpha,\beta) = d(P_{F(\alpha)}(\mathbb{1} - P_{F(\beta)^\perp}))$ on a

$Q(C(\alpha,\beta)) = \int_{C(\alpha,\beta)} dQ(\alpha',\beta') = P_{F(\alpha)}(\mathbb{1} - P_{F(\beta)^\perp})$ (Voir par exemple S.K. BERBERIAN [1] th. 33 page 98). Soit V un sous-ensemble ouvert de $[0,1]\times[0,1]$

contenant $E(\lambda)$. Alors il existe $\varepsilon > 0$ tel que $E(\lambda+\varepsilon) \subset V$ et on peut choisir un nombre fini de points $(\alpha_k,\beta_k)_{k\in\{0,\dots,n\}}$ où $\alpha_0 = \beta_0 = 0$ et tels que

$$E(\lambda) \subset E(\lambda+\tfrac{\varepsilon}{2}) \subset \bigcup_{k=1}^{n} C(\alpha_k,\beta_k) \subset E(\lambda+\varepsilon).$$

Puisque Q est une mesure spectrale, $Q\left(\bigcup_{k=0}^{n} C(\alpha_k,\beta_k)\right) = \bigvee_{k=0}^{n} Q(C(\alpha_k,\beta_k))$ et

d'après (*) $\quad Q(E(\lambda)) \leqslant Q\left(\bigcup_{k=0}^{n} C(\alpha_k,\beta_k)\right) \leqslant \pi(\lambda+\varepsilon)$ c'est-à-dire

$Q(E(\lambda)) \leqslant \pi(\lambda)$. En utilisant la relation (**) de manière symétrique on a

$$\pi(\lambda) \leqslant \pi(\lambda+\varepsilon/2) \leqslant \mathbb{1} - \bigvee_{k=0}^{n} (\mathbb{1} - P_{F(\alpha_k)})P_{F(\beta_k)^\perp}$$

$$\leqslant \mathbb{1} - \bigvee_{k=0}^{n-1} (P_{F(\alpha_{k+1})} - P_{F(\alpha_k)})P_{F(\beta_k)^\perp} = \mathbb{1} - \int_{\bigcup_{k=0}^{n-1}[\alpha_{k+1},\alpha_k]\times[\beta_k,1]} dQ(\alpha',\beta')$$

Donc $\pi(\lambda) \leqslant \int_{E(\lambda+\varepsilon)} dQ(\alpha',\beta') = Q(E(\lambda+\varepsilon)) \subset Q(V)$

La régularité de la mesure Q implique que :

$$\pi(\lambda) = \bigwedge_{V\supset E(\lambda)} Q(V) = Q(E(\lambda)), \text{ c'est-à-dire } \pi(\lambda) = Q(E(\lambda)). \ \square$$

<u>II.2.4. THEOREME (BELLISSARD-IOCHUM [3]) : Soit H^+ un cône autopolaire facialement homogène dans H. Alors pour toute dérivation self-adjointe δ il existe une unique famille croissante $(F(\lambda))_{\lambda\in\mathbb{R}}$ de faces de H^+ telles que :</u>

i) $F(\lambda) \in \mathfrak{F}(H^+)\ \ \forall\lambda$.

ii) $F(a-\varepsilon) = F(b+\varepsilon)^\perp = 0\ \ \forall\varepsilon > 0$ si Spectre $\delta \subset [a,b]$.

iii) $\bigwedge_{\varepsilon>0} F(\lambda+\varepsilon) = F(\lambda)$. $(\{F(\lambda)\}_{\lambda\in\mathbb{R}}$ est dite famille spectrale)

iv) Si f est une fonction borélienne bornée sur le spectre de δ alors :

$$f(\delta) = \int_{\mathbb{R}^2} f\left(\frac{\alpha+\beta}{2}\right) d(P_{F(\alpha)}(\mathbb{1} - P_{F(\beta)^\perp}))$$

En particulier $\delta = \int \lambda\, d\delta_{F(\lambda)}$ <u>où</u> $\delta_{F(\lambda)} = \frac{1}{2}(\mathbb{1} + N_{F(\lambda)})$.

Preuve : Supposons que $\delta\in\mathcal{M}_1^+$.

Si h est l'application de $\mathbb{R}^2$ dans $\mathbb{R}$ définie par $h(\alpha,\beta)=\frac{1}{2}(\alpha+\beta)$ et si π est la mesure spectrale associée à δ alors le lemme précédent implique que π est égale à la mesure image $h(Q)$ où Q est la mesure associée à $d(P_{F(\alpha)}(\mathbb{1}-P_{F(\beta)^\perp}))$. Ainsi pour toute fonction borelienne bornée f sur le spectre de δ on a :

$$f(\delta)=\int_{\mathbb{R}} f(\lambda)\,d\pi(\lambda)=\int_{[0,1]\times[0,1]} f\circ h(\alpha,\beta)\,d\,Q(\alpha,\beta)=\int_{[0,1]\times[0,1]} f(\tfrac{\alpha+\beta}{2})\,d(P_{F(\alpha)}(\mathbb{1}-P_{F(\beta)^\perp}))$$

En particulier si $f(\lambda)=\lambda$ alors $\delta=\int_{[0,1]\times[0,1]}\frac{\alpha+\beta}{2}\,d\,P_{F(\alpha)}(\mathbb{1}-P_{F(\beta)^\perp})$

$$=\frac{1}{2}\int_{0^-}^{1^+}\alpha dP_{F(\alpha)}+\frac{1}{2}\int_{0^-}^{1^+}\beta d(\mathbb{1}-P_{F(\beta)^\perp})$$

donc $\delta=\int_{0^-}^{1^+}\lambda\,d\delta_{F(\lambda)}$.

Si $\delta\in\mathcal{M}$ on se ramène au cas précédent car $\frac{1}{2}(\|\delta\|^{-1}\delta+\mathbb{1})\in\mathcal{M}_1^+$. Le théorème est démontré si on montre l'unicité de cette décomposition : Soit $\{F'(\lambda)\}_{\lambda\in\mathbb{R}}$ une autre famille de faces complètes vérifiant les mêmes propriétés. Soit $\pi'(\lambda)=\int_{E(\lambda)} d(P_{F'(\alpha)}(\mathbb{1}-P_{F'(\beta)^\perp}))$; la mesure spectrale π' associée est telle que pour toute fonction borélienne bornée f on a comme précédemment $\int f(\lambda)d\pi'(\lambda)=f(\delta)=\int f(\lambda)d\pi(\lambda)$. L'unicité de π implique $\pi=\pi'$. Puisque $\pi'(\lambda)\geqslant\int_{[0,\lambda]\times[0,\lambda]} d(P_{F'(\alpha)}(\mathbb{1}-P_{F'(\beta)^\perp}))=P_{F'(\lambda)}(\mathbb{1}-P_{F'(\lambda)^\perp})=P_{F'(\lambda)}$, si $\xi\in F'(\lambda)$ alors $\xi=\pi'(\lambda)\,\xi=\pi(\lambda)\xi$ et $\xi\in F(\lambda)$ donc $F'(\lambda)\subset F(\lambda)$. On a de même

$\pi'(\lambda)=\pi(\lambda)\geqslant\int_{[0,\lambda]\times[0,\lambda]} d\,(P_{F(\alpha)}(\mathbb{1}-P_{F(\beta)^\perp}))=P_{F(\lambda)}$ et $\pi'(\lambda)\leqslant\mathbb{1}-P_{F'(\lambda)^\perp}$. Donc si $\xi\in F(\lambda)$, $\xi=\pi'(\lambda)\xi=(\mathbb{1}-P_{F'(\lambda)^\perp})\xi$ ce qui implique $\xi\in F'(\lambda)$ et $F(\lambda)\subset F'(\lambda)$.

La famille $\{F(\lambda)\}_{\lambda\in\mathbb{R}}$ est donc unique. □

II.2.5. DEFINITION : Les dérivations de la forme $\delta_F=\frac{1}{2}(\mathbb{1}+N_F)$ sont appelées dérivations faciales. On remarque que $\delta=\delta_F$ est équivalent à $P_F\delta=P_F$ et $P_{F^\perp}\delta=0$ pour $\delta\in\mathcal{M}$ d'après II.1.4.

Le résultat précédent est compatible avec la théorie spectrale de L(H) au sens suivant :

II.2.6. COROLLAIRE : Soit $\delta \in \mathfrak{M}$.

i) Il existe une décomposition $\delta = \delta^+ - \delta^-$ où $\delta^\pm \in \mathfrak{M}^+$.

ii) Si $\delta = \int \lambda d\delta_{F(\lambda)}$ et $\delta' = \int \mu d\delta_{F'(\mu)}$ alors $[\delta, \delta'] = 0$ est équivalent à $[\delta_{F(\lambda)}, \delta_{F'(\mu)}] = 0 \quad \forall \lambda, \mu$.

iii) Si $\delta \geqslant 0$ alors $r(\delta) = \delta_{F(o)^\perp}$ est la plus petite dérivation faciale δ_F telle que δ appartienne à la face de δ_F dans $\mathfrak{M}^+$.

iv) Dans la décomposition du i) on a $r(\delta^+) = \delta_{F(o)^\perp}$ et $r(\delta^-) = \delta_{F(o)}$.

Preuve : i) Si $\delta = \int_{-\|\delta\|^-}^{\|\delta\|^+} \lambda d\delta_{F(\lambda)}$ alors $\delta^+ = \int_{0^-}^{\|\delta\|} \lambda d\delta_{F(\lambda)}$ et $\delta^- = \int_{\|\delta\|}^{0^+} (-\lambda) d\delta_{F(\lambda)}$ sont dans $\mathfrak{M}^+$ et $\delta = \delta^+ - \delta^-$.

ii) Si $[\delta, \delta'] = 0$ alors $\forall t \in \mathbb{R}$ $[e^{t\delta}, \delta'] = 0$. Donc $[e^{t\delta}, \pi'(\mu)] = 0$ si $\delta' = \int \mu d\pi'(\mu)$. Si $\xi \in F'(\mu)$ (cf. II.2.1.) alors

$$e^{t\delta}\xi = e^{t\delta}\pi'(\mu)\xi = \pi'(\mu)e^{t\delta}\xi \in F'(\mu)$$

c'est-à-dire $[e^{t\delta}, P_{F'(\mu)}] = 0$ et $[\delta, P_{F'(\mu)}] = 0$. Ainsi $\forall \lambda$, $\forall \mu$ $[\pi(\lambda), P_{F'(\mu)}] = 0$. Donc si $\xi \in F(\lambda)$, $P_{F'(\mu)}\xi = P_{F'(\mu)}\pi(\lambda)\xi = \pi(\lambda) P_{F'(\mu)}\xi \in F(\lambda)$ et $[P_{F'(\mu)}, P_{F(\lambda)}] = 0$. D'après I.2.2. on obtient $[\delta_{F(\lambda)}, \delta_{F'(\mu)}] = 0$.

iii) On a $\delta = \int_{0^-}^{\|\delta\|^+} \lambda d\delta_{F(\lambda)} \leqslant \|\delta\| \int_{0^+}^{\|\delta\|} d\delta_{F(\lambda)}$

$$\leqslant \|\delta\|(\mathbb{1} - \delta_{F(o)}) = \|\delta\| \delta_{F(o)^\perp} \qquad \text{donc } \delta \in \text{Face}\,(\delta_{F(o)^\perp}).$$

Supposons maintenant que $0 \leqslant \delta \leqslant \lambda\delta_F$ où $F \in \mathfrak{F}(H^+)$ et $\lambda \in \mathbb{R}^+$. Alors Face $(\delta) \subset$ Face (δ_F). De plus, pour tout réel μ positif non nul

$$\delta = \int_{0^-}^{\|\delta\|} \lambda d\delta_{F(\lambda)} \geqslant \int_{\mu^+}^{\|\delta\|} d\delta_{F(\lambda)} \geqslant \mu \int_{\mu^+}^{\|\delta\|} d\delta_{F(\lambda)} = \mu\,(\mathbb{1} - \delta_{F(\mu)})$$

$\mathbb{1} - \delta_{F(\mu)} \in \text{Face}(\delta)$. Ainsi $\mathbb{1} - \delta_{F(o)} = \delta_{F(o)^\perp} \in$ Face (δ_F). Donc il existe $\nu \in \mathbb{R}^+$ tel que $\delta_{F(o)^\perp} \leqslant \nu\delta_F$. D'où $P_{F^\perp}\, \delta_{F(o)^\perp} = 0$, $\quad P_{F^\perp} P_{F(o)^\perp} = 0$ et $F_{(o)^\perp} \subset F$ c'est-à-dire $\delta_{F(o)^\perp} \leqslant \delta_F$.

iv) immédiat (Il est à noter que la condition "d'orthogonalité" sur $r(\delta^+)$ et $r(\delta^-)$ implique l'unicité de la décomposition de δ : III.2.3.). □

II.2.7. COROLLAIRE : L'ensemble $\{\delta_F / F \in \mathfrak{F}(H^+)\}$ est exactement l'ensemble des points extrémaux de $\mathfrak{M}_1^+$.

Preuve : Soient $F \in \mathfrak{F}(H^+)$ et $\delta_F = \lambda\delta_1 + (1-\lambda)\delta_2$ une décomposition convexe dans $\mathfrak{M}_1^+$ de δ_F. Puisque $P_{F^\perp}\, \delta_F\, P_{F^\perp} = 0$ on a $P_{F^\perp}\, \delta_i = \delta_i\, P_{F^\perp} = 0$ car $\delta_i \geqslant 0$. Donc $F^\perp \subset F_i(o)$ et par le corollaire précédent $\delta_i \leqslant \delta_{F\,(o)^\perp} \leqslant \delta_F$ ce qui entraîne $\delta_1 = \delta_2 = \delta_F$.

Réciproquement soit δ un point extrémal du convexe faiblement compact $\mathfrak{M}_1^+$. Le théorème donne la décomposition convexe dans $\mathfrak{M}_1^+$ suivante :
$\delta = \frac{1}{2}\int_{0^-}^{1^+} \lambda^2 d\delta_{F(\lambda)} + \frac{1}{2}\int_{0^-}^{1^+} (2\lambda-\lambda^2) d\delta_{F(\lambda)}$. Donc $\delta = \int_{0^-}^{1^+} \lambda^2 d\delta_{F(\lambda)}$ et si $f : \lambda \to \lambda\,(1-\lambda)$ alors $f = 0$ presque partout par rapport à la mesure déduite de $d\delta_{F(\lambda)}$ et la fonction $\lambda \to \lambda$ est constante p.p. Ainsi pour $0<a<b<1$ on a
$0 = \int_a^b \lambda d\delta_{F(\lambda)} \geqslant a\,[\delta_{F(b)} - \delta_{F(a)}]$ et $\delta_{F(0)} = \delta_{F(1^-)}$. On en tire
$\delta = \mathbb{1} - \delta_{F(1^-)} = \delta_{F(0)^\perp}$. □

Le théorème a une conséquence intéressante à savoir le fait de donner un résultat sur la restriction et l'extension des dérivations d'un sous-cône.

II.2.8. COROLLAIRE : Soient H^+ un cône autopolaire facialement homogène dans H et K^+ un cône autopolaire dans $K \subset H$ tels que $K^+ \subset H^+$. Alors $P_K\, D(K^+)_{s.a.}\, P_K = P_K\, D(H^+)_{s.a.}\, P_K$. De plus toute dérivation δ de $D(K^+)_{s.a.}$ a une extension unique $\delta' \in D(H^+)_{s.a.}$ telle que $P_{<K^+>^\perp}\, \delta' = 0$.

Preuve : On sait déjà d'après II.1.6. que K^+ est facialement homogène et que si $F \in Fac(K^+)$ alors $P_K\, N_F\, P_K = P_K\, N_{<F>} P_K$. Le théorème précédent implique donc $P_K\, D(K^+)_{s.a.}\, P_K \subset P_K\, D(H^+)_{s.a.}\, P_K$. L'inclusion inverse est immédiate d'après I.2.3. Si $\delta \in D(K^+)_{s.a.}$ est telle que $\delta = \int \lambda d\delta_{F(\lambda)}$ où $F(\lambda) \in \mathfrak{F}(K^+)$ alors $\delta' = \int \lambda d\delta_{<F(\lambda)>}$ est une extension de δ dans $D(H^+)_{s.a.}$. Puisque $< F(\lambda)> \subset < K^+ >$ entraîne $[P_{<F(\lambda)>}, P_{<K^+>}] = 0$ on a en utilisant I.1.19 et I.2.2.
$P_{<K^+>^\perp}\, \delta_{<F(\lambda)>} = 0$ c'est-à-dire $P_{<K^+>^\perp}\, \delta' = 0$. L'unicité d'une telle extension résulte de II.1.4. car $P_K = P_{K^+}$ puisque K^+ est autopolaire. □

<u>II.2.9. REMARQUE</u> : La théorie spectrale développée ici est la pierre d'achoppement de ce travail. Un certain nombre de théories spectrales dans les espaces ordonnés ont été développées par ALFSEN-SHULTZ [1] , BONNET [1] , ABBATI-MANIA [2].

II.3 - STRUCTURE DE $GL(H^+)$

La preuve du théorème spectral II.2.4 permet aussi de caractériser $GL(H^+)^+ = \{A \in GL(H^+) \ / \ A \text{ positif}\}$. En particulier le résultat suivant montre que $A^\alpha \in GL(H^+)^+$ pour tout réel α si $A \in GL(H^+)^+$.

II.3.1. PROPOSITION : Soit H^+ un cône autopolaire facialement homogène. Pour tout A dans $GL(H^+)^+$ il existe une famille spectrale de faces complètes $\{F(\lambda)\}_{\lambda \in \mathbb{R}}$ telle que $A = \int_a^b \alpha\beta \, d\, P_{F(\alpha)} (\mathbb{1} - P_{F(\beta)^\perp})$ où $0 < a < b < \infty$.

Preuve : Soit $\int_a^b \lambda d\pi(\lambda)$ la décomposition spectrale de A où $0 < a < b$.
La preuve suit les mêmes étapes que celle de II.2.4, aussi on utilise les mêmes notations et on ne montre que les points cruciaux.

Etape 1 : $F(\lambda) = \{\xi \in H^+ / \pi(\lambda)\xi = \xi\}$ et $G(\lambda) = \{\xi \in H^+ / \pi(\lambda)\xi = 0\}$ sont deux faces complètes orthogonales:

Soit $0 \leqslant \eta \leqslant \xi \in F(\lambda)$. Pour $\varepsilon > 0$ et $n \in \mathbb{N}$ on a

$$\| (\mathbb{1} - \pi(\lambda + \varepsilon)) \eta \|^2 = \int_{\lambda+\varepsilon}^b d\nu_\eta(\mu) \leqslant \int_{\lambda+\varepsilon}^b \left(\frac{\mu}{\lambda+\varepsilon}\right)^n d\nu_\eta(\mu)$$

$$\leqslant \frac{1}{(\lambda+\varepsilon)^n} \int_a^b \mu^n \, d\nu_\eta(\mu) = \frac{1}{(\lambda+\varepsilon)^n} \langle A^n\eta, \eta\rangle$$

$$\leqslant \frac{1}{(\lambda+\varepsilon)^n} \langle A^n\xi, \xi\rangle = \frac{1}{(\lambda+\varepsilon)^n} \int_a^\lambda \mu^n d\nu_\xi(\mu)$$

$$\leqslant \left(\frac{\lambda}{\lambda+\varepsilon}\right)^n \| \xi \|^2$$

On en déduit quand $n \to \infty$ et $\varepsilon \to 0$ que $\eta = \pi(\lambda)\eta$ et $F(\lambda)$ est une face qui est complète comme dans II.2.2.

Soient $0 \leqslant \eta \leqslant \xi \in G(\lambda)$ et $\varepsilon > 0$.

$$\| \pi(\lambda-\varepsilon)\eta \|^2 = \int_{a-}^{\lambda-\varepsilon} d\nu_\eta(\mu) \leqslant (\lambda-\varepsilon)^n \int_{a-}^{\lambda-\varepsilon} \mu^{-n} \, d\nu_\eta(\mu) \leqslant (\lambda-\varepsilon)^n \langle A^{-n}\eta, \eta\rangle$$

$$\leqslant (\lambda-\varepsilon)^n \langle A^{-n}\xi, \xi\rangle = (\lambda-\varepsilon)^n \int_\lambda^b \mu^{-n} \, d\nu_\xi(\mu)$$

$$\leqslant \left(\frac{\lambda-\varepsilon}{\lambda}\right)^n \| \xi \|^2$$

Donc $\| \pi(\lambda-\varepsilon)\eta \| = 0 \ \forall\varepsilon$ et

$$\| \pi(\lambda)\eta \|^2 = \int_{\lambda-\varepsilon}^{\lambda} d\nu_\eta(\mu) \leqslant \lambda^n \int_{\lambda-\varepsilon}^{\lambda} \mu^{-n}\, d\nu_\eta(\mu) \leqslant \lambda^n <A^{-n}\eta,\eta> \leqslant \lambda^n <A^{-n}\xi,\ \xi>$$

$$\leqslant \int_\lambda^b \left(\frac{\lambda}{\mu}\right)^n d\nu_\xi(\mu).$$

Puisque $\nu_\xi(\{\lambda\}) = 0$ le théorème de convergence dominée de LEBESGUE entraine $\pi(\lambda)\eta = 0$ et $G(\lambda)$ est une face. Le fait que $G(\lambda) = F(\lambda)^\perp$ se montre comme dans II.2.2.

<u>Etape 2</u> : $\pi(\lambda) = \int_{E(\lambda)} \chi_{E(\lambda)}(\alpha,\beta)\, dP_{F(\alpha)}\, (1\!\!1 - P_{F(\beta)^\perp})$ où

$E(\lambda) = \{(\alpha,\beta) \in [a,b] \times [a,b] \ / \ \sqrt{\alpha\beta} \leqslant \lambda\}$. L'argument de II.2.3 peut être répété en remplaçant $\frac{\alpha+\beta}{2}$ par $\sqrt{\alpha\beta}$. Montrons par exemple que

$P_{F(\alpha)}\,(1\!\!1 - P_{F(\beta)^\perp}) \leqslant \pi(\sqrt{\alpha\beta})$. Seul le cas $\alpha > \beta$ n'est pas immédiat.

Si $\xi \in H^+$ et $\eta = (1\!\!1 - P_{F(\beta)} - P_{F(\beta)^\perp})\, P_{F(\alpha)}\xi$ alors pour $\varepsilon > 0$ et $n \in \mathbb{N}$ on a

$$\| (1\!\!1 - \pi(\sqrt{(\alpha+\varepsilon)(\beta+\varepsilon)}))\eta \|^2 = \int_{\sqrt{(\alpha+\varepsilon)(\beta+\varepsilon)}}^b d\nu_\eta(\lambda)$$

$$\leqslant \int_{\sqrt{(\alpha+\varepsilon)(\beta+\varepsilon)}}^b \frac{\lambda^n}{|(\alpha+\varepsilon)(\beta+\varepsilon)|^{n/2}}\, d\nu_\eta(\lambda)$$

$$\leqslant [(\alpha+\varepsilon)(\beta+\varepsilon)]^{-n/2} <A^n\eta,\ \eta>$$

$$\leqslant [(\alpha+\varepsilon)(\beta+\varepsilon)]^{-n/2} <(1\!\!1 - N_{F(\beta)}^2)P_{F(\alpha)}\xi,\ A^n\xi>$$

$$\leqslant 2 <P_{F(\beta)}\xi, \left(\frac{A}{\beta+\varepsilon}\right)^n \xi>^{1/2} \times <P_{F(\beta)^\perp} P_{F(\alpha)}\xi, \left(\frac{A}{\alpha+\varepsilon}\right)^n \xi>^{1/2} \qquad \text{(II.1.11)}$$

$$\leqslant 2\left\{\int_a^\beta \left(\frac{\lambda}{\beta+\varepsilon}\right)^n d\nu_\xi(\lambda) \int_a^\alpha \left(\frac{\lambda}{\alpha+\varepsilon}\right)^n d\nu_{P_{F(\beta)^\perp}\xi}(\lambda)\right\}^{1/2}$$

$$\leqslant 2\left(\frac{\alpha\beta}{(\alpha+\varepsilon)(\beta+\varepsilon)}\right)^{n/2} \| \xi \|^2 .$$

Donc $\pi(\sqrt{\alpha\beta})\eta = \eta$ et la fin de la preuve de II.2.3 reste inchangée.

Etape 3 : Comme dans II.2.4 on a $\pi = h(Q)$ où $h(\alpha,\beta) = \sqrt{\alpha\beta}$ et

$$A = \int \sqrt{\alpha\beta}\, dP_{F(\alpha)} (\mathbb{1} - P_{F(\beta)^{\perp}}) \ . \quad \square$$

II.3.2 COROLLAIRE : Si $A \in GL(H^+)$ alors il existe $U \in U(H^+)$ et $\delta \in \mathfrak{M}^+$ tels que $A = Ue^{\delta}$.

Preuve : Puisque $A^*A \in GL(H^+)^+$, $|A| = (A^*A)^{1/2} \in GL(H^+)^+$ d'après II.3.1.
Donc si $U|A|$ est la décomposition polaire de A, $U = A\,|A|^{-1} \in U(H^+)$.
Si $|A| = \int_a^b \sqrt{\alpha\beta}\, d(P_{F(\alpha)} (\mathbb{1} - P_{F(\beta)^{\perp}}))$, $|A| = e^{\delta}$ où $\delta = \int_a^b \log \lambda \, d\delta_{F(\lambda)}$
est une dérivation selfadjointe positive de H^+. $\square$

II.3.3. REMARQUE : Le fait que A soit inversible est essentiel dans ce qui précède. En effet étudions le cas de N_F^2 qui est dans $L(H^+)$.

$N_F2 = \int_0^1 \lambda d\pi(\lambda)$. Puisque N_F2 est un projecteur, $\int_0^1 \lambda(1-\lambda)\, d\pi(\lambda) = 0$ et
$f : \lambda \to \lambda(1-\lambda) = 0$ presque partout par rapport à la mesure déduite de $d\pi(\lambda)$
Donc la fonction $i : \lambda \to \lambda$ est aussi const. p.p.Si $0 < a < b < 1$ on a
$0 = \int_a^b \lambda d\pi(\lambda) \geqslant a \int_a^b d\pi(\lambda) = a(\pi(b) - \pi(a))$. Donc $\pi(a) = \pi(b)\ \forall\ a,b \in]0,1[$,
$\pi(0) = \pi(1^-)$, $N_F^2 = \mathbb{1} - \pi(1^-)$ et $\pi(0) = \pi(1^-) = (\mathbb{1} - N_F^2)$.
Pour $\lambda \in [0,1[$,

$$F(\lambda) = \{\xi \in H^+ \ / \ \pi(\lambda)\xi = \xi\} = \{\xi \in H^+ \ / \ N_F^2 \xi = 0\} = \{0\}$$
$$G(\lambda) = \{\xi \in H^+ \ / \ N_F^2\, \xi = \xi\}$$

Dans ce cas $G(\lambda)$ n'est pas une face, mais un **sous-cône** autopolaire.

III – L'ALGEBRE DE JORDAN D'UN CONE AUTOPOLAIRE FACIALEMENT HOMOGENE

On montre dans ce chapitre qu'une J.B.W. algèbre (ie : une algèbre de Jordan possédant une norme qui en fait un espace de Banach et qui est le dual d'un espace de Banach c'est à dire possède un prédual ; pour la théorie des J.B. algèbres on consultera ALFSEN-SHULTZ-STØRMER [1] et SHULTZ [1] ou l'appendice 2) peut être canoniquement associée à un cône autopolaire facialement homogène (III.2.1). En fait la théorie spectrale sur $\mathcal{M} = D(H^+)_{s.a.}$ développée au chapitre II fournit un candidat naturel pour le produit de Jordan : Si $\delta = \int \lambda \, d\delta_{F(\lambda)} \in \mathcal{M}$ on définit $\delta \circ \delta = \int \lambda^2 \, d\delta_{F(\lambda)}$ et

$\delta \circ \delta' = 1/2 \left[(\delta+\delta')\circ(\delta+\delta') - \delta\circ\delta - \delta'\circ\delta'\right]$. La difficulté est alors de montrer que ce produit est bilinéaire. Puisque c'est le cas, on obtiendra facilement une J.B. algèbre (cf. la situation comparable de ALFSEN-SHULTZ [1] th 12.12) et cette construction est canonique (III.3.1). On construit tout d'abord des P-projections non plus sur le cône H^+ mais sur l'espace ordonné avec unité d'ordre $(\mathcal{M}, \mathcal{M}^+, \mathbb{1})$ (III.1.1), ceci afin de linéariser le produit qui s'avère être commutatif (III.1.2). Le cône qui est fermé pour la convergence monotone (I.1.4) devient homéomorphe à la partie positive du prédual de $\mathcal{M}$ par l'application : $\xi \in H^+ \rightarrow \omega_\xi \in \mathcal{M}_*^+$. A noter que seule l'inverse de cette application conserve l'ordre(III.5.2 .Les conséquences de cette construction sont nombreuses, l'idée principale étant qu'elle permet d'établir une correspondance complète entre les propriétés du cône et les propriétés algébriques des dérivations, car on a alors à sa disposition toute la théorie des J.B.W. algèbres. En particulier la théorie des types de ces algèbres liée à celle de leurs idempotents apparait comme le côté algébrique de la même théorie développée en I.4. On peut donc faire par ce biais une théorie de la comparaison directement sur les faces du cône (ie : deux faces sont équivalentes s'il existe un nombre fini de symétries faciales dont le produit applique l'une sur l'autre) ce qui semble difficile par une approche directe avec uniquement la structure d'ordre. La différence entre le carré d'une dérivation pour le produit de L(H) et celui de $\mathcal{M}$ conserve l'ordre (III.4.5.). Cette remarque permet de montrer le rôle du prédual de l'algèbre $\mathcal{M}$ (III.5.1 et III.5.2). On obtient alors un théorème de RADON-NIKODYM sur $\mathcal{M}$ comme dans les algèbres de von Neumann. Plusieurs propriétés importantes du treillis des faces complètes $\mathfrak{F}(H^+)$ (propriétés de semi-modularité, de couverture) sont alors des applications (III.6.1). Par exemple l'existence d'un vecteur trace de H^+ est équivalente à ce que $\mathfrak{F}(H^+)$ soit un treillis modulaire (III.6.4) et la fermeture d'une face est une face complète (III.5.3). On montre aussi que la composante connexe de l'identité pour la norme de $S(H^+)$ est engendrée par les symétries faciales (III.7.2).

III. 1 - CONSTRUCTION DE P-PROJECTIONS :

III.1.1 THEOREME : Soient H^+ un cône autopolaire facialement homogène et $F \in \mathfrak{F}(H^+)$.

i) Il existe une unique application $\mathcal{P}_F$ de $\mathfrak{M}$ dans $\mathfrak{M}$ telle que $P_F \mathcal{P}_F(\delta) = P_F \, \delta P_F$ et $P_{F^\perp} \mathcal{P}_F(\delta) = 0$ où $\delta \in \mathfrak{M}$.

ii) $\mathcal{P}_F$ est un projecteur (ie $\mathcal{P}_F 2 = \mathcal{P}_F$ et $\mathcal{P}_F$ est linéaire) de norme 1 qui conserve $\mathfrak{M}^+$ et tel que

1°) $\mathcal{P}_F(\mathbb{1}) = \delta_F$ et $\mathcal{P}_F(\mathfrak{M}^+)$ est la face engendrée dans $\mathfrak{M}^+$ par δ_F.

2°) $\mathcal{P}_F \mathcal{P}_G = \mathcal{P}_{F \cap G}$ si $[P_F, P_G] = 0$.

3°) $(\mathcal{P}_F + \mathcal{P}_{F^\perp})(\delta) = \delta + 4 \, [\, [\delta_F, \delta], \delta_F]$.

Preuve : i) Unicité : Soient $\mathcal{P}_F$ et $\mathcal{P}'_F$ vérifiant les propriétés énoncées ; alors si $\delta \in \mathfrak{M}$, $\delta' = \mathcal{P}_F(\delta) - \mathcal{P}'_F(\delta)$ est une dérivation telle que $P_F \delta' = P_{F^\perp} \delta' = 0$, donc $\delta' = 0$ d'après II.1.4.

Existence : Puisque F est un cône autopolaire facialement homogène dans $P_F H$ d'après II.1.6 et puisque $(P_F \, \delta P_F \, / \, P_F H) \in D(F)$ si $\delta \in \mathfrak{M}$, la théorie spectrale de II.2.4 et II.2.8 assure l'existence d'une famille spectrale $\{G(\lambda)\}_{\lambda \in \mathbb{R}} \subset \mathfrak{F}(F)$ telle que $P_F \, \delta P_F \, / \, P_F H = \int \lambda d\delta_{G(\lambda)/F}$ où $\delta_{G(\lambda)/F} = 1/2(P_F + P_{G(\lambda)} - P_{G(\lambda)^{\perp_F}})$ et $\delta' = \int \lambda d\delta_{G(\lambda)}$ soit l'unique extension de $P_F \, \delta P_F / P_F H$ telle que $P_{F^\perp} \, \delta' = 0$. On définit $\mathcal{P}_F(\delta) = \int \lambda d\delta_{G(\lambda)}$ et i) est démontré.

ii) 1°) Il est clair que $\mathcal{P}_F$ préserve la positivité. Le fait que $\mathcal{P}_F$ soit un projecteur se démontre comme l'unicité grâce à II.1.4. On en déduit que $\mathcal{P}_F$ est continue car

$-\| \delta\| \, \mathcal{P}_F(\mathbb{1}) \leq \mathcal{P}_F(\delta) \leq \| \delta\| \, \mathcal{P}_F(\mathbb{1})$ et donc $\| \mathcal{P}_F \delta\| \leq \| \mathcal{P}_F(\mathbb{1})\| \, \| \delta\|$. Puisque $\mathcal{P}_F(\mathbb{1}) = \delta_F$, on a $\|\mathcal{P}_F\| = 1$.

2°) Soient maintenant $G \in \mathfrak{F}(H^+)$ telle que $[P_F, P_G] = 0$, $\delta \in \mathfrak{M}$ et $\delta' = \mathcal{P}_F \mathcal{P}_G(\delta) - \mathcal{P}_{F \cap G}(\delta)$. Puisque $P_{F \cap G} = P_F \, P_G$ (I.1.19) on a

$P_F \, \delta' \, P_{F \cap G} = P_F \, \mathcal{P}_G(\delta) \, P_G P_F - P_F \, \mathcal{P}_{F \cap G}(\delta) \, P_{F \cap G} = P_F \, P_G \, \delta \, P_G \, P_F - P_{F \cap G} \, \delta \, P_{F \cap G} = 0$

De plus $P_{F^\perp} \, \delta' \, P_{F \cap G} = (P_{F^\perp} \, \delta' \, P_F) \, P_G = 0$ (II.2.4). D'après I.2.2, $[P_F, P_{F \cap G}] = 0$ entraine $[P_F, P_{(F \cap G)^\perp}] = 0$ ce qui implique en utilisant I.1.19

$P_F \, P_{(F \cap G)^\perp} = P_{F \wedge (F^\perp \vee G^\perp)} = P_{F \wedge G^\perp} = P_{G^\perp} \, P_F$ donc

$P_F \, \delta' \, P_{(F \cap G)^\perp} = P_F \, \mathcal{P}_G(\delta) \, P_F \, P_{(F \cap G)^\perp} = P_F(\mathcal{P}_G(\delta) \, P_{G^\perp}) \, P_F = 0$.

Ainsi si $\xi \in F \cup F^\perp$ et $\eta \in (F \cap G) \cup (F \cap G)^\perp$, $<\xi, \delta'\eta> = 0$. Par un raisonnement analogue à celui utilisé dans II.1.4 et le fait que $\mathfrak{F}(H^+)$ soit orthocomplémenté on a :

$$0 = P_{<F \cup F^{\perp}>} \ \delta' P_{<(F\cap G) \cup (F\cap G)^{\perp}>} = P_{F \vee F^{\perp}} \ \delta' P_{(F\wedge G) \vee (F\wedge G)^{\perp}} = \delta'.$$

3°) résulte de l'utilisation répétée de I.2.4 et II.1.4. □

Le fait que $\mathcal{P}_F$ soit une P-projection sera explicité en III.2.2.
Soit $L_F = 1/2(\mathbb{1} + \mathcal{P}_F - \mathcal{P}_{F^{\perp}})$; L_F est une application linéaire et continue de $\mathfrak{M}$ dans $\mathfrak{M}$.

<u>III.1.2 COROLLAIRE : Si $F,G \in \mathcal{F}(H^+)$ alors</u>

i) $L_F(\delta_G) = L_G(\delta_F)$.

ii) $\mathcal{P}_F\mathcal{P}_G = 0$ <u>est équivalent à</u> $F \subset G^{\perp}$.

iii) $\mathcal{P}_F\delta_G = 0$ <u>entraine</u> $\mathcal{P}_{F^{\perp}}\delta_G = \delta_G$.

iv) $[L_F, L_G] = 0$ <u>si</u> $[P_F, P_G] = 0$.

<u>Preuve</u> : i) Pour montrer que $L_F(\delta_G) = L_G(\delta_F)$ il suffit comme dans la démonstration de II.2.4 de montrer que si $\delta = L_F(\delta_G) - L_G(\delta_F)$ **alors** $0 = P_F\ \delta P_G = P_{F^{\perp}}\ \delta P_G = P_F\ \delta P_{G^{\perp}} = P_{F^{\perp}}\ \delta P_G$. En fait ces relations résultent de I.2.4.

ii) Si $F \subset G^{\perp}$ alors $[P_F,P_G] = 0$ d'après I.2.2 et $\mathcal{P}_F\ \mathcal{P}_G = \mathcal{P}_{F\cap G} = 0$ (III.1.1). Réciproquement si $\mathcal{P}_F\ \mathcal{P}_G = 0$ alors $0 = \mathcal{P}_F(\delta_G)$ et $P_F\ \delta_G\ P_F = 0$. Puisque δ_G est positif $P_F\ \delta_G = 0$ c'est à dire $P_F\ P_G = P_F\ \delta_G\ P_G = 0$ donc $F \subset G^{\perp}$.

iii) Si $\mathcal{P}_F\ \delta_G = 0$ alors $\mathcal{P}_F\ \mathcal{P}_G(\mathbb{1}) = 0$ et $\mathcal{P}_F\ \mathcal{P}_G = 0$ car $\mathcal{P}_F$ et $\mathcal{P}_G$ conservent l'ordre de $\mathfrak{M}$. Ainsi $F \subset G^{\perp}$ et $[\delta_F, \delta_G] = 0$ d'après I.2.2. D'après III.1.1 $\mathcal{P}_{F^{\perp}}\ \delta_G = (\mathcal{P}_F + \mathcal{P}_{F^{\perp}})\ \delta_G = \delta_G$.

iv) résulte du fait que $[\mathcal{P}_F,\mathcal{P}_G] = 0$ si $[P_F,P_G] = 0$ et de I.2.2. □

Le lemme technique suivant sera utile dans la suite.

<u>III.1.3 LEMME : Soit H^+ un cône autopolaire facialement homogène. Si $F, G \in \mathcal{F}(H^+)$ on a :</u>

i) $\delta_F \geq \delta_G$ <u>est équivalent à</u> $F \supset G$.

ii) <u>Si</u> $[P_F,P_G] = 0$ <u>alors</u> $\delta_F + \delta_G = \delta_{F\wedge G} + \delta_{F\vee G}$.

<u>Preuve</u> : i) Si $G \subset F$ alors $P_G \leq P_F$ et $\mathbb{1} - P_{G^{\perp}} \leq \mathbb{1} - P_{F^{\perp}}$ donc $\delta_G \leq \delta_F$. Réciproquement si $\delta_G \leq \delta_F$ alors $P_{F^{\perp}}\ \delta_G\ P_{F^{\perp}} = 0$ ce qui implique $P_{F^{\perp}}\ \delta_G = 0$ et $P_{F^{\perp}}\ P_G = P_{F^{\perp}}\ \delta_G\ P_G = 0$ donc $G \subset F^{\perp\perp} = F$.

ii) On sait déjà (I.1.19) que si P_F et P_G commutent, le treillis engendré par F, G, $F^{\perp}$ et $G^{\perp}$ est distributif. En particulier on a

$P_{G^\perp}\,\delta_{F\wedge G} = 0$, $P_{G^\perp}\,\delta_{F\vee G} = 1/2\,(P_{G^\perp} + P_{G^\perp\wedge(F\vee G)} - P_{F^\perp}\,P_{G^\perp})$,
$P_{G^\perp}\,\delta_F = 1/2\,(P_{G^\perp} + P_{G^\perp}\,P_F - P_{G^\perp}\,P_{F^\perp})$. Donc si $\delta = \delta_{F\wedge G} + \delta_{F\vee G} - \delta_F$, l'orthomodularité du treillis $\mathfrak{F}(H^+)$ implique $P_{G^\perp\wedge(F\vee G)} = P_{G^\perp\wedge F} = P_{G^\perp}\,P_F$ c'est à dire $P_{G^\perp}\,\delta = 0$. De même on montre que $P_G\,\delta = P_G$ ce qui implique $\delta = \delta_G$ d'après II.2.5. □

Soit $\mathfrak{F}$ un treillis orthomodulaire. Si $F \in \mathfrak{F}$, SASAKI [1] a introduit l'application $\phi_F : G \in \mathfrak{F} \longrightarrow F\wedge(F^\perp\vee G) \in \mathfrak{F}$ et a montré que $\phi_F{}^2 = \phi_F$ (cf. FOULIS [1]). La proposition suivante relie $\mathcal{P}_F$ à la projection de SASAKI (cf. ALFSEN-SHULTZ [3] lem. 1.8).
On rappelle que si $\delta \in \mathfrak{M}^+$, $\delta_{F(0)^\perp} = r(\delta) = \bigwedge\{\delta_F \;/\; F \in \mathfrak{F}(H^+)\}$ et $\delta \in \mathrm{Face}(r(\delta))$ (II.2.6).

<u>III.1.4 PROPOSITION :</u> Soit H^+ un cône autopolaire facialement homogène. Si $F,G \in \mathfrak{F}(H^+)$ alors $r(\mathcal{P}_F\delta_G) = \delta_{F\wedge(F^\perp\vee G)}$.

<u>Preuve</u> : Soit une face $L \in \mathfrak{F}(H^+)$ telle que $\delta_L = r(\mathcal{P}_F\delta_G)$ (II.2.6). D'après III.1.1 on a

$$\mathcal{P}_F(\delta_G) = \mathcal{P}_F\,\mathcal{P}_G(\mathbb{1}) = \mathcal{P}_F\,\mathcal{P}_{G\vee F^\perp}\,\mathcal{P}_G(\mathbb{1}) = \mathcal{P}_{G\vee F^\perp}\,\mathcal{P}_F\,\mathcal{P}_G(\mathbb{1}) \leqslant \mathcal{P}_{G\vee F^\perp}(\mathcal{P}_F\,\mathbb{1})$$
$$\leqslant \mathcal{P}_{G\vee F^\perp}(\mathbb{1}) = \delta_{G\vee F^\perp}$$

car $[P_{F^\perp}, P_{F^\perp\vee G}] = 0$ entraine $[P_F, P_{F^\perp\vee G}] = 0$ (I.2.2).
Ainsi $\delta_L \leqslant \delta_{G\vee F^\perp}$ ce qui entraine $L \subset G\vee F^\perp$ (III.1.3). De plus $\delta_L = r(\mathcal{P}_F(\delta_G)) \leqslant r(\mathcal{P}_F(\mathbb{1})) = \delta_F$ donc $L \subset F$ et $L \subset (G\vee F^\perp)\wedge F$. On remarque en utilisant les mêmes résultats que précédemment, que
$0 \leqslant \mathcal{P}_{L^\perp}\,\mathcal{P}_F(\delta_G) \leqslant \mathcal{P}_{L^\perp}\,\delta_L = 0$. Donc $\mathcal{P}_{L^\perp\wedge F}\,\delta_G = 0$ et $\mathcal{P}_{L\vee F^\perp}\,\delta_G = \delta_G$ d'après III.1.2. Ainsi $\delta_G \leqslant \delta_{L\vee F^\perp}$ et $G \subset L\vee F^\perp$. Puisque $L \subset F$, on a en utilisant l'orthogonale de la relation $F = (F\wedge G)\vee(F\wedge G^\perp)$ (I.1.19),
$(G\vee F^\perp)\vee F \subset (L\vee F^\perp)\wedge F = L$. □

III. 2 - CONSTRUCTION DE LA J.B.W. ALGÈBRE D'UN CÔNE

Si $\delta \in \mathfrak{M}$ et $\delta = \int \lambda d\delta_{F(\lambda)}$ on définit $\delta \circ \delta = \int \lambda^2 d\delta_{F(\lambda)}$.

III.2.1 THEOREME :(BELLISSARD-IOCHUM [2]) Soit H^+ un cône autopolaire facialement homogène dans H. Alors l'application $(\delta, \delta') \in \mathfrak{M} \times \mathfrak{M} \to \delta \circ \delta' = 1/2\{(\delta+\delta')\circ(\delta+\delta') - \delta\circ\delta - \delta'\circ\delta'\}$ définit sur $\mathfrak{M} \times \mathfrak{M}$ un produit de Jordan tel que $L_F\delta = \delta_F \circ \delta$ si $F \in \mathfrak{F}(H^+)$. $\mathfrak{M}$ est une J.B.W. algèbre pour la norme de L(H) avec le même ordre dont les idempotents sont les dérivations faciales. De plus H^+ et $\mathfrak{M}_*^+$ sont homéomorphes par l'application $\xi \in H^+ \longrightarrow \omega_\xi \in \mathfrak{M}_*^+$.

Preuve : cf. ALFSEN-SHULTZ [3] 3.5 et 3.6.

i) Il est clair que $\delta_F \circ \delta_F = \delta_F$ pour toute face F (III.2.7).

Soit $\mathfrak{M}_o$ l'espace vectoriel réel engendré par les dérivations faciales δ_F. Montrons que le produit $\circ$ est bilinéaire sur $\mathfrak{M}_o \times \mathfrak{M}_o$. $\mathfrak{M}_o$ est dense dans $\mathfrak{M}$ d'après II.2.4. Si $\delta \in \mathfrak{M}_o$ et $\delta = \sum_{i=1}^n \lambda_i \delta_{Fi}$ on définit $L_\delta = \sum_{i=1}^n \lambda_i L_{Fi}$. Si $G \in \mathfrak{F}(H^+)$, $L_\delta(\delta_G) = \sum_{i=1}^n \lambda_i L_{Fi}(\delta_G) = \sum_{i=1}^n \lambda_i L_G(\delta_{Fi}) = L_G(\delta)$ d'après III.1.2, donc L_δ est un opérateur continu sur $\mathfrak{M}_o$ qui ne dépend pas de la représentation choisie de δ et par construction L_δ est linéaire en δ. Par continuité on peut définir L_δ sur $\mathfrak{M}$. Si $\delta' \in \mathfrak{M}_o$ alors par linéarité, $L_\delta(\delta') = L_{\delta'}(\delta)$. Montrons que $L_\delta(\delta) = \delta\circ\delta$. On remarque que si δ' a un spectre **fini**, $\delta' = \sum_{i=1}^n \lambda_i \delta_{Fi}$ où $F_i \subset F_j^\perp$ si $i \neq j$. D'après III.1.2

$L_\delta(\delta) = \sum_{i=1}^n \sum_{j=1}^n \lambda_i \lambda_j L_{Fi}(\delta_{Fj}) = \sum_{i=1}^n \lambda_i^2 \delta_{Fi} = \delta\circ\delta$. Ainsi si δ' et δ'' ont des spectres finis et commutent, $\delta' + \delta''$ a un spectre fini et en utilisant la linéarité de L_δ et $\delta \to L_\delta$, on a :

$$L_{\delta'}(\delta'') = 1/2(L_{\delta'+\delta''}(\delta'+\delta'') - L_{\delta'}\delta' - L_{\delta''}\delta'') = 1/2((\delta'+\delta'')\circ(\delta'+\delta'') - \delta'\circ\delta' - \delta''\circ\delta'')$$
$$= \delta'\circ\delta''.$$

D'après II.2.4. $\delta \in \mathfrak{M}_o$ est limite en norme d'une suite $\{\delta_n\}_{n\in\mathbb{N}}$ de dérivations à spectre fini qui commutent entre elles. Puisque $L_\delta(\delta_n) = L_{\delta_n}\delta$ on a $L_\delta(\delta) = \lim_n L_\delta(\delta_n) = \lim_n L_{\delta_n}(\delta) = \lim_n \lim_m L_{\delta_n}(\delta_m) = \lim_n \lim_m \delta_n\circ\delta_m = \delta\circ\delta$ car l'application $\delta \in \mathfrak{M} \to \delta\circ\delta$ est continue puisque $\|\delta\circ\delta\| = \|\delta\|^2$ et $\delta_n\circ\delta_m = 1/2[(\delta_n + \delta_m)\circ(\delta_n + \delta_m) - \delta_n\circ\delta_n - \delta_m\circ\delta_m]$. Ceci entraine que $L_\delta(\delta') = \delta\circ\delta'$

et le résultat annoncé.

ii) Soient δ et δ' dans $\mathfrak{M}_o$ telles que $\|\delta\|$ et $\|\delta'\|$ sont inférieurs à 1. Puisque $\delta\circ\delta$ est un opérateur positif et $\|\delta\circ\delta\| = \|\delta\|^2$ on a :

$$\|\delta\circ\delta'\| = 1/4\ \|(\delta+\delta')\circ(\delta+\delta') - (\delta-\delta')\circ(\delta-\delta')\| \leq 1/4 \max(\|\delta+\delta'\|^2, \|\delta-\delta'\|^2) \leq 1$$

donc de manière générale, $\|\delta\circ\delta'\| \leq \|\delta\|\ \|\delta'\|$ pour δ et δ' dans $\mathfrak{M}_o$. Pour montrer que le produit $\circ$ est bilinéaire sur $\mathfrak{M}\times\mathfrak{M}$, il suffit d'après le i) de montrer que si $(\delta_n)_{n\in\mathbb{N}}$ et $(\delta'_n)_{n\in\mathbb{N}}$ sont deux suites dans $\mathfrak{M}_o$ convergentes vers δ et δ' dans $\mathfrak{M}$ alors $\{\delta_n\circ\delta'_n\}_{n\in\mathbb{N}}$ converge vers $\delta\circ\delta'$. D'après II.2.4, il existe deux suites $(\mu_n)_{n\in\mathbb{N}}$ et $(\mu'_n)_{n\in\mathbb{N}}$ dans $\mathfrak{M}_o$ telles que $\|\delta-\mu_n\| \xrightarrow[n]{} 0$ et $\|\delta\circ\delta - \mu_n\circ\mu_n\| \xrightarrow[n]{} 0$ (idem pour '). Puisque

$$\begin{aligned}\|\delta_n\circ\delta_n - \mu_n\circ\mu_n\| &= \|\delta_n\circ(\delta_n-\mu_n) + (\delta_n-\mu_n)\circ\mu_n\| \\ &\leq \|\delta_n\|\ \|\delta_n-\mu_n\| + \|\delta_n-\mu_n\|\ \|\mu_n\| \xrightarrow[n]{} 0\end{aligned}$$

on a $\lim\limits_n \delta_n\circ\delta_n = \lim\limits_n \mu_n\circ\mu_n = \delta\circ\delta$ (idem pour ') et ainsi

$$\begin{aligned}\lim_n(\delta_n\circ\delta'_n) &= \lim_n 1/2[(\delta_n+\delta'_n)\circ(\delta_n+\delta'_n) - \delta_n\circ\delta_n - \delta'_n\circ\delta'_n] \\ &= 1/2[(\delta+\delta')\circ(\delta+\delta') - \delta\circ\delta - \delta'\circ\delta'] = \delta\circ\delta'\end{aligned}$$

On montre comme précédemment que le produit $\circ$ est continu sur $\mathfrak{M}$.

iii) Pour montrer que $\circ$ est un produit de Jordan il suffit grâce à la continuité de $\circ$ de vérifier que $(\delta\circ\delta)(\delta\circ\delta') = \delta\circ((\delta\circ\delta)\circ\delta')$ pour δ à spectre fini c'est à dire $\delta = \sum_{i=1}^{n}\lambda_i\,\delta_{Fi}$ où $Fi \subset Fj^{\perp}$ si $i \neq j$. Il est suffisant de montrer que $\delta_{Fi}\circ(\delta_{Fj}\circ\delta') = \delta_{Fj}\circ(\delta_{Fi}\circ\delta')$ c'est à dire $L_{Fi}\,L_{Fj}\,\delta' = L_{Fj}\,L_{Fi}\,\delta'$ ce qui résulte en fait de III.1.2.

iv) On vient de montrer que $\mathfrak{M}$ muni de la norme usuelle de L(H) est une J.B. algèbre avec unité car $\mathfrak{M}$ est fermée d'après I.2.3. De plus $\mathfrak{M}^+$ est à la fois le cône des carrés de Jordan et des éléments de $\mathfrak{M}$ qui sont des opérateurs positifs. Puisque $\mathfrak{M}$ est faiblement fermée, $\mathfrak{M}$ est monotone fermée et $\mathfrak{M}$ sera une J.B.W. algèbre si on trouve un ensemble S séparant d'états normaux sur $\mathfrak{M}$ (SHULTZ [1] théorème 2.3). L'ensemble $S = \{\omega_\xi / \xi\in H^+,\ \xi\neq 0\}$ ou $\omega_\xi(\delta) = \|\xi\|^{-2}\langle\delta\xi,\xi\rangle$ vérifie cette condition : En fait S sépare les points de $\mathfrak{M}$ car si $\delta\in\mathfrak{M}$ vérifie $\langle\delta\xi,\xi\rangle = 0\ \forall\xi\in H^+$ alors $\forall\eta\in H^+$ on a

$$\begin{aligned}\langle\delta\xi,\eta\rangle &= 1/4[\langle\delta(\xi+\eta),\xi+\eta\rangle - \langle\delta(\xi-\eta),\xi-\eta\rangle] \\ &= -1/4[\langle\delta(\xi-\eta)^+,(\xi-\eta)^+\rangle + \langle\delta(\xi-\eta)^-,(\xi-\eta)^-\rangle] = 0\end{aligned}$$

et H^+ engendrant H, $\delta = 0$.

L'homéomorphisme entre H^+ et $\mathfrak{M}_*^+$ est démontré en III.5.2. □

Le corollaire suivant justifie la dénomination de P-projection pour $\mathcal{P}_F$ car il relie $\mathcal{P}_F$ au triple produit de Jordan (cf. ALFSEN-SHULTZ [3] prop. 3.1 ; Pour une étude rapide des propriétés de convexité dans les algèbres voir ASIMOW-ELLIS [1]).

III.2.2 COROLLAIRE: Soient $F \in \mathfrak{F}(H^+)$ et $\delta \in \mathcal{M}$.

i) $\mathcal{P}_F(\delta) = \{\delta_F,\delta,\delta_F\} = \delta_F \circ \delta + 2\,[\,[\delta_F,\delta],\delta_F]$.

ii) Si $\alpha_F = 2(\mathcal{P}_F + \mathcal{P}_{F^\perp}) - \mathbb{1}$ alors

$\alpha_F(\delta) = \{2\delta_F - \mathbb{1}, \delta, 2\delta_F - \mathbb{1}\} = U_F \delta U_F$.

iii) Si $G \in \mathfrak{F}(H^+)$ vérifie $[P_F, P_G] = 0$ alors

$\mathcal{P}_F(\delta_G) = \delta_F \circ \delta_G = \delta_{F\cap G}$.

Preuve : i) Par définition $\{\delta_F,\delta,\delta_F\} = 2\delta_F \circ (\delta_F \circ \delta) - \delta_F \circ \delta = (2 L^2_{\delta_F} - L_{\delta_F})\,\delta$

$= 2\, L_F{}^2 \delta - L_F \delta$. Donc en utilisant III.1.2

$\{\delta_F,\delta,\delta_F\} = 1/2(\mathbb{1} + \mathcal{P}_F + \mathcal{P}_{F^\perp} + 2\mathcal{P}_F - 2\mathcal{P}_{F^\perp})(\delta) - 1/2(\mathbb{1} + \mathcal{P}_F - \mathcal{P}_{F^\perp})(\delta) = \mathcal{P}_F(\delta)$. De plus puisque $\delta_{F^\perp} = \mathbb{1} - \delta_F$, on a $(\mathcal{P}_F + \mathcal{P}_{F^\perp})(\delta) = \delta + 4\delta_F \circ (\delta_F \circ \delta) - 4\delta_F \circ \delta$. D'après III.1.1, ceci implique que $[\,[\delta_F,\delta],\delta] = \delta_F \circ (\delta_F \circ \delta) - \delta_F \circ \delta$ et $\mathcal{P}_F(\delta) = \delta_F \circ \delta + 2[\,[\delta_F,\delta],\delta_F]$.

ii) On vérifie en utilisant de façons répétées $P_F\, N_G\, P_{F^\perp} = 0$ (I.2.4) que $U_F\, N_G\, U_F = N_G + 2[\,[N_F, N_G], N_F]$. Donc d'après II.2.4 et III.1.1,

$U_F \delta U_F = \delta + 2[\,[N_F,\delta],N_F] = \delta + 8[\,[\delta_F,\delta],\delta_F] = 2(\delta + 4[\,[\delta_F,\delta],\delta_F]) - \delta$

$= 2(\mathcal{P}_F + \mathcal{P}_{F^\perp})\delta - \delta = \alpha_F(\delta)$. On vérifie facilement que $\alpha_F(\delta) = \{2\delta_F - \mathbb{1}, \delta, 2\delta_F - \mathbb{1}\}$

iii) Si $[P_F,P_G] = 0$ alors $[\delta_F,\delta_G] = 0$ (I.2.2) et d'après le i)

$\delta_F \circ \delta_G = \mathcal{P}_F(\delta_G) = \mathcal{P}_F \mathcal{P}_G(\mathbb{1}) = \mathcal{P}_{F\cap G}(\mathbb{1}) = \delta_{F\cap G}$ (III.1.1). □

III.2.3 COROLLAIRE : Toute dérivation selfadjointe δ se décompose de manière unique en dérivations positives orthogonales (cf. II.2.6) :

$\delta = \delta^+ - \delta^-$ où $\delta^\pm \in \mathcal{M}^+$ et $\delta^+ \circ \delta^- = 0$.

En fait si $\delta = \int_{a-}^{b+} \lambda\, d\delta_{F(\lambda)}$ alors $\delta^+ = \delta \circ \delta_{F(0)^\perp}$,

$\delta^- = -\delta \circ \delta_{F(0)}$ et le calcul fonctionnel usuel est applicable: Si f et g sont des fonctions boréliennes bornées et

$\mathring{f}(\delta) = \int f(\lambda)\, d\,\delta_{F(\lambda)}$ alors $\overset{\circ}{\widehat{f \circ g}} = \mathring{f} \circ \mathring{g}$ et

$\mathring{f}(\delta) \circ \mathring{g}(\delta) = \int f(\lambda) g(\lambda)\, d\delta_{F(\lambda)}$.

Preuve : Ceci est immédiat d'après II.2.6 car si $\delta^+ = \int \chi_{[0,\|\delta\|]}(\lambda)\, d\delta_{F(\lambda)}$ et $\delta^- = -\int \chi_{[-\|\delta\|,\, 0]}(\lambda)\, d\delta_{F(\lambda)}$ on a

$\delta^+ \circ \delta^- = 1/4[(\delta^+ + \delta^-) \circ (\delta^+ + \delta^-) - (\delta^+ - \delta^-) \circ (\delta^+ - \delta^-)] = 1/4[\int |\lambda|^2 d\delta_{F(\lambda)} - \int \lambda^2 d\delta_{F(\lambda)}] = 0$.

On déduit de III.2.2

$\delta \circ \delta_{F(0)} = \mathcal{P}_{F(0)}\, \delta = \int \lambda\, d\mathcal{P}_{F(0)} \delta_{F(\lambda)} = \int \lambda\, d\delta_{F(\lambda) \cap F(0)} = \int_{-\|\delta\|}^{0} \lambda\, d\delta_{F(\lambda)} = -\delta^-$.

De même $\delta \circ \delta_{F(0)^\perp} = \delta \circ (\mathbb{1} - \delta_{F(0)}) = (\delta^+ - \delta^-) + \delta^- = \delta^+$

Le calcul fonctionnel des J.B.W. algèbres est applicable (ALFSEN-SHULTZ-STØRMER [1] § 4 ou ALFSEN-SHULTZ [1] § 8,9 et th.12.13). □

On notera $|\delta| = \delta^+ + \delta^-$ si $\delta = \delta^+ - \delta^-$ est la décomposition orthogonale de δ dans $\mathcal{M}^+$.

III.3 Fonctorialité de la construction

Une question naturelle est la fonctorialité de la construction de l'algèbre $\mathfrak{M}_{H^+} = D(H^+)_{s.a.}$ à partir d'un cône H^+.

III.3.1 THEOREME : Sur la catégorie des cônes autopolaires facialement homogènes admettant les unitaires qui conservent les cônes comme flèches, l'application : $H^+ \longrightarrow \mathfrak{M}_{H^+}$ est un foncteur covariant.

III.3.2 PROPOSITION : Soient H^+, K^+ des cônes autopolaires facialement homogènes respectivement dans H et K. Si $U(H^+, K^+)$ désigne les unitaires de H dans K tels que $UH^+ = K^+$ alors $\mathfrak{M}(U) : \delta \in \mathfrak{M}_{H^+} \longrightarrow U\delta U^* \in \mathfrak{M}_{K^+}$ est un automorphisme de Jordan tel que $\mathfrak{M}(U)\delta_F = \delta_{UF}$ pour toute face F de H^+.

Preuve : Si $G \in \mathfrak{F}(H^+)$ on a $UP_G U^* = P_{UG}$ et $P_{UG^\perp} = P_{(UG)^\perp}$ (cf. I.2.2) donc $U\delta_G U^* = 1/2(\mathbb{1}+P_{UG}-P_{UG^\perp}) = \delta_{UG}$. L'application $\mathfrak{M}(U) : \delta \to U\delta U^*$ est une bijection de $\mathfrak{M}_{H^+}$ sur $\mathfrak{M}_{K^+}$ telle que $\mathfrak{M}(U)(\mathfrak{M}_{H^+})^+ = (\mathfrak{M}_{K^+})^+$ et $\mathfrak{M}(U)(\mathbb{1}_{H^+}) = \mathbb{1}_{K^+}$.

Le théorème de KADISON [1] entraine que $\mathfrak{M}(U)$ est un isomorphisme de Jordan de $\mathfrak{M}_{H^+}$ sur $\mathfrak{M}_{K^+}$. Il est donc clair que $H^+ \longrightarrow \mathfrak{M}_{H^+}$ est un foncteur covariant car $\mathfrak{M}(U)\circ\mathfrak{M}(V) = \mathfrak{M}(UV)$ si $U \in U(H^+, K^+)$ et $V \in U(K^+, L^+)$. □

III.3.3 PROPOSITION : Soit H^+ un cône autopolaire facialement homogène dans H.

i) Si P est une projection orthogonale de H telle que $K^+ = PH^+ \subset H^+$, alors il existe une espérance conditionnelle $\mathfrak{M}(P)$ (cf. Appendice 7) de $\mathfrak{M}_{H^+}$ sur $\{\delta \in \mathfrak{M}_{H^+} / [\delta, P] = 0\}$ qui est une sous-algèbre de $\mathfrak{M}_{H^+}$ isomorphe à $\mathfrak{M}_{K^+}$.
En particulier si $F \in \mathfrak{F}(H^+)$, $\mathfrak{M}(P_F) = \mathscr{P}_F$ et $\mathfrak{M}(P_F + P_{F^\perp}) = \mathscr{P}_F + \mathscr{P}_{F^\perp}$ sont deux espérances conditionnelles normales dont la deuxième est fidèle.

ii) Si I est une injection de H dans $K \subset H$ telle que $I(H^+) \subset K^+$ alors il existe une injection $\mathfrak{M}(I)$ de $\mathfrak{M}_{H^+}$ dans $\mathfrak{M}_{K^+}$.

Preuve : i) D'après II.2.8, si $K^+ = PH^+$ alors $D(K^+)_{s.a.} = P\mathfrak{M}/PH$ et si $\delta = \int \lambda d\delta_{F(\lambda)} \in D(K^+)_{s.a.}$ alors $\langle\delta\rangle = \int \lambda d\delta_{\langle F(\lambda)\rangle}$ est l'unique extension de δ telle que $\langle\delta\rangle P_{\langle K^+\rangle^\perp} = 0$. L'application $\mathcal{E} : \delta \in D(H^+) \longrightarrow \langle P\delta_{/PH}\rangle$ est clairement une projection telle que $\mathcal{E}(\mathbb{1}) = \delta_{\langle K^+\rangle}$.

De plus $\mathcal{E}(\mathfrak{M}) = \{\delta \in \mathfrak{M} \ / \ [\delta,P] = 0\}$ est une sous algèbre de $\mathfrak{M}$ car si $\delta = \int \lambda d\pi(\lambda) = \int \lambda d\delta_{F(\lambda)}$ (cf. notations de II.2) la condition $[\delta,P] = 0$ entraine $[\pi(\lambda),P] = 0 \ \forall\lambda$ et $[P_{F(\lambda)},P] = 0$ car $P \in L(H^+)$. D'après I.2.2, $[\delta_{F(\lambda)},P] = 0$ et $[\delta\circ\delta,P] = 0$. $\mathcal{E}$ est donc une espérance conditionnelle d'après l'appendice 7. Donnons en une rapide preuve dans le cas où $P = N_F^2$. Il est clair que $\mathcal{N}_F^2 = \mathcal{P}_F + \mathcal{P}_{F^\perp}$ est une projection conservant l'identité, de norme 1.Soient $\delta,\delta' \in \mathfrak{M}$. Puisque $\alpha_F \in \mathrm{Aut}(\mathfrak{M})$ et que $\alpha_F = 2\,\mathcal{N}_F^2 - \mathbb{1}$ on a $\alpha_F(\mathcal{N}_F^2\,\delta\circ\mathcal{N}_F^2\,\delta') = \mathcal{N}_F^2\,\delta\circ\mathcal{N}_F^2\,\delta'$ donc ce dernier terme est invariant par $\mathcal{N}_F^2$ et $\mathcal{N}_F^2\,D(H^+)_{s.a.}$ est une sous-algèbre de $\mathfrak{M}$. Il est clair d'après III.1.1 que $\mathcal{N}_F^2\,\delta \in \{\delta \in \mathfrak{M} \ / \ [\delta,\delta_F] = 0\}$, $\alpha_F(\delta\circ\mathcal{N}_F^2\,\delta') = \alpha_F\delta\circ\mathcal{N}_F^2\,\delta'$ d'où $\mathcal{N}_F^2\,(\delta\circ\mathcal{N}_F^2\,\delta') = \mathcal{N}_F^2\,\delta\circ\mathcal{N}_F^2\,\delta'$ et $\mathcal{N}_F^2$ est une espérance conditionnelle qui est normale car α_F est normale et fidèle car si $0 = \mathcal{N}_F^2(\delta\circ\delta)$ alors $\mathcal{P}_F(\delta\circ\delta) = \mathcal{P}_{F^\perp}(\delta\circ\delta) = 0$ d'où $P_F(\delta\circ\delta)\,P_F = P_{F^\perp}(\delta\circ\delta)\,P_{F^\perp} = 0$ et $(\delta\circ\delta)\,P_F = (\delta\circ\delta)\,P_{F^\perp} = 0$ puisque $\delta\circ\delta$ est un opérateur positif ainsi $\delta\circ\delta = 0$ (II.1.4), $\|\delta\|^2 = \|\delta\circ\delta\| = 0$ et $\delta = 0$.

ii) résulte de II.2.8. □

III.3.4 REMARQUES : • Soient une projection $P : H^+ \longrightarrow H^+$, un unitaire $U \in U(H^+, K^+)$ et une injection $I : K^+ \subset L^+ \to L^+$. Au produit PUI correspond par le foncteur $\mathfrak{M}$ l'application $\mathfrak{M}(P)\,\mathfrak{M}(U)\,\mathfrak{M}(I)$ produit d'une espérance conditionnelle par un automorphisme de Jordan et une extension. Il existe un équivalent en théorie des probabilités sous le nom des applications doublement Markoviennes (cf. NELSON [1] p. 97).

• On verra une application intéressante de ce résultat dans VII.2.1 et VII.2.2. Voir aussi le lien avec les espérances conditionnelles de GUDDER-MARCHAND [1] dans les algèbres de von Neumann.

III.3.5 PROBLEME : Caractériser les applications de la forme PUI.

III.3.6 PROPOSITION : Soit H^+ un cône autopolaire facialement homogène. Alors le centre $Z(\mathfrak{M})$ de l'algèbre $\mathfrak{M}$ coïncide avec $ZD(H^+) = Z_{H^+}$.

Preuve : Par définition le centre de l'algèbre $\mathfrak{M}$ est $Z(\mathfrak{M}) = \{\delta \in \mathfrak{M} \ / \ [L_\delta, L_{\delta'}] = 0 \ \forall\delta' \in \mathfrak{M}\}$. D'après ALFSEN-SHULTZ-STØRMER [1] lem. 5.3, $\delta \in Z(\mathfrak{M})$ est équivalent à $\delta = \{2\delta_F - \mathbb{1},\ \delta,\ 2\delta_F - \mathbb{1}\}\ \forall\, F \in \mathfrak{F}(H^+)$ en utilisant III.2.1. Donc $\delta \in Z(\mathfrak{M})$ est équivalent à $\delta = (\mathcal{P}_F + \mathcal{P}_{F^\perp})\delta \ \forall\, F \in \mathfrak{F}(H^+)$ (III.2.2) et dans ce cas $P_F\delta = P_F(\mathcal{P}_F + \mathcal{P}_{F^\perp})(\delta) = P_F\ \delta\ P_F$ c'est à dire $[\delta,P_F] = 0$. Réciproquement si $[\delta,P_F] = 0$ pour toute face F alors $(\mathcal{P}_F + \mathcal{P}_{F^\perp})\ \delta = \delta$ d'après I.2.2 et III.1.1. On a montré que $\delta \in Z(\mathfrak{M})$ si et seulement si $[\delta,P_F] = 0 \ \ \forall\, F \in \mathfrak{F}(H^+)$, c'est à dire si $\delta \in Z_{H^+} = ZD(H^+)$ (I.2.7 et II.1.3). □

III.3.7 COROLLAIRE : i) $\mathcal{M}$ est un J.B.W. facteur si et seulement si H^+ est indécomposable.

ii) $\mathcal{M}_{H^+ \oplus K^+} = \mathcal{M}_{H^+} \oplus \mathcal{M}_{K^+}$ si K^+ est un cône autopolaire facialement homogène dans K.

iii) Si $H = \int_Z^{\oplus} H(\alpha)d\nu(\alpha)$ et $H^+ = \int_Z^{\oplus} H^+(\alpha)d\nu(\alpha)$ où ν est standard (cf. I.3.4 et II.1.17) alors

$\mathcal{M}_{H^+} = \int_Z^{\oplus} \mathcal{M}_{H^+(\alpha)}d\nu(\alpha)$ (décomposition dans L(H)) où les $\mathcal{M}_{H^+(\alpha)}$ sont des J.B.W. facteurs ν.p.p. et cette décomposition est compatible avec le produit de Jordan de $\mathcal{M}_{H^+}$ et $\mathcal{M}_{H^+(\alpha)}$.

Preuve : i) Résulte de III.3.6 et I.3.2 .

ii) Résulte de I.2.3 .

iii) Le fait que $\mathcal{M}_{H^+} = \int_Z^{\oplus} \mathcal{M}_{H^+(\alpha)}d\nu(\alpha)$ et $\mathcal{M}_{H^+(\alpha)}$ est un J.B.W. facteur ν.p.p. résulte de I.3.4, I.3.5, II.1.17, III.2.1 et III.3.6.

Montrons la compatibilité avec la structure de Jordan : Soient $\delta \in \mathcal{M}$ et $F \in \mathfrak{F}(H^+)$. On a donc $\delta = \int_Z^{\oplus} \delta(\alpha)d\nu(\alpha)$ et $P_F = \int_Z^{\oplus} P_{F(\alpha)}d\nu(\alpha)$ (I.3.4). Puisque $\delta' = \int_Z^{\oplus} \mathcal{V}_{F(\alpha)}(\delta(\alpha))\, d\nu(\alpha)$ est un élément de $\mathcal{M}$ qui vérifie

$$P_F\ \delta' = \int^{\oplus} P_{F(\alpha)}\ \mathcal{V}_{F(\alpha)}(\delta(\alpha))d\nu(\alpha) = \int^{\oplus} P_{F(\alpha)}\delta(\alpha)\ P_{F(\alpha)}d\nu(\alpha) \qquad \text{(III.1.1)}$$

$$= P_F\ \delta\ P_F \text{ et}$$

$$P_{F^\perp}\ \delta' = \int_Z^{\oplus} P_{F^\perp(\alpha)}\ \mathcal{V}_{F(\alpha)}(\delta(\alpha))\ d\nu(\alpha) = 0 \qquad \text{(III.3.1 et I.3.4)}$$

on a $\delta' = \mathcal{V}_F(\delta)$ d'après III.3.1. Ainsi III.2.1 entraine que $\delta \circ \delta_F = \int_Z^{\oplus} \delta(\alpha) \circ \delta_F\ d\nu(\alpha)$ et du fait du théorème spectral II.2.4, $\delta \circ \delta' = \int_Z^{\oplus} \delta(\alpha) \circ \delta'(\alpha)\ d\nu(\alpha)$ pour toute dérivation δ' dans $\mathcal{M}_{H^+}$ (utiliser par exemple DIXMIER [1] II.2.3 prop. 4) . □

III.3.8 PROPOSITION : Soit H^+ un cône autopolaire facialement homogène. Alors $\mathcal{M}$ est de type dénombrable (Appendice 6) si et seulement si H^+ est de type dénombrable.

Preuve : L'application : $\xi \in H^+ \longrightarrow \delta_{<\xi>} \in \mathcal{M}$ fait correspondre à toute famille orthogonale de vecteurs, une famille orthogonale (pour le produit de Jordan) de dérivations faciales.

Réciproquement si $\mathcal{M}$ n'est pas de type dénombrable, soit $\{\delta_{F(\alpha)}\}_{\alpha \in \Gamma}$ une famille maximale d'idempotents non nuls orthogonaux (III.2.1). Il lui correspond une famille $\{F(\alpha)\}_{\alpha \in \Gamma}$ de faces complètes non nulles orthogonales deux à deux, car si $\delta_F \circ \delta_G = 0$ alors $\delta_F = U_{\mathbb{1}-\delta_G}(\delta_F) \leq \mathbb{1} - \delta_G = \delta_{G^\perp}$ et $F \subset G^\perp$ (III.1.3). H^+ possède donc une famille non dénombrable de vecteurs orthogonaux. □

III.4. Différence entre produit de L(H) et produit de $\mathfrak{M}$

Toute dérivation faciale $\delta_F = \frac{1}{2}(\mathbb{1} + P_F - P_{F^\perp})$ est une combinaison linéaire d'opérateurs qui conserve l'ordre. Le but de ce paragraphe est de généraliser cette remarque à toute dérivation selfadjointe du cône autopolaire facialement homogène H^+.

III.4.1. DEFINITION : $P : \delta \in \mathfrak{M} \to P(\delta) = 2\delta^2 - \delta\circ\delta$

Puisque δ est selfadjoint, $P(\delta)$ aussi.

III.4.2. LEMME : i) Si $\delta = \int_a^b \lambda d\delta_{F(\lambda)}$ alors $P(\delta) = \int_a^b \alpha\beta \, d(P_{F(\alpha)}(\mathbb{1} - P_{F(\beta)^\perp}))$.

ii) L'application $\delta \in \mathfrak{M} \to P(\delta) \in L(H)$ envoie $\mathfrak{M}^+$ dans $L(H^+)$ et est continue.

Preuve : i) D'après le théorème spectral (II.2.4.)

$\delta^2 = \int_a^b (\frac{\alpha+\beta}{2})^2 \, d[P_{F(\alpha)}(\mathbb{1} - P_{F(\beta)^\perp})]$ et $P(\delta) = \int_a^b \alpha\beta \, d[P_{F(\alpha)}(\mathbb{1} - P_{F(\beta)^\perp})]$.

ii) P conserve l'ordre d'après i) et si $\delta, \delta' \in \mathfrak{M}$,

$\| P(\delta) - P(\delta')\| \leqslant 3 \,\| \delta + \delta'\| \,\| \delta - \delta'\|$. □

III.4.3. LEMME : i) Si $F \in \mathrm{Fac}(H^+)$ $P(\delta_F) = P_F$ et $P(N_F) = U_F$.

ii) $P(\lambda\delta) = \lambda^2 P(\delta)$ pour $\lambda \in \mathbb{R}$ et $\delta \in \mathfrak{M}$.

iii) $P(\delta+\delta') + P(\delta-\delta') = 2\,P(\delta) + 2P(\delta')$ pour $\delta, \delta' \in \mathfrak{M}$.

iv) $\delta = \frac{1}{2}(\mathbb{1} + P(\delta) - P(\mathbb{1} - \delta))$.

Preuve : i) est immédiat car $\delta_F \circ \delta_F = \delta_F$ et $N_F \circ N_F = \mathbb{1}$ (III.2.1.)

ii) et iii) sont immédiats.

iv) Si $\lambda, \mu \in \mathbb{R}$ et $\delta \in \mathfrak{M}$, $P(\lambda\delta + \mu\mathbb{1}) = \lambda^2 P(\delta) + 2\lambda\mu\delta + \mu^2 \mathbb{1}$ donc $P(\mathbb{1} - \delta) = P(\delta) - 2\delta + \mathbb{1}$. □

III.4.4. LEMME : Si $\delta = \int_a^b \lambda d\delta_{F(\lambda)}$ alors pour toute fonction borélienne bornée f sur le spectre de δ,

$$P(\mathring{f}(\delta)) = \int_a^b f(\alpha)\, f(\beta)\, d[P_{F(\alpha)}(\mathbb{1} - P_{F(\beta)^\perp})]$$

En particulier : $P(\delta \circ \delta) = P(\delta)^2$ pour $\delta \in \mathcal{M}$.

$\overset{\circ}{P}(\exp\delta) = e^{2\delta}$ pour $\delta \in \mathcal{M}$.

$P(\delta) = e^{\overset{\circ}{\log}(\delta\circ\delta)}$ si $\delta \in (\mathcal{M}^+)^{-1}$ (inversibles (dans $\mathcal{M}$) positifs de $\mathcal{M}$).

Preuve : Ceci résulte de III.2.3. □

III.4.5. PROPOSITION : Dans un cône autopolaire facialement homogène H^+, $P(\delta) \in L(H^+)$ pour $\delta \in \mathcal{M}$.

Preuve : Soit $\delta = \int_a^b \lambda d\delta_{F(\lambda)}$ (II.2.4.).

Montrons tout d'abord que $P(\delta) = P(|\delta|)U_{F(o)}$: D'après III.2.3. on a $\delta \circ N_{F(o)^\perp} = \delta \circ (2\delta_{F(o)^\perp} - \mathbb{1}) = 2\delta^+ - (\delta^+ - \delta^-) = |\delta|$.

Puisque $\delta \circ N_{F(o)^\perp} = -\delta \circ N_{F(o)} = -\delta \circ (2\delta_{F(o)} - \mathbb{1}) = \int \lambda(2\lambda-1)\chi_{[a,o]}(\lambda) d\delta_{F(\lambda)}$ (III.2.3.), on a :

$$P(|\delta|) = \int \alpha\beta(1-2\alpha)(1-2\beta)\chi_{[a,o]}(\alpha)\, \chi_{[a,o]}(\beta)\, d[P_{F(\alpha)}(\mathbb{1} - P_{F(\beta)^\perp})] \qquad \text{(III.4.4.)}$$

$$= \int \alpha\beta d[P_{F(\alpha)}(\mathbb{1} - P_{F(\beta)^\perp})] \int (1-2\alpha')(1-2\beta')\chi_{[a,o]}(\alpha')\chi_{[a,o]}(\beta') d[P_{F(\alpha')}(\mathbb{1} - P_{F(\beta)^\perp})]$$

$$= P(\delta)\, P(-(2\delta_{F(o)} - \mathbb{1}))$$

Donc $P(|\delta|) = P(\delta)\, P(-N_{F(o)}) = P(\delta)U_{F(o)} = U_{F(o)}\, P(\delta)$ d'après III.4.3.

Montrons que $P(\delta)$ conserve l'ordre si $\delta \in \mathcal{M}^+$ ce qui entraîne la proposition car $U_F \in L(H^+)$ pour toute face (II.1.10) : Soient $0 \neq \varepsilon \in \mathbb{R}^+$ et $\delta = \int_0^a \lambda d\delta_{F(\lambda)}$

$$P(\delta + \varepsilon\mathbb{1}) = \int_{[o,a]\times[o,a]} (\alpha+\varepsilon)(\beta+\varepsilon)\, d[P_{F(\alpha)}(\mathbb{1} - P_{F(\beta)^\perp})] = \int_{[o,a]\times[o,a]} e^{\log(\alpha+\varepsilon)+\log(\beta+\varepsilon)}\, d[P_{F(\alpha)}(\mathbb{1} - P_{F(\beta)^\perp})]$$

$$= e^{\int_0^a \log(\alpha+\varepsilon)\, dP_{F(\alpha)} + \int_0^a \log(\beta+\varepsilon) d(\mathbb{1} - P_{F(\beta)^\perp})}$$

$$= e^{2\int_0^a \log(\lambda+\varepsilon) d\delta_{F(\lambda)}}$$

Donc $P(\delta + \varepsilon\mathbb{1}) \in L(H^+)$ puisque $\int_0^a \log(\lambda+\varepsilon) d\delta_{F(\lambda)}$ est une dérivation de H^+. Ainsi $P(\delta) = \lim_{\varepsilon \downarrow 0} P(\delta + \varepsilon\mathbb{1}) \in L(H^+)$. □

III.4.6. COROLLAIRE : i) Si $\xi, \eta \in H^+$ et $\delta \in \mathcal{M}$, $\langle \xi, \delta\eta \rangle^2 \leqslant \langle \xi, P(\delta)\eta \rangle \langle \xi, \eta \rangle$.

ii) Si $P(\delta) = 0$ alors $\delta = 0$.

Preuve : i) Si $<\xi, \eta> = 0$ alors $<\xi, \delta\eta> = 0$ (I.2.3.). On suppose donc que $<\xi, \eta> \neq 0$. Puisque pour tout réel λ, $P(\delta+\lambda 1\!\!1)$ conserve le cône,
$0 \leq <\xi, P(\delta+\lambda 1\!\!1)\eta> = <\xi, P(\delta)\eta> + 2\lambda<\xi, \delta\eta> + \lambda^2<\xi, \eta>$.

Le minimum de ce polynôme en λ est atteint pour $\lambda_o = -<\xi, \delta\eta><\xi, \eta>^{-1}$ d'où l'inégalité cherchée.

ii) résulte de i) et du fait que H^+ engendre H (I.1.2.). □

III.4.7. COROLLAIRE : Si ξ est un quasi-intérieur de H^+, $H^+ = \overline{\text{conv}\{P(\delta)\xi/\delta \in \mathfrak{M}^+\}}$.

Preuve : Si $K^+ = \overline{\text{conv}\{P(\delta)\xi/\delta\in\mathfrak{M}^+\}}$, $K^+ \subset H^+$ d'après III.4.5. Soient $\eta \in (K^+)^*$ et $\delta = \delta_{<\eta^->}$ alors $P(\delta) = P_{<\eta^->}$ (III.4.3.) et

$$0 \leq <\eta, P(\delta)\xi> = <P_{<\eta^->}\eta, \xi> = -<\eta^-, \xi> \leq 0$$

on a $\eta^- = 0$ et $\eta \in H^+$ c'est-à-dire $(K^+)^* \subset H^+$. L'autopolarité de H^+ entraîne $H^+ = K^+$. □

III.4.8. COROLLAIRE : L'application P est une bijection des éléments positifs inversibles (dans $\mathfrak{M}$) de $\mathfrak{M}$ sur $GL(H^+)^+$.

Preuve : On note $(\mathfrak{M}^+)^{-1} = \{\delta \in \mathfrak{M}^+/\delta$ a un inverse pour la structure de Jordan$\}$.
Si $\delta, \delta' \in (\mathfrak{M}^+)^{-1}$ sont telles que $P(\delta) = P(\delta')$ alors les égalités $\log P(\delta) = \overset{\circ}{\log}(\delta\circ\delta)$ et $\delta\circ\delta = \overset{\circ}{\exp}\,\overset{\circ}{\log}\,\delta\circ\delta$ entraînent $\delta\circ\delta = \delta'\circ\delta'$ et $\delta = \delta'$.
Donc P est injective. La surjectivité de P résulte de II.3.2. □

III.4.9. COROLLAIRE : Soient $F, G \in \mathfrak{F}(H^+)$ alors $P\{\delta_F, \delta_G, \delta_F\} = P(\delta_F)\,P(\delta_G)\,P(\delta_F)$
De plus si $\delta \in \mathfrak{M}$, $P_F\,\delta^2 P_{F^\perp} \in L(H^+)$.

Preuve : Puisque $0 \leq \mathcal{P}_F\,\delta_G \leq \delta_F$ (III.1.1.) et P conserve la positivité on a $0 \leq P_{F^\perp}\,(P(\mathcal{P}_F\delta_G))P_{F^\perp} \leq P_{F^\perp}\,P(\delta_F)P_{F^\perp} = 0$. On en tire $P_{F^\perp}\,P(\mathcal{P}_F(\delta_G)) = 0$ et $P(\mathcal{P}_F(\delta_G))$ étant dans $L(H^+)$, $P_F\,P(\mathcal{P}_F(\delta_G)) = P(\mathcal{P}_F(\delta_G))$.
De plus $P(\mathcal{P}_F(\delta_G)) = 2(\mathcal{P}_F(\delta_G))^2 - \mathcal{P}_F\delta_G \circ \mathcal{P}_F\delta_G$. Donc

$$P(\mathcal{P}_F(\delta_G)) = P_F P(\mathcal{P}_F(\delta_G)) = 2\,P_F\delta_G P_F\delta_G P_F - P_F\mathcal{P}_F\mathcal{P}_G\delta_F$$

car $\mathcal{P}_F(\delta_G) = \{\delta_F, \delta_G, \delta_F\}$ et $(\mathcal{P}_F(\delta_G))^{\circ 2} = \mathcal{P}_F\mathcal{P}_G\delta_F$
d'après ALFSEN-SHULTZ-STØRMER [1] (2.26).
Ainsi $P(\mathcal{P}_F(\delta_G)) = 2\,P_F\delta_G P_F\delta_G P_F - P_F\mathcal{P}_G(\delta_F)\,P_F$. Sachant que $\mathcal{P}_G(\delta_F) = \delta_F\circ\delta_G + 2[[\delta_G, \delta_F], \delta_G]$ (III.2.2.) on calcule $P_F(\delta_F\circ\delta_G)P_F$ et $P_F\,[[\delta_G, \delta_F], \delta_G]P_F$. Le premier terme vaut $\frac{1}{2}\,P_F(\delta_G + \mathcal{P}_F\delta_G - \mathcal{P}_{F^\perp}\delta_G)P_F = P_F\delta_G P_F$ et

le second $P_F\,((\delta_G\delta_F-\delta_F\delta_G)\delta_G - \delta_G(\delta_G\delta_F-\delta_F\delta_G))P_F = 2\,P_F\,\delta_G\delta_F\delta_G P_F - 2P_F\delta_G{}^2P_F$.

Puisque $2\,P_F\delta_G\delta_F\delta_G P_F = P_F\delta_G{}^2P_F + P_F\delta_G P_F\delta_G P_F - P_F\delta_G P_F{}^{\perp}\delta_G P_F$ on a

$$P(\mathscr{V}_F(\delta_G)) = 2\,P_F\delta_G P_F\delta_G P_F - P_F\delta_G P_F - 4\,P_F\delta_G\delta_F\delta_G P_F + 4\,P_F\delta_G{}^2P_F \qquad (II.1.8.)$$

$$= P_F\,(2\delta_G{}^2-\delta_G)P_F = P_F P_G P_F$$

$$= P(\delta_F)P(\delta_G)P(\delta_F).$$

Si $\delta\in\mathfrak{M}$, $P_F\,\delta^2P_F{}^{\perp} = \frac{1}{2}\,P_F\,P(\delta)P_F{}^{\perp} + \frac{1}{2}\,P_F(\delta\circ\delta)P_F{}^{\perp} = \frac{1}{2}\,P_F\,P(\delta)P_F{}^{\perp}\in L(H^+)$ (I.2.4.).□

Ce corollaire sera amélioré en VII.3.3.

III.5. RÔLE DU PRÉDUAL DE $\mathfrak{M}$

Le résultat suivant, sorte de théorème de RADON-NIKODYM pour les cônes est l'étape cruciale pour montrer que les cônes H^+ et $\mathfrak{M}_*^+$ sont homéomorphes (cf. aussi III.3.9. et HAAGERUP [2]).

On note $\omega_\xi : \delta \in D(H^+) \to \langle \delta\xi, \xi \rangle$.

III.5.1. LEMME : Soit H^+ un cône autopolaire facialement homogène. Alors pour ξ et η dans H^+ on a

i) $\|\xi-\eta\|^2 \leqslant \|\omega_\xi-\omega_\eta\| \leqslant \|\xi+\eta\| \; \|\xi-\eta\|$.

ii) $\omega_\eta \leqslant \omega_\xi$ entraîne $\eta \leqslant \xi$.

iii) Si $\psi \in \mathfrak{M}_*^+$ vérifie $0 \leqslant \psi \leqslant \omega_\xi$ où $\xi \in H^+$ alors $\psi = \omega_\eta$ avec $0 \leqslant \eta \leqslant \xi$.

Preuve : i) On remarque que $(\omega_\xi-\omega_\eta)(\delta) = \langle \delta(\xi-\eta), \xi+\eta \rangle$ d'où la 2ème inégalité. De plus

$$\|\omega_\xi-\omega_\eta\| \geqslant (\omega_\xi-\omega_\eta)(\delta_{<(\xi-\eta)^+>} - \delta_{<(\xi-\eta)^->}) = \langle (\xi-\eta)^+ + (\xi-\eta)^-, \xi+\eta \rangle$$

$$\geqslant \langle (\xi-\eta)^+ - (\xi-\eta)^-, \xi-\eta \rangle = \|\xi-\eta\|^2 .$$

ii) Si $\delta \in \mathfrak{M}^+$ on a $0 \leqslant \langle \delta(\xi-\eta), \xi+\eta \rangle$ donc

$$0 \leqslant \langle (\xi-\eta)^-, \xi+\eta \rangle = -\langle \delta_{<(\xi-\eta)^->}(\xi-\eta), \xi+\eta \rangle \leqslant 0 \text{ c'est-à-dire}$$

$$0 = \langle (\xi-\eta)^-, \xi \rangle = \langle (\xi-\eta)^-, \eta \rangle, \quad \|(\xi-\eta)^-\|^2 = -\langle (\xi-\eta), (\xi-\eta)^- \rangle = 0$$

et $\xi \geqslant \eta$.

iii) Montrons tout d'abord que $\psi = \omega_{\xi,\eta}$ où $\eta \in [0,\xi]$.

Si $\delta, \delta' \in \mathfrak{M}$ alors $|\psi(\delta\circ\delta')|^2 \leqslant \psi(\delta\circ\delta)\,\psi(\delta'\circ\delta') \leqslant \omega_\xi(\delta\circ\delta)\omega_\xi(\delta'\circ\delta')$.

D'après III.4.5., $\omega_\xi(\delta\circ\delta) = 2\langle \delta\xi, \delta\xi \rangle - \langle P(\delta)\xi, \xi \rangle \leqslant 2\|\delta\xi\|^2$.

L'application $(\delta\xi, \delta'\xi) \in \mathfrak{M}\xi \times \mathfrak{M}\xi \longrightarrow \psi(\delta\circ\delta')$ définit une forme bilinéaire symétrique positive et il existe $A \in L(\overline{\mathfrak{M}\xi})$ tel que $\psi(\delta\circ\delta') = \langle \delta\xi, A\delta'\xi \rangle$
En particulier $\psi = \omega_{\xi,\eta}$ où $\eta = A\xi$.

Montrons $\eta \in [0,\xi]$: Si $F = \langle\xi\rangle^{\perp\perp}$, $\psi = \psi\circ\mathcal{P}_F$. En effet
$\psi(\delta\circ\delta_F) = \langle \delta\xi, A\delta_F\xi \rangle = \langle \delta\xi, A\xi \rangle = \psi(\delta)$ pour $\delta \in \mathfrak{M}$ et pour $\delta \in \mathfrak{M}^+$ on a
$0 \leqslant \psi(\mathcal{P}_{F^\perp}(\delta)) \leqslant \omega_\xi(\mathcal{P}_{F^\perp}\delta) = \langle \xi, P_F\mathcal{P}_{F^\perp}(\delta)P_F\xi \rangle = 0$ (III.1.1.) donc

$$\psi(\delta) = \psi(\delta\circ\delta_F) = \frac{1}{2}\psi(\delta + \mathcal{P}_F(\delta))$$

c'est-à-dire $\psi(\delta) = \psi\circ\mathcal{P}_F(\delta)$. Ainsi $\psi(\delta) = \langle\mathcal{P}_F(\delta)\xi,\eta\rangle = \langle \delta\xi, P_F\eta\rangle$ et η peut être choisi dans F-F (I.1.2. et II.1.6.). Puisque $\eta^+,\eta^- \in F$, $0 \leq \psi(\delta_{\langle\eta^-\rangle}) = \langle\delta_{\langle\eta^-\rangle}\xi,\eta\rangle = -\langle\xi,\eta^-\rangle \leq 0$ et $\eta^- \in F \cap \langle\xi\rangle^\perp = F\cap F^\perp = \{0\}$ (I.1.6.).
η est unique dans F car si $\eta' \in F$ vérifie $\omega_{\xi,\eta} = \omega_{\xi,\eta'}$, alors $\zeta = \eta-\eta'$ est tel que $0 = \langle \xi, \delta_{\langle\zeta^\pm\rangle}\zeta\rangle = \pm\langle\xi,\zeta^\pm\rangle$ et $\zeta^\pm \in F^\perp \cap F = \{0\}$.
En remplaçant ψ par $\omega_\xi-\psi$ on obtient $\eta' \in F$ tel que $\omega_\xi-\psi = \omega_{\xi,\eta'}$ donc $\omega_\xi = \omega_{\xi,\eta+\eta'}$. Puisque ξ est un quasi-intérieur de F, $\xi = \eta+\eta'$ (II.1.5.) ce qui implique $\eta \leq \eta+\eta' = \xi$.
Soit $\psi_1 = \omega_\xi - \psi$ alors on vient de voir qu'il existe $\eta_1 \in [0, \frac{1}{2}\xi]$ tel que $\psi_1 = \omega_{\xi,2\eta_1}$. Si $\xi_1 = \xi-\eta_1$ on a $\xi_1 \in [\frac{1}{2}\xi,\xi]$ et on vérifie que $\omega_{\xi_1} - \psi = \omega_{\eta_1}$.
Puisque $\|\omega_{\eta_1}\| = \|\eta_1\|^2 \leq \frac{1}{2}\langle\xi,\eta_1\rangle = \frac{1}{4}\psi_1(\mathbb{1}) = \frac{1}{4}\|\psi_1\|$ on a

$$\|\omega_{\xi_1} - \psi\| \leq \frac{1}{4}\|\omega_\xi-\psi\|.$$

En prenant $\psi_2 = \omega_{\xi_1} - \psi$ (ie. ξ devient ξ_1) on a $0 \leq \omega_{\eta_1} = \psi_2 \leq \omega_{\xi_1}$; on définit un η_2 tel que $\psi_2 = \omega_{\xi_1,2\eta_2}$ et si $\xi_2 = \xi_1-\eta_2$ on a $\xi_2 \in H^+$ et $\|\omega_{\xi_2} - \psi\| \leq \frac{1}{16}\|\omega_\xi - \psi\|$ d'où par induction il existe $\{\xi_n\}_{n\in\mathbb{N}} \subset H^+$ tel que $\omega_{\xi_n} \longrightarrow \psi$. D'après i) on a $\psi = \omega_\eta$ où $\eta = \lim_n \xi_n$ et d'après ii) $0 \leq \eta \leq \xi$. □

<u>III.5.2. THEOREME : Soit H^+ un cône autopolaire facialement homogène. Alors l'application : $\xi\in H^+ \longrightarrow \omega_\xi \in \mathcal{M}_*^+$ est un homéomorphisme de H^+ sur $\mathcal{M}_*^+$ dont l'inverse conserve l'ordre. En particulier tout ψ de $\mathcal{M}_*$ est égal à $\omega_\xi-\omega_\eta$ où $\xi,\eta \in H^+$ sont orthogonaux.</u>

<u>Preuve</u> : Supposons que $\mathcal{M} = D(H^+)_{s.a.}$ soit du type dénombrable.
Soit ξ un quasi-intérieur de H^+ (III.3.8). Alors d'après III.5.1. $A = \{\omega_\eta / \eta \in H^+\}$ contient $\{\psi \in \mathcal{M}_*^+ / \exists r\in\mathbb{R}^+, 0 \leq \psi \leq r\,\omega_\xi\}$. De plus la fermeture de ce dernier ensemble est $\mathcal{M}_*^+$ (cf. Appendice 2, lem. 9) car ω_ξ est fidèle (II.1.5.). Puisque A est fermé (III.5.1.), l'application $\xi \longrightarrow \omega_\xi$ est bien un homéomorphisme de H^+ sur $\mathcal{M}_*^+$.

Soit maintenant $\mathcal{M}$ quelconque. Si $0 \neq \psi\in\mathcal{M}_*^+$, son support s_ψ (V.1.5.) est de la forme δ_F où $F \in \mathfrak{F}(H^+)$ (III.2.1.). $\mathcal{P}_F(\mathcal{M})$ est la J.B.W. algèbre de type dénombrable correspondant au cône autopolaire facialement homogène F (III.3.3.). Donc $\psi = \psi_\xi$ où $\xi\in F \subset H^+$.

Si $\psi \in \mathcal{M}_*$ alors d'après l'appendice 4 prop.2, $\psi = \psi^+ - \psi^-$ où $s_{\psi^+} \circ s_{\psi^-} = 0$
Si $\psi^+ = \omega_\xi$ et $\psi^- = \omega_\eta$ alors $s_{\psi+} = \delta_{<\xi>}$, $s_{\psi^-} = \delta_{<\eta>}$ et $\delta_{<\xi>} \leqslant \mathbb{1} - \delta_{<\eta>} = \delta_{<\eta>^\perp}$.
Donc $<\xi>^{\perp\perp} \subset <\eta>^\perp$ d'après III.1.3. et $<\xi, \eta> = 0$. □

III.5.3. COROLLAIRE : Soit H^+ un cône autopolaire facialement homogène, alors la fermeture d'une face est une face complète (i.e. $\mathcal{F}(H^+) = \{\bar{F} / F \in \mathrm{Fac}\,(H^+)\}$. En particulier tout quasi-intérieur est une unité d'ordre faible.

Preuve : Si $\xi \in H^+$, ξ est un quasi-intérieur du cône $<\xi>^{\perp\perp}$ qui est autopolaire et facialement homogène (II.1.6.). Donc si $\eta \in <\xi>^{\perp\perp}$,

$$\omega_\eta \in \{\psi \in (\mathcal{P}_{<\xi>^{\perp\perp}}(\mathcal{M}))_*^+ \ / \ 0 \leqslant \psi \leqslant r\,\omega_\xi \text{ où } r \in \mathbb{R}^+\}$$

(cf. preuve de III.5.2.). Ainsi $\omega_\eta = \lim_n \omega_{\eta_n}$ où
$\{\eta_n\}_{n \in \mathbb{N}} \subset <\xi>$ (III.5.1.), $\eta = \lim_n \eta_n \in \overline{<\xi>}$ (III.5.1.) et $\overline{<\xi>} = <\xi>^{\perp\perp}$.

Montrons que si $\{F(\eta)\}_\eta$ est un ensemble filtrant croissant de faces de H^+ et $F = \bigvee_\eta F(\eta)^{\perp\perp}$ (I.1.18) alors $P_F = \text{s-}\lim_\eta P_{F(\eta)}$ (limite forte). En effet si $\delta = \bigvee_\eta \delta_{F(\eta)}$ (sup dans l'ensemble des opérateurs positifs sur H) alors $\delta \leqslant \delta_F$. D'après III.2.1., δ est un idempotent de $D(H^+)_{s.a.}$ donc de la forme δ_G où $G \in \mathcal{F}(H^+)$. Puisque $F \supset G \supset F(\eta)$ $\forall \eta$ (III.1.3.) on a $\delta = \delta_F$. I.1.19 et II.1.3. entraînent que $P_F = P_F \delta_F = \text{s-}\lim_\eta \frac{1}{2}(P_F + P_{F(\eta)} - P_{F(\eta)^\perp \cap F}) \leqslant P_F$.
D'où si $F \in \mathrm{Fac}(H^+)$, $F = \bigcup_{\eta \in F} <\eta>$ et la famille des $<\eta>$, $\eta \in F$ est filtrante croissante ce qui implique pour $\xi \in F^{\perp\perp}$, $\xi = P_F \xi = \lim_\eta P_{<\eta>} \xi \in \overline{\bigcup_{\eta \in F} <\eta>}^{\perp\perp} = \overline{\bigcup_{\eta \in F} \overline{<\eta>}}$ et $\xi \in \bar{F}$ car $\forall \eta$, $\overline{<\eta>} \in \bar{F}$. L'égalité $\bar{F} = F^{\perp\perp}$ entraîne que $\bar{F}$ est une face.
□

III.5.4. THEOREME DE RADON-NIKODYM : Soit H^+ un cône autopolaire facialement homogène. Si $\mathcal{M} = D(H^+)_{s.a.}$ et $\psi, \phi \in \mathcal{M}_*^+$ vérifient $\psi \leqslant \phi$ alors il existe $\xi \in H^+$ et $\delta \in \mathcal{M}_1^+$ tels que $\phi(\delta') = <\delta'\xi, \xi>$ et $\psi(\delta') = <\delta\delta'\delta\xi, \xi>$ pour tout δ' dans $\mathcal{M}$.

Preuve : Ceci résulte de III.5.2. et II.1.18. □

III.6. CONSÉQUENCES SUR $\mathcal{F}(H^+)$

Une conséquence très importante du théorème III.2.1. est que l'on peut maintenant établir une correspondance complète entre les propriétés du cône H^+ et les propriétés algébriques de $\mathfrak{M}$. En particulier il est possible de faire une théorie de la comparaison des faces de H^+ (ou des P-projections de H^+ cf. I.4.5.) analogue à celle des idempotents d'une J.B.W. algèbre et de montrer que la théorie des types introduite sur les cônes au paragraphe I.4. est identique à celle des types de J.B.W. algèbres. $\mathcal{F}(H^+)$ devient un treillis sur lequel existe une fonction dimension (cf. LOOMIS [1] , RAMSAY [1]). D'après ALFSEN-SHULTZ [3] prop 3.1., les espaces $(\mathfrak{M}, \mathbb{1})$ et $(\mathfrak{M}_*, K)$ où K est l'ensemble des états normaux sur $\mathfrak{M}$ sont en dualité spectrale. Soit $\mathcal{P}(\mathfrak{M})$ l'ensemble des P-projections de $\mathfrak{M}$ pour cette dualité. $\mathcal{P}(\mathfrak{M})$ est donc un treillis orthomodulaire complet pour l'ordre $P \alpha Q$ si $\operatorname{Im} P \subset \operatorname{Im} Q$ (cf. ALFSEN-SHULTZ [1] th. 4.5. et corol. 12.5.) qui est isomorphe au treillis des idempotents de $\mathfrak{M}$ (cf. ALFSEN-SHULTZ [1] Corol. 2.18).

III.6.1. PROPOSITION : Soit H^+ un cône autopolaire facialement homogène dans H.

i) Les applications :

$\delta_F \in$ Idempotents de $\mathfrak{M} \longrightarrow F \in \mathcal{F}(H^+) \longrightarrow \mathcal{P}_F \in \mathcal{P}(\mathfrak{M})$

sont des isomorphismes de treillis.

ii) $\mathcal{F}(H^+)$ est un treillis 0-symétrique (ie : (F, G) M entraîne $(G^\perp, F^\perp)$M). Il est en particulier semi-modulaire et possède la propriété de couverture (ie : Si F est un atome et $F \wedge G = 0$ alors $F \vee G$ couvre G).

Preuve : i) D'après ALFSEN-SHULTZ [3] prop. 3.1. et III.2.2. on a $\mathcal{P}(\mathfrak{M}) = \{\mathcal{P}_F / F \in \mathcal{F}(H^+)\}$. Puisque $\mathcal{P}_F \;\alpha\; \mathcal{P}_G$ est équivalent à $\delta_F = \mathcal{P}_F(\mathbb{1}) \leqslant \mathcal{P}_G(\mathbb{1}) = \delta_G$ (ALFSEN-SHULTZ [1]lem. 2.16), l'application $F \to \mathcal{P}_F$ est un isomorphisme de treillis (III.1.3.).

ii) Ceci résulte de ALFSEN-SHULTZ [2] Cor. 3.5., lem. 3.6. et i). □

III.6.2. REMARQUE : * L'isomorphisme entre $\mathcal{F}(H^+)$ et $\mathcal{P}(\mathfrak{M})$ permet de faire une théorie des cônes de type I_n où $n \in \mathbb{N}$ qui n'a pas été faite en I.4. (cf. STACEY [1], [2], [3]).

* Les propriétés de couverture et de semi-modularité de $\mathcal{F}(H^+)$ dont la démonstration repose sur III.1.4. interviennent dans

l'axiomatique de la mécanique quantique (cf. GUZ [1], [2], PIRON [1], [2] et POOL [1]).

La démonstration de ces propriétés repose sur l'utilisation de la projection de SASAKI (III.1.4.). Cette projection correspond à l'effet d'une mesure idéale de première sorte (dans la terminologie de PIRON [2] th. 4.3.) sur le treillis des propositions. (Problème de la réduction du paquet d'ondes).

III.6.3. PROBLEME : Caractériser le treillis $\mathfrak{F}(H^+)$ ou ce qui est équivalent celui des idempotents de la J.B.W. algèbre $\mathfrak{M}$ (cf. HOLLAND [1] pour une revue des treillis orthomodulaires). Il serait aussi intéressant de faire le lien avec la théorie des * semi-groupes de BAER intervenant en axiomatique quantique et dans les algèbres de Jordan (POOL [2], RAVATIN [4]).

Dans cet esprit on a :
(cf. aussi AJUPOV [9] th. 3).

III.6.4. PROPOSITION : Soit H^+ un cône autopolaire facialement homogène. $\mathfrak{F}(H^+)$ est un treillis modulaire si et seulement si H^+ possède un vecteur trace.

III.6.5. REMARQUE : D'après le théorème de KAPLANSKY [1] ceci est équivalent à dire que $\mathfrak{F}(H^+)$ est une géométrie continue au sens de von NEUMANN [1].

Preuve de III.6.4. : D'après III.6.1., $\mathfrak{F}(H^+)$ est isomorphe au treillis des idempotents de $\mathfrak{M}$. $\mathfrak{M}$ se décompose centralement en $\mathfrak{M}_{sp} \oplus C(X, M_3(\mathbb{O})_{s.a.})$ (cf. Appendice 2 th. 7) donc H^+ se décompose aussi en $H^+_{spécial} \oplus H^+_{exceptionnel}$. Puisque $M_3(\mathbb{O})_{s.a.}$ est un J.B.W. facteur de type I_3, le treillis de ses idempotents est de dimension 3 et il en est de même pour celui de $C(X, M_3(\mathbb{O})_{s.a.})$ qui est donc modulaire (cf. par exemple MAEDA-MAEDA [1] p. 164). De plus $C(X, M_3(\mathbb{O})_{s.a.})$ possède une trace normale finie fidèle puisque $M_3(\mathbb{O})_{s.a.}$ en possède une (cf. V.1.1. pour la définition d'une trace sur une J.B. algèbre). D'après III.5.2., cette trace est de la forme $\omega_{\xi_{excep.}}$ où $\xi_{excep.}$ est un vecteur trace quasi-intérieur de $H^+_{excep.}$ (cf. IV.2.1.).

$\mathfrak{F}(H^+)$ est modulaire si et seulement si $\mathfrak{F}(H^+_{sp})$ est modulaire c'est-à-dire si et seulement si $\mathfrak{M}_{sp}$ possède une application à valeur centrale normale fidèle d'après TOPPING [1] th. 26 p. 41. En composant cette application avec un état normal sur $Z(\mathfrak{M}_{sp})$ on obtient une trace normale de la forme $\omega_{\xi_{sp}}$ (III.5.2.) où ξ_{sp} est un vecteur trace de H^+_{sp} (IV.2.1.). I.3.2. permet de conclure que $\xi_{sp} \oplus \xi_{excep}$ est un vecteur trace de H^+. □

III.7. CONSÉQUENCES SUR $S(H^+)$

Une autre conséquence importante de III.2.1. est le lien entre $S(H^+)$ et les symétries faciales U_F.

III.7.1. DEFINITION : Un cône H^+ autopolaire facialement homogène est du type I_n où $n \in \mathbb{N}$ si $\mathfrak{M} = D(H^+)_{s.a.}$ est du type I_n. De même H^+ a une partie I_2 bornée si $\mathfrak{M}$ a aussi une partie I_2 bornée (cf. UPMEIER[3] Def.1.2. ou Appendice 2).

III.7.2. PROPOSITION : Soit H^+ un cône autopolaire facialement homogène. Si H^+ a une partie I_2 bornée, la composante connexe $S_0(H^+)$ de l'identité de $S(H^+)$ pour la norme est engendrée de façon finie par $\{U_F / F \in \mathfrak{F}(H^+)\}$.
Si H^+ est du type I_2 et H est séparable alors pour tout U dans $S_o(H^+)$ et toute famille $\{\xi_i\}_{i \in \{1,..,n\}}$ de H^+ il existe une famille $\{F_i\}_{i \in \{1,..2n\}}$ de faces complètes telles que $U\xi_i = U_{F_1} \cdots U_{F_{2n}} \xi_i$. En particulier $S_o(H^+)$ est la fermeture forte du groupe engendré par $\{U_F / F \in \mathfrak{F}(H^+)\}$.
(A noter que dans les deux cas U_F n'est pas forcément dans $S_o(H^+)$).

III.7.3. REMARQUE : Ce résultat est déjà démontré pour les cônes "ronds" (II.1.16). En dimension finie, il s'agit du théorème de CARTAN-DIEUDONNÉ.

Preuve de III.7.2. : Si $U \in S(H^+)$ alors $\alpha_U : \delta \longrightarrow U\delta U^*$ est un automorphisme de Jordan (III.2.2.) tel que $\|\alpha_U - \mathbb{1}\| \leqslant 2\ \|U - \mathbb{1}\|$. Donc si $U \in S_o(H^+)$, α_U est connexe à l'identité.

i) Supposons que H^+ ait une partie I_2 bornée, donc $\mathfrak{M}$ aussi et α_U est de la forme $U_{2\delta_{F_1} - \mathbb{1}} \cdots U_{2\delta_{F_n} - \mathbb{1}}$ d'après III.2.1. et UPMEIER [3] th. 1.4.

D'après III.2.2., $\alpha_U \delta = \prod_{j=1}^{n} U_{F_j}\, \delta \prod_{k=n}^{1} U_{F_k}$ et puisque $V\delta_G V^* = \delta_{VG}$ pour toute face G et tout $V \in U(H^+)$ (cf. preuve de III.2.2.), on a $\delta_{UG} = \delta_{U_{F_1} \cdots U_{F_n} G}$, $UG = U_{F_1} \cdots U_{F_n} G$ (III.1.3.), $[U^* U_{F_1} \cdots U_{F_n}, P_G] = 0$ et $U = U_{F_1} \cdots U_{F_n}$ d'après I.2.2.

ii) Soit H^+ du type I_2.

1°/ Supposons tout d'abord que H^+ soit indécomposable. D'après ALFSEN-SHULTZ-STØRMER [1] prop. 7.1, $\mathcal{M}$ est donc un facteur de spin de la forme $FS(K) = \mathbb{R}\oplus K$ où K est un espace de Hilbert (cf. Appendice 2).

Puisque $\alpha_U \in Aut_o(\mathcal{M})$ (= $Aut(\mathcal{M})$ si K est de dimension infinie) où $Aut_o(\mathcal{M})$ sont les automorphismes de $\mathcal{M}$ connexes à l'identité, il existe un élément T dans le groupe orthogonal de K tel que $\alpha_U(r\oplus x) = r\oplus Tx$ $\forall(r\oplus x)$ (cf. TOPPING [2] corol. 4). On vérifie que $U_{o\oplus y}(o\oplus x) = 0\oplus 2<x, y>y - \|y\|^2 x$ pour tout x dans K. Donc $-U_{o\oplus y}/_K$ est la symétrie par rapport à l'hyperplan défini par y (cf. JACOBSON [3] p. 345). Si $y = \frac{Tx-x}{\|Tx-x\|}$ alors $-U_{o\oplus y}(o\oplus x) = 0\oplus Tx = \alpha_U(0\oplus x)$. En prenant un vecteur unitaire z orthogonal à x et Tx, $-U_{o\oplus z}$ laisse $0\oplus Tx$ invariant.

Puisque tous les éléments de la forme $0\oplus\frac{x}{\|x\|}$ sont des symétries de $\mathcal{M}$, on a d'après III.2.1. et III.2.2. : Pour tout élément $\delta \in \mathcal{M}\setminus\{0,\mathbb{1}\}$, il existe $F_1, F_2 \in \mathcal{F}(H^+)$ telles que $U\delta U^* = U_{F_1} U_{F_2} \delta U_{F_2} U_{F_1}$. L'utilisation du théorème de CARTAN-DIEUDONNE (cf. JACOBSON [3] th. 6.12) montre que l'on peut étendre ce résultat en : $\forall\{\delta_i\}_{i\in\{1,..,n\}} \subseteq \mathcal{M}\setminus\{0,\mathbb{1}\}$ il existe $\{F_j\}_{j\in\{1,...2n\}} \subset \mathcal{F}(H^+)$ telles que $\alpha_U\delta_i = (\prod_{j=1}^{2n} U_{F_j})\,\delta_i\,(\prod_{k=2n}^{1} U_{F_k})$ $\forall i$. En particulier comme précédemment, si $\{G_i\}_{i\in\{1,.,n\}} \subseteq \mathcal{F}(H^+)\setminus\{0,H^+\}$ il existe $\{F_j\}_{j\in\{1,.,2n\}} \subseteq \mathcal{F}(H^+)$ telles que $UG_i = \prod_{j=1}^{2n} U_{F_j} G_i$ $\forall i$, ce qui entraîne $UG_i^{\perp} = \prod_{j=1}^{2n} U_{F_j} G_i^{\perp}$ d'après I.2.2.

Puisque les dérivations faciales non triviales sont des atomes ($\mathcal{M}$ est du type I_2), les faces complètes non triviales de H^+ sont de dimension 1 (I.1.19).

Pour montrer le résultat il suffit de montrer que pour tout vecteur ξ de H^+ il existe $F \in \mathcal{F}(H^+)\setminus\{0,H^+\}$ telle que $\xi = N_F^2\,\xi$: Si ψ est un état sur $\mathcal{M}$, $\psi = \phi(\delta.)$ où $\delta \in \mathcal{M}$ et ϕ est la trace usuelle (cf. TOPPING [2] Corol. 5). Donc si e est un idempotent propre non trivial de δ, on a $\psi = \psi\circ U_e + \psi\circ U_{\mathbb{1}-e}$. Puisque $\frac{1}{\|\xi\|^2}\omega_\xi$ est un état sur $\mathcal{M}$, on a d'après III.2.1. et III.2.2. l'existence d'une face F telle que $\omega_\xi = \omega_\xi\circ(\mathcal{P}_F + \mathcal{P}_{F^\perp})$. Donc $\omega_\xi = \omega_{U_F\xi}$ et $\xi = U_F\xi = N_F^2\xi$ (III.5.1.).

2°/ Si maintenant H^+ est du type I_2 et H est séparable alors avec les notations de I.3.5. on a $H^+ = \int_Z^\oplus H^+(\alpha)d\nu(\alpha)$ et $\mathcal{M} = \int_Z^\oplus \mathcal{M}(\alpha)d\nu(\alpha)$ où $\mathcal{M}(\alpha) = D(H^+(\alpha))_{s.a.}$ est ν-presque partout un J.B.W. facteur de type I_2 (II.1.17, III.3.7.). Donc $\mathcal{M}(\alpha)$ est un facteur de spin (ALFSEN-SHULTZ-STØRMER [1] prop. 7.1.).

3°/ Si $U \in S_0(H^+)$ alors puisque $[U, Z_{H^+}] = 0$, $U = \int^{\oplus} U(\alpha) d\nu(\alpha)$ où $U(\alpha) \in S_0(H^+(\alpha))$ ν-p.p. (cf. preuve de I.3.4. et I.3.5.).

Il reste à montrer la mesurabilité de la construction du 1°/ : Si $\delta = \int^{\oplus} \delta(\alpha) d\nu(\alpha) \in \mathfrak{M}$ alors en identifiant $\mathfrak{M}_{H^+(\alpha)}$ avec $\mathbb{R} \oplus K(\alpha)$, $\delta(\alpha) = r(\alpha) \oplus x(\alpha)$. L'application : $\alpha \in Z \longrightarrow U(\alpha)(r(\alpha) \oplus x(\alpha)) U(\alpha)^* = r(\alpha) \oplus T(\alpha)x(\alpha)$ est mesurable. Donc il en est de même des applications s_k, $k \in \{1,2\}$ de Z dans les symétries de $\mathfrak{M}_{H^+(\alpha)}$ définies par $s_1(\alpha) = 0 \oplus \frac{T(\alpha)x(\alpha) - x(\alpha)}{\|T(\alpha)x(\alpha) - x(\alpha)\|}$ et $s_2(\alpha) = \frac{x(\alpha) \wedge T(\alpha)x(\alpha)}{\|x(\alpha) \wedge T(\alpha)x(\alpha)\|}$ où $\wedge$ est le produit vectoriel dans $\mathbb{R}^3$. Puisque $s_k(\alpha) = \delta_{F_k(\alpha)}$ où $F_k(\alpha) \in \mathfrak{F}(H^+(\alpha))$ (III.2.1. et III.3.7.) les deux dérivations $\delta_k = \int^{\oplus} \delta_{F_k(\alpha)} d\nu(\alpha)$ sont des idempotents de $\mathfrak{M}_{H^+}$ (III.3.7.) donc de la forme δ_{F_k} où $F_k \in \mathfrak{F}(H^+)$. Ainsi

$$U\delta U^* = \int^{\oplus} U(\alpha)\delta(\alpha)U(\alpha)^* d\nu(\alpha) = \int^{\oplus} U_{F_1(\alpha)} U_{F_2(\alpha)} \delta(\alpha) U_{F_2(\alpha)} U_{F_1(\alpha)} d\nu(\alpha)$$

$$= \int^{\oplus} \{\delta_{F_1(\alpha)}, \{\delta_{F_2(\alpha)}, \delta(\alpha), \delta_{F_2(\alpha)}\}, \delta_{F_1(\alpha)}\} d\nu(\alpha) \qquad \text{(III.2.2.)}$$

$$= \{\delta_{F_1}, \{\delta_{F_2}, \delta, \delta_{F_2}\}, \delta_{F_1}\} \qquad \text{(III.3.7.)}$$

$$= U_{F_1} U_{F_2} \delta U_{F_2} U_{F_1} .$$

Il est clair enfin que ceci reste vrai pour une famille finie de dérivations puisque le théorème de CARTAN-DIEUDONNÉ est constructible. □

III.7.4. REMARQUE : L'hypothèse de séparabilité de l'énoncé peut sans doute être supprimée en utilisant deux arguments : Tout d'abord toute algèbre du type I_2 se décompose centralement en $\bigoplus_\alpha L^\infty(\Omega_\alpha, \mu_\alpha, FS(K_\alpha))$ (cf. Appendice 2 pour les notations) et le résultat étant compatible avec une décomposition centrale, on se ramène au cas où $D(H^+) = L^\infty(\Omega, \mu, FS(K)) \approx L^\infty(\Omega, \mu) \otimes_\lambda FS(K)$ ($\otimes_\lambda$ signifie complétion du produit tensoriel algébrique par rapport à la plus petite des normes tensorielles).

Enfin l'unicité du cône associé à $D(H^+)$ (V.5.1.) entraîne que l'on se ramène au cas $D(H^+)_{s.a.} = FS(K)$.

IV- TRACES SUR UN CONE AUTOPOLAIRE

Le but de ce chapitre est de définir et d'étudier les poids sur un cône autopolaire. Il existe toujours un poids Σ-normal semi-fini fidèle sur un tel cône (IV.1.3.). On s'intéresse plus particulièrement aux traces finies ou non et à leurs comportements vis-à-vis des faces. En fait les traces sont les poids invariants par $P_F + P_{F^\perp}$ pour toute face F (IV.1.4.) et les dérivations du cône "commutent" sous la trace (IV.1.5.). Quand le cône est facialement homogène et possède une "bonne" trace (i.e. : s-normale, semi-finie et fidèle) tout vecteur de H^+ se décompose spectralement sur les faces du cône (IV.1.6., IV.1.7.). Ceci implique l'existence d'une trace sur la J.B.W. algèbre des dérivations (IV.1.11) et montre que le treillis $\mathcal{F}(H^+)$ est localement modulaire si et seulement si le cône possède une "bonne" trace (IV.1.12) ce qui est une généralisation de III.6.4.

Il est naturel de relier ces traces aux vecteurs traces (I.4.6.) ce qui permet de donner plusieurs définitions équivalentes (IV.2.1., IV.2.3.) notamment le fait que ce sont les vecteurs du cône invariants par $P_F + P_{F^\perp}$ pour toute face F. L'ensemble des vecteurs traces normalisés (ie : appartenant à une base du cône) forme un simplexe linéairement compact (IV.2.2.), résultat à rapprocher de celui de ALFSEN-SHULTZ [1] th. 12.7. Pour les cônes possédant un vecteur trace quasi-intérieur, il existe un isomorphisme d'ordre naturel entre les dérivations selfadjointes positives du cône et la face du vecteur trace (IV.2.4) ou plus généralement la face d'un quasi-intérieur (IV.2.9.). On peut dans ce cas décomposer spectralement tout élément du cône sur les faces (IV.2.5.). En particulier il est possible de construire une structure de J.B.W. algèbre sur les dérivations self-adjointes sans utiliser III.2.1. (BELLISSARD-IOCHUM [1], BÖS [3], JANSSEN [2]). Dans le cas de la dimension finie, la notion d'homogénéité faciale est équivalente à l'homogénéité transitive du groupe conservant le cône (IV.3.2., IV.3.4.). En dimension infinie la notion correspondante est la transitivité topologique c'est-à-dire l'existence d'un vecteur ξ tel que $H^+ = \overline{GL(H^+)\xi}$ (IV.3.3.). L'homogénéité faciale entraîne l'homogénéité topologique sur les cônes possédant un vecteur trace (IV.3.5.).

IV.1. DÉFINITIONS ET PRINCIPALES PROPRIÉTÉS

IV.1.1. DEFINITION : Soit H^+ un cône autopolaire dans l'espace de Hilbert H. Un poids ϕ sur H^+ est une application additive homogène de H^+ dans $[0,\infty]$, c'est-à-dire pour $\xi, \eta \in H^+$: i) $\phi(\xi+\eta) = \phi(\xi) + \phi(\eta)$

ii) $\phi(\lambda\,\xi) = \lambda\phi(\xi)$ si $\lambda \in \mathbb{R}^+$.

ϕ est fidèle si $\phi(\xi) = 0$ entraîne $\xi = 0$.

normal si pour toute famille filtrante croissante $\{\xi_\alpha\}_{\alpha\in\Gamma}$ telle que $\bigvee_\alpha \xi_\alpha$ existe (cf. I.1.4.) alors $\bigvee_\alpha \phi(\xi_\alpha) = \phi(\bigvee_\alpha \xi_\alpha)$.

ϕ est Σ-normal si il existe une famille $\{\xi_\alpha\}_\alpha$ dans H^+ telle que $\phi = \sum_\alpha < \xi_\alpha, \cdot >$.

s-normal si $\phi(\xi) = \sup_{\eta\in A} <\eta, \xi>$ où $A = \{\eta \in H^+ / <\eta, \xi> \leq \phi(\xi)\ \forall \xi \in H^+\}$.

semi-fini si $H^+_\phi = \{\xi \in H^+ / \phi(\xi) < \infty\}$ vérifie $H^{+\,\perp\perp}_\phi = H^+$.

une trace si $\phi = \phi \circ e^{[\delta,\delta']}$ $\forall \delta,\delta' \in \mathfrak{M}$.

On remarque que H^+_ϕ est une face de H^+. En effet si $0 \leq \eta \leq \xi$ alors $\phi(\eta) \leq \phi(\eta) + \phi(\xi-\eta) = \phi(\xi)$ et ϕ est monotone.

Le résultat suivant est élémentaire :

IV.1.2. LEMME : Soient H^+ un cône autopolaire et ϕ un poids sur H^+. Chacune des propriétés impliquent la suivante :

i) ϕ est Σ normal

ii) ϕ est s-normal

iii) ϕ est semi-continu inférieurement en norme

iv) ϕ est normal

v) ϕ est complètement additif.

De plus v) $\Rightarrow$ iv).

Preuve : i) $\Rightarrow$ ii) $\Rightarrow$ iii) est immédiat car $\phi = \sup_I \sum_{\alpha\in I} < \xi_\alpha, \cdot >$ où I décrit les parties finies de l'ensemble d'indices.

iii) $\Rightarrow$ iv) Soit $\{\xi_\alpha\}_{\alpha\in\Gamma}$ une famille filtrante croissante de H^+ telle que $\xi = \bigvee_\alpha \xi_\alpha$ alors $\xi_\alpha \to \xi$ selon Γ d'après I.1.4. donc $\phi(\xi) \leq \underline{\lim}_\alpha\ \phi(\xi_\alpha) \leq \phi(\xi)$.

iv)$\Longrightarrow$v) Si ϕ est normal et $\sum_\alpha \xi_\alpha \in H^+$ alors pour I décrivant les parties finies de l'ensemble d'indices Γ , $\sum_\alpha \xi_\alpha = \bigvee_I (\sum_{\alpha\in I} \xi_\alpha)$ donc $\phi(\sum_\alpha \xi_\alpha) = \lim_I \phi(\sum_{\alpha\in I} \xi_\alpha) = \lim_I \sum_{\alpha\in I} \phi(\xi_\alpha) = \sum_\alpha \phi(\xi_\alpha)$.

v)$\Longrightarrow$iv) Puisque les ensembles bornés de H sont métrisables, on peut extraire de toute famille filtrante croissante $\{\xi_\alpha\}_{\alpha\in\Gamma}$ telle que $\xi = \bigvee_\alpha \xi_\alpha \in H^+$ une famille dénombrable $\{\xi'_n\}_{n\in\mathbb{N}}$ telle que $\xi = \bigvee_n \xi'_n$ et $\bigvee_\alpha \phi(\xi_\alpha) = \bigvee_n \phi(\xi'_n)$.

Soit $\eta_n = \xi'_{n+1} - \xi'_n$ alors $\xi = \xi'_0 + \sum_{n=0}^{\infty} \eta_n$ et $\phi(\xi) = \phi(\xi'_0) + \sum_{n=0}^{\infty} \phi(\eta_n)$ par hypothèse. Donc $\phi(\xi) = \lim_{N\to\infty} \phi(\xi'_0 + \sum_{n=}^{N} \eta_n) = \lim_N \phi(\xi'_{N+1}) = \lim_\alpha \phi(\xi_\alpha)$. □

Conjecture : Ces propriétés semblent équivalentes au moins dans le cas où le cône est facialement homogène (cf III.5.3 et HAAGERUP [4]).

IV.1.3. LEMME : Il existe sur tout cône autopolaire un poids fidèle, Σ-normal. Si H^+ est semi-régulier, on peut choisir ϕ semi-fini.

Preuve : Soit $\{\xi_\alpha\}_{\alpha\in\Gamma}$ une famille maximale de vecteurs orthonormés de H^+.
Si $\xi\in H^+$, soit $\phi(\xi) = \sum_{\alpha\in\Gamma} <\xi_\alpha, \xi> \in [0,\infty]$. D'après l'inégalité de BESSEL, $\alpha_\xi = \{\alpha / <\xi_\alpha, \xi> \neq 0\}$ est au plus dénombrable. Donc $\Gamma \subset \mathbb{N}$, $\phi(\xi) = \sup_N (\sum_{\alpha=0}^{N} <\xi_\alpha, \xi>)$ et ϕ est Σ-normal. Il est clair que ϕ est homogène. Soient ξ et η dans H^+; pour montrer que ϕ est additif on peut supposer que $\phi(\xi)$ et $\phi(\eta)$ sont finis car ϕ est monotone. Donc il existe une famille au plus dénombrable d'indices α tels que $\phi(\xi) = \sum_\alpha <\xi_\alpha, \xi>$ et $\phi(\eta) = \sum_\alpha <\xi_\alpha, \eta>$ d'où $\phi(\xi+\eta) = \phi(\xi) + \phi(\eta)$. ϕ est fidèle du fait de la maximalité de $\{\xi_\alpha\}_{\alpha\in\Gamma}$ et $<\xi_\alpha, \xi> \geqslant 0$ si $\xi \in H^+$. De plus si H^+ est semi-régulier alors ϕ est semi-fini :
En effet si $\xi \in H^+$ et $\alpha \neq \beta$, $<\xi_\alpha, \xi_\beta> = 0$ donc $<\xi_\beta , P_{<\xi_\alpha>^{\perp\perp}} \xi> = 0$
Puisque $P_{<\xi_\alpha>^{\perp\perp}} H^+ = <\xi_\alpha>^{\perp\perp}$ (I.1.6), on a

$$\phi(P_{<\xi_\alpha>^{\perp\perp}}\xi) = \sum_\beta <\xi_\beta, P_{<\xi_\alpha>^{\perp\perp}}\xi> = <\xi_\alpha, \xi>$$

donc $<\xi_\alpha>^{\perp\perp} \subset H_\phi^+$ et $< \bigcup_\alpha <\xi_\alpha>^{\perp\perp}> \subset H_\phi^+$ car H_ϕ^+ est une face. Ainsi $H_\phi^{+\perp} \subset (\bigvee_\alpha <\xi_\alpha>^{\perp\perp})^\perp = \bigwedge_\alpha <\xi_\alpha>^\perp$ d'après I.1.9.. Ce dernier ensemble est réduit à $\{0\}$ et $H^+{}_\phi^{\perp\perp} = H^+$. □

Après ces propriétés générales, on s'intéresse aux traces.

IV.1.4. PROPOSITION : Soient H^+ un cône autopolaire facialement homogène dans H et ϕ un poids sur H^+. ϕ est une trace si $\phi = \phi \circ N_F^2$ pour toute face F. Réciproquement si H est séparable et ϕ satisfait à cette condition ϕ est une trace.

Preuve : Soient ϕ une trace sur H^+, $\xi \in H^+$ et $F \in Fac(H^+)$. Si $\eta = (\mathbb{1} - N_F^2)\xi$ et $\delta = [N_F, N_{<\eta^+>}]$ on a en raison de II.1.11.

$e^{\pi\delta}\xi = e^{\pi\delta}(N_F^2\xi + \eta) = e^{\pi\delta}N_F^2\xi - \eta = (e^{\pi\delta} + \mathbb{1})N_F^2\xi - \xi$. Donc

$2\phi(\xi) = \phi(e^{\pi\delta}\xi) + \phi(\xi) = \phi((e^{\pi\delta} + \mathbb{1})N_F^2\xi) = 2\phi(N_F^2\xi)$.

Réciproquement si ϕ est un poids tel que $\phi = \phi \circ N_F^2$ pour toute face F alors $\phi = \phi \circ U_F$ $\forall F$ et d'après III.7.2., $\phi = \phi \circ U$ pour tout U dans $S_o(H^+)$ donc en particulier $\phi = \phi \circ e^{[\delta,\delta']}$ si δ, δ' sont deux dérivations self-adjointes. □

IV.1.5. LEMME : Soit ϕ une trace sur un cône autopolaire facialement homogène H^+.

i) $P_F H_\phi^+ \subset H_\phi^+$. Si $H_\phi = H_\phi^+ - H_\phi^+$ alors pour $\xi \in H_\phi$ on a $\xi^\pm \in H_\phi^+$. De plus si $\dot\phi$ est l'unique extension linéaire de ϕ à H_ϕ alors $\dot\phi(\delta_F\xi) = \phi(P_F\xi)$ si $F \in \mathcal{F}(H^+)$ et $\xi \in H_\phi$.

Supposons que ϕ soit s-normale alors :

ii) $\mathfrak{M} = D(H^+)_{s.a.}$ applique H_ϕ dans H_ϕ et $|\dot\phi(\delta\xi)| \leqslant \phi(|\delta\xi|) \leqslant \|\delta\|\,\phi(|\xi|)$ si $\delta \in \mathfrak{M}$ et $\xi \in H_\phi$.

iii) $\dot\phi(\delta\xi) \geqslant 0$ si $\delta \in \mathfrak{M}^+$ et $\xi \in H_\phi^+$.

iv) $\dot\phi([\delta,\delta']\xi) = 0$ si δ, $\delta' \in \mathfrak{M}$ et $\xi \in H_\phi$.

v) $\dot\phi(\delta \circ \delta'\xi) = \dot\phi(\delta\delta'\xi)$ si $\delta,\delta' \in \mathfrak{M}$ et $\xi \in H_\phi$.

Preuve : i) On déduit de IV.1.4. que $\phi(\xi) = \phi(P_F\xi) + \phi(P_{F^\perp}\xi) \geqslant \phi(P_F\xi)$ et $P_F H_\phi^+ \subset H_\phi^+$. Si $\xi \in H_\phi$ alors $\xi^+ + \xi^- = N_{<\xi^+>}\xi \in H_\phi$ donc $\xi^\pm \in H_\phi^+$. L'extension linéaire $\dot\phi$ est évidemment unique et pour $\xi \in H_\phi$, $F \in Fac(H^+)$ on a $\dot\phi(\delta_F\xi) = \dot\phi(N_F^2\,\delta_F\,\xi) = \dot\phi(P_F\xi)$.

ii) Supposons maintenant que ϕ soit s-normale. Montrons tout d'abord

(1) $\quad \dot\phi\,([N_F,N_G]\xi\,) = 0 \qquad \forall \xi \in H^+_\phi\,,\quad \forall F,G \in \mathrm{Fac}(H^+)$

D'après i) et IV.1.4. $\quad |\dot\phi([N_F,N_G]\xi)| \leqslant \phi(N_F^2\, N_G^2\xi) + \phi(N_G^2\, N_F^2\xi) = 2\,\phi(\xi)$

De plus pour $t \in \mathbb{R}$,

$$\phi(\xi) = \phi(e^{t[N_F,N_G]}\xi) = \sum_{n=0}^{N} \frac{t^n}{n!}\,\dot\phi([N_F,N_G]^n\xi) + \dot\phi\Big(\int_0^1 \frac{(1-\lambda)^N}{N!}\,[N_F,N_G]^{N+1}\, e^{t\lambda[N_F,N_G]}\xi\, d\lambda\Big)$$

On remarque que $\tilde\xi_N = \int_0^1 (1-\lambda)^N\, e^{t\lambda[N_F,N_G]}\xi\, d\lambda$ est dans H^+ et

$\tilde\xi_N \leqslant \int_0^1 e^{t\lambda[N_F,N_G]}\xi\, d\lambda$. ϕ étant s-normale, ϕ commute avec l'intégrale par le théorème de convergence dominée pour les ensembles filtrants croissants : $\phi(\tilde\xi_N) \leqslant \int_0^1 \phi(e^{t\lambda[N_F,N_G]}\xi)d\lambda = \phi(\xi)$ donc $\tilde\xi_N \in H^+_\phi$.

Si $\xi \in H^+$ et $\{F_i\}_{i\in\{1,\dots,n\}} \subset \mathcal{F}(H^+)$ on a par récurrence sur n,

$\pm\, N_{F_1}\dots N_{F_n}\xi \leqslant N_{F_1}^2\dots N_{F_n}^2\,\xi$. L'invariance de ϕ par N_F^2 entraîne

$\left|\dot\phi\big(\frac{1}{N!}[N_F,N_G]^{N+1}\tilde\xi_N\big)\right| \leqslant \frac{2^{N+1}}{N!}\,\phi\,(\tilde\xi_N) \leqslant \frac{2^{N+1}}{N!}\,\phi(\xi)$ et ce dernier terme tend vers 0 quand N augmente. On en déduit la relation (1).

Pour montrer que $\delta \in \mathcal{M}$ laisse H_ϕ stable, il suffit d'après i) de montrer

(2) $\quad \phi(|\delta\xi|) \leqslant \|\delta\|\ \phi\,(\xi) \qquad \forall \xi \in H^+_\phi$.

En fait ϕ étant semi-continue inférieurement pour la norme (IV.1.2.) et l'application : $\eta \in H \to |\eta| \in H^+$ étant continue en norme (I.1.2.), il suffit d'après la théorie spectrale (II.2.4.) de montrer

(3) $\quad \phi\,(|\delta_N\xi|) \leqslant \|\delta_N\|\,\phi\,(\xi)$ où $\xi \in H^+_\phi$ et $\delta_N \in \mathcal{M}$ est à spectre fini.

δ_N est de la forme $\sum_{i=1}^{N} \lambda_i\delta_{F_i}$ où $\lambda_i \in \mathbb{R}$ et $\{F_i\}_{i\in\{1,i..n\}} \subset \mathrm{Fac}(H^+)$ vérifie $F_i \subset F_j^\perp$ si $i \neq j$ et $\sum_{i=1}^{N} \delta_{F_i} = \mathbb{1}$.

Soit $G_N = \langle(\delta_N\xi)^+\rangle$ alors $N_{G_N}\delta_N\,\xi = |\delta_N\xi|$ et en utilisant (1), i)

$$\phi(|\delta_N\xi|) = \dot\phi\,(N_{G_N}\delta_N\,\xi) = \sum_{i=1}^{N} \lambda_i\,\dot\phi(N_{G_N}\delta_{F_i}\,\xi) = \sum_{i=1}^{N} \lambda_i\,\dot\phi\,(\delta_{F_i}\,N_{G_N}\xi)$$

$$= \sum_{i=1}^{N} \lambda_i\,\dot\phi(P_{F_i}N_{G_N}\xi) \leqslant \sum_{i=1}^{N} |\lambda_i|\,|\phi(P_{F_i}P_{G_N}\xi) - \phi(P_{F_i}P_{G_N^\perp}\xi)|$$

$$\phi(|\delta_N\,\xi|) \leqslant \max_{i\in\{1,\dots N\}} |\lambda_i| \Big(\sum_{i=1}^{N} \phi(P_{F_i}P_{G_N}\xi) + \phi(P_{F_i}P_{G_N^\perp}\xi)\Big) = \|\delta_N\|\,\phi(\sum_{i=1}^{N} P_{F_i}N_{G_N}^2\xi)$$

$$\leqslant \|\delta_N\|\ \phi\ (\xi) \qquad \text{(IV.1.4.)}$$

Pour terminer, montrons

(4) $\phi\ (|\delta\xi|) \leqslant \|\delta\|\ \phi\ (|\xi|)$ si $\delta\in\mathfrak{M}$ et $\xi\in H_\phi$.

Soit F la face telle que $N_F\delta\xi = |\delta\xi|$. Donc

$\phi(|\delta\xi|) = \dot\phi(N_F\delta\xi^+) - \dot\phi\ (N_F\delta\xi^-) \leqslant |\ \dot\phi\ (N_F\delta\xi^+)| + |\ \dot\phi(N_F\delta\xi^-)|$

Or $|\dot\phi\ (N_F\delta\xi^+)| \leqslant |\ \dot\phi(N_F((\delta\xi^+)^+))| + |\ \dot\phi(N_F((\delta\xi^+)^-))|$

$\leqslant \phi(N_F^2((\delta\xi^+)^+)) + \phi\ (N_F^2((\delta\xi^+)^-))$

Le dernier terme est égal à $\phi\ (|\delta\xi^+|)$ donc inférieur à $\|\delta\|\,\phi(\xi^+)$ d'après (2). On en déduit immédiatement (4).

iii) Si $\delta\in\mathfrak{M}^+$ alors il existe une suite $\{\delta_N = \sum_{i=1}^{N} \lambda_i\ \delta_{F_i}\}_{N\in\mathbb{N}}$ de dérivations telles que $\lambda_i \geqslant 0$ et $\delta = \|\ \|\text{-}\lim_N \delta_N$ (II.2.4.). L'application $:\delta\to\dot\phi(\delta\xi)$ étant continue d'après ii) si $\xi\in H_\phi$, il suffit de montrer que $\dot\phi(\delta_N\xi) \geqslant 0$ si $\xi\in H_\phi^+$. En fait $\dot\phi\ (\delta_N\xi) = \sum_{i=1}^{N} \lambda_i\ \phi(P_{F_i}\xi) \geqslant 0$.

iv) résulte de la continuité de : $\delta\to\phi(|\delta\xi|)$ et du fait que l'application : $t\in\mathbb{R}\to\ \phi(e^{t[\delta,\delta']}\xi)$ est analytique et constante.

v) Pour la même raison il suffit de prouver que $\dot\phi\ (\delta_F\circ\delta_G\xi) = \dot\phi(\delta_F\delta_G\xi)$ pour $\xi\in H_\phi$ et $F,G\in \mathrm{Fac}(H^+)$. En fait d'après III.1.1. :

$$\begin{aligned}\dot\phi\ (\mathcal{P}_F(\delta_G)\xi) &= \dot\phi(N_F^2\mathcal{P}_F(\delta_G)\xi) = \dot\phi(P_F\delta_G P_F\xi)\\ &= \dot\phi(N_F\delta_G P_F\xi) \qquad \text{car } P_{F^\perp}\ \delta_G P_F = 0 \text{ (I.2.4.)}\\ &= \dot\phi(\delta_G N_F P_F\xi) \qquad \text{d'après iv)}\\ &= \dot\phi(\delta_G P_F\xi)\end{aligned}$$

Donc

$$\begin{aligned}\dot\phi\ (\delta_F\circ\delta_G\xi) &= \tfrac{1}{2}\left[\dot\phi(\delta_G\xi) + \dot\phi(\mathcal{P}_F(\delta_G)\xi) - \dot\phi\ (\mathcal{P}_{F^\perp}(\delta_G)\xi)\right] \qquad \text{(III.2.1.)}\\ &= \tfrac{1}{2}\left[\dot\phi(\delta_G\xi + \delta_G P_F\xi - \delta_G P_{F^\perp}\xi)\right] = \dot\phi\ (\delta_G\delta_F\xi)\ . \qquad \square\end{aligned}$$

On attaque maintenant la décomposition spectrale des vecteurs d'un cône possédant une trace. Les résultats suivants sont inspirés de la méthode d'intégration de RIESZ-NAGY [1].

IV.1.6. PROPOSITION : Soit ϕ une trace semi-continue inférieurement en norme sur un cône autopolaire facialement homogène H^+.
i) Si $\xi \in H^+$ et $\hat{\xi}$: $\eta \to <\xi,\eta>$ alors pour $\lambda \in \mathbb{R}^+$, $\phi_\lambda = \lambda\phi - \hat{\xi}$ se décompose de manière unique en $\phi_\lambda^+ - \phi_\lambda^-$ où $\phi_\lambda^- = \hat{\xi}_\lambda$ avec $\xi_\lambda \in H^+$ et ϕ_λ^+ est un poids sur H^+ tel que $\phi_\lambda^+ = \phi_\lambda \circ P_{<\xi_\lambda>^\perp}$.
ii) L'application $\lambda \to \phi_\lambda^+$ est croissante et si ϕ est fidèle il en est de même des applications $\lambda \to P_{F(\lambda)}$ et $\lambda \to \phi \circ P_{F(\lambda)}$ où $F(\lambda) = <\xi_\lambda>^\perp$. Si de plus ϕ est semi-finie, $\{P_{F(\lambda)}\}_{\lambda \in \mathbb{R}^+}$ est une famille spectrale.

Preuve : i) Existence de la décomposition : Soit $\psi_\lambda : \eta \in H^+ \to 2\,\phi_\lambda(\eta) + \|\eta\|^2$.
Cette application a une borne inférieure car :

$$\psi_\lambda(\eta) = 2\,\lambda\phi(\eta) - 2<\xi,\eta> + \|\eta\|^2 \geq -2<\xi,\eta> + \|\eta\|^2 \geq \|\eta\|^2 - 2\|\xi\|\,\|\eta\|$$

Donc $\quad \psi_\lambda(\eta) \geq (\|\eta\| - \|\xi\|)^2 - \|\xi\|^2 \geq -\|\xi\|^2$.

Si $d = \inf_{\eta \in H^+} \psi_\lambda(\eta)$ alors il existe une suite $(\eta_n)_{n \in \mathbb{N}}$ dans H_ϕ^+ telle que $d \leq \psi_\lambda(\eta_n) \leq d + 2^{-n}$. On a :

$$\begin{aligned}
\|\eta_n - \eta_m\|^2 &= 2(\|\eta_n\|^2 + \|\eta_m\|^2) - \|\eta_n + \eta_m\|^2 \\
&= 2(2\phi_\lambda(\eta_n) + \|\eta_n\|^2) + 2(2\phi_\lambda(\eta_m) + \|\eta_m\|^2) - 4(2\phi_\lambda(\tfrac{\eta_n+\eta_m}{2}) + \|\tfrac{\eta_n+\eta_m}{2}\|^2) \\
&= 2\,\psi_\lambda(\eta_n) + 2\,\psi_\lambda(\eta_m) - 4\,\psi_\lambda(\tfrac{\eta_n+\eta_m}{2}) \\
&\leq 4(d + 2^{-n}) - 4d
\end{aligned}$$

. $\{\eta_n\}_{n \in \mathbb{N}}$ est une suite de Cauchy et converge vers $\xi_\lambda \in H^+$. Puisque ψ_λ est semi-continue inférieurement, $d \leq \psi_\lambda(\xi_\lambda) \leq \underline{\lim}_n\, \psi_\lambda(\eta_n) \leq d + 2^{-n}$ d'où $\psi_\lambda(\xi_\lambda) = d$ et $\xi_\lambda \in H^+$. On en déduit

$$(1) \qquad \phi_\lambda(\xi_\lambda) \leq \phi_\lambda(\eta) + \frac{1}{2}(\|\eta\|^2 - \|\xi_\lambda\|^2), \quad \forall \eta \in H^+ .$$

En remplaçant dans cette inégalité η par $(1 \pm \varepsilon)\xi_\lambda$ où $0 < \varepsilon < 1$ et en faisant tendre ε vers zéro on obtient :

(2) $\phi_\lambda(\xi_\lambda) = -\|\xi_\lambda\|^2$.

Montrons maintenant que

(3) $0 \leq \phi_\lambda(\eta) + \langle \xi_\lambda, \eta \rangle, \quad \forall \eta \in H^+$.

En fait si $0 < \varepsilon < 1$ et $\eta \in H^+_\phi$, $(1-\varepsilon)\xi_\lambda + \varepsilon\eta \in H^+_\phi$ donc

$$\begin{aligned}\psi_\lambda(\xi_\lambda) \leq \psi_\lambda((1-\varepsilon)\xi_\lambda + \varepsilon\eta) &= \psi_\lambda(\xi_\lambda + \varepsilon(\eta-\xi_\lambda))\\ &= \psi_\lambda(\xi_\lambda) + 2\varepsilon(\phi_\lambda(\eta-\xi_\lambda) + \langle\xi_\lambda, \eta-\xi_\lambda\rangle)\\ &\quad + \varepsilon^2 \|\eta-\xi_\lambda\|^2\end{aligned}$$

Par conséquent si ε tend vers zéro, l'équation (3) est vérifiée pourvu que $\eta \in H^+_\phi$ et s'étend sans difficulté au cas où $\eta \in H^+$.
Si $\xi_\lambda = 0$ alors il suffit de prendre dans l'énoncé $\phi_\lambda^+ = \phi_\lambda$ qui devient un poids sur H^+ d'après (3). On supposera donc que $\xi_\lambda \neq 0$.
Puisque ϕ est une trace, $\phi(e^{t[N_F,N_G]}\eta) = \phi(\eta)$ si $F, G \in \mathcal{F}(H^+)$, $\eta \in H^+$ et $t \in \mathbb{R}$.
L'application : $t \in \mathbb{R} \to \phi_\lambda(e^{t[N_F, N_G]}\xi_\lambda) = \lambda\phi(\xi_\lambda) - \langle\xi, e^{t[N_F,N_G]}\xi_\lambda\rangle$ est analytique et atteint son minimum en $t = 0$ car d'après (3)

$\phi_\lambda(e^{t[N_F,N_G]}\xi_\lambda) \geq -\langle\xi_\lambda, e^{t[N_F,N_G]}\xi_\lambda\rangle \geq -\|\xi_\lambda\|^2 = \phi_\lambda(\xi_\lambda)$. On en déduit $\langle \xi, [N_F, N_G]\xi_\lambda\rangle = 0$. En particulier si $\eta = (\mathbb{1} - N^2_{\langle\xi_\lambda\rangle})\xi$ a pour décomposition de Jordan $\eta^+ - \eta^-$, alors :

$$\begin{aligned}0 &= \langle\xi, [N_{\langle\xi_\lambda\rangle}, N_{\langle\eta+\rangle}]\xi_\lambda\rangle = \langle\xi, (N^2_{\langle\xi_\lambda\rangle} N_{\langle\eta+\rangle} - N_{\langle\eta+\rangle})\xi_\lambda\rangle \text{ d'après I.2.4.}\\ &= \langle (N^2_{\langle\xi_\lambda\rangle} - \mathbb{1})\xi, N_{\langle\eta^+\rangle}\xi_\lambda\rangle = -\langle\eta^+ - \eta^-, N_{\langle\eta^+\rangle}\xi_\lambda\rangle\\ &= -\langle\eta^+ + \eta^-, \xi_\lambda\rangle.\end{aligned}$$

D'où $\langle\eta^+, \xi_\lambda\rangle = \langle\eta^-, \xi_\lambda\rangle = 0$ et $\eta^\pm \in \langle\xi_\lambda\rangle^\perp$.

Ceci entraîne $\eta^+ - \eta^- = P_{\langle\xi_\lambda\rangle^\perp}(\eta^+ - \eta^-) = P_{\langle\xi_\lambda\rangle^\perp}(\mathbb{1} - N^2_{\langle\xi_\lambda\rangle})\xi = 0$ et $\|\eta^+\|^2 = \langle\eta^+, \eta^-\rangle = 0$ c'est-à-dire :

(4) $\xi = N^2_{\langle\xi_\lambda\rangle}\xi$.

ϕ étant une trace, $\phi = \phi \circ N^2_{\langle\xi_\lambda\rangle}$ (IV.1.4.) et $\phi_\lambda = \phi_\lambda \circ N^2_{\langle\xi_\lambda\rangle}$.

Définissons $\phi_\lambda^+ = \phi_\lambda \circ P_{\langle\xi_\lambda\rangle^\perp}$ et $\phi_\lambda^- = -\phi_\lambda \circ P_{\langle\xi_\lambda\rangle}$. Alors $\phi_\lambda = \phi_\lambda^+ - \phi_\lambda^-$ et si $\eta \in H^+$, alors d'après (3), $0 \leq \phi_\lambda(P_{\langle\xi_\lambda\rangle^\perp}\eta) + \langle\xi_\lambda, P_{\langle\xi_\lambda\rangle^\perp}\eta\rangle = \phi_\lambda^+(\eta)$ donc ϕ_λ^+ est un poids sur H^+.

Si $0 \leqslant \eta \leqslant \xi_\lambda$ alors d'après (2) et (3)

$$0 \leqslant \phi_\lambda \ (\xi_\lambda - \eta) + <\xi_\lambda \ , \ \xi_\lambda - \eta> \ = \ - \ \phi_\lambda(\eta) - <\xi_\lambda \ , \ \eta>$$

On en déduit que ϕ_λ est négative sur $<\xi_\lambda>$ et étant semi-continue, est négative sur $\overline{<\xi_\lambda>} = P_{<\xi_\lambda>}H^+$ (II.1.3. et III.5.3.) donc $\phi_\lambda^- \geqslant 0$. En remplaçant dans (3) η par $P_{<\xi_\lambda>}\eta$ on a $0 \leqslant \phi_\lambda^-(\eta) \leqslant <\xi_\lambda, \eta>$ pour tout η dans H^+, donc ϕ_λ^- se prolonge linéairement et continuement à tout H, $\phi_\lambda^- = \hat{\eta}$ avec $\hat{\eta} \in H$ et $0 \leqslant \eta \leqslant \xi_\lambda$ d'après la dernière inégalité. Or d'après (2) $\| \xi_\lambda \|^2 = \phi_\lambda^-(\xi_\lambda) = <\eta, \xi_\lambda> \leqslant \| \xi_\lambda \|^2$ donc $\eta = \xi_\lambda$. Ceci achève la démonstration de l'existence d'une décomposition.

Unicité de la décomposition : Soit $\eta \in H_1^+ = \{\eta \in H^+ / \|\eta\| \leqslant 1\}$. Alors

$$\phi_\lambda(\eta) = \phi_\lambda^+(\eta) - <\xi_\lambda, \eta> \geqslant - <\xi_\lambda, \eta> \geqslant - \|\xi_\lambda\| = \phi_\lambda\left(\frac{\xi_\lambda}{\|\xi_\lambda\|}\right)$$

et $\frac{\xi_\lambda}{\|\xi_\lambda\|} \in E = \{\eta \in H_1^+ / \phi_\lambda(\eta) = \inf_{\rho \in H^+} \phi_\lambda(\rho)\}$. Donc si $\omega^+ - \hat{\rho}$ est une autre décomposition de ϕ_λ satisfaisant les conditions de l'énoncé, $\frac{\rho}{\|\rho\|} \in E$

$$\text{et} \quad \inf_{\eta \in H_1^+} \phi_\lambda(\eta) = \inf_{\eta \in H_1^+} (\omega^+ - \hat{\rho})(\eta) = (\omega^+ - \hat{\rho})\left(\frac{\rho}{\|\rho\|}\right) = \phi_\lambda\left(\frac{\rho}{\|\rho\|}\right) = \phi_\lambda^+\left(\frac{\rho}{\|\rho\|}\right) - <\xi_\lambda, \frac{\rho}{\|\rho\|}>$$

$$\geqslant - <\xi_\lambda, \frac{\rho}{\|\rho\|}> \geqslant - \|\xi_\lambda\| = \inf_{\eta \in H_1^+} \phi_\lambda(\eta)$$

Ainsi $<\xi_\lambda, \rho> = \|\xi_\lambda\| \, \|\rho\|$ et $\xi_\lambda = \rho$ ce qui implique $\phi_\lambda^+ = \omega^+$.

ii) Soient $\lambda, \mu \in \mathbb{R}^+$ tels que $\mu > \lambda$. Si $F(\lambda) = <\xi_\lambda>^\perp$ alors d'après (4)

$$\begin{aligned} \mu\phi - \hat{\xi} &= (\mu-\lambda)\phi \circ N^2_{F(\lambda)} + (\lambda\phi - \hat{\xi}) \circ N^2_{F(\lambda)} \quad \text{puisque } \phi \text{ est une trace} \\ &= [(\mu-\lambda)\phi \circ P_{F(\lambda)} + \phi_\lambda \circ P_{F(\lambda)}] + [(\mu-\lambda)\phi \circ P_{F(\lambda)^\perp} + \phi_\lambda \circ P_{F(\lambda)^\perp}] \\ &= \omega + (\mu-\lambda)\phi \circ P_{F(\lambda)^\perp} - \hat{\xi}_\lambda \end{aligned}$$

$$\begin{aligned} \text{Or } \forall \eta \in H^+,\ 0 \leqslant \phi \circ P_{F(\lambda)^\perp}(\eta) &= \frac{1}{\lambda}\left(\phi_\lambda(P_{F(\lambda)^\perp}\eta) + <\xi, P_{F(\lambda)^\perp}\eta>\right) \\ &= \frac{1}{\lambda} < P_{F(\lambda)^\perp}\xi - \xi_\lambda, \eta > \text{ donc } \phi \circ P_{F(\lambda)^\perp} \text{ se} \end{aligned}$$

prolonge sur H en $\hat{\rho}_\lambda = \frac{1}{\lambda} \widehat{(P_{F(\lambda)^\perp}\xi - \xi_\lambda)}$. Puisque $0 \leqslant \phi \circ P_{F(\lambda)^\perp}$, $\rho_\lambda \in H^+$, $\rho_\lambda \in F(\lambda)^\perp$. On déduit de I.1.2. et II.1.6. $[(\mu-\lambda)\rho_\lambda - \xi_\lambda]^\pm \in F(\lambda)^\perp$ et $\phi_\mu = \mu\phi - \hat{\xi} = (\omega + \widehat{[(\mu-\lambda)\rho_\lambda - \xi_\lambda]^+}) - \widehat{[(\mu-\lambda)\rho - \xi_\lambda]^-}$ est une décomposition de ϕ_μ satisfaisant les hypothèses du i). L'unicité implique

(5) $$\phi_\mu^+ = (\mu-\lambda)\phi \circ P_{F(\lambda)} + \phi_\lambda^+ + \widehat{[(\mu-\lambda)\rho_\lambda - \xi_\lambda]^+} \geqslant \phi_\lambda^+ .$$

En particulier $0 = \phi_\mu^{\ +}(\xi_\mu) \geqslant (\mu-\lambda)\ \phi\circ(P_{F(\lambda)}\xi_\mu) \geqslant 0$ donc si ϕ est fidèle, $P_{F(\lambda)}\xi_\mu = 0$ et $\xi_\mu \in \langle\xi_\lambda\rangle^{\perp\perp}$ (I.1.6.), c'est-à-dire $P_{F(\lambda)} \leqslant P_{F(\mu)}$. On en tire $\phi\circ P_{\langle\xi_\mu\rangle}{}^\perp = \phi\circ(P_{\langle\xi_\lambda\rangle} + P_{\langle\xi_\lambda\rangle}{}^\perp)\ P_{\langle\xi_\mu\rangle}{}^\perp = \phi\circ P_{\langle\xi_\lambda\rangle^\perp} + \phi\circ P_{\langle\xi_\lambda\rangle}\ P_{\langle\xi_\mu\rangle}{}^\perp \geqslant \phi\circ P_{\langle\xi_\lambda\rangle}{}^\perp$

Montrons maintenant que si $\mu > \lambda$ alors $\forall\eta \in H_\phi^+$

(6) $\lambda\dot\phi((P_{F(\mu)}-P_{F(\lambda)})\eta) \leqslant \langle\ \xi,\ (P_{F(\mu)}-P_{F(\lambda)})\eta\ \rangle \leqslant \mu\ \dot\phi\ ((P_{F(\mu)} - P_{F(\lambda)})\eta)$.

En fait $(\lambda\dot\phi-\hat\xi)\ ((P_{F(\mu)}-P_{F(\lambda)})\eta) = \phi_\lambda^{\ +}(P_{F(\mu)}\eta) - \langle\ \xi_\lambda,\ P_{F(\mu)}\eta\ \rangle - \phi_\lambda^{\ +}(P_{F(\lambda)}\eta)$

$+ \langle\ \xi_\lambda,\ P_{F(\lambda)}\ \eta\ \rangle$

(7) $(\lambda\dot\phi-\hat\xi)\ ((P_{F(\mu)}-P_{F(\lambda)})\eta) = -\langle\xi_\lambda,\ P_{F(\mu)}\eta\ \rangle \leqslant 0.$

ce qui implique la première inégalité de (6). La deuxième résulte de :

$(\mu\dot\phi-\hat\xi)\ ((P_{F(\mu)}-P_{F(\lambda)})\eta) = \phi_\mu^{\ +}(\eta) - \phi_\mu^{\ +}(P_{F(\lambda)}\eta) = \langle[(\mu-\lambda)\rho-\xi_\lambda]^+\ ,\ \eta\ \rangle \geqslant 0$

d'après (5).

De (6) on tire aussi :

$$\begin{aligned} 0 \leqslant -(\lambda\dot\phi-\hat\xi)\ ((P_{F(\mu)} - P_{F(\lambda)})\eta) &\leqslant (\mu-\lambda)\ \dot\phi\ ((P_{F(\mu)}-P_{F(\lambda)})\eta) \\ &\leqslant (\mu-\lambda)\ \phi\ (P_{F(\mu)}\eta) \\ &\leqslant (\mu-\lambda)\ \phi\ (\eta) \end{aligned}$$

On en déduit $\lim\limits_{\mu\downarrow\lambda}\ (\lambda\dot\phi-\hat\xi)\ ((P_{F(\mu)}-P_{F(\lambda)})\eta) = 0$ et (7) implique $\langle\ \xi_\lambda\ ,\ P\eta\ \rangle = 0$ si $P = \bigwedge\limits_{\mu>\lambda} P_{F(\mu)}$. Puisque $P = \operatorname{s-lim}\limits_{\mu>\lambda} P_{F(\mu)}$, $P \in L(H^+)$. Si ϕ est semi-finie, $H^+ = H_\phi^{+\ \perp\perp} = \overline{H_\phi^+}$ (III.5.3.). Donc $P\xi_\lambda = 0$, $\{0\} = P\overline{\langle\xi_\lambda\rangle} = PP_{\langle\xi_\lambda\rangle}\ H^+$ et $PP_{\langle\xi_\lambda\rangle} = 0$.

Supposons que ρ est dans H^+ et vérifie $P\rho = \rho$. Alors $P_{\langle\xi_\lambda\rangle}\rho = 0$ pour tout λ, $\rho\in F(\lambda)$, $PH=PH^+-PH^+ \subset F(\lambda)-F(\lambda)=P_{F(\lambda)}H$ (II.1.4.) et $P\leqslant P_{F(\lambda)}$ d'où $P_{F(\lambda)} = \bigwedge\limits_{\mu>\lambda} P_{F(\mu)}$ (Continuité à droite). De même :

$$\begin{aligned} \lim_{\mu\downarrow\lambda}\ \phi\,(P_{F(\mu)}\eta) &= \lim_{\mu\downarrow\lambda} \lambda^{-1}(\phi_\lambda(P_{F(\mu)}\eta) + \langle\xi,\ P_{F(\mu)}\eta\ \rangle) = \lambda^{-1}[\phi_\lambda(P_{F(\lambda)}\eta) + \langle\xi, P_{F(\lambda)}\eta\rangle] \\ &= \phi\ (P_{F(\lambda)}\eta). \end{aligned}$$

Puisque
$$\begin{aligned} 0 \leqslant \phi(\eta)-\phi(P_{F(\lambda)}\eta) = \phi\ (P_{F(\lambda)}{}^\perp\eta) &= \frac{1}{\lambda}\ [\phi_\lambda(P_{F(\lambda)}{}^\perp\eta) + \langle\xi,\ P_{F(\lambda)}{}^\perp\eta\rangle] \\ &= \frac{1}{\lambda}\ [-\langle\ \xi_\lambda,\ \eta\ \rangle + \langle\ \xi,\ P_{F(\lambda)}{}^\perp\ \eta\ \rangle] \\ &\leqslant \frac{1}{\lambda}\ \|\xi\|\ \|\eta\| \ , \end{aligned}$$

(8) $\lim\limits_{\lambda\uparrow\infty}\ \phi\ (P_{F(\lambda)}\eta) = \phi(\eta).$

Montrons enfin que $\operatorname{s-lim}\limits_{\lambda\to\infty} P_{F(\lambda)} = \mathbb{1}$: Si $F = \bigvee\limits_{\lambda>0} F(\lambda)$ alors $P_F = \operatorname{s-lim}\limits_{\lambda} P_{F(\lambda)}$ (cf. preuve de III.5.3.). D'après (8) et I.1.19, $\phi\ (P_F{}^\perp\eta) = \lim\limits_{\lambda\uparrow\infty}\ \phi(P_{F(\lambda)\wedge F^\perp}\eta) = 0$ et $\eta\in F$. Ainsi $H_\phi^+ \subset F$ et $F = H^+$.

Il est clair que $F(o) = \langle\xi\rangle^\perp$. □

On peut maintenant montrer un théorème spectral sur le dual de H :

IV.1.7. THEOREME : Soit H^+ un cône autopolaire facialement homogène muni d'une trace s-normale, semi-finie et fidèle. Alors pour $\xi \in H^+$ il existe une famille spectrale (II.2.4.) de faces complètes telle que $<\xi, \cdot> = \lim_n \dot{\phi}(\delta_n \cdot)$ où $\delta_n = \int_{n^{-1}}^{n} \lambda d\delta_{F(\lambda)} \in D(H^+)_{s.a.}$ vérifie $|\dot{\phi}(\delta_n \eta)| \leqslant 2 \|\eta\| \quad \forall \eta \in H$.

Preuve : On garde les notations de IV.1.6.. Soient $\varepsilon > 0$, $n \in \mathbb{N}$ et une partition de $[\frac{1}{n}, n]$: $\frac{1}{n} = \lambda_0 < \lambda_1 < \lambda_2 < \ldots . < \lambda_N = n$ telle que $|\lambda_{i+1} - \lambda_i| < \varepsilon \ \forall i \leqslant n-1$.
Si $\delta_n = \int_{1/n}^{n} \lambda d\delta_{F(\lambda)} \in \mathfrak{M}$, $\underline{\delta_n(\varepsilon)} = \sum_{i=0}^{N-1} \lambda_i (\delta_{F(\lambda_{i+1})} - \delta_{F(\lambda_i)})$ et
$\overline{\delta_n(\varepsilon)} = \sum_{i=0}^{N-1} \lambda_{i+1} (\delta_{F(\lambda_{i+1})} - \delta_{F(\lambda_i)})$ alors (6) s'écrit (IV.1.5.)
$\dot{\phi}(\underline{\delta_n(\varepsilon)}\eta) \leqslant \sum_{i=0}^{N-1} <\xi, (P_{F(\lambda_{i+1})} - P_{F(\lambda_i)})\eta> \leqslant \dot{\phi}(\overline{\delta_n(\varepsilon)}\, \eta)$ car $\dot{\phi}(\delta_{F(\lambda)}\eta) = \dot{\phi}(P_{F(\lambda)}\eta)$.
Le terme central vaut $<\xi, (P_{F(n)} - P_{F(\frac{1}{n})})\eta>$ et en soustrayant les termes extrémaux on obtient :

$$0 \leqslant \sum_{0}^{N-1} (\lambda_{i+1} - \lambda_i)\, \dot{\phi}((P_{F(\lambda_{i+1})} - P_{F(\lambda_i)})\eta) \leqslant \varepsilon \sum_{0}^{N-1} \dot{\phi}((P_{F(\lambda_{i+1})} - P_{F(\lambda_i)})\eta) \leqslant \varepsilon\, \phi(P_{F(n)}\eta)$$
$$\leqslant \varepsilon\, \phi(\eta).$$

ϕ étant s-normale, IV.1.5 implique
$$\dot{\phi}(\delta_n \eta) = \lim_{\varepsilon \to 0} \dot{\phi}(\underline{\delta_n(\varepsilon)}\eta) = <\xi, (P_{F(n)} - P_{F(\frac{1}{n})})\eta>$$
pour $\eta \in H_\phi^+$. Si $\eta \in H^+ = H_\phi^{+\perp\perp}$ et $\{\eta_i\}_{i \in \mathbb{N}} \subset H_\phi^+$ converge vers η (III.5.3) alors $\{|\delta_n \eta_i|\}_i$ converge vers $|\delta_n \eta|$ (I.1.2.) donc ϕ étant $\|\cdot\|$-s.c.i., on a $\phi(|\delta_n \eta|) \leqslant \underline{\lim}_i\, \phi(|\delta_n \eta_i|)$. Or il existe $F_i = <(\delta_n \eta_i)^+>^{\perp\perp}$ telle que $N_{F_i} \delta_n \eta_i = |\delta_n \eta_i|$ donc

$$\begin{aligned} \phi(|\delta_n \eta_i|) &= \phi(\delta_n N_{F_i} \eta_i) \qquad\qquad (IV.1.5.) \\ &= <\xi, (P_{F(n)} - P_{F(\frac{1}{n})}) N_{F_i} \eta_i> \\ &\leqslant \|\xi\| \, \|\eta_i\| \end{aligned}$$

Donc $\phi(|\delta_n \eta|) < \infty \ \forall \eta \in H^+$, $\delta_n H \subset H_\phi$ et $|\dot{\phi}(\delta_n \eta)| \leqslant 2 \|\xi\| \, \|\eta\| \ \forall \eta \in H$. □

Comme corollaire on obtient l'analogue de l'appendice 5.

IV.1.8. COROLLAIRE : Pour tout $\xi \in H^+$ il existe une suite croissante $\{\xi_n\}_{n\in\mathbb{N}}$ de H^+_ϕ telle que $\xi = \|\cdot\|\text{-}\lim_n \xi_n$.

Preuve : On garde les mêmes notations que IV.1.7.

L'application : $\eta \in H \to \dot\phi\,(\delta_n \eta)$ est linéaire, continue et positive sur H^+_ϕ (IV.1.5.). Puisque $\overline{H^+_\phi} = H^+$ (III.5.3.), l'autopolarité de H^+ entraîne $\dot\phi(\delta_n \cdot) = \langle \xi_n, \cdot \rangle$ où $\xi_n \in H^+$. Il est clair que $\{\xi_n\}_{n\in\mathbb{N}}$ est une suite croissante et que $\xi = \|\cdot\|\text{-}\lim_n \xi_n$ (I.1.4.). Il reste à montrer que $\xi_n \in H^+_\phi$ ce qui résultera de IV.1.10., mais auparavant introduisons une nouvelle notion :

IV.1.9. DEFINITION : Soit H^+ un cône autopolaire facialement homogène. Soit ϕ une trace s-normale semi-finie fidèle. On note $\mathfrak{M} = D(H^+)_{s.a.}$ et

$T_\phi(\mathfrak{M}) = \{\delta \in \mathfrak{M} \,/\, \text{Il existe } \eta_\delta \in H \text{ tel que } \langle \eta_\delta, \xi \rangle = \dot\phi(\delta\xi)\ \forall \xi \in H_\phi\}$

$T_\phi(\mathfrak{M})$ est appelé ensemble des dérivations à trace.

On se restreint dans cette définition à H_ϕ puisque H^+_ϕ (resp. H_ϕ) est dense dans H^+ (resp. H) (III.5.3.). En particulier si $\delta \in T_\phi(\mathfrak{M})$ alors $\delta H \subset H_\phi$ (cf. preuve de IV.1.7.).

Le résultat technique suivant va permettre de construire une trace sur l'algèbre des dérivations.

IV.1.10. LEMME : i) L'application : $\delta \in T_\phi(\mathfrak{M}) \to \eta_\delta \in H$ est linéaire et positive.

ii) $T_\phi(\mathfrak{M})$ est un idéal de $\mathfrak{M}$ engendré par la face $T_\phi(\mathfrak{M})^+ = T_\phi(\mathfrak{M}) \cap \mathfrak{M}^+$ qui est $\sigma(\mathfrak{M}, \mathfrak{M}_*)$ dense dans $\mathfrak{M}^+$.

iii) Soit $F \in \mathcal{F}(H^+)$. Alors $\delta_F \in T_\phi(\mathfrak{M})$ si et seulement si $F \subset H^+_\phi$. En particulier $\eta_{\delta_F} \in H^+_\phi$ si $\delta_F \in T_\phi(\mathfrak{M})$.

iv) Si $\delta \in T_\phi(\mathfrak{M})^+$ et $0 < \text{Inf spectre}(\delta)$ alors $\eta_\delta \in H^+_\phi$.

v) Si $\delta \in T_\phi(\mathfrak{M})$, $\delta' \in \mathfrak{M}$ et $\xi \in H$ alors :

* $\phi\,(|\delta\xi|) \leqslant \|\delta\|\,\phi\,(|\xi|)$
* $\dot\phi\,(\delta\delta'\xi) = \dot\phi(\delta'\delta\xi)$
* $\dot\phi\,(\delta\delta'\xi) = \dot\phi(\delta\circ\delta'\xi)$
* $\dot\phi\,(\delta\xi) \geqslant 0$ si $\delta \geqslant 0$ et $\xi \in H^+$.

Preuve : i) La linéarité est claire et la positivité résulte de l'autopolarité de H^+ et de IV.1.5.

ii) $T_\phi(\mathfrak{M})$ est un idéal de $\mathfrak{M}$ car c'est un espace vectoriel d'après le i) et si $\delta \in T_\phi(\mathfrak{M})$, $\delta' \in \mathfrak{M}$, $\xi \in H_\phi$ alors d'après IV.1.5.,

$\dot\phi(\delta\circ\delta'\xi) = \dot\phi(\delta\delta'\xi) = \langle \eta_\delta, \delta'\xi \rangle = \langle \delta'\eta_\delta, \xi \rangle$. Ceci implique que

(*) $\delta' \eta_\delta = \eta_{\delta\circ\delta'}$, si $\delta' \in \mathfrak{M}$ et $\delta \in T_\phi(\mathfrak{M})$.

$T_\phi(\mathfrak{M})^+$ engendre $T_\phi(\mathfrak{M})$ d'après l'appendice 5 et III.2.1..

Si $\delta' \in \mathfrak{M}$ vérifie $0 \leqslant \delta' \leqslant \delta \in T_\phi(\mathfrak{M})$ alors pour $\xi \in H_\phi$ on a

$0 \leqslant |\dot\phi(\delta'\xi)| \leqslant \dot\phi((\delta-\delta')|\xi|) + \dot\phi(\delta'|\xi|) = \dot\phi(\delta|\xi|) \leqslant \|\eta_\delta\| \ \|\xi\|$ (IV.1.5.)

donc $\delta' \in T_\phi(\mathfrak{M})$ en utilisant le théorème de RIESZ car H_ϕ est dense dans H.

Montrons par l'absurde que $\overline{T_\phi(\mathfrak{M})^+}^{\sigma(\mathfrak{M},\mathfrak{M}_*)} = \mathfrak{M}^+$: Soit $\delta \in \mathfrak{M}^+ \setminus \overline{T_\phi(\mathfrak{M})^+}^{\sigma(\mathfrak{M},\mathfrak{M}_*)}$.

D'après le théorème d'HAHN-BANACH et III.5.2., il existe ξ et η orthogonaux dans H^+ tels que $(\omega_\xi-\omega_\eta)(\delta) > 0$ et $(\omega_\xi-\omega_\eta)(\delta') \leqslant 0$ $\forall \delta' \in \overline{T_\phi(\mathfrak{M})^+}^{\sigma(\mathfrak{M},\mathfrak{M}_*)}$.

Puisque $\delta_{<\xi>} = s_{\omega_\xi} \leqslant \mathbb{1} - s_{\omega_\eta} = \delta_{<\eta>^\perp}$ on a pour $\delta' \in T_\phi(\mathfrak{M})^+$,

$0 \leqslant \omega_\xi(\delta') = \omega_\xi(U_{\delta_{<\xi>}}\delta') \leqslant \omega_\eta(U_{\delta_{<\xi>}}\delta') = \omega_\eta(U_{\delta_{<\xi>\cap<\eta>}}\delta') = 0$ (III.2.2.)

où U_δ désigne le triple produit de Jordan.

Donc $\delta'\xi = 0$ et si $<\xi,\cdot> = \lim_n \dot\phi(\delta_n \cdot)$ où $\delta_n \in T_\phi(\mathfrak{M})^+$ (IV.1.7.) alors

$\|\xi\|^2 = \lim_n \dot\phi(\delta_n\xi) = 0$. D'où la contradiction $0 < (\omega_\xi-\omega_\eta)(\delta) \leqslant 0$.

iii) Soient $F \in \mathfrak{F}(H^+)$ et $\delta_F \in T_\phi(\mathfrak{M})$. Si $\xi \in H_\phi^+$, on a d'après IV.1.5., $\phi(P_F\xi) = \dot\phi(\delta_F\xi) = <\eta_{\delta_F},\xi>$ et par continuité $\phi\circ P_F$ est finie sur H^+ c'est-à-dire $F \subset H_\phi^+$. Réciproquement si $\phi\circ P_F$ est finie sur H^+ alors $\dot\phi\circ P_F$ est une forme linéaire positive sur H donc continue (cf. SCHAEFER [1] p. 228), d'où le résultat d'après le théorème de RIESZ.

De plus si $\delta_F \in T_\phi(\mathfrak{M})$ alors pour $\xi \in H_\phi$ on a en utilisant IV.1.5.

$<P_F\eta_{\delta_F},\xi> = <\eta_{\delta_F}, P_F\xi> = \dot\phi(\delta_F P_F \xi) = \dot\phi(P_F\xi) = \dot\phi(\delta_F\xi) = <\eta_{\delta_F},\xi>$

Donc par densité, $\eta_{\delta_F} = P_F\eta_{\delta_F} \in F \subset H_\phi^+$. □

iv) <u>et Fin de la preuve de IV.1.8.</u> : Soient $\delta \in T_\phi(\mathfrak{M})^+$ et ε tel que $0 \leqslant \varepsilon < \|\delta\| - a$ où $0 < a = \inf \text{spectre}(\delta)$.

$\delta = \int_a^{\|\delta\|} \lambda d\delta_{F(\lambda)} \geqslant \int_{a+\varepsilon}^{\|\delta\|} \lambda d\delta_{F(\lambda)} \geqslant (a+\varepsilon)(\mathbb{1} - \delta_{F(a+\varepsilon)})$ (II.2.4.)

Donc $\delta_{F(a+\varepsilon)^\perp} \in T_\phi(\mathfrak{M})^+$. Soient $a = \lambda_0 < \lambda_1 < \dots < \lambda_n = \|\delta\|$ une partition de $[a, \|\delta\|]$ telle que $|\lambda_{i+1} - \lambda_i| < \varepsilon$ $\forall i \leqslant n-1$ où ε est arbitrairement choisi et $\delta_n(\varepsilon) = \sum_{i=0}^{n-1} \lambda_{i+1}(\delta_{F(\lambda_{i+1})} - \delta_{F(\lambda_i)})$. D'après III.2.2.,

$\delta_{F(\lambda_{i+1})} - \delta_{F(\lambda_i)} = \delta_{F(\lambda_{i+1})} \circ \delta_{F(\lambda_i)^\perp}$ et $\delta_{F(\lambda_{i+1}) \cap F(\lambda_i)^\perp} \in T_\phi(\mathfrak{M})^+$.

Puisque $\delta \leqslant \delta_n(\varepsilon)$ on a

$0 \leqslant \eta_\delta \leqslant \eta_{\delta_n(\varepsilon)} = \sum_{i=0}^{n-1} \lambda_{i+1} \eta_{\delta_{F(\lambda_{i+1}) \cap F(\lambda_i)^\perp}} \in H_\phi^+$ et $\eta_\delta \in H_\phi^+$.

v) Soient $\delta \in T_\phi(\mathfrak{M})$ et $\xi \in H^+$. D'après IV.1.8. il existe une suite $\{\xi_n\}_{n\in\mathbb{N}} \subset H_\phi^+$ telle que $\xi_n \uparrow \xi$. ϕ étant semi-continue inférieurement on a

$\phi(|\delta\xi|) \leqslant \underline{\lim}_n \phi(|\delta\xi_n|)$ (I.1.2.)

(**) $\phi(|\delta\xi|) \leqslant \|\delta\| \underline{\lim}_n \phi(\xi_n) = \|\delta\| \phi(\xi)$ (IV.1.5.)

On termine comme dans la démonstration de (4) de IV.1.5.

Soient maintenant $\delta \in T_\phi(\mathcal{M})$, $\delta' \in \mathcal{M}^+$ et $\xi \in H^+$. Si $\{\xi_n\}_{n\in\mathbb{N}} \subset H^+_\phi$ est une suite telle que $\xi_n \uparrow \xi$ (IV.1.8.) alors $|\dot\phi(\delta'\delta\xi)-\dot\phi(\delta\delta'\xi)| \leqslant |\dot\phi(\delta'\delta(\xi-\xi_n))| + |\dot\phi(\delta\delta'(\xi-\xi_n))|$ (IV.1.5.)

$$|\dot\phi(\delta'\delta(\xi-\xi_n))| \leqslant \|\delta'\| \ \phi\ (|\delta(\xi-\xi_n)|) \qquad \text{(IV.1.5.)}$$
$$\leqslant \|\delta'\| \ \|\delta\| \ \phi\ (\xi-\xi_n) \qquad (**)$$

Il existe d'après l'appendice 5 une famille $\{\delta'_\alpha\}_{\alpha\in\Gamma} \subset T_\phi(\mathcal{M})^+$ telle que $\delta'_\alpha \uparrow \delta'$ selon Γ. Donc $\delta' = \text{s-}\lim\limits_\alpha \delta'_\alpha$ (III.2.1.) et

$$|\dot\phi(\delta\delta'(\xi-\xi_n))| \leqslant \phi\ (|\delta\delta'(\xi-\xi_n)|) \leqslant \underline{\lim}_\alpha\ \phi\ (|\delta\delta'_\alpha\ (\xi-\xi_n)|) \qquad \text{(I.1.2.)}$$
$$\leqslant \|\delta\|\ \underline{\lim}_\alpha\ \|\delta'_\alpha\|\ \phi\ (\xi-\xi_n) \qquad (\text{cf. } **)$$
$$\leqslant \|\delta\|\ \|\delta'\|\ \phi\ (\xi-\xi_n)$$

La normalité de ϕ entraîne $\dot\phi\ (\delta\delta'\xi) = \dot\phi\ (\delta'\delta\xi)$ et par linéarité ceci est vrai pour $\delta' \in \mathcal{M}$ et $\xi \in H$. Avec les mêmes notations

$$|\dot\phi(\delta\delta'\xi) - \dot\phi\ (\delta\circ\delta'\xi)| \leqslant |\dot\phi\ (\delta\delta'(\xi-\xi_n))| + |\dot\phi((\delta\circ\delta')(\xi-\xi_n))| \qquad \text{(IV.1.5.)}$$
$$\leqslant \|\delta\|\ \phi\ (|\delta'(\xi-\xi_n)|) + \|\delta\circ\delta'\|\ \phi\ (\xi-\xi_n) \qquad (\text{cf. } **)$$

et $\phi(|\delta'(\xi-\xi_n)|) \leqslant \underline{\lim}_\alpha\ \phi\ (|\delta'_\alpha\ (\xi-\xi_n)|) \leqslant \underline{\lim}_\alpha\ \|\delta'_\alpha\|\ \phi\ (\xi-\xi_n) \leqslant \|\delta'\|\ \phi\ (\xi-\xi_n)$

De plus si $\delta \in T_\phi\ (\mathcal{M})^+$, $|\dot\phi(\delta\xi) - \dot\phi\ (\delta\xi_n)| = |\dot\phi(\delta(\xi-\xi_n))| \leqslant \|\delta\|\ \phi\ (\xi-\xi_n)$ $(**)$

et $\phi\ (\delta\xi) = \lim\limits_n\ \dot\phi\ (\delta\xi_n) \geqslant 0$ (IV.1.5.). □

IV.1.11. THEOREME : Soit H^+ un cône autopolaire facialement homogène dans H muni d'une trace s-normale semi-finie fidèle ϕ.

L'application $\tau_\phi : \delta \in \mathcal{M}^+ \to \begin{cases} \phi\ (\eta_\delta) & \text{si } \delta \in T_\phi\ (\mathcal{M})^+ \\ +\infty & \text{si } \delta \notin T_\phi\ (\mathcal{M})^+ \end{cases}$ est une trace normale semi-finie fidèle sur $\mathcal{M} = D(H^+)_{s.a.}$ (cf. V.1.)

Preuve : 1°/ τ est clairement un poids (IV.1.10) qui est fidèle car si $\delta \in \mathcal{M}^+$ vérifie $\tau\ (\delta) = 0$ alors $\delta \in T_\phi(\mathcal{M})^+$, $\phi\ (\eta_\delta) = 0$ et $\eta_\delta = 0$ entraîne $\dot\phi\ (\delta\eta) = 0$ pour $\eta \in H$. En particulier si $\xi \in H_\phi$ et $F = <(\delta\xi)^+>$,
$0 \leqslant \phi\ (|\delta\xi|) = \dot\phi(N_F\delta\xi) = \dot\phi\ (\delta N_F\xi) = 0$. Donc $|\delta\xi| = 0$ et $\delta = 0$ par densité de H_ϕ.

Rappelons que (1) $\qquad \delta\eta_{\delta'} = \eta_{\delta\circ\delta'} \qquad \forall\delta \in \mathcal{M},\ \forall\delta' \in T_\phi(\mathcal{M})$

2°/ Montrons que

(2) $\qquad \tau = \sup\limits_{\omega\in E} \omega \qquad$ où $E = \{\omega_{\eta_{\delta'}} / \delta' \in T_1\} \subset \mathcal{M}^+_*$,

et $T_1 = \{\delta \in T_\phi(\mathfrak{M}) / \|\delta\| \leq 1\}$. Ceci entraînera que τ est normal car $E \subset \mathfrak{M}_*^+$.

On a en utilisant IV.1.10. et (1) pour $\delta \in T_\phi(\mathfrak{M})^+$ et $\delta' \in T_1$:

$$\omega_{\eta_{\delta'}}(\delta) = \langle \delta\eta_{\delta'}, \eta_{\delta'} \rangle = \langle \eta_{\delta\circ\delta'}, \eta_{\delta'} \rangle = \dot{\phi}\,(\delta' \eta_{\delta'\circ\delta}) = \dot{\phi}\,(\delta'\delta'\eta_\delta)$$
$$\leq \|\delta'\|^2 \; \dot{\phi}\;(\eta_\delta)$$

Donc $\omega_{\eta_{\delta'}} \leq \tau$ sur $T_\phi(\mathfrak{M})^+$. Puisque $T_\phi(\mathfrak{M})$ est un idéal tel que

$\overline{T_\phi(\mathfrak{M})^+}^{\sigma(\mathfrak{M},\mathfrak{M}_*)} = \mathfrak{M}^+$, il existe d'après l'appendice 5 $\{\delta_{F(\alpha)}\}_{\alpha\in\Gamma} \subset T_\phi(\mathfrak{M})^+$

tel que $\delta_{F(\alpha)} \uparrow \mathbb{1}$. L'ordre de $\mathfrak{M}^+$ et celui de L(H) coïncidant (III.2.1.), $\{\delta_{F(\alpha)}\}_{\alpha\in\Gamma}$ converge fortement vers $\mathbb{1}$ selon Γ. De même $P_{F(\alpha)} \uparrow \mathbb{1}$ (cf. preuve de III.5.3.). Ainsi si $\xi \in H^+$ on a d'après IV.1.5.

$$\dot{\phi}(\delta_{F(\alpha)}\xi) = \dot{\phi}\,(N^2_{F(\alpha)}\,\delta_{F(\alpha)}\xi) = \phi\,(P_{F(\alpha)}\xi) \leq \phi\,(\xi) \leq \underline{\lim}_\alpha\, \phi(P_{F(\alpha)}\xi) = \underline{\lim}_\alpha\, \dot{\phi}(\delta_{F(\alpha)}\xi)$$

$$(3) \qquad \phi\,(\xi) = \lim_\alpha\; \dot{\phi}\,(\delta_{F(\alpha)}\xi) \qquad \forall \xi \in H^+.$$

Ceci entraîne que pour $\delta \in T_\phi(\mathfrak{M})$

$$\phi(\eta_\delta) = \lim_\alpha\, \dot{\phi}\,(\delta_{F(\alpha)}\eta_\delta) = \lim_\alpha\, \dot{\phi}\,(\delta_{F(\alpha)}\circ\delta_{F(\alpha)}\eta_\delta) = \lim_\alpha\, \dot{\phi}\,(\delta_{F(\alpha)}^2\,\eta_\delta) \quad \text{(IV.1.10)}$$
$$= \lim_\alpha \langle \eta_{\delta_{F(\alpha)}}, \delta\eta_{\delta_{F(\alpha)}} \rangle \quad (1)$$

c'est-à-dire $\tau(\delta) = \sup_{\omega\in E} \omega\,(\delta)$ pour $\delta \in T_\phi(\mathfrak{M})$. Ceci entraîne que si $\delta \in \mathfrak{M}^+$ vérifie

$\sup_{\omega\in E} \omega\,(\delta) = \infty$ alors $\tau\,(\delta) = \infty$. En effet si $\{\delta_\alpha\}_{\alpha\in\Gamma}$ et $\delta_\alpha \uparrow \delta$ selon Γ (Appendice 5) on a $\sup_{\omega\in E} \omega\,(\delta) \leq \underline{\lim}_\alpha \sup_{\omega\in E} \omega(\delta_\alpha) = \underline{\lim}_\alpha\, \tau(\delta_\alpha) \leq \tau(\delta)$. Pour montrer (2) il reste donc à montrer que si $\delta \in \mathfrak{M}^+$ est tel que $\sup_{\omega\in E} \omega\,(\delta) < \infty$ alors $\delta \in T_\phi(\mathfrak{M})^+$.

On a $\sup_\alpha \|\delta\eta_{\delta_{F(\alpha)}}\|^2 \leq \|\delta^{1/2}\|^2 \; \sup_\alpha \|\delta^{1/2}\eta_{\delta_{F(\alpha)}}\|^2 = \|\delta\|\,(\sup_\alpha \omega_{\eta_{\delta_{F(\alpha)}}}(\delta)) < \infty$

Puisque la famille $\left\{\delta\eta_{\delta_{F(\alpha)}}\right\}_{\alpha\in\Gamma}$ est bornée en norme, la $\sigma(H, H^*)$ compacité de $\{\xi \in H \;/\; \|\xi\| \leq r\}$ implique qu'il existe un sous-ensemble filtrant (à droite) $\{\delta_{F(\beta)}\}_{\beta\in\Gamma'}$ de $\{\delta_{F(\alpha)}\}_{\alpha\in\Gamma}$ tel que $\{\delta\eta_{\delta_{F(\beta)}}\}_{\beta\in\Gamma'}$ converge faiblement vers $\eta \in H$ selon Γ'. Puisque $\delta_{F(\beta)} \uparrow \mathbb{1}$ alors comme dans (3), $\phi\,(\xi) = \lim_{\beta\in\Gamma'} \dot{\phi}\,(\delta_{F(\beta)}\xi) \quad \forall\xi \in H^+$.

Si $\delta', \delta'' \in T_\phi(\mathfrak{M})^+$ on a en utilisant intensivement IV.1.10 et (1) :

$$\langle \delta'\eta, \eta_{\delta''} \rangle = \langle \eta, \delta'\eta_{\delta''} \rangle = \lim_\beta \langle \delta\eta_{\delta_{F(\beta)}}, \delta'\eta_{\delta''} \rangle = \lim_\beta \dot{\phi}\,(\delta''\delta'\delta\eta_{\delta_{F(\beta)}})$$
$$= \lim_\beta \dot{\phi}((\delta''\circ\delta')\delta\eta_{\delta_{F(\beta)}}) = \lim_\beta \dot{\phi}\,(\delta''\circ\delta'\eta_{\delta_{F(\beta)}\circ\delta})$$
$$= \lim_\beta \dot{\phi}(\delta_{F(\beta)}\delta\eta_{\delta''\circ\delta'}) = \dot{\phi}(\delta\eta_{\delta''\circ\delta'}) = \dot{\phi}(\delta\delta''\eta_{\delta'}) = \dot{\phi}(\delta''\delta\eta_{\delta'})$$
$$= \langle \delta\eta_{\delta'}, \eta_{\delta''} \rangle$$

La preuve de IV.1.8. montrant que $\{\eta_{\delta_+} / \delta \in T_\phi(\mathcal{M})^+\}$ est dense dans H^+, $\delta'\eta = \delta\eta_{\delta'}$ $\forall\ \delta' \in T_\phi(\mathcal{M})$. De plus $\eta \in H^+$ car si $\delta' \in T_\phi(\mathcal{M})^+$ alors $\eta_{\delta'} \in H^+$ et $< \eta, \eta_{\delta'} > = \dot\phi(\delta'\eta) = \dot\phi\ (\delta\eta_{\delta'}) \geq 0$ (IV.1.10) donc par densité $\eta \in H^+$ et

$$\phi\ (\eta) = \lim_\beta\ \dot\phi(\delta_{F(\beta)}\eta) = \lim_\beta \dot\phi(\delta\eta_{\delta_{F(\beta)}}) = \lim_\beta \dot\phi\ (\delta\delta_{F(\beta)}\ \eta_{\delta_{F(\beta)}})\quad (*)$$
$$= \lim_\beta\ \dot\phi(\delta_{F(\beta)}\delta\eta_{\delta_{F(\beta)}}) = \lim_\beta \omega_{\eta_{\delta_{F(\beta)}}}(\delta) < \infty \quad \text{donc } \eta \in H_\phi^+.$$

Soient $\xi \in H^+$, $\{\delta_n\}_{n\in\mathbb{N}} \subset T_\phi\ (\mathcal{M})^+$ tel que $\eta_{\delta_n} \uparrow \xi$ (cf. preuve de IV.1.8.) et $F_n = < (\delta\eta_{\delta_n})^+ >$

Alors
$$0 \leq \phi(|\delta\xi|) \leq \underline{\lim}_n\ \phi\ (|\delta\eta_{\delta_n}|) = \underline{\lim}_n\ \dot\phi\ (N_{F_n}\ \delta\eta_{\delta_n}) = \underline{\lim}_n\ \dot\phi\,(N_{F_n}\ \delta_n\ \eta)$$
$$\leq \underline{\lim}_n\ \dot\phi\ (\delta_n\ N_{F_n}\eta) = \underline{\lim}_n\ <\eta_{\delta_n}\ ,\ N_{F_n}\ \eta >$$
$$\leq \|\,\xi\,\|\ \ \|\,\eta\,\|$$

Donc $\delta\xi \in H_\phi$ et le théorème de RIESZ entraîne que $\delta \in T_\phi(\mathcal{M})$.

3) Montrons enfin que τ est une trace :

Soient $\delta \in \mathcal{M}$ et $\delta' \in T_\phi(\mathcal{M})$.

D'après (1), IV.1.5. et IV.1.10. on a, en notant $\delta^{(2)} = \delta\circ\delta, \eta_{\delta'^{(2)}} = \delta'\eta_{\delta'} \in H_\phi$

et $\tau(U_\delta\delta'^{(2)}) = \phi(\eta_{U_\delta\ \delta'^{(2)}}) = 2\ \dot\phi(\eta_{\delta\circ(\delta\circ\delta'^{(2)})}) - \dot\phi(\eta_{\delta^{(2)}\circ\delta'^{(2)}})$

et $\dot\phi(\eta_{\delta\circ(\delta\circ\delta'^{(2)})}) = \dot\phi\ (\delta\eta_{\delta\circ\delta'^{(2)}}) = \dot\phi\ (\delta\delta\eta_{\delta'^{(2)}}) = \dot\phi(\delta^{(2)}\eta_{\delta'^{(2)}}) = \dot\phi(\eta_{\delta^{(2)}\ \circ\delta'^{(2)}})$

De même en remarquant que $\eta_{\delta'\circ\delta''} = \delta'\eta_{\delta''} \in H_\phi$ si $\delta', \delta'' \in T_\phi\ (\mathcal{M})$,

$\dot\phi\ (\eta_{\delta'\circ(\delta'\circ\delta^{(2)})}) = \dot\phi(\delta^{(2)}\circ\delta'\eta_{\delta'}) = \dot\phi(\delta^{(2)}\delta'\eta_{\delta'}) = \dot\phi(\delta^{(2)}\eta_{\delta'^{(2)}}) = \dot\phi(\eta_{\delta^{(2)}\circ\delta'^{(2)}})$

Donc

(4) $\quad \tau\ (U_\delta\delta'^{(2)}) = \tau\ (U_{\delta'}\ \delta^{(2)})$

De plus

(5) $\quad \tau\ (U_{\delta'}\ \delta^{(2)}) = \tau\ (U_{|\delta'|}\ \delta^{(2)})$

En effet si s est la symétrie de $\mathcal{M}$ telle que $s\circ\delta' = |\delta'| \in T_\phi(\mathcal{M})^+$ alors $U_\delta = U_s\ U_{|\delta|}$ et d'après (4)

$$\tau\ (U_{\delta'}\ \delta^{(2)}) = \tau(U_s\ U_{|\delta'|}\ \delta^{(2)}) = \tau(U_{(U_{|\delta'|}\delta^{(2)})^{(1/2)}}s^{(2)}) = \tau(U_{|\delta'|}\delta^{(2)})$$

car $s^{(2)} = \mathbb{1}$.

Soient maintenant pour terminer $\delta, \delta' \in \mathcal{M}$. Soit d'après l'appendice 5 une suite $\{\delta_n\}_{n\in\mathbb{N}}$ telle que $\delta_n^{(2)} \uparrow \delta^{(2)}$ et $\delta_n^{(2)} \in T_\phi(\mathcal{M})^+$. Donc $|\delta_n| \uparrow |\delta|$ car l'application racine carré est monotone (PEDERSEN [1] 1.3.8.). Si $|\delta_n| = \int_0^{\|\delta_n\|} \lambda d\delta_{F_n(\lambda)}$ (II.2.4.) on définit $\delta_{n,m} = \int_{1/m}^{\|\delta_n\|} \lambda d\delta_{F_n(\lambda)}$.

Puisque $0 \leq \delta^{(2)}_{n,m} \leq \delta^{(2)}_n \in T_\phi(\mathfrak{M})^+$, on a $\delta_{n,m} \in T_\phi(\mathfrak{M})^+$ (cf. preuve de IV.1.10 iv).

Comme $\delta^{(2)}_{n,m} \uparrow_m \delta^{(2)}_n$, la normalité de τ entraîne

$$\tau(U_{\delta'}, \delta^{(2)}) = \lim_n \tau(U_{\delta'}, \delta^{(2)}_n) = \lim_n \lim_m \tau(U_{\delta'}, \delta^{(2)}_{n,m}) = \lim_n \lim_m \tau(U_{\delta_{n,m}} \delta'^{(2)}) \quad (5).$$

On remarque que si une suite $\{\delta'_n\}_{n\in\mathbb{N}} \subset \mathfrak{M}^+$ vérifie $\delta'_n \uparrow \delta'$ alors $\{U_{\delta'_n}, \delta''\}_{n\in\mathbb{N}}$ converge pour la topologie $s(\mathfrak{M},\mathfrak{M}_*)$ vers $U_{\delta'}, \delta''$ pour tout $\delta'' \in \mathfrak{M}$ car le produit est continu pour cette topologie en chaque variable simultanément sur les parties bornées de $\mathfrak{M}$ (cf. ALFSEN-SHULTZ-STØRMER [1] lem. 4.1.). Puisque $\delta_{n,m} \uparrow_m |\delta_n| \uparrow_n |\delta|$, la semi-continuité de τ pour la topologie $\sigma(\mathfrak{M},\mathfrak{M}_*)$ (cf.(2)) et (5) impliquent

$$\tau(U_\delta \delta'^{(2)}) = \tau(U_{|\delta|}\delta'^{(2)}) \leq \underline{\lim}_n \tau(U_{|\delta_n|}\, \delta'^{(2)}) \leq \underline{\lim}_n \underline{\lim}_m \tau(U_{\delta_{n,m}}\, \delta'^{(2)}) \leq \tau(U_{\delta'}, \delta^{(2)})$$

Par symétrie on a $\tau(U_\delta\, \delta'^{(2)}) = \tau(U_{\delta'}, \delta^{(2)})$. □

Il est possible de généraliser III.6.4. de la façon suivante : On dira que le treillis orthomodulaire $\mathfrak{F}(H^+)$ (I.1.18) est <u>localement modulaire</u> s'il existe une face $F \in \mathfrak{F}(H^+)$ telle que $\mathfrak{F}(F)$ (cf. II.1.6.) est un treillis modulaire et qui soit fidèle au sens ou la plus petite face décomposante (I.3.0.) de H^+ telle que $F \cap G = F$ est égale à H^+ c'est-à-dire le support central de δ_F est égal à $\mathbb{1}$. (Voir MAEDA-MAEDA [1] Rem. 35.16 pour des définitions équivalentes).

<u>IV.1.12. COROLLAIRE</u> : <u>Soit H^+ un cône autopolaire facialement homogène. Le treillis $\mathfrak{F}(H^+)$ est localement modulaire si et seulement si H^+ possède une trace s-normale semi-finie et fidèle.</u>

<u>Preuve</u> : D'après TOPPING [1] th. 13, III.6.1., IV.1.11. (et V.1.5.), une condition suffisante pour que $\mathfrak{F}(H^+)$ soit localement modulaire est que H^+ possède une trace ayant les propriétés énoncées. On verra que cette condition est suffisante en V.6.6. □

<u>IV.1.13. REMARQUE</u> : Il est possible de définir une trace directement sur le treillis orthomodulaire $\mathfrak{F}(H^+)$ en suivant la démarche de HOLLAND [2] . Soit m l'application de $\mathfrak{F}(H^+)$ dans $[0,\infty]$ telle que $m(0) = 0$ et $m(\bigvee_\alpha F_\alpha) = \sum m(F_\alpha)$ pour toute famille $\{F_\alpha\}_\alpha$ telle que $F_\alpha \subset \bigwedge_{\beta\neq\alpha} F_\beta^\perp$. m est une mesure qui

devient une trace si m(F) = m(G) lorsque F et G sont équivalentes c'est-à-dire lorsque δ_F et δ_G sont des idempotents équivalents de $\mathcal{M}$ (cf. introduction de III.6.). Dans le cas $\mathfrak{F}(H^+)$ localement modulaire, le résultat précédent assure l'existence de traces non triviales sur $\mathfrak{F}(H^+)$. Dans le même esprit, on peut obtenir un théorème de RADON-NIKODYM entre deux traces. On sait par exemple que si ϕ et ϕ' sont deux traces normales semi-finies fidèles sur une algèbre de von Neumann M, il existe un opérateur z (non borné en général) affilié au centre tel que $\phi'(x) = \phi(xz)$ pour tout x dans M^+ (cf. V.5.14.). Il faut donc définir l'analogue d'un produit dans $\mathfrak{F}(H^+)$. Ceci se fait de la façon suivante :
Soit $S\,\mathfrak{F}(H^+)$ l'ensemble des familles spectrales $\{F_\alpha\}_{\alpha\in\mathbb{R}^+}$ de $\mathfrak{F}(H^+)$ (II.2.4.).
On peut plonger $\mathfrak{F}(H^+)$ dans $S\,\mathfrak{F}(H^+)$ par l'application :

$$F \longrightarrow \left\{\{F_\alpha\}_\alpha \;/ F_\alpha = F^\perp \text{ si } 0\leqslant\alpha<1 \text{ et } F_\alpha = H^+ \text{ si } \alpha \geqslant 1\right\}$$

$\mathfrak{F}(H^+)$ est alors un sous-ensemble ordonné de $S\,\mathfrak{F}(H^+)$ pour la relation d'ordre

$$\{F_\alpha\}_{\alpha\in\mathbb{R}^+} \preccurlyeq \{G_\alpha\}_{\alpha\in\mathbb{R}^+} \Leftrightarrow F_\alpha \subset G_\alpha,\ \forall\alpha\in\mathbb{R}^+.$$

Si $F \in \mathfrak{F}(H^+)$ et $\{G_\alpha\}_{\alpha\in\mathbb{R}^+} \in S\,\mathfrak{F}(H^+)$ sont tels que F et G_α commutent $\forall\alpha$, c'est-à-dire $[P_F, P_{G_\alpha}] = 0$ $\forall\alpha$ (I.1.19), on définit
$F.\{G_\alpha\}_{\alpha\in\mathbb{R}^+} = \{F^\perp \vee G_\alpha\}_{\alpha\in\mathbb{R}^+} \in S\,\mathfrak{F}(H^+)$. On peut étendre une mesure semi-finie m sur $\mathfrak{F}(H^+)$ en une application monotone sur $S\,\mathfrak{F}(H^+)$ notée encore m et définie par $m(\{F_\alpha\}_\alpha) = \lim_{\varepsilon\downarrow 0} \int_0^\infty \lambda \, dm(F_\lambda \wedge F_\varepsilon^{\perp})$. Le théorème 18 de HOLLAND [2] implique que deux traces semi-finies fidèles m et n sur $\mathfrak{F}(H^+)$ sont reliées par $\{F_\alpha\}_{\alpha\in\mathbb{R}^+} \in S\,\mathfrak{F}(H^+)$ où les F_α sont des faces décomposantes de H^+, dans la formule $m(G) = n(G.\{F_\alpha\}_\alpha)$ $\forall G\in\mathfrak{F}(H^+)$.

IV.2 - TRACES FINIES

On montre dans ce paragraphe l'équivalence entre trace finie et vecteur trace (I.4.6). De plus le théorème principal du paragraphe précédent (IV.1.7) devient plus simple (cf. IV.2.5).

IV.2.1 THEOREME : Soit H^+ un cône autopolaire facialement homogène

i) Si ϕ est une trace finie sur H^+, alors il existe un vecteur trace ξ_o dans H^+ tel que $\phi = \langle \xi_o , . \rangle$.

ii) Si $\xi_o \in H^+$,
on a l'équivalence des conditions suivantes :

1°) ξ_o est un vecteur trace.
2°) $\delta\xi_o = \delta^*\xi_o \quad \forall \delta \in D(H^+)$.
3°) $[\delta,\delta']\xi_o = 0 \quad \forall \delta,\delta' \in \mathfrak{M}$.
4°) $[N_F,N_G]\xi_o = 0 \quad \forall F,G \in \mathfrak{F}(H^+)$.
5°) $N_F^2\,\xi_o = \xi_o \quad \forall F \in \mathfrak{F}(H^+)$.
6°) $\delta\circ\delta'\xi_o = \delta\,\delta'\xi_o \quad \forall \delta,\delta' \in \mathfrak{M}$.
7°) $P_F\,\xi_o \leqslant \xi_o \quad \forall F \in \mathfrak{F}(H^+)$.
8°) ω_ξ est une trace finie sur la J.B.W algèbre $\mathfrak{M}$ (cf. V.1.1.).

Preuve : i) ϕ étant une application linéaire et positive est continue (cf. SCHAEFER [1] p. 228) et il existe $\xi \in H$ tel que $\phi(\eta) = \langle \xi,\eta \rangle, \forall \eta \in H$.
Il est clair que ξ est dans H^+ et ξ est un vecteur trace d'après ce qui suit et IV.1.4.

ii) La démonstration suit le diagramme suivant :

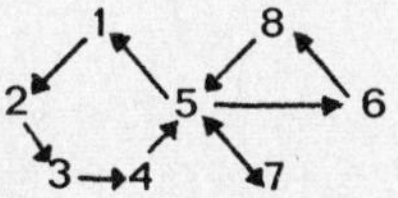

1°) $\Longrightarrow$ 2°) car $\delta - \delta^* \in D(H^+)$ et $e^{t(\delta-\delta^*)} \in S(H^+) \quad \forall\, t \in \mathbb{R}$ (I.2.8.)
Les implications 2°) $\Longrightarrow$ 3°) $\Longrightarrow$ 4°) sont immédiates.

4°) $\Longrightarrow$ 5°) : Si $F,G \in \mathfrak{F}(H^+)$ alors $N_F[N_F,N_G]\xi_o = N_F^2\,N_G(\mathbb{1}-N_F^2)\xi_o$ d'après II.1.8. Donc si $\eta = (\mathbb{1}-N_F^2)\xi_o$ et $G = \langle\eta^+\rangle^{\perp\perp}$, le 4°) implique
$0 = N_F^2\,N_G(\mathbb{1}-N_F^2)\xi_o = N_F^2(\eta^+ + \eta^-)$ et $\eta^+ + \eta^- \in F \cap F^\perp = \{0\}$ d'où $\eta = 0$ et $\xi_o = N_F^2\,\xi_o$.

5°) $\Longrightarrow$ 1°) : Si $K^+ = \bigcap_{F\in\mathfrak{F}(H^+)} F \oplus F^\perp$, $\xi_o \in K^+$ et pour $U \in S(H^+)$ on a $U\xi_o = \xi_o$ d'après II.1.15.

5°) $\Longrightarrow$ 7°) résulte du fait que $P_F H^+ \subset H^+$.

7°) $\Longrightarrow$ 5°) Puisque $(\mathbb{1}-P_F)\xi_o \in F^\perp$, $(\mathbb{1}-P_F)\xi_o = P_{F^\perp}(\mathbb{1}-P_F)\xi_o = P_{F^\perp}\xi_o$ et $\xi_o = N_F^2\,\xi_o$.

5°) $\Longrightarrow$ 6°) Si $F, G \in \mathfrak{F}(H^+)$ alors d'après III.1.1 et III.2.1

$$(\delta_F \circ \delta_G)\xi_o = (\delta_F \circ \delta_G)\, N_F^2 \xi_o = 1/2[\delta_G + \mathcal{P}_F(\delta_G) - \mathcal{P}_{F^\perp}(\delta_G)]\, N_F^2\, \xi_o$$
$$= 1/2(\delta_G \xi_o + P_F \delta_G P_F \xi_o - P_{F^\perp} \delta_G P_{F^\perp} \xi_o)$$
$$= 1/2(\delta_G \xi_o + N_F \delta_G N_F^2 \xi_o) \quad (I.2.4)$$
$$= 1/2(\delta_G \xi_o + N_F \delta_G \xi_o)$$
$$= \delta_F\, \delta_G\, \xi_o$$

Le produit bilinéaire $\circ$ étant conjointement continu en chaque variable, le théorème spectral II.2.4 permet de conclure .

6°) $\Longrightarrow$ 8°) Si $\delta_i \in \mathfrak{M}$, $\omega_{\xi_o}(\delta_1 \circ (\delta_2 \circ \delta_3)) = \langle (\delta_2 \circ \delta_3)\xi_o, \delta_1\, \xi_o \rangle$
$$= \langle \delta_3 \xi_o, \delta_2\, \delta_1 \xi_o \rangle$$
$$= \omega_{\xi_o}((\delta_1 \circ \delta_2) \circ \delta_3)$$

et ω_{ξ_o} est une trace sur $\mathfrak{M}$.

8°) $\Longrightarrow$ 5°) Le fait que ω_{ξ_o} soit une trace entraine que si F est une face, $\omega_{\xi_o}(\delta) = \omega_{\xi_o}(U_{2\delta_F - \mathbb{1}}\delta) = \omega_{U_F \xi_o}(\delta)$ (III.2.1, III.2.2). Donc $\xi_o = U_F \xi_o$ (III.5.1) et $\xi_o = N_F^2 \xi_o$. □

Il est à noter que dans l'exemple I.1.11 2°/ b), le vecteur (o,o,1) est invariant par N_F^2 pour toute face F bien que ce cône ne soit pas facialement homogène si $\mathcal{C}_1$ n'est pas un cercle (II.1.12).
Le corollaire suivant est à rapprocher de ALFSEN-SHULTZ [1] th. 12.7 .

IV.2.2 COROLLAIRE : Soit H^+ un cône autopolaire facialement homogène de type fini et dénombrable donc possédant une base B (I.1.9). L'ensemble des vecteurs traces de H^+ dans B est un simplexe linéairement compact.

Preuve : D'après II.1.14, l'ordre induit par $K^+ = \bigcap_{F \in \mathfrak{F}(H^+)} F \oplus F^\perp$ sur $K = K^+ - K^+$ fait de K un treillis. Puisque $B \cap K^+$ est une base de K^+, c'est un simplexe linéairement compact (cf. PERESSINI [1] prop. 3.11 page 30) qui coïncide avec les vecteurs traces de H^+ dans B d'après le théorème précédent. □

Le résultat suivant est une extension de HAAGERUP-SKAU [1] cor. 1.3 .
IV.2.3 PROPOSITION : Soient H^+ un cône autopolaire facialement homogène et $\xi \in H^+$.
i) Si $F \in \mathrm{Fac}(H^+)$, $\delta_F \xi \in H^+$ si et seulement si $\xi = N_F^2 \xi$.
ii) $[o, \xi] = \{\delta\xi / \delta \in \mathfrak{M},\ o \leq \delta \leq \mathbb{1}\}$ est équivalent à ξ vecteur trace. Les points extremaux de $[o, \xi_o]$ sont alors de la forme $P_F\, \xi_o$ où $F \in \mathfrak{F}(H^+)$.

Preuve : i) Soit $F \in Fac(H^+)$ telle que $\delta_F \xi \in H^+$. Puisque $(\mathbb{1}-N_F^2)\delta_F = 1/2(\mathbb{1}-N_F^2)$ et $P_{F^\perp}\delta_F = 0$ on a d'après II.1.11

$$\| (\mathbb{1}-N_F^2)\xi \|^2 = 2 <(\mathbb{1}-N_F^2)\xi , \delta_F\xi> \leq 4 <P_F\xi , \delta_F\xi>^{1/2} <P_{F^\perp}\xi , \delta_F\xi>^{1/2} = 0 \quad .$$

ii) D'après II.1.18 on a $[o,\xi] \subset \{\delta\xi \ / \ \delta \in \mathfrak{M} \ , \ 0 \leq \delta \leq \mathbb{1}\}$. Si on a l'inclusion inverse alors $\delta_F \xi \in H^+$ pour toute face et ξ est vecteur trace d'après i) et IV.2.1.

Réciproquement soit ξ un vecteur trace alors d'après IV.2.1, $\delta_F\xi = P_F\xi$ et si $F \subset G$, $P_F\xi \leq \xi$ entraine $P_F\xi \leq P_G\xi$ (I.1.19). Le théorème spectral II.2.4 implique le résultat.

D'après II.2.7, $Ext[o,\xi_o] = \{\delta_F\xi_o = P_F\xi_o \ / \ F \in \mathcal{F}(H^+)\}$. □

Le résultat suivant détermine la structure d'ordre de l'espace vectoriel engendré par la face d'un vecteur trace via l'ordre naturel de $\mathfrak{M}$.

IV.2.4 THEOREME (JANSSEN [2], BÖS [3]) : Soit H^+ un cône autopolaire facialement homogène possédant un vecteur trace quasi-intérieur ξ_o. Alors l'application $\delta \in \mathfrak{M} \to \delta\xi_o$ est un isomorphisme d'ordre de $\mathfrak{M}$ sur $<\xi_o> - <\xi_o>$.

Preuve : Cette application est injective d'après II.1.5 et surjective d'après IV.2.3 car elle conserve l'ordre, donc $0 \leq \delta\xi \leq \|\delta\| \xi$ si $\delta \in \mathfrak{M}^+$. □

REMARQUE : Soient H^+ un cône autopolaire facialement homogène et $K^+ = \bigcap_{F \in \mathcal{F}(H^+)} F \oplus F^\perp$. Alors $<K^+>^{\perp\perp}$ est une face décomposante de H^+(II.1.14). Si ξ est un vecteur trace de H^+, $P_{<\xi>} \in Z_{H^+}$ car $P_G<\xi> \subset <\xi>$ pour toute face G (IV.2.1). En particulier si H^+ est indécomposable, ou bien il n'y a pas de vecteur trace ou bien un vecteur trace non nul est un quasi-intérieur. $<K^+>^\perp$ est la plus grande face sans trace. Donc il existe des cônes autopolaires facialement homogènes de type fini dénombrable mais sans vecteur trace quasi-intérieur. Il suffit de faire la somme directe de deux cônes de type dénombrable dont l'un possède un vecteur trace quasi-intérieur et l'autre ne possède pas de vecteur trace.

L'intégration de RIESZ et NAGY [1] usuelle que l'on a utilisée en IV.1.7 permet d'obtenir un théorème spectral pour H^+.

IV.2.5 COROLLAIRE : Soit H^+ un cône autopolaire facialement homogène muni d'un vecteur trace quasi-intérieur ξ_o. Pour chaque ξ dans H il existe une unique famille $\{F(\lambda)\}_{\lambda \in \mathbb{R}} \subset \mathcal{F}(H^+)$

associée à ξ telle que $\xi_\lambda = P_{F(\lambda)}\,\xi_o$ soit un point extremal dans $[o,\xi_o]$ et cette famille soit spectrale i.e :

* $\xi_\lambda \leqslant \xi_\mu$ si $\lambda \leqslant \mu$.
* $\xi_\lambda = \lim\limits_{\varepsilon \downarrow o} \xi_{\lambda+\varepsilon}$.
* $\lim\limits_{\lambda\to-\infty} \xi_\lambda = 0$ et $\lim\limits_{\lambda\to+\infty} \xi_\lambda = \xi_o$.
* Si $\lambda\xi_o \leqslant \xi \leqslant \mu\xi_o$ alors $\xi_\lambda = \xi_{\mu+\varepsilon} = 0$ si $\varepsilon \in \mathbb{R}^+ -\{o\}$.
* $\xi = \int_{-\infty}^{+\infty} \lambda d\xi_\lambda$.

Preuve : Elle résulte de IV.1.7, IV.2.3 et du fait que $\delta_{F(\lambda)}\xi_o = P_{F(\lambda)}\xi_o$ (IV.2.1).□

IV.2.6 COROLLAIRE : (JANSSEN [2]) Mêmes hypothèses que IV.2.5.

Le sous-groupe stationnaire de ξ_o dans $GL(H^+) \cap \mathcal{Z}_{H^+}'$ est $S(H^+)$.

Preuve : Soit $A \in GL(H^+) \cap Z'_{H^+}$. Puisque $A = U\,e^\delta$ où $U \in \mathcal{U}(H^+) \cap Z_{H^+}' = S(H^+)$ et $\delta \in \mathfrak{M}^+$ (II.3.2) les égalités $\xi_o = A\xi_o = e^\delta \xi_o$ entrainent $\delta\xi_o = 0$, $\delta = 0$ (II.1.5). Donc $A = U \in S(H^+)$. □

IV.2.7 REMARQUES : * Si $\xi \in \langle\xi_o\rangle - \langle\xi_o\rangle$ alors on peut déduire ce résultat de la théorie spectrale (II.2.4) car $\xi = \delta\xi_o$ d'après IV.2.4 et donc $\xi = \int \lambda d\delta_{F(\lambda)}\xi_o = \int \lambda dP_{F(\lambda)}\xi_o$.

* Si $\xi = \int_{-\infty}^{+\infty}\lambda\, dP_{F(\lambda)}\xi_o$ alors il est clair que $\{P_{F(\lambda)}\}_{\lambda\in\mathbb{R}}$ et $\{\mathbb{1}-P_{F(\lambda)}\}_\lambda$ sont deux familles spectrales d'opérateurs qui commutent et $T(\xi) = \int_{-\infty}^{+\infty} \lambda dP_{F(\lambda)}$ est un opérateur (éventuellement non borné) selfadjoint.

* Certains cônes autopolaires H^+ ne possèdent pas de vecteur trace mais on peut penser que pour tout vecteur ξ de H^+ il existe une face F non triviale telle que $\xi = N_F{}^2\xi$. En fait il n'en est rien : cf. VI.2.6.

IV.2.8 COROLLAIRE : Mêmes hypothèses que IV.2.5. Soit $\xi = \int_o^\infty \lambda dP_{F(\lambda)}\xi_o \in H^+$.

i) ξ est un quasi-intérieur si et seulement si $T(\xi)$ est injectif.

ii) ξ est un vecteur trace de H^+ si et seulement si $T(\xi)$ est affilié à Z_{H^+}.

iii) Supposons que ξ soit quasi-intérieur.

* $S(\xi) \equiv \int_{\mathbb{R}^+\times\mathbb{R}^+} \sqrt{\lambda\,\mu}\; dP_{F(\lambda)}(\mathbb{1}-P_{F(\mu)^\perp})$ est un opérateur (éventuellement non borné) qui conserve l'ordre et vérifie $S(\xi)\,\xi_o = \xi$.

| * Si $\xi = \delta\xi_o$ alors $S(\xi) = P(\delta)^{1/2}$ (cf. III.4.1) .
| * $H^+ = \overline{\{P(\delta)\xi_o \ / \ \delta \in \mathfrak{M}^+\}}$.

Preuve : i) Si ξ est un quasi-intérieur de la forme $\int \lambda d\delta_{F(\lambda)}\xi_o$ et $P_{F(o)} = \bigwedge_{\lambda \downarrow o} P_{F(\lambda)} = \underset{\lambda\downarrow o}{s\text{-lim}}\, P_{F(\lambda)}$ alors $P_{F(o)}$ est un projecteur de $L(H^+)$ tel que $P_{F(o)}\xi = 0$ car $0 \leqslant P_{F(\lambda)}\xi \leqslant \lambda\, P_{F(\lambda)}\xi_o \leqslant \lambda\xi_o$ (on a $P_{F(\lambda)^\perp}(\lambda\xi_o - \xi) \geqslant 0$ cf. preuve de IV.1.6) donc $P_{F(o)} = 0$. Réciproquement si $0 \neq \eta \in \langle\xi\rangle^\perp$ alors $0 = \langle\xi,\eta\rangle = \langle\xi_o, T(\xi)\eta\rangle$ et $T(\xi)\eta = 0$

ii) Si $T(\xi)$ est affilié à Z_{H^+} (i.e. : ses projecteurs spectraux sont dans Z_{H^+}) alors $N_F^2\xi = N_F^2\, T(\xi)\xi_o = T(\xi)\, N_F^2\,\xi_o = T(\xi)\xi_o = \xi$ d'après IV.2.1 et I.2.7 c'est à dire ξ est vecteur trace.
Réciproquement, si ξ est un vecteur trace de H^+ on a $U_F\xi = \xi$ pour $F \in \mathfrak{F}(H^+)$.
Puisque $\xi = \int_o^\infty \lambda dP_{F(\lambda)}\xi_o$, l'unicité de cette décomposition implique $U_F\, P_{F(\lambda)} U_F = P_{F(\lambda)}$ c'est à dire $P_{F(\lambda)}\, U_F\, P_{F(\lambda)^\perp} = 0$. On déduit de I.2.2 que $0 = P_{F(\lambda)}\, P_F\, P_{F(\lambda)^\perp} = P_{F(\lambda)}\, P_{F^\perp}\, P_{F(\lambda)^\perp}$ donc $P_F\, P_{F(\lambda)^\perp} = P_{F(\lambda)^\perp}\, P_F\, P_{F(\lambda)^\perp}$ et $[P_F, P_{F(\lambda)^\perp}] = 0$. D'après I.2.2 et I.2.7, $P_{F(\lambda)} \in Z_{H^+}\ \forall\lambda$ et $T(\xi)$ est affilié à Z_{H^+}.

iii) Soit $S(\xi) = \int_{\mathbb{R}^+ \times \mathbb{R}^+} \sqrt{\lambda\mu}\; dP_{F(\lambda)}(\mathbb{1} - P_{F(\mu)^\perp})$. On vérifie que $S(\xi)\xi_o = \xi$ puisque ξ_o est un vecteur trace (IV.2.1) et $S(\xi) = e^{2\int_{\mathbb{R}^+} \log\lambda\; d^o\delta_{F\lambda}}$ conserve l'ordre.
Si $\xi = \delta\xi_o$ alors puisque $P(\delta) = \int \lambda\mu\; dP_{F(\lambda)}(\mathbb{1} - P_{F(\mu)^\perp})$, on a $P(\delta)^{1/2} = S(\xi)$.
Si $\xi \in \langle\xi_o\rangle$ alors $\xi = \delta\xi_o$ où $\delta \in \mathfrak{M}^+$ (cf. II.1.18 ou IV.2.5) et $\xi = P(\overset{o}{\delta}{}^{1/2})\,\xi$.
Puisque ξ_o est vecteur trace, $\overline{\{P(\delta)\xi_o \ / \ \delta \in \mathfrak{M}^+\}} = \overline{\{(\delta\circ\delta)\xi_o \ / \ \delta \in \mathfrak{M}^+\}} = \overline{\langle\xi_o\rangle} = H^+$ (IV.2.4) . □

Pour tout vecteur $\xi = \int_o^\infty \lambda d\delta_{F(\lambda)}\xi_o$ de H^+ (IV.2.5), on définit
$R(\xi) = 1/2 \int_{\mathbb{R}^+ \times \mathbb{R}^+} \left(\sqrt{\frac{\lambda}{\mu}} + \sqrt{\frac{\mu}{\lambda}}\right) d[P_{F(\lambda)}(\mathbb{1} - P_{F(\mu)^\perp})]$. L'opérateur $R(\xi)$ (éventuellement non borné) est selfadjoint donc son domaine $DR(\xi)$ est dense dans H.
On peut généraliser IV.2.4 sous la forme suivante.

IV.2.9 THEOREME : Soit H^+ un cône autopolaire facialement homogène possédant un vecteur trace quasi-intérieur ξ_o. Alors pour tout quasi-intérieur ξ de H^+ l'application :
$\delta \in \mathfrak{M} \longrightarrow S(\xi)\delta\xi_o = R(\xi)^{-1}\delta\xi$ est un isomorphisme d'ordre de $\mathfrak{M}$ sur $\langle\xi\rangle - \langle\xi\rangle$.

Preuve : Pour tout $n \in \mathbb{N}$ on a $R(\xi)\, S(\xi)\, P_{F(n)} = P_{F(n)}\delta_n$ où $\delta_n = 1/2 \int_0^n \lambda d\delta_{F(\lambda)}$.

Donc si $\delta \in \mathfrak{M}$,

$R(\xi)\ S(\xi)\ (P_{F(n)}\ \delta\xi_o) = P_{F(n)}\ \delta_n\ \delta\xi_o = P_{F(n)}\ \delta\ \delta_n\ \xi_o$ (IV.2.1).

Puisque $P_{F(n)}$ converge fortement vers $\mathbb{1}$ quand n tend vers l'infini, $P_{F(n)}\delta\ \delta_n\ \xi_o$ converge vers $\delta\xi$. L'opérateur $R(\xi)\ S(\xi)$ étant fermé, $\delta\xi_o$ est dans son domaine et $R(\xi)\ S(\xi)\ (\delta\xi_o) = \delta\xi$. L'opérateur $R(\xi)$ étant selfadjoint et à image dense car ξ est quasi-intérieur (II.1.5), est injectif. Pour terminer la preuve on utilise le résultat suivant.

IV.2.10 LEMME : Mêmes hypothèses que IV.2.9.

Pour tout η dans H^+ et δ dans $\mathfrak{M}^+$, $\delta\xi_o$ est dans le domaine de $S(\eta)$ et $\| S(\eta)\delta\xi_o\| = \| P(\mathring{\delta}^{1/2})\eta\|$.

Preuve : On rappelle que $P(\delta) = P(\mathring{\delta}^{1/2})^2$ si $\delta \in \mathfrak{M}^+$ (III.4.4).

Si $\eta = \lim_n \delta_n\ \xi_o$ où $\delta_n = \int_o^n \lambda d\delta_{F(\lambda)} \in \mathfrak{M}^+$ (IV.2.4) et $\delta \in \mathfrak{M}^+$ alors

$$\int_o^\infty \alpha\beta\ d <P_{F(\alpha)}(\mathbb{1}-P_{F(\beta)^\perp})\ \delta\xi_o,\ \delta\xi_o> \ = \lim_n <P(\delta_n)\ \delta\xi_o,\ \delta\xi_o>.$$

Montrons que $<P(\delta_n)\ \delta\xi_o,\ \delta\xi_o> = <P(\delta)\ \delta_n\xi_o,\ \delta_n\xi_o>$ ce qui implique le résultat :

En utilisant IV.2.1 on a

$$\begin{aligned}<P(\delta_n)\ \delta\xi_o,\ \delta\xi_o> &= 2 <\delta_n^2\ \delta\xi_o,\ \delta\xi_o> - <\delta_n^{\circ 2}\ \delta\xi_o,\ \delta\xi_o> \\ &= 2 <\delta_n\ \delta\xi_o,\ \delta_n\delta\xi_o> - <\delta\ \delta_n^{\circ 2}\ \xi_o,\ \delta\xi_o> \\ &= 2 <(\delta_n\circ\delta)\xi_o,\ (\delta_n\circ\delta)\xi_o> - <\delta_n^{\circ 2}\xi_o,\ \delta^{\circ 2}\xi_o>\end{aligned}$$

La symétrie en δ et δ_n de cette expression entraine l'égalité cherchée. □

Fin de la preuve de IV.2.9 : On a montré que $S(\xi)\delta\xi_o = R(\xi)^{-1}\delta\xi$ car $S(\xi)\delta\xi_o$ est dans le domaine de $R(\xi)$. Donc l'application : $\delta \in \mathfrak{M} \longrightarrow S(\xi)\delta\xi_o$ est injective car ξ est un quasi-intérieur. Elle applique $\mathfrak{M}$ dans $<\xi> - <\xi>$ puisque $\delta\xi_o \in <\xi_o> - <\xi_o>$ (IV.2.4), $S(\xi)\xi_o = \xi$ et $S(\xi)$ conserve l'ordre (IV.2.8).

Il reste à montrer qu'elle est surjective : Soit $\eta \in H$ tel que $0 \leqslant \eta \leqslant \xi$.

Vérifions que η est dans le domaine de l'opérateur selfadjoint

$S(\xi)^{-1} = \int \frac{1}{\sqrt{\alpha\beta}}\ d[P_{F(\alpha)}(\mathbb{1}-P_{F(\beta)^\perp})]$. En fait

$$\begin{aligned}\int \frac{1}{\alpha\beta}\ d <P_{F(\alpha)}(\mathbb{1}-P_{F(\beta)^\perp})\eta,\ \eta> &= \lim_n <e^{\int_{1/n}^n \log\frac{1}{\alpha}\, dP_{F(\alpha)} + \int_{1/n}^n \log\frac{1}{\beta}\, d(\mathbb{1}-P_{F(\beta)^\perp})}\ \eta,\ \eta> \\ &= \lim_n <e^{\delta_n}\ \eta,\eta> \text{ où } \delta_n = 2\int_{1/n}^n \log\frac{1}{\lambda}\, d\delta_{F(\lambda)} \\ &\leqslant \lim_n <e^{\delta_n}\ \xi,\ \xi> \\ &\leqslant \lim_n <S(\xi)\ e^{\delta_n}\ S(\xi)\ \xi_o,\ \xi_o> \\ &\leqslant \|\xi_o\|^2\end{aligned}$$

Donc $0 \leqslant S(\xi)^{-1}\, \eta \leqslant S(\xi)^{-1}\, \xi = \xi_o$ et d'après IV.2.4, il existe $\delta \in \mathfrak{M}^+$ tel que $S(\xi)^{-1}\, \eta = \delta\xi_o$. D'où $\eta = S(\xi)\, \delta\xi_o$. □

IV.3 - HOMOGÉNÉITÉ FACIALE ET TOPOLOGIQUE

IV.3.1. Un cône autopolaire H^+ dans un espace de dimension finie est dit transitivement homogène si $GL(H^+)$ agit de façon transitive sur l'intérieur du cône. Cette notion a été intensivement étudiée : KOECHER [1],[2],[3], HERTNECK [1], ROTHAUS [1],[2], VINBERG [1],[2], DORFMEISTER [1],[2],[3], KOSZUL [1], SATAKE [1]. Ces travaux ont montré que ces cônes sont en correspondance avec les algèbres de Jordan formelles réelles. Rappelons que ce sont des algèbres dont le produit satisfait à $a(a^2b) = a^2(ab)$ (Règle de Jordan) et tellesque si $\sum_{i=1}^{n} a_i^2 = 0$ alors $a_i = 0$ (formelle réelle). Ces algèbres classifiées par JORDAN-von NEUMANN-WIGNER [1] sont,si on les suppose irréductibles,du type $M_n(A)_{s.a.}$ où $A = \mathbb{R}$, $\mathbb{C}$, $\mathbb{K}$, et $\mathbb{O}$ pour $n = 3$ ou du type facteur de spins (cf. Appendice 2) ce qui implique que les seuls cônes indécomposables de dimension finie qui sont autopolaires et transitivement homogènes sont du type $M_n(A)^+_{s.a.}$ où $A = \mathbb{R}$, $\mathbb{C}$, $\mathbb{H}$, $M_3(\mathbb{O})^+$ et $V_n^+ = \{x = (x_0,\dots, x_{n-1}) \in \mathbb{R}^n \ / \ x_0 \geq (\sum_{i=1}^{n-1} x_i^2)^{1/2}\}$ (cf. **I.1.11**).

IV.3.2 PROPOSITION : Les cônes autopolaires $M_n(A)^+_{s.a.}$ où $A = \mathbb{R}$, $\mathbb{C}$, $\mathbb{H}$, $M_3(\mathbb{O})^+$ et V_n^+ sont facialement homogènes.

Preuve : D'après II.1.2 il reste seulement le cas de V_n^+. Les faces de V_n^+ sont unidimensionnelles et engendrées par des vecteurs $x \in \mathbb{R}^n$ t.q. $x_0^2 = \sum_{i=1}^{n-1} x_i^2$.
Si $x = (x_0, \vec{x})$, $y = (y_0, \vec{y})$ sont deux vecteurs normalisés de ce type on a

$$N_x = 2^{-1/2} \begin{bmatrix} 0 & x \\ x^t & 0 \end{bmatrix} \quad \text{et } P_y N_x P_{y^\perp} = 2^{-1/2} \begin{bmatrix} 1/2 & 2^{-1/2}y \\ 2^{-1/2}y^t & 2^{-1}P_{\vec{y}} \end{bmatrix} \begin{bmatrix} 0 & x \\ x^t & 0 \end{bmatrix} \begin{bmatrix} 1/2 & -2^{-1/2}y \\ -2^{-1/2}y^t & 2^{-1}P_{\vec{y}} \end{bmatrix} = 0$$

où $P_{\vec{y}} = 2|y\rangle\langle y|$.
Donc V_n^+ est facialement homogène d'après II.1.8. □

IV.3.3 : Toujours dans le cadre de la dimension finie, AJLANI [1] a montré qu'un cône autopolaire facialement homogène possédant un vecteur trace (au sens où $N_F^2\xi_0 = \xi_0$ cf. IV.2.1.) est transitivement homogène. Bien entendu en dimension infinie un cône autopolaire peut être d'intérieur topologique vide. D'où la

DEFINITION : Un cône autopolaire H^+ est dit topologiquement homogène s'il existe un ξ dans H^+ tel que $H^+ = \overline{GL(H^+)\xi}$.

Il est à noter que JANSSEN [2] a aussi étudié une notion équivalente pour caractériser les algèbres de Jordan formelles réelles de dimension infinie.

IV.3.4 REMARQUE : En dimension finie, un cône autopolaire H^+ est topologiquement homogène s'il est transitivement homogène. En effet soit ξ_o un vecteur trace quasi-intérieur de H^+ (I.2.10). ξ_o étant une unité d'ordre faible, on a $\overline{<\xi_o>} = H^+$ (I.1.15). D'après II.3.2 et IV.2.4 on a

$$\overline{GL(H^+)\,\xi_o} = \overline{\{P(\delta)\,U\,\xi_o \;/\; \delta \in (\mathfrak{M}^+)^{-1}\}} = \{(\delta_\circ\delta)\xi_o \;/\; \delta \in \mathfrak{M}^+\} = \{\delta\xi_o \;/\; \delta \in \mathfrak{M}^+\} = \overline{<\xi_o>} = H^+.$$

IV.3.5 LEMME : Un cône autopolaire facialement homogène qui possède un vecteur trace quasi-intérieur est topologiquement homogène.

Preuve : Soient H^+ un tel cône et ξ_o le vecteur trace. D'après IV.2.4 et III.4.8

on a $H^+ = \overline{\{P(\delta)\xi_o \;/\; \delta \in \mathfrak{M}^+\}} = \overline{\{P(\delta)\xi_o \;/\; \delta \in (\mathfrak{M}^+)^{-1}\}} = \overline{\{A\xi_o \;/\; A \in GL(H^+)\}}$. □

IV.3.6 REMARQUE : Dans le cas précédent si $\xi, \eta \in E_{\xi_o} = \bigcup_{n \in \mathbb{N}-\{o\}} [\frac{1}{n}\,\xi_o, n\xi_o]$ alors d'après IV.2.5 $\xi = \delta\xi_o$ et $\eta = \delta'\xi_o$ où $\delta, \delta' \in (\mathfrak{M}^+)^{-1}$. Puisque $\xi = P(\delta_1)\xi_o$ où $\delta_1 = \mathring{\delta}^{1/2}$ $\eta = P(\delta'_1)\xi_o$, $\xi = P(\delta_1)\,P(\delta'_1)^{-1}\eta$ et $P(\delta_1)\,P(\delta'_1)^{-1} \in GL(H^+)$ (III.4.8). $GL(H^+)$ est donc transitif sur E_{ξ_o} car $GL(H^+)E_{\xi_o} \subset E_{\xi_o}$. En effet si $A \in GL(H^+)$, $A = P(\delta)$ où $\delta \in (\mathfrak{M}^+)^{-1}$ donc $\delta = \int_a^b \lambda d\delta_{F(\lambda)}$ avec $o < a < b$ et $a\mathbb{1} \leqslant \delta \leqslant b\mathbb{1}$. Puisque $P(\delta)\xi_o = (\delta_\circ\delta)\xi_o$ alors pour chaque η tel que $\frac{1}{n}\,\xi_o \leqslant \eta \leqslant n\xi_o$ on a $\frac{1}{n}\,a^2\xi_o \leqslant A\eta \leqslant nb^2\,\xi_o$ (IV.2.4).

IV.3.7. MULHY-RENAULT [1], [2] ont étudié la C^* algèbre engendrée par les opérateurs de WIENER-HOPF associés à un cône autopolaire transitivement homogène (de dimension finie).

V - TRACES SUR LES J.B. ALGEBRES

Dans ce chapitre on s'intéresse aux traces sur les J.B. algèbres. Différentes définitions ont été données par PEDERSEN et STØRMER [1] mais il s'agit de traces finies. Ici on étend ces résultats aux traces semi-finies. Après quelques propriétés élémentaires montrant que l'algèbre "commute bien" sous la trace (V.1.2), on se restreint aux traces semi-continues inférieurement en norme ceci afin que l'idéal des éléments à traces soit invariant par l'opération module carré ce qui permet de définir une norme sur cet idéal (V.1.4). Avec une définition naturelle de semi-finitude (V.1.5) on peut décomposer toute J.B.W. algèbre en type fini, semi-fini, proprement infini, purement infini exactement comme dans le cas des algèbres de von Neumann (V.1.6). Plus généralement les propriétés sur ces traces se démontrent comme pour ces algèbres (V.1.7); d'ailleurs une J.B.-trace est une C^*-trace sur la partie selfadjointe d'une C^* algèbre (V.1.3) (Aussi on a indiqué les preuves simplement pour être complet). Quoiqu'il soit possible de faire le même travail d'intégration sur les états (th. de RADON-NIKODYM V.1.9) que celui de IV.1.7, il est cependant intéressant de faire la théorie des espaces $L^p(M, \phi)$, $p \in [1, \infty]$ d'une J.B.W. algèbre M avec trace ϕ. $L^p(M, \phi)$ devient isomorphe au dual de $L^q(M, \phi)$ si $\frac{1}{p}+\frac{1}{q} = 1$ (V.3.2.).En particulier $L^1(M, \phi)$ est identifié au prédual de M (noté alors $L^\infty(M, \phi)$) (V.2.2) et $L^2(M, \phi)$ est un espace de Hilbert qui va permettre de construire un cône. Après quelques considérations techniques consistant à montrer que l'idéal $M_\phi^{1/2}$ a un bon comportement sous la trace (V.4.1 et V.4.4), on construit H_ϕ^+,cône autopolaire naturel associé à M. Ce cône est la fermeture pour la norme hilbertienne de la partie positive de M (V.5.2). L'étude des faces du cône (V.5.6) montre qu'il existe un isomorphisme d'ordre entre les faces fermées du cône et les idempotents de l'algèbre (V.5.7). Cela permet de connaître toutes les dérivations selfadjointes (V.5.9) et de montrer que la J.B.W. algèbre construite sur ces dérivations est isomorphe à l'algèbre de départ (V.5.10) ce qui constitue une extension de BELLISSARD-IOCHUM [1]. Le prédual positif de l'algèbre devient homéomorphe au cône (V.5.11). Un théorème de RADON-NIKODYM entre deux traces (V.5.14) entraine que le cône est indépendant de la trace choisie à un unitaire près (V.6.2). Toutes les dérivations étant connues, on étend facilement certains résultats des chapitres précédents notamment le fait que les automorphismes de l'algèbre sont "implementés" par des unitaires conservant le cône et réciproquement que tout isomorphisme d'ordre de l'espace $L^2(M, \phi)$ correspond à un isomorphisme de l'algèbre (V.6.3). Il est de plus possible de construire une trace $\tilde{\phi}$ sur le cône H_ϕ^+ dont la trace associée sur l'algèbre des dérivations $D(H_\phi^+)_{s.a.}$ par IV.1.11 coïncide à un isomorphisme près avec la trace ϕ (V.6.6). En fait la suite des constructions $(M, \phi) \longrightarrow (H_\phi, H_\phi^+) \longrightarrow (H_\phi^+, \tilde{\phi}) \longrightarrow (D(H_\phi^+)_{s.a.}, \tau) \longrightarrow (M, \phi)$ est fonctorielle (V.5.1).

V.1 PROPRIÉTÉS GÉNÉRALES

V.1.0 NOTATIONS : Dans ce qui suit on considère une J.B. algèbre M avec identité $\mathbb{1}$ (Remarquer que cette restriction n'est pas essentielle d'après l'appendice 2). Le lecteur est renvoyé à ALFSEN-SHULTZ-STØRMER [1] et SHULTZ [1] pour toutes les définitions ou à l'appendice 2. On notera M^+ les éléments positifs de M et si $a, b \in M, L_a\, b = a\, b$. Le triple produit $U_a = 2L_a^2 - L_{a^2}$ joue un rôle essentiel car cette application conserve l'ordre et correspond à $U_a\, b = aba$ dans le cas des algèbres spéciales (ie : $L_a\, b = \frac{1}{2}(ab + ba)$). Le défaut d'associativité est mesuré par l'associateur $(a,b,c) = (ab)c - a(bc)$. Si $a \in M$, on notera $a^+ - a^-$ sa décomposition orthogonale dans M^+.

V.1.1 DEFINITION : Un poids ϕ sur M est une application de M^+ dans $[0, \infty]$ telle que :

i) $\phi(x + y) = \phi(x) + \phi(y)$

ii) $\phi(\lambda x) = \lambda\phi(x) \quad \forall \lambda \in \mathbb{R}^+$.

ϕ est : fidèle si $\phi(x) = 0$ implique $x=0$. Si $M_\phi^+ = \{x \in M^+ / \phi(x) < \infty\}$ alors ϕ est semi-fini quand $\phi(x) = \sup_{\{y \in M_\phi^+ / y \leqslant x\}} \phi(y)$ pour $x \in M^+$.

une trace si $\phi(U_x y^2) = \phi(U_y x^2) \quad \forall\, x,y \in M$.

Si M est une J.B.W. algèbre ϕ est normal quand pour chaque ensemble filtrant croissant $\{a_\alpha\}_\alpha$ de M^+ tel que $a_\alpha \uparrow a$ alors $\phi(a_\alpha) \uparrow \phi(a)$.

Le résultat suivant, bien que technique, sera constamment utilisé dans la suite car il montre que les éléments de l'algèbre "commutent bien" sous une trace.

V.1.2 PROPOSITION : Soit ϕ une trace sur la J.B. algèbre M, alors

i) $M_\phi^+ = \{x \in M^+ / \phi(x) < +\infty\}$ et $N_\phi^+ = \{x \in M^+ / \phi(x) = 0\}$ sont des faces de M^+.

ii) $M_\phi = M_\phi^+ - M_\phi^+$ et $M_\phi^{1/2} = \{x \in M / \phi(x^2) < \infty\}$ sont des J.B. idéaux de M tel que $M_\phi \subset M_\phi^{1/2}$, $M_\phi^{1/2} \times M_\phi^{1/2} = M_\phi$ et $M_\phi^{1/2}$ est engendré par la face $M_\phi^{1/2+} = M_\phi^{1/2} \cap M^+$. On a $M_\phi = \overline{M_\phi^{1/2}}$.

On note $\dot{\phi}$ l'unique extension linéaire de ϕ à M_ϕ.

iii) $\dot{\phi}(U_a\, x) = \dot{\phi}(a^2.x)$ où $a \in M$ et $x \in M_\phi$. En particulier si $a \in M^+$, $x \in M_\phi^+$, $\dot{\phi}(ax) \geqslant 0$.

iv) $\dot{\phi}\,(U_a\, x + U_b\, x) = \dot{\phi}\,(U_{(a^2+b^2)^{1/2}}\, x)$ où $a,b \in M$ et $x \in M_\phi$.

En particulier si e est un idempotent $\phi = \phi \circ U_e + \phi \circ U_{\mathbb{1}-e}$.

v) Si $x = x_1 - x_2$ où $x_i \in M_\phi^+$, l'application : $a \in M \to \dot{\phi}(ax)$ vérifie $|\dot{\phi}(ax)| \leq \|a\| \phi(x_1 + x_2)$ donc est dans M^*.

vi) $\dot{\phi}(a(xy)) = \dot{\phi}((ax)y) = \dot{\phi}(x(ay))$ où $a \in M$ et $x,y \in M_\phi$. De plus ces relations sont vraies pour $a,x \in M$ et $y \in M_\phi$ si $\overline{M_\phi} = M$ ou pour $a \in M$, x idempotent de M et $y \in M_\phi$. En particulier si M est une J.B.W. algèbre on peut prendre x dans M.

Preuve : i) Soit $0 \leq y \leq x \in M_\phi^+$ alors $\infty > \phi(x) = \phi(x-y+y) = \phi(x-y) + \phi(y)$ donc $y \in M_\phi^+$. Idem pour N_ϕ^+.

ii) Soit $x \in M_\phi^+$ alors pour $a \in M$ on a $0 \leq U_{x^{1/2}} a^2 \leq \|a^2\| U_{x^{1/2}} \mathbb{1} = \|a\|^2 x$ donc $\phi(U_a x) = \phi(U_{x^{1/2}} a^2) \leq \|a^2\| \phi(x) < \infty$ c'est à dire $U_a M_\phi^+ \subset M_\phi^+$. Ainsi U_a et $L_a = \frac{1}{2}(\mathbb{1} + U_a - U_{\mathbb{1}-a})$ conservent M_ϕ qui devient un idéal de M. Si $x,y \in M_\phi^{1/2}$ alors $(x+y)^2 = 2(x^2+y^2) - (x-y)^2 \leq 2(x^2+y^2) \in M_\phi^+$ et $M_\phi^{1/2}$ est un espace vectoriel. Si $x \in M_\phi^{1/2}$ et $a \in M$ on a $(U_a x)^2 = U_a U_x a^2$ (cf. ALFSEN-SHULTZ-STØRMER [1] eq. 2.26)

$\leq \|a^2\| U_a x^2 \in M_\phi^+$. Ainsi U_a et L_a laissent stable $M_\phi^{1/2}$ qui devient un idéal de M. Il est clair que $M_\phi \subset M_\phi^{1/2}$ et $M_\phi = M_\phi^{1/2} \cdot M_\phi^{1/2}$. Montrons que $M_\phi^{1/2+}$ est une face de M^+: Si $0 \leq y \leq x \in M_\phi^{1/2}$ alors $U_{x^{1/2}} y \leq U_{x^{1/2}} x = x^2 \in M_\phi^+$ donc $U_{x^{1/2}} y \in M_\phi^+$ ce qui implique par définition de la trace $U_{y^{1/2}} x \in M_\phi^+$. Puisque $y^2 = U_{y^{1/2}} y \leq U_{y^{1/2}} x \in M_\phi^+$, $y \in M_\phi^{1/2+}$. Si $x \in M_\phi^{1/2}$ a pour décomposition orthogonale $x^+ - x^-$ (où $x^\pm \in M^+$ et $x^+ . x^- = 0$) alors $(x^\pm)^2 \leq x^2 \in M_\phi^+$ donc $M_\phi^{1/2}$ est engendré par $M_\phi^{1/2+}$. M_ϕ et $M_\phi^{1/2}$ ont même fermeture car d'après le calcul fonctionnel si $x \in M_\phi^{1/2}$ on peut approximer $|x|$ par des polynômes en $x^2 \in M_\phi$.

iii) Montrons tout d'abord que

(V.1) $\dot{\phi}(U_x a) = \dot{\phi}(ax^2)$ où $x \in M_\phi$ et $a \in M$

on a $\dot{\phi}(ax^2) = \frac{1}{2}\dot{\phi}(x^2 + U_a x^2 - U_{\mathbb{1}-a} x^2) = \frac{1}{2}[\dot{\phi}(x^2) + \dot{\phi}(U_x a^2) - \dot{\phi}(U_x(\mathbb{1} - a)^2)]$

$= \dot{\phi}(U_x a)$

donc si $x = x_1 - x_2$ où $x_i \in M_\phi^+$,

$$\dot{\phi}(U_a x) = \dot{\phi}(U_a x_1) - \dot{\phi}(U_a x_2) = \dot{\phi}(U_{x_1^{1/2}} a^2) - \dot{\phi}(U_{x_2^{1/2}} a^2)$$
$$= \dot{\phi}(a^2 x_1) - \dot{\phi}(a^2 x_2)$$
$$= \dot{\phi}(a^2 x) \quad .$$

On en déduit

iv) $\dot{\phi}(U_a x + U_b x) = \dot{\phi}((a^2+b^2)x) = \dot{\phi}(U_{(a^2+b^2)^{1/2}}\, x)$.

Donc $\phi = \phi \circ U_e + \phi \circ U_{\mathbb{1}-e}$ sur M_ϕ^+. Supposons qu'il existe $x \notin M_\phi^+$ tel que $U_e x$ et $U_{\mathbb{1}-e} x$ sont dans M_ϕ^+ alors

$\infty > \phi(U_e x) + \phi(U_{\mathbb{1}-e} x) = \phi(U_x 1/2\ e) + \phi(U_x 1/2\ (\mathbb{1}-e)) = \phi(U_x 1/2\ \mathbb{1}) = \phi(x) = \infty$
ce qui est impossible.

v) L'application $a \in M \longrightarrow \dot{\phi}(ax)$ est linéaire et bornée si $x = x_1 - x_2$ où $x_i \in M_\phi^+$.

En effet $|\dot{\phi}(ax)| = |\dot{\phi}(ax_1) - \dot{\phi}(ax_2)| = |\dot{\phi}(U_{x_1 1/2}\ a) - \dot{\phi}(U_{x_2 1/2}\ a)|$ et $|\dot{\phi}(U_{x_i 1/2}\ a)| \leqslant \|a\|\ |\dot{\phi}(x_i)| = \|a\|\ \phi(x_i)$.

vi) Sachant que $\{a,b,c\} = (ab)\ c + a\ (bc) - (ac)\ b$ on a

(V.2) $\dot{\phi}(\{a,x,b\}) = \dot{\phi}((ab)\ x)$ où $a,b \in M$ et $x \in M_\phi$.

En fait : $\{a,x,b\} = \frac{1}{2}(U_{a+b} - U_a - U_b)\ x$ d'où le résultat d'après le iii).
On en déduit

(V.3) $\dot{\phi}((x,a,b) - (a,b,x)) = 0$

En utilisant l'identité de JACOBI : $(a,b,c) + (b,c,a) + (c,a,b) = 0$ et (V.3) on a pour $a \in M$ et $x,y \in M_\phi$,

(V.4) $\dot{\phi}((a,x,y)) = 0$

c'est à dire $\dot{\phi}((ax)y) = \dot{\phi}(a(xy))$ et les deux égalités de l'énoncé sont démontrées. Pour montrer que si M_ϕ est dense dans M alors on a les mêmes égalités pour x dans M il suffit d'après (V.3) de vérifier (V.4), donc il suffit de montrer que l'application : $x \in M \longrightarrow \dot{\phi}((a,x,y))$ est dans M^* pour $a \in M^+$ et $y \in M_\phi^+$. Or

$$|\dot{\phi}(a(xy))| = |\dot{\phi}(U_a 1/2 (xy))| = \frac{1}{4\|x\|} |\dot{\phi}(U_a 1/2 (U_{x+\|x\|\mathbb{1}} - U_{x-\|x\|\mathbb{1}})\ y)|$$

$$\leqslant \frac{1}{4\|x\|} \|a\|\ |\phi(U_{x+\|x\|\mathbb{1}}\ y) + \phi(U_{x-\|x\|\mathbb{1}}\ y)|$$

$$\leqslant \frac{\|a\|}{4} \left(\frac{\|(x + \|x\|\mathbb{1})\|^2 + \|(x - \|x\|\mathbb{1})\|^2}{\|x\|} \right) \phi(y) = 2\|a\|\ \|x\|\ \phi(y)$$

d'où $|\dot{\phi}((a,x,y))| \leqslant |\dot{\phi}((ax)y)| + |\dot{\phi}(a(xy))| \leqslant (\|ax\| + 2\|a\|\ \|x\|)\ \phi(y)$

$\leqslant 3\ \|a\|\ \|x\|\ \phi(y)$.

Pour montrer les mêmes relations avec e idempotent de M, vérifions que

(V.5) $\dot{\phi}((ex)y) = \dot{\phi}((ey)x)$ où $x \in M$ et $y \in M_\phi$.

On remarque que $\dot{\phi}(U_e y) = \dot{\phi}(ey)$ d'après iii).

Si $s = 2e - \mathbb{1}$, U_s est un automorphisme de M tel que $U_s^2 = \mathbb{1}$ et $\dot{\phi}(U_s y) = \dot{\phi}(y)$.

Donc $\dot{\phi}((U_s y)x) = \dot{\phi}(U_s(U_s y \,.\, x)) = \dot{\phi}(y \,.\, U_s x)$. Puisque $U_s = 4\,U_e - 4\,L_e + \mathbb{1}$ on en déduit $\dot{\phi}((U_e y)x) - \dot{\phi}(yU_e x) = \dot{\phi}((ey)x) - \dot{\phi}(y(ex))$. Pour montrer (V.5) il faut montrer que le premier membre est nul, or

$$\begin{aligned}\dot{\phi}((U_e y)x) &= \dot{\phi}(U_s(U_e y.x)) = \dot{\phi}(U_e y.U_s x) \text{ car } U_s U_e = U_{s.e} = U_e\\ &= 4\,\dot{\phi}(U_e y.U_e x) - 4\,\dot{\phi}(U_e y.(ex)) + \dot{\phi}((U_e y).x).\end{aligned}$$

Donc

(V.6) $\dot{\phi}(U_e y \,.\, U_e x) = \dot{\phi}(U_e y.(ex))$

De même $\dot{\phi}(U_e y.x) = \dot{\phi}(U_{2(\mathbb{1}-e)-\mathbb{1}}\,(U_e y.x))$

$$= 4\,\dot{\phi}(U_e y \,.\, U_{\mathbb{1}-e} x) - 4\dot{\phi}\big(U_e y.((\mathbb{1}-e).x)\big) + \dot{\phi}(U_e y \cdot x)$$

Puisque $U_e y \,.\, U_{\mathbb{1}-e} x$ est nul pour les algèbres spéciales, ceci est encore vrai par le théorème de Mac DONALD pour toutes les J.B. algèbres (JACOBSON [1] p. 41). D'où $\dot{\phi}(U_e y \,.\, x) = \dot{\phi}(U_e y.(ex))$. Ainsi $\dot{\phi}(U_e y \,.\, x) = \dot{\phi}(U_e y \,.\, U_e x)$ et par symétrie

(V.7) $\dot{\phi}(U_e y.x) = \dot{\phi}(y.U_e x)$

ce qui entraine (V.5) car $L_e = \frac{1}{2}\,(\mathbb{1} + U_e - U_{\mathbb{1}-e})$. On obtient alors **V.4** (où a = e) en utilisant V.5 et **V**.2. □

<u>V.1.3 REMARQUES</u> : • Toute J.B. algèbre M de dimension finie possède une trace fidèle : Soit L_a où $a \in M$ représenté par une matrice à coefficients réels dans une base de M. Soit $\tau : a \in M \longrightarrow \dfrac{1}{\mathbf{dim}\, M}\ \mathrm{Tr}\, L_a$ où Tr est la trace usuelle des matrices. Puisque $L_{(a,b,c)} = [[L_c, L_a], L_b]$ (cf. JACOBSON [1] p. 34 eq 54) on a $\tau((a,b,c)) = 0$ ce qui implique $\tau(U_a\, b^2) = \tau(U_b\, a^2)$. Il reste à montrer que τ est positive. Si e est un idempotent non nul de M et $U_e = 2L_e^2 - L_e$ alors l'égalité $U_e\, L_e = U_e$ étant vraie pour les algèbres spéciales est vraie pour toutes les J.B. algèbres (Th. de Mac DONALD). On en déduit $L_e(L_e - 1/2\,\mathbb{1})\,(L_e - \mathbb{1}) = 0$ et le spectre de L_e est $\{0, 1/2, 1\}$ d'où $\tau(e) = \mathrm{Tr}\,(L_e) > 0$. τ est donc positive et fidèle par le théorème spectral.

• Si M est une J.B.W. algèbre alors pour $x \in M_\phi$, il existe une symétrie $s \in M$ telle que $|x| = s.x$. Puisque M_ϕ est un idéal,

$$\begin{aligned} x \in M_\phi &\Leftrightarrow |\mathbf{x}| \in M_\phi .\\ &\Leftrightarrow x^{\pm} \in M_\phi .\end{aligned}$$

Cette dernière remarque fait que l'on s'intéresse exclusivement aux traces semi-continues inférieurement ($\|\cdot\|$ s.c.i en abrégé) ce qui est justifié par le résultat suivant. Il est à noter que la condition $\omega = \omega \circ U_s$ est équivalente pour un état ω sur une C^* algèbre à ce que ω soit une C^*-trace (cf. ALFSEN-SCHULTZ [1] th 12.20). Plus généralement tout J.B. trace sur une JW algèbre s'étend en une C^*-trace sur l'agèbre de von Neumann qu'elle engendre. (AJUPOV [14],[15]).

V.1.4 LEMME : Soit M une J.B. algèbre et ϕ une trace $\|\cdot\|$ s.c.i. sur M.

i) Si $x \in M_\phi$ alors $|x| \in M_\phi$. Dans ce cas l'application $\|x\|_1 : x \longrightarrow \phi(|x|)$ est une semi-norme sur M_ϕ telle que $\|x\|_1 = \sup_{a \in M_1} |\dot{\phi}(ax)|$.

ii) Si $\overline{M_\phi} = M$ alors ϕ est semi-finie.

Supposons de plus que M soit une J.B.W. algèbre et ϕ soit normale alors

iii) $\phi(e^{t[L_a, L_b]} x) = \phi(x)$ où $a,b \in M$, $t \in \mathbb{R}$ et $x \in M_\phi^+$.

iv) ϕ est semi-finie si et seulement si $\overline{M_\phi}^{\sigma(M, M_*)} = M$.

Preuve : i) La J.B. algèbre A engendrée par $x \in M_\phi$ est isomorphe aux fonctions continues sur le spectre $\sigma(x)$ de x. (En fait l'image de x est la fonction identité sur $\sigma(x)$). Soit $\{x_n\}_{n \in \mathbb{N}} \subset A$ telle que l'image de x_n soit la fonction $\tilde{x}_n(\alpha)$ valant 1 sur $]+1/n, \infty[$ valant $n\alpha$ si $-\frac{1}{n} \leqslant \alpha \leqslant \frac{1}{n}$ et valant -1 sur $]-\infty, -\frac{1}{n}[$. On a $x_n \circ x \underset{n}{\longrightarrow} |x|$, $0 \leqslant x_n \circ x \leqslant |x|$ et $\|x_n\| = 1$. On en déduit

$$\phi(|x|) \leqslant \underline{\lim}_n \ \phi(x_n \circ x) \leqslant \overline{\lim}_n \ \phi(x_n \circ x) \leqslant \phi(|x|)$$

$$\phi(|x|) = \lim_n \ \phi(x_n \circ x) = \lim_n (\dot{\phi}(x_n \circ x_1) - \dot{\phi}(x_n \circ x_2)) \text{ où } x = x_1 - x_2 \text{ et } x_i \in M_\phi^+$$
$$\leqslant \phi(x_1) + \phi(x_2) < \infty .$$

Il est clair que $\|x\|_1 = \sup_{a \in M_1} |\dot{\phi}(ax)|$ et donc que $\|x\|_1$ est une semi-norme comme enveloppe supérieure de semi-normes.

ii) Puisque M_ϕ est un idéal, il existe une unité approchée filtrante croissante de $\overline{M_\phi} = M$ notée $\{u_\alpha\}_{\alpha \in \Gamma}$ telle que $u_\alpha \in M_\phi$, $0 \leqslant u_\alpha \leqslant \mathbb{1}$ (cf. Appendice 5). Donc si $x \in M^+$, $U_x 1/2\ u_\alpha$ est une famille filtrante croissante de M_ϕ^+ majorée par x et tendant vers x selon Γ car

$\|x - U_x 1/2\ u_\alpha\| = \|U_x 1/2\ (\mathbb{1} - u_\alpha)\| \leqslant \|x\|\ \|\mathbb{1} - u_\alpha\|$ (On a $-\|a\|\ U_y \mathbb{1} \leqslant U_y a \leqslant \|a\|\ U_y \mathbb{1}$ donc $\|U_y a\| \leqslant \|a\|\ \|y\|^2$). Ainsi

$\phi(x) \leqslant \underline{\lim}_{\alpha} \phi(U_x 1/2\, u_\alpha) \leqslant \phi(x)$ et ϕ est semi-finie.

iii) On remarque tout d'abord que l'opérateur $[L_a, L_b]$ est une dérivation de M. En effet $[L_a, L_b]\,(x\circ y) - x\circ[L_a, L_b]y = [[L_a, L_b], L_x]y$ et $[[L_a, L_b], L_x] = L_{(a,x,b)} = L_{[L_a, L_b]x}$ (cf. JACOBSON [1] p. 35 eq. 54)
Ceci implique que $e^{t[L_a, L_b]}$ est un automorphisme de M pour $t \in \mathbb{R}$ (cf. par exemple YOUGSON [4]). Ainsi $e^{t[L_a, L_b]}\, M^+ \subset M^+$ et l'énoncé a un sens.

Supposons que $\|a\| \leqslant 1$ et $\|b\| \leqslant 1$ alors pour $x \in M_\phi^+$ on a

$$\phi(|[L_a, L_b]^n x|) \leqslant 2^n \phi(x) \text{ d'après V.1.2.}$$

$$\phi(e^{t[L_a, L_b]}x) = \sum_{n=0}^{N} \frac{t^n}{n!} \phi([L_a, L_b]^n x) + \phi(\sum_{N+1}^{\infty} \frac{t^n}{n!} [L_a, L_b]^n x) .$$

Dans le second membre le premier terme vaut $\phi(x)$ et le second est inférieur à $\phi(\sum_{N+1}^{\infty} \frac{t^n}{n!} |[L_a, L_b]^n x|)$. ϕ étant normale, commute avec la sommation et ce dernier terme tend vers 0 quand N tend vers l'infini : Donc $\phi(e^{t[L_a, L_b]}x) = \phi(x)$ pour $x \in M_\phi^+$.

iv) Si $\overline{M_\phi}^{\sigma(M, M_*)} = M$ alors pour $x \in M^+$, il existe un ensemble filtrant croissant $\{x_\alpha\}_{\alpha \in \Gamma}$ dans M_ϕ^+ tel que $x_\alpha \uparrow x$ selon Γ (cf. Appendice 5).
La normalité de ϕ implique $\phi(x_\alpha) \uparrow \phi(x)$ et ϕ est semi-finie.
Réciproquement, on peut supposer que $\phi \neq 0$ car sinon $M_\phi = M$.
$\overline{M_\phi}^{\sigma(M,M_*)}$ est un idéal de la forme $U_c M$ où c est un idempotent central (cf. SHULTZ [1] lemme 2.1). Puisque si ϕ est semi-finie, il existe $x \in M_\phi^+$ tel que $0 \neq x \leqslant \mathbb{1} - c$ si $c \neq \mathbb{1}$, on a $x = U_c\, x \leqslant U_c(\mathbb{1} - c) = 0$ et une contradiction, donc $c = \mathbb{1}$ et $\overline{M_\phi}^{\sigma(M, M_*)} = M$. □

<u>REMARQUE</u> : Par un processus d'approximation, DIXMIER a montré qu'il était possible de construire des traces sur certaines algèbres de von Neumann (cf. DIXMIER [1] III.5.1). Une idée analogue peut être développée ici grâce à CHO-HO-CHU [1] Cor. 6 (utiliser HANCHE-OLSEN [2])

<u>V.1.5 DEFINITIONS</u> : Soit M une J.B.W. algèbre. Si ψ est un poids normal alors $N_\psi = \{a \in M \,/\, \psi(a^2) = 0\}$ est un idéal d'après l'inégalité de CAUCHY-SCHWARZ. Donc il existe un idempotent e de M^+ tel que $\overline{N_\psi}^{\sigma(M, M_*)} = U_e M$. Soit $\{e_\alpha\}_{\alpha \in \Gamma}$ un ensemble filtrant d'idempotents de $N_\psi^+ = N_\psi \cap M^+$ tel que $e_\alpha \uparrow e$ selon Γ (cf. Appendice 5). Puisque $0 \leqslant \psi(e_\alpha) = \psi(e_\alpha^2) = 0$, $\psi(e) = \sup_{\alpha \in \Gamma} \psi(e_\alpha) = 0$.

On appelle $s_\psi = \mathbb{1} - e$ <u>le support de ψ</u> car ψ est fidèle sur $U_{s_\psi} M$. En effet si $a \in M^+$ et $\psi(U_{s_\psi} a) = 0$ alors $U_{s_\psi} a = U_e U_{s_\psi} a = U_{e.s_\psi} a = 0$.

M est finie (resp. semi-finie) si pour $x \in M^+$, $x \neq 0$ il existe une trace normale finie ϕ (resp. semi-finie) sur M telle que $\phi(x) \neq 0$.

M est proprement infinie (resp. purement infinie) si M ne possède aucune trace normale finie (resp. semi-finie) non nulle.

Comme dans le cas des algèbres de von Neumann on a une décomposition centrale unique en partie finie, semi-finie et purement infinie :

V.1.6 THEOREME : Soit M une J.B.W. algèbre.

i) Si ϕ est une trace normale sur M alors il existe trois idempotents centraux uniques c_1, c_2, c_3 de M de somme $\mathbb{1}$ tels que

- la restriction ϕ_1 de ϕ à $U_{c_1} M$ est fidèle et semi-finie.
- la restriction ϕ_2 de ϕ à $U_{c_2} M$ est nulle.
- la restriction ϕ_3 de ϕ est infinie sur $U_{c_3} M^+ \setminus \{o\}$.

(Si ϕ est semi-finie, $c_3 = 0$ et $c_1 = s_\phi$).

ii) il existe deux idempotents centraux uniques c_4, c_5 tels que $U_{c_4} M$ est finie $U_{\mathbb{1}-c_4} M$ est proprement infinie, $U_{c_5} M$ est semi-finie et $U_{\mathbb{1}-c_5} M$ est purement infinie.

iii) Si M est semi-finie, il existe sur M une trace normale fidèle semi-finie. Si M est finie et son centre est de type dénombrable, il existe sur M une trace normale fidèle finie.

Preuve : i) $\overline{M_\phi}^{\sigma(M, M_*)}$ est de la forme $U_{\mathbb{1}-c_3} M$ où c_3 est un idempotent central (cf. SHULTZ [1] lemme 2.1). Donc $U_{c_3} M^+ \cap M_\phi = \{0\}$ et $\phi(x) = \infty$ si $o \neq x \in U_{c_3} M^+$. De même N_ϕ est un idéal (V.1.5) donc $\overline{N_\phi}^{\sigma(M, M_*)}$ est de la forme $U_{c_2} M$ où c_2 est un idempotent central. Soit $\{x_\alpha\}_{\alpha\in\Gamma} \subset N_\phi^+$ un ensemble filtrant tel que $x_\alpha \uparrow c_2$ selon Γ (Appendice 5). ϕ étant normale, $\phi(c_2) = 0$ et $N_\phi = U_{c_2} M$. Si $\phi_2 = \phi \circ U_{c_2}$ alors $\phi_2 = 0$. Soit $c_1 = \mathbb{1} - c_2 - c_3$. Puisque M_ϕ est $\sigma(M, M_*)$ dense dans $U_{\mathbb{1}-c_3} M = U_{c_1+c_2} M$, ϕ est semi-finie sur $U_{c_1+c_2} M$ d'après V.1.4 donc aussi sur $U_{c_1} M$. On a $U_{c_1} M \cap N_\phi = \{o\}$ et ϕ est fidèle sur $U_{c_1} M$. L'unicité de c_1, c_2, c_3 est claire.

ii) Soit $\{\phi_\alpha\}_{\alpha\in\Gamma}$ (resp. $\{\phi_\alpha\}_{\alpha\in\Gamma'}$) une famille maximale de traces normales semi-finies (resp. finies) à support e_α non nuls et orthogonaux. D'après i) e_α est dans le centre et si $c_5 = \sum_{\alpha\in\Gamma} e_\alpha$ (resp. $c_4 = \sum_{\alpha\in\Gamma'} e_\alpha$) alors par maximalité, $U_{\mathbb{1}-c_5} M$ (resp. $U_{\mathbb{1}-c_4} M$) n'a pas de trace semi-finie (resp. finie). Donc $U_{\mathbb{1}-c_5} M$ (resp. $U_{\mathbb{1}-c_4} M$) est purement infinie, (resp. proprement infinie). Soit $x \in M^+$; si $\phi_\alpha(x) = 0$ $\forall\alpha$ alors $0 = U_{e_\alpha} x$, $e_\alpha \cdot x = 0$ (ALFSEN-SHULTZ-STØRMER [1] prop. 2.8), $c_5 \cdot x = 0$ et $U_{c_5} M$ est semi-finie (resp. $U_{c_4} M$ est finie). Montrons maintenant l'unicité de c_4 et c_5 : Supposons que ϕ soit une trace normale semi-finie (resp. finie) sur M à support s_ϕ. Puisque $\phi' = \phi\circ U_{\mathbb{1}-c_5}$ (resp. $\phi\circ U_{\mathbb{1}-c_4}$) est une trace normale semi-finie (resp. finie) sur $U_{\mathbb{1}-c_5} M$ (resp. $U_{\mathbb{1}-c_4} M$) avec comme support $s_\phi \cdot (\mathbb{1}-c_5)$ inférieur à $\mathbb{1}-c_5$ (resp. $s_\phi \cdot (\mathbb{1}-c_4)$ inférieur à $\mathbb{1}-c_4$), $s_\phi \cdot (\mathbb{1}-c_5) = 0$ (resp. $s_\phi \cdot (\mathbb{1}-c_4) = 0$) et $s_\phi \leqslant c_5$ (resp. $s_\phi \leqslant c_4$). Donc c_4 et c_5 sont uniques.

iii) On peut supposer que $c_5 = \mathbb{1}$. Si, avec les notations précédentes, $\phi = \sum_{\alpha\in\Gamma} \phi_\alpha$ alors ϕ est une trace normale fidèle sur M. Si $x \in U_{e_\alpha} M^+_{\phi_\alpha}$, $\phi(x) = \phi_\alpha(x) < \infty$ et $x \in M^+_\phi$. Donc $M^+ = \overline{\oplus_\alpha U_{e_\alpha} M^+}^{\sigma(M,M_*)} = \overline{\oplus_\alpha U_{e_\alpha} M^+_{\phi_\alpha}}^{\sigma(M,M_*)} \subset \overline{M^+_\phi}^{\sigma(M,M_*)}$ et ϕ est semi-finie d'après V.1.4.

Si Z(M) est de type dénombrable et si M est finie alors la famille $\{\phi_\alpha\}_{\alpha\in\Gamma'}$ de traces finies est au plus dénombrable et dans ce cas $\phi = \sum_{\alpha\in\Gamma'} \frac{\phi_\alpha}{2^\alpha \|\phi_\alpha\|}$ est une trace normale fidèle finie. □

V.1.7 COROLLAIRE : Soit M une J.B.W. algèbre munie d'une trace ϕ.

i) Si ϕ est normale (resp. normale et semi-finie) alors il existe une famille $\{\phi_\alpha\}_{\alpha\in\Gamma}$ (resp. $\{\phi_\alpha\}_{\alpha\in\Gamma'}$) dans M^+_* telle que $\phi = \sum_\alpha \phi_\alpha$ (resp. $\phi_\alpha = \phi\cdot U_{e_\alpha}$ où $\{e_\alpha\}_{\alpha\in\Gamma'}$ est une famille maximale d'idempotents orthogonaux et ϕ_α est une trace finie sur $U_{e_\alpha} M$).

ii) ϕ est normale si et seulement si ϕ est semi-continue inférieurement pour la topologie $\sigma(M, M_*)$.

Preuve : i) D'après le théorème précédent si $c_3 = \mathbb{1}$ alors on prend M^+_* comme famille $\{\phi_\alpha\}_\alpha$. Supposons donc que $c_3 = 0$ c'est à dire ϕ soit semi-finie. Montrons tout d'abord que chaque idempotent non nul de M^+ majore un idempotent non nul de M^+_ϕ. Soit e un idempotent de M. Puisque $\overline{M_\phi}^{\sigma(M, M_*)} = M$ (V.1.4), l'appendice 5 montre qu'il existe un x dans M^+_ϕ non nul tel que

$x \leq e$. Par le théorème spectral, x majore à un coefficient près un idempotent non nul, qui se trouvera donc dans M_ϕ^+.
Soit $\{e_\alpha\}_{\alpha \in \Gamma'}$ une famille maximale d'idempotents orthogonaux de M_ϕ. Donc $\sum_{\alpha \in \Gamma'} e_\alpha = \mathbb{1}$. Si $\phi_\alpha = \dot{\phi} \circ L_{e_\alpha}$, $\phi_\alpha = \phi \circ U_{e_\alpha} \in M_*^+$ (V.1.2) et ϕ_α est une trace normale finie sur $U_{e_\alpha} M$. De plus si $x \in M^+$ et I décrit les parties finies de l'ensemble d'indices Γ' alors ϕ étant normale,

$$\sum_\alpha \phi_\alpha(x) = \lim_I \sum_{\alpha \in I} \phi(U_{e_\alpha} x) = \lim_I \sum_{\alpha \in I} \phi(U_{x^{1/2}} e_\alpha) = \lim_I \phi(U_{x^{1/2}} \sum_{\alpha \in I} e_\alpha)$$
$$= \phi(U_{x^{1/2}} \sum_\alpha e_\alpha) = \phi(x) .$$

ii) Il suffit d'après i) de montrer que si ϕ est semi-continue inférieurement pour $\sigma(M, M_*)$ alors ϕ est normale. Soient $\{x_\alpha\}_{\alpha \in \Gamma} \subset M^+$ et $x \in M^+$ tels que $x_\alpha \uparrow x$ selon Γ, alors

$$\phi(x) \leq \varliminf_\alpha \phi(x_\alpha) \leq \phi(x) \text{ et } \phi(x_\alpha) \uparrow \phi(x). \quad \square$$

On sait que chaque élément ω du prédual M_* d'une J.B.W. algèbre M se décompose en $\omega^+ - \omega^-$ où $\omega^\pm \in M_*^+$ (cf. ALFSEN-SHULTZ [1] **th.** 12.6 ou appendice 4). On va voir qu'il est possible d'obtenir une décomposition analogue de $\phi - \omega$ où ϕ est une trace non nécessairement finie. Ce résultat est la contrepartie algébrique de IV.1.6.

<u>V.1.8 PROPOSITION : Soit M une J.B.W. algèbre munie d'une trace normale et $\omega \in M_*^+$. Alors $\psi = \phi - \omega$ défini sur M^+ a une unique décomposition en $\psi^+ - \psi^-$ où ψ^+ est un poids normal sur M^+, $\psi^- \in M_*^+$ et les supports de ψ^+ et ψ^- sont orthogonaux. De plus si $\psi_\lambda = \lambda\phi - \omega$ où $\lambda \in \mathbb{R}^+$ alors l'application $\lambda \longrightarrow \mathbb{1} - s_{\psi_\lambda^-}$ où $s_{\psi_\lambda^-}$ est le support de ψ_λ^-, est croissante.</u>

<u>Preuve</u> : La démonstration est identique à celle de IV.1.6 mais adaptée au présent contexte.

1°) <u>Existence d'une décomposition:</u>

$M_1^+ = \{a \in M \ / \ 0 \leq a \leq \mathbb{1}\}$ est un convexe $\sigma(M, M_*)$-compact dont les points extremaux sont des idempotents de M^+ (Il suffit de prendre la représentation fonctionnelle de la J.B. algèbre engendrée par $x \in \mathrm{Ext}(M_1^+)$ et $\mathbb{1}$ cf. ALFSEN-SHULTZ-STØRMER [1] prop. 2.3). Si $a \in M_1^+$ alors $\psi(a) \geq -\omega(a) \geq - \|\omega\|$. Donc si $d = \inf_{a \in M_1^+} \psi(a)$, l'ensemble $E = \{a \in M_1^+ / \psi(a) = d\}$ est non vide car ϕ étant normale, ψ est semi-continue inférieurement pour la topologie $\sigma(M, M_*)$ (V.1.7). On remarque que E est un sous-ensemble héréditaire

(ie : Si $x \in M$ et $o \leqslant x \leqslant a \in E$ alors $x \in E$) de M_ϕ^+ qui est $\sigma(M, M_*)$-fermé donc $\sigma(M, M_*)$-compact. D'après le théorème de KREIN-MILMAN, E possède des points extrémaux qui seront encore des points extrémaux de M_1^+.
Soit donc $e = e^2 \in M_\phi^+$ tel que $\psi(e) = d$. Soient $a, b \in M$, alors d'après V.1.4, l'application $t \in \mathbb{R} \longrightarrow \psi(e^{t[L_a, L_b]}e) = \phi(e) - \omega(e^{t[L_a, L_b]}e)$ est réelle et analytique. De plus elle admet par définition un minimum en $t = 0$ car $0 \leqslant e^{t[L_a, L_b]}e \leqslant e^{t[L_a, L_b]}\mathbb{1} = \mathbb{1}$ implique $\| e^{t[L_a, L_b]}e\| \leqslant 1$. On a $\omega([L_a, L_b]e) = 0$. En particulier si $b = \mathbb{1} - e$, $\omega(ae) = \omega(e(ae))$ et $\omega(ae) = \omega(U_e a)$.
Donc $\omega = \omega\circ(U_e + U_{\mathbb{1}-e})$.
Puisque ϕ est une trace, $\psi = \psi\circ(U_e + U_{\mathbb{1}-e})$ d'après V.1.2. Soient $\psi^+ = \psi\circ U_{\mathbb{1}-e}$ et $\psi^- = -\psi\circ U_e$. On a $\psi = \psi^+ - \psi^-$. Montrons que $\psi^- \in M_*^+$:
Puisque $e \in M_\phi^+$, on a d'après V.1.2 pour $a \in M$

$$|\psi^-(a)| = |-\dot{\phi}(U_e a) + \omega(U_e a)| \leqslant |\dot{\phi}(U_e a)| + |\omega(U_e a)|$$

$$\leqslant \| a\| (\phi(e) + \| \omega\|) \text{ et } \psi^- \in M^*.$$

L'application ψ^- est positive car $-\psi^-(e) = \psi(e) - \psi^+(e) = \psi(e) = d$ donc si $a \in M_1^+$ $-\psi^-(e) \leqslant \psi(a)$ et en particulier, $-\psi^-(e) \leqslant \psi(U_e a) = -\psi^-(a)$, $\psi^-(e) = \| \psi^-\|$ et ψ^- est positive d'après l'appendice 4. On remarque que $s_{\psi^-} \leqslant e$, $s_{\psi^-} \in M_\phi^+$ et $s_{\psi^-} \in E$.
Il reste à montrer que ψ^+ est un poids sur M^+ : Soit $a \in M^+$ tel que $\psi^+(a) < 0$.
Alors $\psi(\frac{1}{\| a\|} U_{\mathbb{1}-e}\, a + e) = \frac{1}{\| a\|} \psi^+(a) + \psi(e) < \psi(e) = \inf_{b \in M_1^+} \psi(b)$ ce qui est impossible car $0 \leqslant \frac{1}{\| a\|} U_{\mathbb{1}-e}\, a + e \leqslant \mathbb{1} - e + e = \mathbb{1}$.

Il est clair que ψ est normal et que $s_{\psi^+} \leqslant \mathbb{1} - e$. On en déduit $s_{\psi^+} \cdot s_{\psi^-} = 0$ car

$0 \leqslant U_{s_{\psi^-}} s_{\psi^+} \leqslant U_{s_{\psi^-}} (\mathbb{1}-e) = s_{\psi^-} - U_{s_{\psi^-}} e$ et $0 \leqslant U_{\mathbb{1}-e}\, s_{\psi^-} \leqslant U_{\mathbb{1}-e}\, e = 0$
entraine d'après ALFSEN-SHULTZ-STØRMER [1] prop. 2.8 que $s_{\psi^-} = e \cdot s_{\psi^-}$ et $U_{s_{\psi^-}} e = s_{\psi^-}$. On remarque que $\mathbb{1}-s_{\psi^+} \in E$ car

$$\psi(\mathbb{1}-s_{\psi^+}) = -\psi^- (U_{s_{\psi^-}} (\mathbb{1}-s_{\psi^+})) = -\psi^-(s_{\psi^-}) = -\|\psi^-\| = d .$$

2°) <u>Unicité de la décomposition</u> :

Soit $\omega^+ - \omega^-$ une autre décomposition de ψ telle que ω^+ soit un poids sur M^+, $\omega^- \in M_*^+$ et $s_{\omega^+} \cdot s_{\omega^-} = 0$. On a
$\omega^+(\mathbb{1}-s_{\psi^+}) - \omega^-(\mathbb{1}-s_{\psi^+}) = \psi(\mathbb{1}-s_{\psi^+}) = d = \inf_{a \in M_1^+} (\omega^+-\omega^-)(a) = -\| \omega^-\|$. On en déduit que $\omega^+(\mathbb{1}-s_{\psi^+}) = 0$ et $\omega^-(s_{\psi^+}) = 0$, d'où $s_{\omega^+} \leqslant s_{\psi^+}$. Si $x \in M^+$ alors

$\psi^+(x) = \psi(U_{s_\psi^+} x) = \omega^+(U_{s_\psi^+} x) - \omega^-(U_{s_\psi^+} x) = \omega^+(U_{s_\psi^+} x)$ car $0 \leq \omega^-(U_{s_\psi^+} x) \leq \|x\| \, \omega^-(s_\psi^+) = 0$ et $\psi^+(x) = \omega^+(U_{s_\omega^+} U_{s_\psi^+} x) = \omega^+(x)$ car $U_{s_\omega^+} U_{s_\psi^+} = U_{s_\omega^+ . s_\psi^+} = U_{s_\omega^+}$. Ainsi $\omega^{\pm} = \psi^{\pm}$.

3°) Soit $f_\lambda = \mathbb{1} - s_{\psi_\lambda^-}$. Puisque $s_{\psi_\lambda^-} \leq e_\lambda$, $s_{\psi_\lambda^-} \in E$ et on peut démontrer comme dans le 1°) que $\omega = \omega \circ U_{f_\lambda} + \omega \circ U_{\mathbb{1}-f_\lambda}$ $\forall \lambda \in \mathbb{R}^+$. On en déduit $\psi_\lambda(f_\mu a) = \psi_\lambda(U_{f_\mu} a)$ $\forall a \in M_\phi^+$ et $\forall \lambda, \mu$ puisque ϕ est une trace (V.1.2). De plus

$$\begin{aligned}\psi_\mu = (\mu-\lambda)\,\phi + \psi_\lambda &= (\mu-\lambda)\,\phi \circ U_{f_\lambda} + \psi_\lambda \circ U_{f_\lambda} + (\mu-\lambda)\,\phi \circ U_{\mathbb{1}-f_\lambda} + \psi_\lambda \circ U_{\mathbb{1}-f_\lambda} \\ &= (\mu-\lambda)\,\phi \circ U_{f_\lambda} + \psi_\lambda^+ + [(\mu-\lambda)\,\phi \circ U_{s_{\psi_\lambda^-}} - \psi_\lambda^-] \\ &= \qquad \omega_1 \qquad + \qquad \omega_2\end{aligned}$$

On remarque que l'application $\omega_2 = (\mu-\lambda)\,\phi \circ U_{s_{\psi_\lambda^-}} - \psi_\lambda^-$ est dans M_* car $s_{\psi_\lambda^-} \in M_\phi^+$ donc elle se décompose en $\omega_2^+ - \omega_2^-$ (cf. Appendice 4) avec $s_{\omega_2^+} \cdot s_{\omega_2^-} = 0$ et $s_{\omega_2^\pm} \leq s_{\psi_\lambda^-}$. La décomposition $(\omega_1 + \omega_2^+) - \omega_2^-$ de ψ_μ satisfait donc les hypothèses de l'énoncé et

$$(*) \qquad \psi_\mu^+ = (\mu-\lambda)\,\phi \circ U_{f_\lambda} + \psi_\lambda^+ + \omega_2^+ \;.$$

La condition $\psi_\mu^+(U_{\mathbb{1}-f_\mu} f_\lambda) = 0$ entraine $0 = \phi(U_{f_\lambda} U_{\mathbb{1}-f_\mu} f_\lambda) = \phi((U_{f_\lambda}(\mathbb{1}-f_\mu))^2)$ et ϕ étant fidèle, $U_{f_\lambda}(\mathbb{1}-f_\mu) = 0$ c'est à dire $f_\lambda \leq f_\mu$ (cf. ALFSEN-SHULTZ-STØRMER [1] prop. 2.8). □

V.1.9 THEOREME : <u>Soient ϕ une trace normale fidèle semi-finie sur une J.B.W. algèbre M et $\omega \in M_*^+$. Alors il existe une famille spectrale d'idempotents $\{f_\lambda\}_{\lambda \in \mathbb{R}^+}$ telle que $\omega(a) = \lim_n \dot{\phi}(x_n a)$ où $x_n = \int_0^n \lambda \, df_\lambda \in M_\phi^+$ pour tout $a \in M$.</u>

<u>Preuve</u> : Montrons que pour $a \in M_\phi^+$ on a si $\mu > \lambda$

$$(**) \qquad \lambda\phi\,((f_\mu - f_\lambda)a) \leq \omega\,((f_\mu - f_\lambda)a) \leq \mu\phi\,((f_\mu - f_\lambda)a) \;.$$

La première inégalité résulte du fait que $s_{\psi_\lambda^+} \leq f_\lambda \leq f_\mu$ donc(on rappelle que $U_e U_f = U_e$ si e et f sont deux idempotents tels que $e \leq f$)

$$\psi_\lambda((f_\mu - f_\lambda)a) = \psi_\lambda^+(U_{f_\mu} a) - \psi_\lambda^-(U_{f_\mu} a) - \psi_\lambda^+(U_{f_\lambda} a) + \psi_\lambda^-(U_{f_\lambda} a)$$

$$(***) \qquad \psi_\lambda((f_\mu - f_\lambda)a) = -\psi_\lambda^-(U_{f_\mu} a) \leq 0 \;.$$

Puisque $\psi_\mu((f_\mu - f_\lambda)a) = \psi_\mu^{\ +}(a) - \psi_\mu^{\ +}(U_{f_\lambda} a)$ l'égalité de (* * *) et (*) impliquent $\psi_\mu((f_\mu - f_\lambda)a) = \omega_2^+(a) \geq 0$ ce qui entraine la deuxième inégalité de (* *).

Montrons que l'application $\lambda \longrightarrow f_\lambda$ est continue à droite : Soit $a \in M_\phi^+$, d'après (* *) on a $0 \leq -\psi_\lambda((f_\mu - f_\lambda)a) \leq (\mu-\lambda)\ \phi((f_\mu - f_\lambda)a) \leq (\mu-\lambda)\ \phi(a)$ (V.1.2) et (* * *) entraine $0 = \lim\limits_{\mu \downarrow \lambda} \psi_\lambda((f_\mu - f_\lambda)a) = -\lim\limits_{\mu \downarrow \lambda} \psi_\lambda^{\ -}(U_{f_\mu} a)$.

Puisque $f_\mu(f_\mu a) \xrightarrow[\mu \downarrow \lambda]{\sigma(M, M_*)} f(fa)$ si $f = \bigwedge\limits_{\mu > \lambda} f_\mu$ (cf. ALFSEN-SHULTZ-STØRMER [1] lemme 4.1), on a $\psi_\lambda^{\ -}(fa) = 0$ et par $\sigma(M, M_*)$-densité de M_ϕ^+ dans M^+ (V.1.4), $\psi_\lambda^{\ -}(f) = 0$. Ainsi $f \leq \mathbb{1} - s_{\psi_\lambda^-} = f_\lambda$ et $f = f_\lambda$.

$\{f_\lambda\}_{\lambda \in \mathbb{R}^+}$ sera une famille spectrale (ou résolution de l'identité) si l'on montre que $\bigvee\limits_\lambda f_\lambda = \mathbb{1}$.

Puisque si $a \in M_\phi^+$,
$$0 \leq \phi(a) - \dot{\phi}(f_\lambda a) = \frac{1}{\lambda}\ [\psi_\lambda((\mathbb{1} - f_\lambda)a) + \omega((\mathbb{1} - f_\lambda)a]$$
$$= \frac{1}{\lambda}\ [-\psi_\lambda^{\ -}(a) + \omega((\mathbb{1} - f_\lambda)a)]$$
$$\leq \frac{1}{\lambda}\ \|a\|\ \omega(\mathbb{1}),$$
on a

$\phi(a) = \lim\limits_{\lambda \uparrow \infty} \dot{\phi}(f_\lambda a)$ et si $f = \bigvee\limits_{\lambda \in \mathbb{R}^{+}} f_\lambda$, alors
$$\phi(U_{\mathbb{1}-f}\ a) = \lim_\lambda \dot{\phi}(f_\lambda \cdot U_{\mathbb{1}-f}\ a) = \lim_\lambda \dot{\phi}((U_{\mathbb{1}-f}\ f_\lambda) \cdot a) = 0 \qquad \text{(V.1.2)}$$
c'est à dire $U_{\mathbb{1}-f}\ a = 0$ et $f = \mathbb{1}$.

On remarque que $f_\circ \leq \mathbb{1} - s_\omega$ car
$$0 \leq \lim_{\lambda \downarrow 0} \psi_\lambda^{\ +}(f_\lambda) = \lim_{\lambda \downarrow 0} \psi_\lambda(f_\lambda) = \lim_{\lambda \downarrow 0} (\lambda\phi - \omega)\ (f_\lambda) \leq -\omega(f_0) \leq 0.$$
Soient maintenant $\varepsilon > 0$, $n \in \mathbb{N}$ et une partition de $[-\frac{\varepsilon}{2n}, n]$:

$-\frac{\varepsilon}{2n} = \lambda_0 < 0 < \lambda_1 < \ldots < \lambda_N = n$ telle que

$|\lambda_{i+1} - \lambda_i| < \varepsilon$. Si $x_n = \int_{0^-}^n \lambda df_\lambda$, $\underline{x_n}(\varepsilon) = \sum\limits_0^{N-1} \lambda_i\ (f_{\lambda_{i+1}} - f_{\lambda_i})$ et

$\overline{x_n}\ (\varepsilon) = \sum\limits_0^{N-1} \lambda_{i+1}\ (f_{\lambda_{i+1}} - f_{\lambda_i})$ alors $\underline{x_n}(\varepsilon) \leq x_n \leq \overline{x_n}\ (\varepsilon)$ et (* *) s'écrit
$$\dot{\phi}(\underline{x_n}\ (\varepsilon)a) \leq \sum_0^{N-1} \omega((f_{\lambda_{i+1}} - f_{\lambda_i})a) \leq \dot{\phi}(\overline{x_n}\ (\varepsilon)a),\ a \in M_\phi^+.$$

Le terme central vaut $\omega(f_{\lambda_N} a)$ et en soustrayant les termes extrémaux, on obtient
$$0 \leq \sum_0^{N-1} (\lambda_{i+1} - \lambda_i)\ \dot{\phi}\ ((f_{\lambda_{i+1}} - f_{\lambda_i})a) \leq \varepsilon \sum_0^{N-1} \dot{\phi}\ ((f_{\lambda_{i+1}} - f_{\lambda_i})a) \leq \varepsilon\phi(a).$$

L'application $\dot{\phi}(a.) = \phi(U_{a^{1/2}}\ .)$ étant continue pour la topologie $\sigma(M, M_*)$

pour $a \in M_\phi^+$, on a $\dot{\phi}(x_n a) = \lim_{\varepsilon \to 0} \phi(\underline{x_n}(\varepsilon)a) = \omega(f_n a)$ ·

Si $\{e_\alpha\}_\alpha \subset M_\phi^+$ vérifie $e_\alpha \uparrow \mathbb{1}$ (cf. Appendice 5) alors ϕ étant semi-continue inférieurement pour $\sigma(M, M_*)$ (V.1.7) on a

$$0 \leqslant \phi(x_n) = \phi(U_{x_n^{1/2}} \mathbb{1}) \leqslant \underline{\lim}_\alpha \ \dot{\phi}(x_n e_\alpha) = \underline{\lim}_\alpha \ \omega(f_n e_\alpha) = \omega(f_n) \leqslant \omega(\mathbb{1})$$

et $x_n \in M_\phi^+$. On en déduit $\omega(a) = \lim_n \dot{\phi}(x_n a)$ pour $a \in M$. □

Le théorème de RADON-NIKODYM V.1.9 permet de caractériser M_* mais il est cependant plus rapide de relier M_* à l'espace $L^1(M, \phi)$ par la méthode du paragraphe suivant.

V.2. L^1 (M,ϕ)

Dans ce paragraphe M est une J.B.W. algèbre munie d'une trace normale semi-finie et fidèle. D'après V.1.4. et V.1.7. l'application $\|\cdot\|_1 : x \to \phi(|x|)$ est une norme sur M_ϕ. On définit $L^1(M,\phi) = \overline{M_\phi}^{\|\cdot\|_1}$ et $L^1(M,\phi)^+ = \overline{M_\phi^+}^{\|\cdot\|_1}$. Comme dans le cas des algèbres de von Neumann à traces, on va montrer que cet espace L^1 s'identifie canoniquement au prédual de M. (cf. DIXMIER [1] I.6.10. ou TAKESAKI [1] V. prop. 2.18).

V.2.1. NOTATIONS ET PROPRIETES GENERALES

Si $x \in M_\phi$, on note $\dot{\phi}_x = \dot{\phi}\circ L_x$ l'élément de M^*. L'application $x \longrightarrow \phi_x$ vérifie $\|\dot{\phi}_x\| = \sup_{a\in M_1} |\dot{\phi}(ax)| = \|x\|_1$ et envoie M_ϕ sur un sous-espace dense de M_*. En effet soit $C = \overline{\{\dot{\phi}_x / x \in M_\phi\}}^{\|\cdot\|_{M_*}}$; C est un cône convexe fermé et si $0 \neq \psi \in M_*\setminus C$ alors par le théorème de HAHN-BANACH, il existe un élément a non nul de M tel que $\dot{\phi}_x(a) = 0$ $\forall x \in M_\phi$ et $\psi(a) < 0$. Puisqu'il existe d'après l'appendice 5 et V.1.4. un ensemble filtrant croissant $\{x_\alpha\}_\alpha$ dans M_ϕ^+ $\sigma(M, M_*)$-convergent vers $\mathbb{1}$ on a, si $s \in M$ est tel que $s.a = |a|$

$\phi(|a|) = \phi(U_{|a|^{1/2}}\mathbb{1}) = \lim_\alpha \phi(U_{|a|^{1/2}}x_\alpha) = \lim_\alpha \phi(|a|\, x_\alpha) = \lim_\alpha \phi(a(sx_\alpha)) = 0$

La fidélité de ϕ entraîne $a = 0$ et une contradiction.

L'application $\dot{\phi}$ étant $\|\cdot\|_1$ bornée sur M_ϕ, s'étend en une application linéaire bornée sur $L^1(M,\phi)$ encore notée $\dot{\phi}$. L'application bilinéaire : $(x,y) \in M \times M_\phi \longrightarrow xy \in M_\phi$ est de norme 1 si on munit $M\times M_\phi$ de $\|(x,y)\| = \sup(\|x\|, \|y\|_1)$ et M_ϕ de $\|\cdot\|_1$ (V.1.2.).

Donc elle s'étend en une application bilinéaire de $M \times L^1(M,\phi)$ dans $L^1(M,\phi)$ notée de la même manière. En particulier :

(V.8.) $\quad \|ax\|_1 \leq \|a\|\,\|x\|_1 \quad x \in L^1(M,\phi),\ a \in M.$

D'où si $x \in L^1(M,\phi)$,

(V.8.') $\quad \|x\|_1 = \sup\{|\dot{\phi}(ax)| \;|\; a \in M_1 \cap M_\phi\}$. De même on obtient

(V.9.) $\quad \phi(U_a x) = \phi(a^2 x)$.

De plus $\dot{\phi}_{x.a} = \dot{\phi}_x \circ L_a$ et l'application $x \to |x|$ de M_ϕ dans M_ϕ étant $\|\cdot\|_1$ uniformément continue, elle s'étend à $L^1(M,\phi)$ et $L^1(M,\phi)^+$ engendre $L^1(M,\phi)$.

Le prédual de M étant unique, on a démontré le théorème suivant dont le corollaire est une simple réécriture de V.1.9. et constitue une extension de PUKANSKI [1] th. 1.

V.2.2. THEOREME : L'application : $x \in M_\phi \to \dot{\phi}_x = \phi \circ L_x \in M_*$ se prolonge en un isomorphisme isométrique de $L^1(M,\phi)$ sur M_* qui envoie $L^1(M,\phi)^+$ sur M_*^+. Ainsi M est le dual de $L^1(M,\phi)$ pour la dualité : $(x,y) \in M \times L^1(M,\phi) \to \dot{\phi}(x\,y)$.

V.2.3. COROLLAIRE : Si $x \in L^1(M,\phi)$ il existe une famille spectrale $\{e(\lambda)\}_{\lambda \in \mathbb{R}}$ dans $M_\phi = L^1(M,\phi) \cap M$ telle que $x = \int_{-\infty}^{+\infty} \lambda d(e(\lambda))$ (converge en norme $\| \cdot \|_1$). Dans ce cas $\phi(x) = \int_{-\infty}^{+\infty} \lambda \, d\phi(e(\lambda))$ et $\|x\|_1 = \int_{-\infty}^{+\infty} |\lambda| de(\lambda)$.

V.2.4. REMARQUES : * Un cas particulier de V.2.2. a été obtenu dans EMCH-KING [1] quand la trace ϕ est finie.

* JANSSEN [3], [4] a fait une étude systématique des algèbres de Jordan formelles réelles de dimension quelconque possèdant une trace finie. Bien qu'il utilise des définitions différentes, sa construction contient l'étude de l'espace $L^1(M,\phi)$ et il obtient des résultats analogues à V.1.6. et V.2.3. (Voir aussi VIOLA DEVAPAKKIAM [1]).

V.3. $L^p(M,\phi)$

SEGAL [1], DIXMIER [2], KUNZE [1], NELSON [2], YEADON [1] ont étudié une version non commutative des espaces classiques $L^p(Z,\nu)$ en définissant $L^p(M,\phi)$ pour une algèbre de von Neumann M possédant une trace normale semi-finie ϕ . On montre dans ce paragraphe que l'on peut faire le même travail si M est une J.B.W. algèbre en suivant la méthode de DIXMIER [2] avec des arguments simplifiés.

Dans ce qui suit M est une J.B.W. algèbre possédant une trace normale semi-finie fidèle ϕ .

V.3.1. DEFINITIONS : Soit p un réel de $[1,\infty[$. Pour $x \in M$ soit

$\|x\|_p = \phi(|x|^p)^{1/p} \in [0,\infty]$. On adopte la convention $\|x\|_\infty = \|x\|$.

On remarque tout d'abord que si $x \in M_\phi$, $\|x\|_p < \infty$ pour tout $p \in [1,\infty[$ (V.1.2.).

V.3.2. THEOREME : Muni de la norme $\| \ \|_p$, l'espace de Banach $L^p(M,\phi) = \overline{M_\phi}^{\|\cdot\|_p}$ est uniformément convexe pour $p \geq 2$ et $L^p(M,\phi)$ est isométriquement isomorphe au dual de $L^q(M,\phi)$ si $\frac{1}{p} + \frac{1}{q} = 1$.

V.3.3. LEMME : L'application $\| \ \|_p$ est une norme sur M_ϕ pour tout p dans $[1,\infty[$.

Preuve : Soient $p, q \in [1,\infty]$ tels que $\frac{1}{p} + \frac{1}{q} = 1$.

1°/ Inégalité de HÖLDER : Si $x, y \in M_\phi$ alors $|\phi(xy)| \leq \|x\|_p \ \|y\|_q$.
Si $p = \infty$ alors cette inégalité résulte de V.1.2.. Soit donc $p < \infty$.
On va tout d'abord montrer cette inégalité pour x (resp. y) de la forme $\sum_{i=1}^{n} \lambda_i e_i$ (resp. $\sum_{j=1}^{m} \mu_j f_j$) où $\lambda_i, \mu_j \in \mathbb{R}$ et $\{e_i\}_i$ (resp. $\{f_j\}_j$) est une famille d'idempotents orthogonaux non nuls de M_ϕ , puis utiliser un argument de densité.
Soit X = spectre (x) (resp. Y = spectre (y)) . Si $C_{\mathbb{R}}(X \times Y)$ désigne les fonctions continues sur $X \times Y$ à valeurs réelles, l'application

$$f \in C_{\mathbb{R}}(X\times Y) \to \sum_{ij} f(\lambda_i,\mu_j)\,\phi(e_i f_j)$$

est linéaire et positive (V.1.2.). Donc il existe une mesure Borélienne positive μ sur $X \times Y$ telle que toute fonction de $C_{\mathbb{R}}(X\times Y)$ est μ-mesurable et

$$\sum_{ij} f(\lambda_i,\mu_j)\,\phi(e_i f_j) = \int_{X\times Y} f(s,t)\,d\mu(s,t)$$

L'inégalité de Hölder classique entraîne :

$$|\dot\phi\ (xy)| = |\int st\ d\mu(s,t)| \leqslant [\int |s|^p t^\circ\ d\mu(s,t)]^{1/p} [\int s^\circ |t|^q\ d\mu(s,t)]^{1/q}$$

$$\leqslant [\sum_i |\lambda_i|^p\ \phi(e_i \circ \sum_j f_j)]^{1/p}\ [\sum_j |\mu_j|^q\ \phi(\sum_i e_i \circ f_j)]^{1/q}$$

Puisque $\phi\ (e_i\ (\mathbb{1}-\sum_j f_j)) \geqslant 0$ (V.1.2.) et $\|x\|_p = \sum_i |\lambda_i|^p\ \phi(e_i)$ on a l'inégalité cherchée pour x et y de la forme choisie.

Soient maintenant x, y quelconques dans M_ϕ. D'après la théorie spectrale il existe une suite $\{x_n\}_{n\in\mathbb{N}}$ dans M_ϕ telle que x_n soit dans la J.B.W. algèbre engendrée par x, $0 \leqslant x_n \leqslant \mathbb{1}$, $x_n \xrightarrow[n]{s(M,M_*)} \mathbb{1}$ et $x \circ x_n$ ait la forme choisie précédemment. Soit $\{y_m\}_{m\in\mathbb{N}}$ une suite analogue pour y. Puisque $\dot\phi\ ((x(yy_m)).)$ est $\sigma(M,M_*)$-continue on a d'après V.1.2. :

$$\dot\phi\ (x(yy_m)) = \lim_n \dot\phi((x(yy_m))x_n) = \lim_n \dot\phi((xx_n)yy_m) \leqslant \|yy_m\|_q \lim_n \|xx_n\|_p .$$

Or $\|xx_n\|_p = \phi(|x|^p\ x_n^p)^{1/p} \leqslant \|x_n^p\|_\infty^{1/p}\ \phi(|x|^p)^{1/p} \leqslant \|x\|_p$ (V.1.2.) .

Donc $|\dot\phi(xy)| \leqslant \|x\|_p\ \|y\|_q$ en faisant le même raisonnement avec y.

2°/ Montrons que $\|x\|_p = \sup_{\{y\in M/\|y\|_q\leqslant 1\}} |\dot\phi(xy)|$ pour $x\in M_\phi$ et que ce sup est atteint.

Le cas p=1 a été établi en V.1.4. Soit p >1. Si $x\in M_\phi$ et s est la symétrie de M telle que $x = s\ |x|$ alors $y = \dfrac{s\ |x|^{p-1}}{\|x\|_p^{p/q}}$ vérifie $\|y\|_q = 1$ et $\dot\phi\ (xy) = \|x\|_p$.

3°/ L'application $\|\ \|_p$ est une semi-norme comme enveloppe supérieure de semi-normes. La fidélité de ϕ entraîne que $\|\ \|_p$ est une norme. □

<u>V.3.4. DEFINITION</u> : Soit $p\in[1,\infty[$. On définit $L^p(M,\phi) = \overline{M_\phi}^{\|\ \|_p}$ et par convention on prend $L^\infty\ (M,\phi) = M$ puisque $(L^1(M,\phi))^* \approx M$ (V.2.2.).

<u>V.3.5. REMARQUE</u> : On aurait pu définir $L^p(M,\phi) = \overline{M_\phi^{1/p}}^{\|\ \|_p}$ où $M_\phi^{1/p} = \{x\in M\ /\ \|x\|_p < \infty\}$. Cependant ce type de définition ne présente un intérêt que si l'on montre que les $M_\phi^{1/p}$ sont des idéaux de M tels que $(M_\phi^{1/p})^{1/p'} = M_\phi^{1/pp'}$ et $(M_\phi^{1/p}).\ (M_\phi^{1/p'}) = M_\phi^{1/p+1/p'}$. Seul le cas p = 2 sera étudié ici (cf. V.4.1.).

V.3.6. LEMME : Soient $x,y \in M_\phi$.

i) Si $p \geq 1$, $2^{1-p}\|x+y\|_p^p \leq \|x\|_p^p + \|y\|_p^p$.

ii) Si $p \geq 1$, $\|x\|_p^p + \|y\|_p^p \leq \|x+y\|_p^p$ si x,y sont positifs.

iii) Si $p \geq 2$, $\|x+y\|_p^p + \|x-y\|_p^p \leq 2^{p-1}(\|x\|_p^p + \|y\|_p^p)$.

Des inégalités de ce type ont été montrées par DIXMIER [2], Mc CARTHY [1], P.K. TAM [1] dans le cas des algèbres de von Neumann et par CLARKSON [1] dans le cas commutatif.

Preuve : i) Puisque $\|x+y\|_p \leq \|x\|_p + \|y\|_p$, la convexité de la fonction : $s \in \mathbb{R} \to s^p$ entraîne l'inégalité souhaitée.

Avant de continuer montrons des inégalités intéressantes :

V.3.7. LEMME : Soient $x, y \in M_\phi^+$. Alors

i) $x \leq y$ entraîne $\phi(x^p) \leq \phi(y^p)$ pour tout réel p positif.

ii) $\phi(x^{np}) \leq \phi\left([U_{x^{1/2}}(x+y)^{p-1}]^n\right)$ $\forall p > 1$, $\forall n \in \mathbb{N}$.

Preuve : Montrons tout d'abord la propriété suivante :

(*) $\phi((U_{x^{1/2}}\, y)^{2n}) = \phi((U_{y^{1/2}}\, x)^{2n})$ $\forall n \in \mathbb{N}$.

Rappelons que $(U_a b)^2 = U_a U_b(a^2)$ et $U_{a^2} = U_a U_a$. La J.B.W. algèbre engendrée par x, y et $\mathbb{1}$ étant spéciale (cf. Appendice 2) d'après le théorème de SHIRSHOV-COHN (JACOBSON [1] p. 48), on vérifie que

$(U_{x^{1/2}}\, y)^{2n} = U_{x^{1/2}} U_{y^{1/2}} (U_{y^{1/2}}\, x)^{2n-1}$. On en déduit :

$$\phi((U_{x^{1/2}}\, y)^{2n}) = \phi(x \circ U_{y^{1/2}} (U_{y^{1/2}}\, x)^{2n-1}) \qquad (V.1.2.)$$

$$= \phi(U_{y^{1/2}}\, x \circ (U_{y^{1/2}} x)^{2n-1}) \qquad (cf. V.9')$$

$$= \phi((U_{y^{1/2}} x)^{2n}) .$$

i) On peut supposer que $p \neq 0$. Montrons par récurrence que le lemme est vérifié pour p de la forme 2^n où $n \in \mathbb{N}$:

+ $n = 1$: $\phi(y^2 - x^2) = \phi(y+x)\,(y-x)) = \phi(U_{(y+x)^{1/2}}(y-x)) \geq 0$ (V.1.2.) .

+ si le lemme est vrai pour $p = 2^n$ alors $\phi(y^{2^{n+1}}) = \phi((U_{y^{1/2}}\, y)^{2^n})$

$\geq \phi((U_{y^{1/2}}\, x)^{2^n})$ (Hypothèse de récurrence et $U_{y^{1/2}}\, y \geq U_{y^{1/2}}\, x$).

En utilisant (✱) on obtient $\phi(y^{2^{n+1}}) \geqslant \phi((U_{x^{1/2}}\, y)^{2^n}) \geqslant \phi((U_{x^{1/2}}\, x)^{2^n}) = \phi(x^{2^{n+1}})$.
Soit maintenant p un réel quelconque. On peut choisir n tel que $q \equiv p2^{-n} < 1$.

Donc $0 \leqslant x \leqslant y$ entraîne $x^q \leqslant y^q$ (cf. PEDERSEN [1] 1.3.8.) et
$\phi(y^p) = \phi((y^q)^{2^n}) \geqslant \phi((x^q)^{2^n}) = \phi(x^p)$.

ii) On procède par récurrence :

Si $p \in]1,2]$ alors $x^{p-1} \leqslant (x+y)^{p-1}$ et $x^p = U_{x^{1/2}}(x^{p-1}) \leqslant U_{x^{1/2}}((x+y)^{p-1})$.
Donc i) entraîne $\phi(x^{np}) \leqslant \phi((U_{x^{1/2}}(x+y)^{p-1})^n)$ pour tout entier n.

Supposons maintenant que ii) est vrai pour $p \in]1, m]$ où m est un entier $\geqslant 2$.
Alors si $q = m + p_1$ où $p_1 \in]0,1]$ on a avec les mêmes arguments

$$U_{x^{1/2}}(U_{(x+y)^{\frac{q}{2}-1}}\, x) \leqslant U_{x^{1/2}}((x+y)^{q-1}). \text{ D'après i)}$$

$$\phi\left((U_{x^{1/2}}(x+y)^{q-1})^n\right) \geqslant \phi\left((U_{x^{1/2}}\, U_{(x+y)^{\frac{q}{2}-1}}\, x)^n\right) = \phi\left((U_{x^{1/2}}(x+y)^{\frac{q}{2}-1})^{2n}\right)$$

$$\geqslant \phi(x^{2n\frac{q}{2}}) = \phi(x^{nq}) \quad \text{car } \tfrac{q}{2} \in]1,m]. \ \square$$

V.3.8. FIN DE LA PREUVE DE V.3.6.

ii) Si $p > 1$ on a d'après V.3.7.

$$\|x\|_p^p + \|y\|_p^p = \phi(x^p) + \phi(y^p) \leqslant \phi(U_{x^{1/2}}(x+y)^{p-1}) + \phi(U_{y^{1/2}}(x+y)^{p-1})$$
$$\leqslant \phi((x+y)(x+y)^{p-1}) = \|x+y\|_p^p \qquad \text{(V.1.2.)}.$$

Si $p = 1$ alors $\|x\|_1 + \|y\|_1 = \phi(x+y) = \|x+y\|_1$.

iii) Si $p \geqslant 2$ et $x, y \in M_\phi$ alors

$$\|x+y\|_p^p + \|x-y\|_p^p = \|(x+y)^2\|_{p/2}^{p/2} + \|(x-y)^2\|_{p/2}^{p/2}$$
$$\leqslant \|(x+y)^2 + (x-y)^2\|_{p/2}^{p/2} = 2^{p/2}\|x^2+y^2\|_{p/2}^{p/2} \quad \text{d'après ii)}$$
$$\leqslant 2^{p-1}(\|x^2\|_{p/2}^{p/2} + \|y^2\|_{p/2}^{p/2}) \quad \text{d'après i)}$$
$$\leqslant 2^{p-1}(\|x\|_p^p + \|y\|_p^p) \ . \ \square$$

V.3.9. PREUVE DE V.3.2.

Montrons que $L^p(M,\phi)$ est uniformément convexe pour $p \geqslant 2$. (Rappelons qu'un espace de Banach X est uniformément convexe quand pour tout réel ε , $0 < \varepsilon \leqslant 2$, son module de convexité $\delta_X(\varepsilon) = \inf \{1 - \frac{\|x+y\|}{2} \;/\; x,y \in X,\ \|x\| = \|y\| = 1 \text{ et } \|x-y\| = \varepsilon\}$ est strictement positif). En fait en prolongeant V.3.6.iii) par continuité on a

$$\delta_{L^p}(\varepsilon) \geqslant 1 - [1-(\tfrac{\varepsilon}{2})^p]^{1/p}.$$

Montrons maintenant que $L^p = (L^q)^*$ si $\frac{1}{p} + \frac{1}{q} = 1$:

L'application : $y \in M_\phi \to \dot{\phi}(xy)$ si $x \in M_\phi$ est continue pour la norme $\| \ \|_q$ et de norme $\|x\|_p$ (cf. preuve de V.3.3. 2°/). Elle se prolonge en une forme linéaire f_x sur L^q de même norme. L'application $x \in M_\phi \longrightarrow f_x \in (L^q)^*$ est linéaire et isométrique si M_ϕ est muni de la norme $\| \ \|_p$. Elle se prolonge de manière unique en une application linéaire isométrique i de L^p dans $(L^q)^*$. $i(L^p)$ apparaît comme faiblement dense dans $(L^q)^*$. Si $q \geqslant 2$, un théorème de MILMAN implique que L^q étant uniformément convexe est reflexif (cf. LINDENSTRAUSS-TZAFRIRI [1] 1.e.3) donc $(L^q)^*$ aussi. Ainsi $i(L^p)$ est fortement dense dans $(L^q)^*$ et par suite $i(L^p) = (L^q)^*$. □

V.3.10. CONJECTURE : L'espace $L^p(M, \phi)$ est aussi uniformément convexe pour $1 < p < 2$ comme c'est le cas pour les algèbres de von Neumann:KOSAKI [3] , [6].

V.4. $L^2(M,\phi)$

Dans ce paragraphe M est une J.B.W. algèbre munie d'une trace ϕ normale semi-finie fidèle.
La structure d'espace de Hilbert $L^2(M,\phi) = \overline{M_\phi}^{\|\ \|_2}$ où $\|x\|_2 = \phi(x^2)^{1/2}$ est naturelle mais il faut cependant la rendre compatible avec la structure algébrique de M :

V.4.1. LEMME : i) Si $x \in M_\phi^{1/2+}$ et $y \in M_\phi^{1/2}$, alors $xy \in M_\phi$ et $\dot\phi(xy) = \dot\phi(U_{x^{1/2}}y)$.
ii) Si $x,y \in M_\phi^{1/2}$ et $a \in M$ alors $\dot\phi(a(xy)) = \dot\phi((ax)y) = \dot\phi((ay)x)$.
iii) Si $x,y \in M_\phi^+$ alors $x^{1/2}$, $y^{1/2} \in M_\phi^{1/2+}$ et $\|x^{1/2}-y^{1/2}\|_2^2 \leqslant \|x-y\|_1$.
iv) Si $x \in M_\phi^{1/2+}$, il existe un ensemble filtrant croissant $\{x_\alpha\}_{\alpha\in\Gamma} \subseteq M_\phi^+$ tel que $x_\alpha \uparrow x$ et $x_\alpha \xrightarrow{\|\ \|_2} x$ selon Γ. En particulier $M_\phi^{1/2}$ est dense dans $L^2(M,\phi)$ pour la norme $\|\ \|_2$.

Preuve : i) Soit $y \in M_\phi^{1/2+}$. Alors la théorie spectrale implique que $y = \int_{0^-}^{\|y\|} \lambda dy_\lambda$
Si $0 < \lambda \leqslant \|y\|$, $y \geqslant \lambda(\mathbb{1}-y_\lambda)$, $\mathbb{1}-y_\lambda$ est dans $M_\phi^{1/2+}$ (V.1.2.) donc dans M_ϕ^+ puisque c'est un idempotent. On a $y(\mathbb{1}-y_\lambda) \in M_\phi$ et si $x \in M_\phi^{1/2+}$,
$\dot\phi(xy) - \dot\phi(x(yy_\lambda)) = \dot\phi((y(\mathbb{1}-y_\lambda))x) = \dot\phi(U_{x^{1/2}}y(\mathbb{1}-y_\lambda)) = \dot\phi(U_{x^{1/2}}y) - \dot\phi(U_{x^{1/2}}(yy_\lambda))$
car $U_{x^{1/2}}y$ et $U_{x^{1/2}}(yy_\lambda)$ sont dans $M_\phi^{1/2}.M_\phi^{1/2} = M_\phi$ (V.1.2.).

$$\dot\phi(yx) - \dot\phi(U_{x^{1/2}}y) = \dot\phi((y.y_\lambda).x) - \dot\phi(U_{x^{1/2}}(y.y_\lambda))$$

Il suffit de montrer que les deux derniers termes tendent vers 0 quand $\lambda \downarrow 0$
Puisque $y.y_\lambda = U_{y^{1/2}}y_\lambda$ (cf. ALFSEN-SHULTZ-STØRMER [1] lem. 4.4. et 2.11) et $\phi\circ U_{x^{1/2}}U_{y^{1/2}} \in M_*^+$ on a si $\lambda \downarrow 0$, $\dot\phi(U_{x^{1/2}}(yy_\lambda)) = \phi(U_{x^{1/2}}U_{y^{1/2}}y_\lambda) \downarrow \phi(U_{x^{1/2}}U_{y^{1/2}}y_0) = 0$
car $y_\lambda \downarrow y_0$ et $U_{y^{1/2}}y_0 = y\,y_0 = 0$. De plus

$$\dot\phi(y_\lambda(yx)) = \frac{1}{2}[\dot\phi(yx) + \dot\phi(U_{y_\lambda}(y\,x)) - \dot\phi(U_{\mathbb{1}-y_\lambda}(yx))]$$

Puisque $\mathbb{1}-y_\lambda \in M_\phi$, $\dot\phi((\mathbb{1}-y_\lambda)(y\,x)) = \dot\phi(((\mathbb{1}-y_\lambda)y)x)$ d'après V.1.2. donc $\dot\phi((y_\lambda y)x) = \dot\phi(y_\lambda(yx)) = \phi_{xy}(y_\lambda)$. Puisque $\phi_{xy} \in M_*$, on a $\dot\phi((xy)y_0) = \dot\phi(x(yy_0)) = 0$ car la relation (V.5) est aussi vraie pour $x,y \in M_\phi^{1/2}$ comme on peut le voir directement.

ii) Soient $x,y \in M_\phi^{1/2+}$ et $a \in M$. Soit $\{x_\alpha\}_{\alpha\in\Gamma}$ un ensemble filtrant croissant de M_ϕ^+ tel que $x_\alpha \uparrow x$ selon Γ (cf. Appendice 5). D'après V.1.2.,

$$\dot\phi((U_a x_\alpha)y) = 2\,\dot\phi\,((a(ax_\alpha))y) - \dot\phi\,((a^2\,x_\alpha)y)$$
$$= 2\,\dot\phi\,((ax_\alpha)(ay)) - \dot\phi\,(x_\alpha(a^2y))$$
$$= 2\,\dot\phi\,(x_\alpha(a(ay)) - \dot\phi\,(x_\alpha(a^2y))$$
$= \dot\phi\,(x_\alpha.U_a\,y)$. Donc d'après le i) et la normalité de ϕ on a

$$\dot\phi\,(y.U_a x) = \phi\,(U_{y^{1/2}}\,U_a x) = \lim_\alpha \phi(U_{y^{1/2}}\,U_a x_\alpha) = \lim_\alpha \dot\phi\,(yU_a x_\alpha) = \lim_\alpha \phi(U_{(U_a y)^{1/2}} x_\alpha)$$
$$= \phi\,(U_{(U_a y)^{1/2}}\,x) = \dot\phi\,(U_a y.x)$$

(V.9') $\qquad \dot\phi\,(y.U_a x) = \dot\phi\,(U_a y.x)$.

Donc $\dot\phi\,((ax)y) = \frac{1}{2}\,\dot\phi\,(((\mathbb{1}+U_a-U_{\mathbb{1}-a})x)y) = \dot\phi\,(x(ay))$

Puisque si $a \in M^+$, $\dot\phi(\{x,a,y\}) = \frac{1}{2}[\phi(U_{x+y}a)-\phi(U_x a)-\phi(U_y a)]$

$$= \frac{1}{2}[\phi(U_{a^{1/2}}(x+y)^2) - \phi\,(U_{a^{1/2}}\,x^2) - \phi(U_{a^{1/2}}\,y^2)]$$
$$= \frac{1}{2}[\dot\phi(a(x+y)^2) - \dot\phi(ax^2) - \dot\phi(ay^2)] \quad \text{d'après V.1.2.}$$
$$= \dot\phi\,(a(xy)),$$ on a

$\dot\phi((xa)y) + \dot\phi(x(ay)) = 2\,\dot\phi(a(xy))$ et $\dot\phi((ax)y) = \dot\phi((ay)x) = \dot\phi(a(xy))$ pour $x,y \in M_\phi$ et $a \in M$ car M et $M_\phi^{1/2}$ sont engendrés par M^+ et $M_\phi^{1/2+}$.

iii) Soient $x,y \in M_\phi^+$, $u = x^{1/2} - y^{1/2}$ et $v = x^{1/2} + y^{1/2}$. On a $u,\ v \in M_\phi^{1/2}$ et $v \geqslant \pm u$. Si s est la symétrie de M telle que $s.u = |u|$, alors d'après ii) et V.1.2., on a

$$\dot\phi\,(v|u|) = \dot\phi(v(s.u)) = \dot\phi(s(uv)) \leqslant \|s\|\ \ \phi\,(|uv|) = \phi(|uv|)\,.$$

Si $u^+ - u^-$ est la décomposition orthogonale de u dans M^+, on a

$$\dot\phi\,((v-u^+).u^+) = \dot\phi((v-u).u^+) = \phi(U_{(v-u)^{1/2}}\ u^+) \geqslant 0\,.$$

De même $\dot\phi((v-u^-).u^-) = \phi\,(U_{(v+u)^{1/2}}\ u^-) \geqslant 0$. Donc $\dot\phi(v|u|) = \dot\phi(v.(u^+ + u^-)) \geqslant \phi(u^2)$ et

$$\|x^{1/2} - y^{1/2}\|_2^2 = \phi\,(u^2) \leqslant \dot\phi(v|u|) \leqslant \phi(|vu|) = \phi\,(|x-y|) = \|x-y\|_1\,.$$

iv) Soient $x \in M_\phi^{1/2+}$ et un ensemble filtrant croissant $\{x_\alpha\}_{\alpha\in\Gamma}$ dans M_ϕ^+ tel que $x_\alpha \uparrow x$. On a $\|x-x_\alpha\|_2^2 = \phi((x-x_\alpha)^2) = \phi(x^2) + \phi(x_\alpha^2) - 2\dot\phi(xx_\alpha)$.
D'après V.1.2., $\dot\phi(xx_\alpha) = \phi(U_{x^{1/2}}\,x_\alpha)$ et ϕ étant normale $\phi(U_{x^{1/2}}x) = \lim_\alpha \phi(U_{x^{1/2}}x_\alpha)$ donc $\dot\phi(xx_\alpha)$ converge vers $\phi(x^2)$. Montrons que $\phi(x_\alpha^2) \underset{\alpha}{\to} \phi(x^2)$ ce qui impliquera $x_\alpha \xrightarrow[\alpha]{\|\cdot\|_2} x$. D'après i) on a :

$$|\phi(x^2)-\phi(x_\alpha^2)| = |\dot\phi((x+x_\alpha)(x-x_\alpha))| = \phi(U_{(x-x_\alpha)^{1/2}}(x+x_\alpha))$$
$$\leqslant \|x+x_\alpha\|\ \phi(x-x_\alpha) \leqslant 2\ \|x\|\ \phi(x-x_\alpha)$$ et ce dernier terme tend vers 0.□

V.4.2. REMARQUE : L'inégalité $\|x^{1/2}-y^{1/2}\|_2^2 \leq \|x-y\|_1$ est l'analogue de celle obtenue par POWERS-STØRMER [1].

V.4.3. L'espace M_ϕ devient un espace préhilbertien réel pour le produit scalaire défini par $\langle x,y\rangle = \phi(x\cdot y)$ et l'espace $L^2(M,\phi)$ complété de M_ϕ pour la norme $\|x\|_2 = \phi(x^2)^{1/2}$ est un espace de Hilbert. Montrons que

(V.10) $\|x.y\|_1 \leq \|x\|_2 \quad \|y\|_2$ si $x,y \in M_\phi^{1/2}$.

En fait d'après l'inégalité de CAUCHY-SCHWARZ $|\dot\phi(xy)| \leq \phi(x^2)^{1/2} \quad \phi(y^2)^{1/2}$ donc si s est la symétrie de M telle que $s(xy) = |xy|$,
$\phi(|xy|) = \dot\phi\ (s(xy)) = \dot\phi((sx)y) \leq \phi\ ((sx)^2)^{1/2}\ \phi(y^2)^{1/2}$. De plus on a dans toute J.B. algèbre : $(ab)^2 = \frac{1}{2} U_a b.b + \frac{1}{4} U_a b^2 + \frac{1}{4} U_b a^2$ et $(U_a b)^2 = U_a U_b a^2$ (cf. ALFSEN-SHULTZ-STØRMER [1] eq. (2.26) et (2.33)) donc
$\phi((sx)^2) = \frac{1}{2}\dot\phi(U_s x.x) + \frac{1}{4}\phi(U_s x^2) + \frac{1}{4}\phi(U_x s^2) \leq \frac{1}{2}\phi((U_s x)^2)^{1/2}\ \phi(x^2)^{1/2} + \frac{1}{2}\phi(x^2)$
D'où $\phi(|xy|) \leq \phi(x^2)^{1/2}\ \phi(y^2)^{1/2}$ car $\phi((U_s x)^2) = \phi(U_s U_x s^2) = \phi(x^2)$ (V.1.2.).
On déduit de (V.10) que l'application bilinéaire : $(x,y) \in M_\phi^{1/2} \times M_\phi^{1/2}$ (muni de $\|(x,y)\| = \sup(\|x\|_2, \|y\|_2)) \longrightarrow x.y \in M_\phi$(muni de $\|\ \|_1$) est de norme 1.
Donc elle se prolonge d'après V.4.1. en une application encore notée de la même manière de $L^2(M,\phi) \times L^2(M,\phi)$ dans $L^1(M,\phi)$. Il s'agit en fait d'une surjection car si $x \in L^1(M,\phi)^+$, il existe un élément noté $x^{1/2}$ dans $L^2(M,\phi)$ tel que $x^{1/2}.x^{1/2} = x$. En effet soit une suite $\{x_n\}_{n\in\mathbb{N}}$ dans M_ϕ^+ tel que $\|x-x_n\|_1 \underset{n}{\rightarrow} 0$.
On en déduit que $\{x_n^{1/2}\}_{n\in\mathbb{N}} \subset M_\phi^{1/2+}$ $\|\ \|_2$-converge vers $y \in L^2(M,\phi)$. Cet élément y ne dépend pas de la suite choisie car si
$\{x'_m\}_{m\in\mathbb{N}}$ vérifie $x'_m \xrightarrow[m]{\|\ \|_1} x$ et $x'^{1/2}_m \xrightarrow[m]{\|\ \|_2} y'$ alors les inégalités

$$\|y-y'\|_2 \leq \|y-x_n^{1/2}\|_2 + \|x_n^{1/2}-x'^{1/2}_m\|_2 + \|x'^{1/2}_m - y'\|_2$$

et $$\|x_n^{1/2}-x'^{1/2}_m\|_2^2 \leq \|x_n-x'_m\|_1 \leq \|x-x_n\|_1 + \|x-x'_m\|_1$$

montrent que y = y'. L'inégalité de V.4.1. devient

(V.11) $\|x^{1/2}-y^{1/2}\|_2^2 \leq \|x-y\|_1$ pour $x,y \in L^1(M,\phi)^+$.

Vérifions maintenant

(V.12) $\|ax\|_2 \leq \|a\| \quad \|x\|_2$ où $a \in M$ et $x \in M_\phi^{1/2}$.

On a $\phi((ax)^2) = \frac{1}{2}\ \dot{\phi}(U_a x.x) + \frac{1}{4}\ \phi(U_a x^2) + \frac{1}{4}\ \phi(U_x a^2)$.

Donc $\phi((ax)^2) \leqslant \frac{1}{2}\ \phi((U_a x)^2)^{1/2}\ \phi(x^2)^{1/2} + \frac{1}{2}\ \phi(U_x a^2)$.

De plus $\phi((U_a x)^2) = \phi(U_a\ U_x\ a^2) \leqslant \|a\|^2\ \phi(U_a x^2) \leqslant \|a\|^4\ \phi(x^2)$ et (V.12) est démontrée .

$L^2(M, \phi)$ apparait donc comme un M-module qui vérifie d'après V.4.1, (V.12) et (V.9')

(V.13) $\quad \dot{\phi}(a(x\ y)) = \dot{\phi}((ax)y) = \dot{\phi}(x(ay))$

(V.14) $\quad \dot{\phi}(U_a x.y) = \dot{\phi}(x.U_a y) \qquad$ si $a \in M$, $x,y \in L^2(M, \phi)$.

Le résultat suivant, purement technique, sera utilisé dans la suite.

V.4.4 LEMME : i) Soit $x \in M$ alors $x \in M_\phi^{1/2}$ est équivalent à $\sup\limits_{\substack{y \in M_\phi \\ \|y\|_2 \leqslant 1}} |\dot{\phi}(xy)| < \infty$

Dans ce cas $\|x\|_2 = \sup\limits_{\substack{y \in M_\phi \\ \|y\|_2 \leqslant 1}} |\dot{\phi}(xy)|$.

ii) Soit $x \in L^2(M, \phi)$ alors on a l'équivalence de

1°) $x \in M_\phi^{1/2}$

2°) $\sup\limits_{\substack{y \in M_\phi \\ \|y\|_1 \leqslant 1}} |\dot{\phi}(xy)| < \infty$

3°) $\sup\limits_{\substack{y \in M_\phi^{1/2} \\ \|y\|_2 \leqslant 1}} \|xy\|_2 < \infty$.

Dans ce cas $\|x\|$ est égal aux deux sup précédents.

iii) Si $\rho \in M_*^+$ est tel que $\rho \leqslant \phi$ alors $\rho = \dot{\phi}_x$ où $x \in M_\phi^+ \cap M_1$.

Preuve : cf. TAKESAKI [1] V.2.20 et V.2.21.

i) Si $x \in M_\phi^{1/2}$ alors d'après l'inégalité de CAUCHY-SCHWARZ, $\sup\limits_{\substack{y \in M_\phi \\ \|y\|_2 \leqslant 1}} |\dot{\phi}(xy)| \leqslant \|x\|_2$. Réciproquement soit $x \in M$. D'après le théorème de RIESZ, l'application linéaire : $y \in M_\phi \to \dot{\phi}(xy)$ étant par hypothèse bornée pour la norme $\| \ \|_2$ sur l'espace dense M_ϕ, est représentée par un $z \in L^2(M, \phi)$: $\dot{\phi}(xy) = \dot{\phi}(zy)$ pour tout y de M_ϕ. En particulier si $\{x_\alpha\}_{\alpha \in \Gamma}$ est un ensemble filtrant croissant de M_ϕ tel que $x_\alpha \uparrow \mathbb{1}$ selon Γ, alors pour $y \in M_\phi$, $\dot{\phi}((x_\alpha x)y) = \dot{\phi}(x(x_\alpha y)) = \dot{\phi}(z(x_\alpha y)) = \dot{\phi}((x_\alpha z)y)$ et $x_\alpha x = x_\alpha z$. On en déduit que $\phi(x^2) < \infty$ car $\phi(x^2) = \lim\limits_\alpha \phi(U_x x_\alpha)$ et d'après V.1.2 ,(V.13) et (V.8) ,

$$\phi(U_x x_\alpha) = \dot{\phi}(x^2 x_\alpha) = \dot{\phi}(x(xx_\alpha)) = \dot{\phi}(x(zx_\alpha)) = \dot{\phi}((xx_\alpha)z) = \dot{\phi}((zx_\alpha)z) = \phi(z^2 x_\alpha)$$

$$\leqslant \| x_\alpha \| \, \phi(z^2) \leqslant \| z \|_2^2 < \infty.$$

De plus
$$\| x \|_2^2 = \sup_\alpha \phi(U_x x_\alpha) = \sup_\alpha |\dot{\phi}(x(xx_\alpha)| \leqslant \sup_{\substack{y \in M_\phi \\ \| y \|_2 \leqslant \| x \|_2}} |\dot{\phi}(xy)| \qquad (V.12)$$

ce qui, combiné avec l'inégalité de CAUCHY-SCHWARZ, donne l'égalité cherchée.

ii) $2°) \Longrightarrow 1°)$: Supposons que $\sup\limits_{\substack{y \in M_\phi \\ \| y \|_1 \leqslant 1}} |\dot{\phi}(xy)| < \infty$. L'application : $y \in L^1(M, \phi) \longrightarrow \dot{\phi}(xy)$ est linéaire et $\| \ \|_1$ -continue d'après (V.8) donc il existe un $z \in M$ tel que $\dot{\phi}(xy) = \dot{\phi}(zy)$ pour $y \in M_\phi$ (V.2.2). Avec les notations précédentes et le même raisonnement on a $x_\alpha \cdot x = x_\alpha z$ car M_ϕ est $\| \cdot \|_2$-dense dans $L^2(M, \phi)$ et de plus $\phi(U_z x_\alpha) = \phi(U_x x_\alpha)$. Donc $\phi(z^2) = \lim\limits_\alpha \phi(U_z x_\alpha) = \phi(x^2) < \infty$ et $z \in M_\phi^{1/2}$. On en tire $x = z$ par densité de M_ϕ dans $L^2(M, \phi)$.

$1°) \Longrightarrow 3°)$ Soient $x,y \in M_\phi^{1/2}$ tels que $\| y \|_2 \leqslant 1$

D'après (V.12) $\| xy \|_2 \leqslant \| x \| \, \| y \|_2 \leqslant \| x \|$ et le 3°) est vérifié.

$3°) \Longrightarrow 2°)$ Supposons que $d = \sup\limits_{\substack{y \in M_\phi^{1/2} \\ \| y \|_2 \leqslant 1}} \| xy \|_2 < \infty$. Si $z \in M_\phi$ vérifie $\| z \|_1 \leqslant 1$ et s est la symétrie de M telle que $z = s|z|$ alors d'après la théorie spectrale, s étant dans la J.B.W. algèbre associative engendrée par z et $\mathbb{1}$, on a $z = |z|^{1/2}(s\,|z|^{1/2})$ et

$$\dot{\phi}(xz) = \dot{\phi}((x|z|^{1/2})\,(s\,|z|^{1/2})) \leqslant \| \, |z|^{1/2} x \|_2 \, \| s|z|^{1/2} \|_2 \leqslant d \| s|z|^{1/2} \|_2$$

$$\leqslant d \| s \| \, \| \, |z|^{1/2} \|_2 \leqslant d$$ et le 3°) est bien vérifié.

On vient de voir que si $x \in M_\phi^{1/2}$ alors
$$\| x \| = \sup_{\substack{y \in M_\phi \\ \| y \|_1 \leqslant 1}} |\dot{\phi}(xy)| = \sup_{\substack{y,z \in M_\phi^{1/2} \\ \| y \|_2 \leqslant 1, \| z \|_2 \leqslant 1}} |\dot{\phi}(x(yz))| = \sup_{\substack{y \in M_\phi^{1/2} \\ \| y \|_2 \leqslant 1}} \| xy \|_2$$

iii) Si $x \in M_\phi^+ \cap M_1$ il est clair que $\dot{\phi}_x \leqslant \| x \| \, \phi \leqslant \phi$ (V.1.2).

Réciproquement soit $\rho = \dot{\phi}_x$ où $x \in L^1(M, \phi)^+$ (V.2.2) tel que $\dot{\phi}_x \leqslant \phi$. Montrons que la condition du ii) $\sup\limits_{\substack{y \in M_\phi^{1/2} \\ \|y\|_2 \leqslant 1}} \|x^{1/2} y\|_2 < \infty$ est vérifiée. Si $\{x_n\}_{n \in \mathbb{N}}$ est une suite croissante de M_ϕ^+ convergeant vers x pour la norme $\| \ \|_1$ (V.2.3.) alors pour tout $y \in M_\phi^{1/2}$ tel que $\|y\|_2 \leqslant 1$ on a

$$\|x^{1/2} y\|_2^2 = \lim_n \|x_n^{1/2} y\|_2^2 \quad \text{(cf. eq. V.11)}$$

$$= \lim_n \left[\frac{1}{2} \dot{\phi}(U_{x_n^{1/2}} y.y) + \frac{1}{4} \phi(U_{x_n^{1/2}} y^2) + \frac{1}{4} \phi(U_y x_n) \right]$$

Il faut majorer chacun des termes de droite :

$$\phi(U_{x_n^{1/2}} y^2) = \phi(U_y x_n) \xrightarrow[n]{} \phi(y^2 x) \leqslant \phi(y^2) = \|y\|_2^2 \leqslant 1$$

$$\dot{\phi}(U_{x_n^{1/2}} y.y) \leqslant \phi((U_{x_n^{1/2}} y)^2)^{1/2} \|y\|_2 \leqslant \phi(U_{x_n^{1/2}} U_y x_n)^{1/2} = \phi(x_n . U_y x_n)^{1/2} .$$

m étant un entier supérieur à n ,

$$\dot{\phi}(U_{x_n^{1/2}} y.y) \leqslant \phi(x_m . U_y x_n) \quad \text{(V.1.2)}$$

$$\leqslant \lim_m \dot{\phi}(x_m . U_y x_n) = \dot{\phi}(x\, U_y x_n) \leqslant \phi(U_y x_n) = \dot{\phi}(y^2 x_n)$$

$$\text{et } \lim_n \dot{\phi}(U_{x_n^{1/2}} y.y) \leqslant \lim_n \phi(y^2 x_n) = \dot{\phi}(y^2 x) \leqslant \phi(y^2) \leqslant 1 . \ \square$$

L'étude des états de (M, ϕ) nous amène à la remarque suivante (notion de "Full invariant set of states")

<u>V.4.5 LEMME :</u> <u>L'ensemble S</u> = $\{\dot{\phi} \circ U_x \ / \ x \in M_\phi^{1/2}\}$ <u>est un sous-ensemble convexe</u> <u>$\| \ \|$-dense de M_*^+. En particulier si $a \in M$,</u>

$$\|a\| = \sup_{\substack{\rho \in S \\ \|\rho\| = 1}} |\rho(a)| = \sup_{\substack{x \in M_\phi^{1/2} \\ \|x\|_2 \leqslant 1}} |\dot{\phi}((ax)x)|$$

<u>Preuve</u> : Si $a \in M$, on a d'après V.4.1 $\dot{\phi}(U_x a) = \dot{\phi}(ax^2) = \dot{\phi}_{x^2}(a)$ et S est convexe. On a montré au début de V.2.1 que $\{\dot{\phi}_x \ / \ x \in M_\phi^+\}$ est dense dans M_*^+. Puisque $\|a\| = \sup\limits_{\rho \in M_*^+} \frac{|\rho(a)|}{\|\rho\|}$ on a $\|a\| = \sup\limits_{\rho \in S} \frac{|\rho(a)|}{\|\rho\|}$.

V.4.1 donne la deuxième égalité. □

V.5. CÔNE ASSOCIÉ À UNE J.B.W. ALGÈBRE SEMI-FINIE

Les résultats essentiels de ce paragraphe et du suivant sont résumés par :
Voir aussi le diagramme de V. 6.8.

V.5.1. THEOREME : A toute J.B.W. algèbre M possédant une trace normale semi-finie fidèle ϕ on peut faire correspondre un cône autopolaire facialement homogène $H_\phi^+ = \overline{M_\phi^+}^{\| \|_2}$ dans $H_\phi = L^2(M,\phi)$.
Cette correspondance se prolonge aux flèches de la catégorie des J.B.W. algèbres semi-finies : A tout isomorphisme α entre deux algèbres (M,ϕ) et (M',ϕ') on peut faire correspondre un unitaire $\mathcal{C}(\alpha)$ de H_ϕ dans $H_{\phi'}$, tel que $\mathcal{C}(\alpha)H_\phi^+ = H_{\phi'}^+$ et $\mathcal{C}$ est un foncteur covariant.
Soit $\mathcal{M}$ le foncteur covariant qui à la catégorie des cônes autopolaires facialement homogènes semi-finis (ie : possédant une trace s-normale semi-finie fidèle) associe leurs J.B.W. algèbres des dérivations selfadjointes semi-finies (IV.1.11.), alors $\mathcal{M}\circ\mathcal{C}$ et $\mathcal{C}\circ\mathcal{M}$ sont naturellement équivalents aux foncteurs identités.

Référence sur la théorie des catégories : MITCHELL [1].

On rappelle que $L^2(M,\phi)$ est un espace de Hilbert dont le produit scalaire est noté $<,>$.

V.5.2. LEMME : Soient (M,ϕ) comme ci-dessus. Alors H_ϕ^+ est un cône autopolaire égal à $\overline{M_\phi^{1/2+}}^{\| \|_2}$.

Preuve : Si $x, y \in M_\phi^+$ alors $<x,y> = \dot{\phi}(xy) = \phi(U_{x^{1/2}}\, y) \geqslant 0$ (V.1.2.).
Donc si $x^+ - x^-$ (resp. $y^+ - y^-$) est la décomposition de Jordan de x (resp. y) dans M_ϕ, $\dot{\phi}(xy) = <x^+ - x^-, y^+ - y^-> \leqslant <x^+ + x^-, y^+ + y^-> = \dot{\phi}(|x|.|y|)$ ce qui entraîne
$0 \leqslant \| \, |x| - |y| \, \|_2^2 = \dot{\phi}(x^2 + y^2 - 2\,|x|\,|y|) \leqslant \phi((x-y)^2) = \|x-y\|_2^2$ et les applications $x \in M_\phi \longrightarrow |x|$, $x^\pm \in H_\phi$ sont uniformément continues. Il existe donc pour tout élément de H_ϕ une unique décomposition de Jordan et H_ϕ^+ est autopolaire dans H_ϕ (I.1.2.).
H_ϕ^+ est égal à $\overline{M_\phi^{1/2+}}^{\| \|_2}$ d'après V.4.1. □
L'inégalité $\| \, |x| - |y| \, \|_2 \leq \| x-y \|_2$ est donnée par ARAKI [5].

Pour montrer que H^+ est un cône facialement homogène, il faut d'abord caractériser les faces de H_ϕ^+. Les résultats suivants ne sont qu'une préparation, cette caractérisation ne commençant qu'en V.5.5..

V.5.3. LEMME : i) Si $a \in M$, les opérateurs L_a et U_a définis sur M_ϕ se prolongent en opérateurs notés de la même manière selfadjoints bornés sur H_ϕ.
ii) L'application $a \in M \to L_a$ (resp. U_a) est isométrique (resp. continue) et conserve l'ordre (de $L(H)$). De plus $U_a H_\phi^+ \subset H_\phi^+$ pour tout a dans M.
iii) Si e est un idempotent de M, U_e est un projecteur orthogonal à $U_{\mathbb{1}-e}$.
iv) Si e et f sont des idempotents tels que $U_f \leq U_e$ alors $f \leq e$.
v) Soit $\{e_\alpha\}_{\alpha \in \Gamma}$ un ensemble filtrant croissant d'idempotents de M tels que $e_\alpha \uparrow e$ alors U_{e_α} converge fortement vers U_e selon Γ.

Preuve : i) Si $a \in M$, l'opérateur densement défini L_a est symétrique d'après V.1.2. et borné car $\|a\| = \sup_{x \in M_\phi} \frac{\phi((ax)x)}{\|x\|} = \|L_a\|_{L(H_\phi)}$ (V.4.5.).

Puisque $U_a = 2L_a^2 - L_{a^2}$, on a

$$\|U_a - U_b\|_{L(H_\phi)} \leq 2 \, \|L_a(L_a - L_b) + (L_a - L_b) L_b\|_{L(H_\phi)} + \|L_{a^2} - L_{b^2}\|_{L(H_\phi)}$$

$$\leq 2 \, (\|a\| \, \|a-b\| + \|b\| \, \|a-b\|) + \|(a+b)(a-b)\|$$

$$\leq 3 \, (\|a\| + \|b\|) \, \|a-b\|$$ et ii) est démontré . De plus si $a \in M$ et $b \in M_\phi$ on a en utilisant V.1.2.

$$\| U_a b\|_2^2 = \phi(U_a U_b a^2) \leq \|a\|^2 \phi(U_a b^2) = \|a\|^2 \phi(U_b a^2) \leq \|a\|^4 \phi(b^2)$$

$$\text{(V.15)} \qquad \|U_a\|_{L(H_\phi)} \leq \|a\|^2$$

Si $a \in M^+$ alors d'après V.1.2. on a $\langle L_a x, x\rangle = \dot{\phi}((ax)x) = \dot{\phi}(ax^2) = \phi(U_{a^{1/2}} x^2) \geq 0$ et L_a est un opérateur positif sur H_ϕ.
Si $a \in M$ et $x, y \in M_\phi^+$, $\langle U_a x, y\rangle = \dot{\phi}(U_a x.y) \geq 0$ (V.1.2.) donc $U_a \in L(H_\phi^+)$.

iii) Si $e = e^2 \in M$ alors puisque $U_e^2 = U_e$, U_e est un projecteur orthogonal à $U_{\mathbb{1}-e}$ puisque $U_e.U_{\mathbb{1}-e} = 0$ sur M_ϕ.

iv) Supposons que $U_e \geq U_f$ pour deux idempotents e et f. On a $U_{\mathbb{1}-e} U_f U_{\mathbb{1}-e} = 0$ sur H^+ donc sur M_ϕ et $U_{U_{\mathbb{1}-e} f}\, \mathbb{1} = 0$ par continuité puisque $\overline{M_\phi}^{\sigma(M,M_*)} = M$ (cf. l'appendice 5). Ainsi $U_{\mathbb{1}-e}\, f = 0$, $f \leq e$ (ALFSEN-SHULTZ-STØRMER [1] Cor. 2.9)

v) Avec les notations de l'énoncé, on a $e^2 = e$. Pour montrer que U_{e_α} converge fortement vers U_e, il suffit de montrer que $\|U_e x - U_{e_\alpha} x\|_2^2 \underset{\alpha}{\longrightarrow} 0$ pour $x \in M_\phi^+$ car H_ϕ^+ engendre H_ϕ (I.1.2.). On a :

$$\|U_e x - U_{e_\alpha} x\|_2^2 = \phi((U_e x)^2) + \phi((U_{e_\alpha} x)^2) - 2\,\dot{\phi}(U_e x . U_{e_\alpha} x)$$

D'après (V.14), $\dot{\phi}(U_e x . U_{e_\alpha} x) = \dot{\phi}(U_e U_{e_\alpha} x . x) = \dot{\phi}(U_{e_\alpha} x . x) = \phi((U_{e_\alpha} x)^2)$ car $U_{e_\alpha}^{\;2} = U_{e_\alpha}$ et $U_e U_{e_\alpha} = U_{e.e_\alpha}$. Ainsi

$$\begin{aligned}\|U_e x - U_{e_\alpha} x\|_2^2 &= \phi((U_e x)^2) - \phi((U_{e_\alpha} x)^2) = \phi(U_e U_x e) - \phi(U_{e_\alpha} U_x e_\alpha) \\ &= \dot{\phi}(e.U_x e) - \dot{\phi}(e_\alpha . U_x e_\alpha) = \dot{\phi}((e-e_\alpha)U_x e) + \dot{\phi}(e_\alpha . U_x(e-e_\alpha)) \\ &\leq \phi(U_{(U_x e)^{1/2}}(e-e_\alpha)) + \|e_\alpha\|\ \phi\,(U_x(e-e_\alpha)) \qquad \text{(V.1.2.)}\end{aligned}$$

Puisque $\phi . U_{(U_x e)^{1/2}}$ et $\phi . U_x$ sont dans M_*^+ (V.2.2.), on a le résultat annoncé. □

<u>V.5.4. LEMME : Pour</u> $x \in H_\phi$, <u>on désigne par</u> ω_x <u>l'application :</u> $a \in M \to \langle L_a x, x\rangle$.
<u>Si x et y sont dans</u> H_ϕ^+ <u>et vérifient</u> $\omega_x \geq \omega_y$ <u>alors</u> $x \geq y$.

<u>Preuve</u> : La preuve ressemble à celle de III.5.1. et on montrera en effet que $L_a \in \mathbb{D}(H^+)_{s.a.}$ en V.5.9..

Soient $\{x_n\}_{n \in \mathbb{N}}$ et $\{y_n\}_{n \in \mathbb{N}}$ deux suites dans $M_\phi^{\;+}$ qui convergent vers x et y pour la norme $\|\ \|_2$. Soit $\{e_n\}_{n \in \mathbb{N}}$ la suite d'idempotents de M tels que $e_n . (x_n - y_n) = -(x_n - y_n)^-$ (Décomposition de Jordan dans M). On a :

$$\begin{aligned}\|-(x-y)^- - L_{e_n}(x-y)\|_2 &= \|-(x-y)^- + (x_n-y_n)^- + L_{e_n}[(x_n-y_n)-(x-y)]\|_2 \\ &\leq \|-(x-y)^- + (x_n-y_n)^-\|_2 + \|L_{e_n}\|\,\|(x_n-y_n)-(x-y)\|_2\end{aligned}$$

Puisque $\|L_{e_n})\| = \|e_n\| = 1$ d'après V.5.3. et que l'application : $a \in M_\phi \to a^- \in M_\phi$ est $\|.\|_2$-uniformément continue (V.5.1.), on a $-(x-y)^- = \|.\|_2\text{-}\lim_n L_{e_n}(x-y)$.

De plus pour tout $n \in \mathbb{N}$ on a $0 \leq \omega_x(e_n) - \omega_y(e_n) = \langle x+y, L_{e_n}(x-y)\rangle$ donc $0 \leq \lim_n \langle x+y, L_{e_n}(x-y)\rangle = -\langle x+y, (x-y)^-\rangle \leq 0$ c'est-à-dire $0 = \langle x,(x-y)^-\rangle = \langle y,(x-y)^-\rangle$ et $\|(x-y)^-\|_2^2 = -\langle (x-y),(x-y)^-\rangle = 0$. D'où $(x-y)^- = 0$ et $x \geq y$. □

V.5.5 LEMME : i) Si $x \in M_\phi^{1/2+}$ alors $<x> \subset M_\phi^{1/2+}$. En particulier si e est un idempotent de M_ϕ alors $U_e\, M_\phi^{1/2+} = <e>$.
ii) Si e est un idempotent de M alors $U_e\, H^+ \in \mathfrak{F}(H_\phi^+)$ et $(U_e\, H_\phi^+)^\perp = U_{1\!\!1-e}\, H_\phi^+$.

Preuve : i) Si $x \in M_\phi^{1/2+}$ et $y \in H$ vérifient $0 \leq y \leq x$ alors pour $z \in M_\phi$ tel que $\|z\|_1 \leq 1$ on a $0 \leq <z^+, x-y>$ donc $0 \leq \dot\phi(z^+y) \leq \dot\phi(z^+x) \leq \|x\|\ \phi(z^+)$ et ainsi $|\dot\phi(zy)| \leq |\dot\phi(z^+y)| + |\dot\phi(z^-y)| \leq \|x\|\ \phi(|z|) \leq \|x\|$. Donc $y \in M_\phi^{1/2+}$ d'après V.4.4. et $<x> \subset M_\phi^{1/2+}$ (V.1.2.).

Si $e = e^2 \in M_\phi$ alors $e \in M_\phi^{1/2+}$ et pour $x \in M_\phi^{1/2+}$ on a $0 \leq U_e x \leq \|x\|\, e$ donc $U_e\, M_\phi^{1/2+} \subset <e>$. Réciproquement si $x \in H$ est tel que $0 \leq x \leq e$ alors $x \in M_\phi^{1/2+}$ et $0 \leq U_{1\!\!1-e} x \leq U_{1\!\!1-e}\, e = 0$ c'est-à-dire d'après ALFSEN-SHULTZ-STØRMER [1] corol. 2.10, $x = U_e x$ et $x \in U_e\, M_\phi^{1/2+}$.

ii) Si $e = e^2 \in M$, on a $U_{1\!\!1-e}\, H_\phi^+ \subset (U_e\, H_\phi^+)^\perp$ car $U_e\, U_{1\!\!1-e} = 0$ sur M_ϕ. Réciproquement si $x \in (U_e\, H_\phi^+)^\perp$ alors pour $y \in M_\phi^+$ on a $0 = <x, U_e y> = <U_e x, y>$ et $U_e x = 0$. Soit $a = \lambda(1\!\!1-e) + e$ où $\lambda \in \mathbb{R}$. Puisque $U_a = \lambda^2\, U_{1\!\!1-e} + U_e + \lambda(1\!\!1 - U_{1\!\!1-e} - U_e)$ et $U_a \in L(H_\phi^+)$, on a $\lambda^2\, U_{1\!\!1-e}\, x + \lambda(1\!\!1 - U_{1\!\!1-e})x \geq 0$ pour tout λ. Donc $(1\!\!1 - U_{1\!\!1-e})x \in H_\phi^+ \cap -H_\phi^+ = \{0\}$ et $U_{1\!\!1-e}\, H_\phi^+ = (U_e H_\phi^+)^\perp$. Par symétrie $U_e H_\phi^+ = (U_{1\!\!1-e}\, H_\phi^+)^\perp \in \mathfrak{F}(H_\phi^+)$ (I.1.6). □

La clef de la caractérisation des faces de H^+ se situe dans la proposition suivante :

V.5.6 PROPOSITION : i) Si $x \in H_\phi^+$, il existe un idempotent e de M tel que $\overline{<x>}^{\|\cdot\|_2} = U_e\, H_\phi^+$.
ii) Pour toute face F de H_ϕ^+ il existe un idempotent e_F de M tel que $\bar F = U_{e_F}\, H_\phi^+$. De plus $P_F = U_{e_F}$ et $P_{F^\perp} = U_{1\!\!1-e_F}$.

Preuve : i) Soit $x \in H_\phi^+$, $x \neq 0$. Pour $a \in M$ on a $\omega_x(a) = <L_a\, x, x> = \dot\phi((ax)x) = \dot\phi(ax^2) = \dot\phi_{x^2}(a)$ où $x^2 \in L^1(M,\phi)^+$ (V.4.3.) donc $\omega_x \in M_*^+$ (V.2.2.). Si e_x est le support de ω_x (V.1.5) alors sachant que U_{e_x} et $U_{1\!\!1-e_x}$ sont des projecteurs (V.5.3.) on a :

$$\|x\|_2^2 = <L_{e_x} x, x> = \frac{1}{2}\,(\,\|x\|_2^2 + \|U_{e_x}\, x\|_2^2 - \|U_{1\!\!1-e_x} x\|_2^2\,) \text{ et } x = U_{e_x} x \in U_{e_x} H_\phi^+ .$$

D'après V.5.5. $\overline{<x>}^{\|\cdot\|_2} \in U_{e_x}\, H_\phi^+$.

Réciproquement soit $\lambda \in \mathbb{R}^+$, $\lambda \neq 0$. D'après V.1.8. $(\lambda\phi-\omega_x) = (\lambda\phi-\omega_x)^+-(\lambda\phi-\omega_x)^-$

Soit $f_\lambda = \mathbb{1}-s_{(\lambda\phi-\omega_x)^-}$ (V.1.8.). On a $\lambda\phi\circ U_{f_\lambda} \geqslant \lambda\phi\circ U_{f_\lambda}-\omega_x\circ U_{f_\lambda} = (\lambda\phi-\omega_x)^+ \geqslant \lambda\phi-\omega_x$

Donc pour $a \in M_\phi^+$, $\omega_x(a) \geqslant \lambda\phi(a)-\lambda\phi(U_{f_\lambda}a) = \lambda\phi(U_{\mathbb{1}-f_\lambda}a)$ (V.1.2.). Puisque $\mathbb{1}-f_\lambda \in M_\phi^+$ (cf. preuve de V.1.8.), ω_x et $\phi\circ U_{\mathbb{1}-f_\lambda}$ sont dans M_*^+. On en déduit $\omega_x(a) \geqslant \lambda\phi((\mathbb{1}-f_\lambda)((\mathbb{1}-f_\lambda)a))$ pour $a \in M^+$ car $\overline{M_\phi^+}^{\sigma(M,M_*)} = M^+$ (V.1.4.). Ceci s'écrit encore $< L_a x,x> \geqslant < L_a \sqrt{\lambda}(\mathbb{1}-f_\lambda), \sqrt{\lambda}(\mathbb{1}-f_\lambda)>$ et d'après V.5.4., $x \geqslant \sqrt{\lambda}\,(\mathbb{1}-f_\lambda)$.

Donc $\mathbb{1}-f_\lambda \in < x >$. Puisque $f_\lambda \leqslant f_\mu$ si $\lambda \leqslant \mu$ (V.1.8.) on a $\mathbb{1}-f_\lambda \uparrow \mathbb{1}-f_o$ (dans M^+) si $\lambda \downarrow 0$. Si $y \in M_\phi^+$, $0 \leqslant U_{\mathbb{1}-f_\lambda} y \leqslant \|y\|(\mathbb{1}-f_\lambda) \in <x>$ donc $U_{\mathbb{1}-f_\lambda}y \in <x>$ et V.5.3. entraîne $U_{\mathbb{1}-f_o} y = \|\ \|\text{-}\lim_{\lambda\downarrow 0} U_{\mathbb{1}-f_\lambda} y \in \overline{<x>}^{\|\ \|_2}$. Ainsi $U_{\mathbb{1}-f_o} H_\phi^+ \subset \overline{<x>}^{\|\cdot\|_2}$. Puisque $f_o \leqslant \mathbb{1}-e_x$ (cf. preuve de V.1.9.) on a $U_{e_x} H_\phi^+ = U_{e_x} U_{\mathbb{1}-f_o} H_\phi^+ \subset U_{e_x} \overline{<x>} = \overline{<x>} \subset U_{e_x} H_\phi^+$.

ii) On a $F = \bigcup_{x\in F} <x>$ et la famille des $<x>$, $x \in F$ est filtrante croissante. Pour $x \in F$ soit e_x le support de ω_x, donc $\overline{<x>}^{\|\ \|_2} = U_{e_x} H_\phi^+$ d'après ce qui précède. Soient maintenant $0 \leqslant x_1 \leqslant x_2 \in F$ alors i) entraîne $U_{\mathbb{1}-e_{x_2}} x_1 = 0$ et $U_{e_{x_2}} x_1 = x_1$ (V.5.3.).

Donc $\omega_{x_1}(e_{x_2}) = <L_{e_{x_2}} x_1, x_1> = \|x_1\|_2^2 = \|\omega_{x_1}\|$ et $e_{x_1} \leqslant e_{x_2}$ par définition du support. Soit $e_F = \bigvee_{x\in F} e_x$, alors $e_x \uparrow e_F$. D'après V.5.3., U_{e_x} converge fortement vers U_{e_F} donc si $y \in U_{e_F} H^+$, $y = \|\cdot\|_2\text{-}\lim_x U_{e_x} y \in \overline{\bigcup <x>} \subset \overline{F}$. Réciproquement si $y \in F$ alors $e_y \leqslant e_F$, $U_{e_F} y = y$ car $U_{e_y} \leqslant U_{e_F}$ (V.5.3.) et $U_{e_y} y = y$ donc $F \subset U_{e_F} H^+ \subset \overline{F}$ ce qui entraîne $\overline{F} = U_{e_F} H^+$. □

De plus $U_F = 2(U_{e_F} + U_{\mathbb{1}-e_F})-\mathbb{1} = U_{2e_F-\mathbb{1}}$: la dernière égalité étant vraie sur une algèbre spéciale (donc sur M d'après le théorème de Mac DONALD), se prolonge sur H.

On a ainsi démontré le théorème suivant qui caractérise les faces du cône :

V.5.7. THEOREME : L'application : $e \in M \to U_e H_\phi^+ \in \mathcal{F}(H_\phi^+)$ est un isomorphisme d'ordre des idempotents de M sur les faces complètes de H_ϕ^+. De plus $P_{U_e H_\phi^+} = U_e$, $P_{(U_e H_\phi^+)^\perp} = U_{\mathbb{1}-e}$, $U_{U_e H_\phi^+} = U_{2e-\mathbb{1}}$.

Pour montrer que H^+ est facialement homogène, il faut d'abord connaître les dérivations faciales.

V.5.8. LEMME : Si $F \in \mathrm{Fac}\,(H_\phi^+)$, il existe un idempotent e_F de M tel que $\delta_F = L_{e_F}$.

Preuve : D'après le théorème précédent, $\delta_F = \frac{1}{2}(\mathbb{1}+U_{e_F}-U_{\mathbb{1}-e_F}) = L_{e_F}$. □

V.5.9. THEOREME : H_ϕ^+ est facialement homogène. De plus toute dérivation self-adjointe de H_ϕ^+ est de la forme L_a où $a \in M$.

Preuve : On remarque tout d'abord que si e est un idempotent et a un élément d'une algèbre de Jordan spéciale, $U_e L_a U_{\mathbb{1}-e} = 0$. Donc par le théorème de Mc-DONALD ceci est vrai sur M et par continuité sur H_ϕ^+ (V.5.3.). D'après V.5.7. et I.2.4. L_a est une dérivation self-adjointe du cône. (V.5.8.) implique $\delta_F \in D(H_\phi^+)_{s.a}$ et H_ϕ^+ est facialement homogène. Il reste à montrer que si $\delta \in D(H_\phi^+)_{s.a.}$ alors $\delta = L_a$ où $a \in M$: D'après II.2.4., $\delta = \int \lambda\, d\delta_{F(\lambda)}$, donc si $F(\lambda) = U_{e_\lambda} H^+$ où e_λ est un idempotent de M (V.5.7.) et $a = \int \lambda\, de_\lambda$ alors $a \in M$. L'application $a \to L_a$ étant continue et préservant l'ordre (V.5.3.) on a $L_a = \int \lambda\, d\, L_{e_\lambda} = \int \lambda\, d\delta_{F(\lambda)} = \delta$. □

Le théorème suivant et son corollaire constituent une extension des travaux de SAKAI [2].

V.5.10. THEOREME : Soit M une J.B.W. algèbre semi-finie. Il existe, associés à une trace normale semi-finie fidèle ϕ sur M, un espace de Hilbert réel H_ϕ, un cône autopolaire facialement homogène H_ϕ^+ dans H_ϕ et un J.B. isomorphisme L^ϕ de M sur la J.B.W. algèbre des dérivations selfadjointes de H_ϕ^+ (cf. III.2.1.) défini par $L^\phi(a) = L_a$ pour $a \in M$.

De plus $L^\phi(Z(M)) = Z_{H_\phi^+}$ et H_ϕ^+ possède des quasi-intérieurs si et seulement si M est σ-finie.

Preuve : On a construit en V.5.2. et V.5.9. un couple (H_ϕ, H_ϕ^+) vérifiant les propriétés énoncées. Par définition du produit de Jordan dans $D(H_\phi^+)_{s.a.}$, si $a = \int \lambda de_\lambda \in M$ alors $L^\phi(a)\circ L^\phi(a) = \int \lambda^2 dL^\phi(e_\lambda)$ où L^ϕ est l'application L définie en V.5.3.. Donc $L^\phi(a)\circ L^\phi(a) = L^\phi(a^2)$ et ainsi L^ϕ est un J.B. isomorphisme de M sur $D(H_\phi^+)_{s.a.}$. $a \in Z(M)$ est équivalent à $U_s a=a$ pour toute symétrie s de M (ALFSEN-SHULTZ-STØRMER [1] Lem. 5.3.). Donc $a \in Z(M)$ est équivalent à $L^\phi(a) = L^\phi(U_s a) = U_{L^\phi(s)} L^\phi(a) = U_{L^\phi(2e_F - \mathbb{1})} L^\phi(a)$ si $s = 2e_F - \mathbb{1}$ et dans ce cas $L^\phi(a) = (2N_F^2 - \mathbb{1}) L^\phi(a)(2N_F^2 - \mathbb{1})$ (III.2. 2. , V.5.8.) . Or ceci est équivalent à $[L^\phi(a), P_F] = 0$ $\forall F \in \mathfrak{F}(H^+)$ car $P_F L^\phi(a) P_{F^\perp} = 0$ (I.2.4.) ou encore à $L^\phi(a) \in Z_{H^+}$ d'après I.2.7.

De plus M est σ-finie si et seulement si il existe $\psi \in M_*^+$ tel que ψ est fidèle (cf. Appendice 6). D'après III.5.2., ψ est de la forme $\omega_x : a \longrightarrow \langle L^\phi(a)x,x\rangle$ où $x \in H_\phi^+$. Si $F = \langle x\rangle^\perp$ alors $\delta_F x = 0$ et si e_F est l'idempotent de M correspondant à δ_F (V.5.8.), on a $\psi(e_F) = \langle \delta_F x, x\rangle = 0$, $e_F = 0$ et x est un quasi-intérieur. Réciproquement si x est un quasi-intérieur de H_ϕ^+ et $a \in M^+$ vérifient $\omega_x(a) = 0$ alors puisque $L^\phi(a)$ est un opérateur positif, $L^\phi(a)x = 0$ et $L^\phi(a) = 0$ (II.1.5.). L^ϕ étant isométrique (V.5.3.), a = 0. □

V.5.11. COROLLAIRE : L'application $j : x \in H_\phi^+ \longrightarrow \omega_x \circ L^\phi \in M_*^+$ (ie : $\omega_x(a) = \langle L^\phi(a)x,x\rangle$) définit un homéomorphisme de H_ϕ^+ sur M_*^+. De plus son inverse est concave et conserve l'ordre.

Preuve : j est un homéomorphisme d'après III.5.2. et V.5.10. Il reste à prouver que j^{-1} est concave :
Si $x,y \in M_\phi^+$ et $\lambda \in \mathbb{R}$ est tel que $0<\lambda<1$ alors pour $a \in M$
$(\lambda\omega_x + (1-\lambda)\omega_y)(a) = \phi(a(\lambda x^2 + (1-\lambda)y^2))$ donc $j^{-1}(\lambda\omega_x + (1-\lambda)\omega_y) = (\lambda x^2 + (1-\lambda)y^2)^{1/2}$.
Comme pour les algèbres de JORDAN (Th. de SHIRSHOV-COHN), la J.B.W. algèbre engendrée par x,y est spéciale (cf. par exemple WRIGHT [1] prop. 2.1.), donc est une J.W. algèbre (SHULTZ [1] th. 3.9.). La concavité de l'application : $x \in M_\phi^+ \to x^{1/2}$ (cf. par exemple PEDERSEN [1] 1.3.11.) entraîne la concavité de j^{-1} sur $\{\omega_x \circ L^\phi / x \in M_\phi^+\}$ donc par continuité sur H_ϕ^+ (III.5.1.). □

V.5.12. COROLLAIRE : Si H_ϕ^+ possède un vecteur trace quasi-intérieur, M est finie. Réciproquement si M est finie, H_ϕ^+ est du type fini.

Preuve : Ceci résulte directement de IV.2.1. et V.5.11. □

Dans le cas à trace, il est possible de généraliser III.4.2.. Rappelons que $P(\delta) = 2\delta^2 - \delta\circ\delta$ si $\delta \in D(H_\phi^+)_{s.a.}$.

V.5.13. COROLLAIRE : P est une représentation quadratique de $D(H_\phi^+)_{s.a.}$ dans $L(H_\phi^+)$ c'est-à-dire $P(\{\delta,\delta',\delta\}) = P(\delta)P(\delta')P(\delta)$ pour $\delta,\delta' \in D(H_\phi^+)_{s.a.}$. De plus $P(L^\phi(a)) = U_a$.

Preuve : Pour $a \in M$ on a $P(L_a^\phi) = 2(L_a^\phi)^2 - L_a^\phi \circ L_a^\phi = 2L_a^{\phi 2} - L_{a\circ a}^\phi = U_a$. Donc si $b \in M$, $P(\{L^\phi(a), L^\phi(b), L^\phi(a)\}) = P(L^\phi(\{a,b,a\})) = U_{\{a,b,a\}} = U_a U_b U_a$

$= P(L^\phi(a))P(L^\phi(b))P(L^\phi(a))$. □

Le théorème suivant, du type RADON-NIKODYM a une démonstration moins simple que dans le cas des algèbres de von Neumann car on ne dispose pas de la notion de commutant (cf. TAKESAKI [1] V.2.31). C'est en fait un corollaire de V.4.10..

V.5.14. THEOREME : Soit M une J.B.W. algèbre munie d'une trace normale semi-finie fidèle ϕ_1. Si ϕ_2 est une autre trace normale semi-finie,

i) $\phi_1 + \phi_2$ est une trace normale semi-finie fidèle sur M.

ii) Il existe $z \in Z(M)$ tel que $0 \leq z \leq \mathbb{1}$, z a pour support $\mathbb{1}$, et : $\phi_1(x) = (\phi_1+\phi_2)(z.x)$

$\phi_2(x) = (\phi_1+\phi_2)((\mathbb{1}-z)x)$ où $x \in M^+$ (On a $z.x = U_{z^{1/2}} x \in M^+$).

Preuve : i) Soit $\phi = \phi_1+\phi_2$. Il est clair que ϕ est une trace normale fidèle de M. Puisque $M_{\phi_1}.M_{\phi_2} \subset M_{\phi_1} \cap M_{\phi_2} = M_\phi$, V.1.4. permet de conclure que ϕ est semi-finie.

On a $M_\phi = M_{\phi_1} \cap M_{\phi_2}$. Sur cet espace $<,>_{\phi_1}$ est majoré par $<,>_\phi$. Il existe donc un opérateur unique A sur H_ϕ tel que $0 \leq A \leq \mathbb{1}$ et $\phi_1(xy) = <Ax,y>_\phi$ pour $x,y \in M_\phi$. De plus si $x \in H_\phi^+$, $0 \leq Ax \leq x$ et donc $A \in Z_{H_\phi^+}$ (I.2.7.). D'après V.5.10., il existe $z \in Z(M)$ tel que $0 \leq z \leq \mathbb{1}$ et $A = L_z$ c'est-à-dire $\dot\phi_1(xy) = \dot\phi((zx)y) = \dot\phi(z(xy))$.

Pour $x \in M^+$, il existe un ensemble filtrant croissant $\{x_\alpha\}_{\alpha\in\Gamma}$ (resp. $\{e_\beta\}_{\beta\in\Gamma'}$) de M_ϕ^+ tel que $x_\alpha \uparrow x$ (resp. $e_\beta \uparrow \mathbb{1}$) selon Γ (resp. Γ') (cf. Appendice 5) donc

$\phi_1(x) = \lim_\alpha \phi_1(x_\alpha) = \lim_\alpha \phi(zx_\alpha) = \lim_\alpha \phi(U_{z^{1/2}} x_\alpha) = \phi(U_{z^{1/2}} x) = \dot\phi(zx)$ (V.1.2.).

$\phi_1(x) = \lim_\beta \phi_1(U_{x^{1/2}} e_\beta) = \lim_\beta \phi_1(U_{e_\beta} x) = \lim_\beta \lim_\alpha \phi_1(U_{e_\beta} x_\alpha)$

$= \lim_\beta \lim_\alpha \phi_1(e_\beta x_\alpha) = \lim_\beta \lim_\alpha \dot\phi(z(e_\beta x_\alpha)) = \phi(zx)$ (V.1.2.) .

De même $\phi_2(x) = \phi((\mathbb{1}-z)x)$. Puisque $s_{\phi_1} = \mathbb{1}$, le support de z est l'identité. □

V.6. Unicité du cône H_ϕ^+

V.6.1. NOTATIONS ET DEFINITIONS : Soit Aut(M) l'ensemble des automorphismes de la J.B.W. algèbre M. Soit sur Aut (M) la topologie u-σ (pour uniformément $\sigma(M,M_*)$) définie par la famille de semi-normes : $\alpha \in \mathrm{Aut}\,(M) \to \|\alpha^* \circ \rho\|$ où $\rho \in M_*$. Il est immédiat de voir qu'un ensemble filtrant $\{\alpha_\beta\}_{\beta \in \Gamma} \subset \mathrm{Aut}(M)$ u-σ-converge vers $\alpha \in \mathrm{Aut}\,(M)$ si et seulement si pour tout $\sigma(M,M_*)$-voisinage V de 0 dans M, on a $(\alpha-\alpha_\beta)\, M_1 \subset V$ pour β grand. La partie iii) du résultat suivant impliquera que Aut (M) muni de cette topologie est un groupe topologique.

V.6.2. PROPOSITION : Si ϕ et ψ sont deux traces normales fidèles semi-finies sur une J.B.W. algèbre M alors il existe un unitaire V de H_ψ sur H_ϕ tel que $V\, H_\psi^+ = H_\phi^+$.

Le résultat suivant est une extension de BROISE [1].

V.6.3. COROLLAIRE : i) Isomorphisme d'algèbre : Tout automorphisme α de M est unitairement implementé de façon unique au sens suivant : Si $a \in M$ et L^ϕ est l'isomorphisme de M sur $D(H_\phi^+)_{s.a}$ (V.5.10) il existe $U_\alpha \in U(H_\phi^+)$ tel que $L^\phi(\alpha(a)) = U_\alpha\, L^\phi(a) U_\alpha^*$. De plus α laisse Z(M) invariant point par point si et seulement si $U_\alpha \in S(H_\phi^+)$.

ii) Isomorphisme d'espace ordonné : Soit $A \in GL(H^+)$ et $A = U|A|$ sa décomposition polaire. Il existe un unique isomorphisme de Jordan α tel que $U = U_\alpha$ et un unique élément inversible a de M^+ tel que $|A| = P(L^\phi(a))$.

iii) L'application : $\alpha \in \mathrm{Aut}(M) \to U_\alpha \in U(H_\phi^+)$ est un morphisme de groupe et un homéomorphisme de (Aut(M),u-σ) sur $U(H_\phi^+)$ muni de la topologie forte (= faible) tel que $U_\alpha(j^{-1}\psi) = j^{-1}(\psi \circ \alpha^{-1})$ pour tout ψ dans M_*^+ (cf. V.5.11.).

Preuve de V.6.2. : (D'après V.5.11. H_ψ^+ et H_ϕ^+ ne sont qu'homéomorphes et cet homéomorphisme ne conserve pas l'ordre a priori). On connaît d'après V.5.14. l'existence d'un $z \in Z(M)$, $0 \leq z \leq \mathbb{1}$ tel que $\phi(x) = \phi(z.x) + \psi(z.x)$ $\forall x \in M^+$ et si $z = \int_0^1 \lambda de_\lambda$ est la décomposition spectrale de z dans Z(M), $e_0 = 0$ et $e_{1^-} = \mathbb{1}$.

Soit $z_n = \int_{1/n}^{1} \lambda de_\lambda$ où $n \in \mathbb{N}-\{o\}$; on a $\forall x \in M_\phi$

$\phi(((\mathbb{1}-z)\, z_n^{-1})\, x) = \psi((z\, z_n^{-1})x) = \psi((\mathbb{1}-e_{1/n})x)$. Donc si $k_n = \int_{1/n}^{1} \frac{1-\lambda}{\lambda} de_\lambda$,

$\{k_n\}_{n\in\mathbb{N}}$ est une suite croissante dans $Z(M)$ telle que $\psi(x) = \lim_n \phi(k_n\, x)$

pour tout x de M^+ puisque ϕ et ψ sont normales.

Ainsi si $x \in M_\phi \cap M_\psi$, $\{k_n\, x\}_{x\in\mathbb{N}}$ est une suite de Cauchy pour la norme $\|\ \|_{1,\phi}$ dont on notera $k(x)$ la limite. L'application : $x \in M_\phi \cap M_\psi \rightarrow k(x) \in L^1(M,\phi)$ est linéaire (utiliser (V.8.) et (V.8')) et conserve l'ordre.

Si maintenant $x \in M_\phi^{1/2} \cap M_\psi^{1/2}$ alors on peut faire le même travail avec la suite $\{k_n^{1/2}\, x\}_{n\in\mathbb{N}}$: En fait on a $(k(x^2))^{1/2} = \|\ \|_{2,\phi}\text{-}\lim_n (k_n^{1/2}\, x)$ car d'après (V.11)

$$\|(k(x^2))^{1/2} - k_n^{1/2}x\|_{2,\phi} \leq \|k(x^2) - k_n\, x^2\|_{1,\phi}$$

L'application V de $L^2(M,\psi)$ dans $L^2(M,\phi)$ définie pour $x \in M_\phi^{1/2} \cap M_\psi^{1/2}$ par $V(x) = (k(x^2))^{1/2}$ est donc linéaire, conserve l'ordre et isométrique puisque

$$< Vx, Vx >_\phi = \phi(k(x^2)) = \psi(x^2) = < x,x >_\psi$$

Elle se prolonge en une application surjective encore notée V de $L^2(M,\psi)$ sur $L^2(M,\phi)$: En effet pour $x \in M_\phi^{1/2} \cap M_\psi^{1/2}$ notons $x_n = (e_{1-\frac{1}{n}}\, k_n)^{-1/2}\, x \in M_\phi^{1/2} \cap M_\psi^{1/2}$.

Alors : $(k(x_n^2))^{1/2} = \|\ \|_{2,\phi} - \lim_m (k_m^{1/2}\, x_n) = (e_{1-\frac{1}{n}} - e_{\frac{1}{m}})\, x$ et $\|\ \|_{2,\psi}\text{-}\lim_n (k(x_n^2))^{1/2} = x$

Puisque $M_\phi^{1/2} \cap M_\psi^{1/2}$ est dense dans $L^2(M,\psi)$ (V.5.2.), V est un unitaire de H_ψ sur H_ϕ tel que $VH_\psi^+ = H_\phi^+$. □

<u>Preuve de V.6.3.</u> : i) On va montrer que les automorphismes de M sont implementés par des unitaires conservant le cône : Si $U \in U(H_\phi^+)$ alors l'application : $\delta \in D(H_\phi^+)_{s.a.} \longrightarrow U\delta U^* \in D(H_\phi^+)_{s.a.}$ est un isomorphisme de Jordan d'après III.3.2.. Donc $\alpha : a \in M \rightarrow (L^\phi)^{-1}\, (UL^\phi(a)U^*)$ est un automorphisme de M d'après V.5.10..

Soit maintenant $\alpha \in Aut(M)$. Alors $\psi = \phi \circ \alpha^{-1}$ est une trace telle que $\alpha(M_\phi^+) \subset M_\psi^+$ et ψ est normale fidèle et semi-finie (V.1.4.). L'application α de H_ϕ dans H_ψ définie sur M_ϕ est isométrique par construction et son image est M_ψ. Soit U son prolongement unitaire de H_ϕ sur H_ψ ; on a $UH_\phi^+ \subset H_\psi^+$ et $U^*x = \alpha^{-1}(x)$ si $x \in M_\psi$.
Si $U_\alpha = VU \in U(H_\phi^+)$ où V est l'unitaire de V.6.2., montrons que pour $a \in M$

(*) $$L^\phi(\alpha(a)) = U_\alpha\, L^\phi(a) U_\alpha^*$$

Pour $x,y \in M_\phi$, on a avec les notations précédentes

$$\begin{aligned}< U^* V^* L^\phi(\alpha(a))VUx, y>_\phi &= < L^\phi(\alpha(a)) V \alpha(x), VUy>_\phi \\ &= \lim_n < \alpha(a)(k_n^{1/2} \alpha(x)), k_n^{1/2} \alpha(y)>_\phi \\ &= \lim_n \phi(k_n(\alpha(ax) \alpha(y))) \\ &= \psi(\alpha((ax) y)) \\ &= < L^\phi (a)x,y>_\phi\end{aligned}$$

Il est à remarquer que U_α est le seul élément de $U(H_\phi^+)$ tel que (*) soit vérifiée. En effet si U'_α vérifie (*) alors pour toute face $F \in \mathfrak{F}(H_\phi^+)$
$\delta_F = U'^*_\alpha U_\alpha \delta_F U^*_\alpha U'_\alpha = \delta_{(U'^*_\alpha U_\alpha)F}$ (V.5.9, III.3.2.) $F = (U'^*_\alpha U_\alpha)F$ (III.1.3.) et $U_\alpha = U'_\alpha$ d'après I.2.2..

Il reste à montrer que $\alpha(z) = z$ pour tout z dans $Z(M)$ est équivalent à $U_\alpha \in S(H_\phi^+)$. Ceci est immédiat d'après V.5.10. puisque $L^\phi(Z(M)) = Z_{H_\phi^+}$.

ii) résulte de II.3.2., III.4.4., V.5.10. et de i).

iii) L'application : $\alpha \in \mathrm{Aut}(M) \longrightarrow U_\alpha$ est clairement un morphisme de groupe du fait de l'unicité de U_α. La condition $U_\alpha j^{-1}(\psi) = j^{-1}(\psi \circ \alpha^{-1})$ pour $\psi \in M_*^+$ résulte de l'unicité du vecteur du cône représentant un état normal (III.5.2.).

Soit $\{\alpha_\beta\}_{\beta \in \Gamma}$ un ensemble filtrant dans Aut(M). Avec V.5.11. on vérifie que la condition : "$U^*_{\alpha_\beta} x$ converge vers $U^*_\alpha x$ selon Γ pour la norme de H_ϕ, $\forall x \in H_\phi^+$" est équivalente à : "$\alpha_\beta^* \rho$ converge vers $\alpha_\beta^* \rho$ selon Γ pour la norme de M_*, $\forall \rho \in M_*^+$"; d'où le résultat puisque H_ϕ^+ et M_*^+ engendre linéairement H_ϕ et M_* respectivement. □

V.6.4. REMARQUES : *"L'implémentation" des automorphismes de M n'existe que par le fait que l'on possède un espace de Hilbert naturel associé à la trace. Pour prolonger ce résultat en l'état il faut disposer d'une notion canonique de formes autopolaires (cf. CONNES [2], WORONOWICZ [1], HAAGERUP-HANCHE OLSEN [1], ou Appendice 8) qui permette d'obtenir un espace de Hilbert ambiant comme dans le cas des algèbres de von Neumann. Voir cependant VII.1.2..

* On peut sans doute étendre les résultats obtenus sur les isomètrieslinéaires entre espaces $L^2(M,\phi)$ aux espaces $L^p(M,\phi)$ comme dans RUSSO [1] et P.K. TAM [1].

V.6.5. CONE ASSOCIE A UN ETAT NORMAL FIDELE DE M

On peut associer à tout état normal fidèle ρ sur M un espace de Hilbert réel H_ρ et un cône autopolaire naturel noté $\mathcal{T}^\natural_{M,\rho}$ dans H_ρ :
Supposons que $\rho = \dot\phi(x_\rho .)$ où $x_\rho \in M^+_\phi$. Si x_ρ a pour décomposition spectrale $\int_0^{\|x\|} \lambda de_\lambda$, on a $e_0 = 0$. Soit $y \in M$, $\phi((U_{x_\rho^{1/4}} y)^2) = \phi(U_{x_\rho^{1/4}} U_y x_\rho^{1/2}) = \phi(x_\rho^{1/2} \circ U_y x_\rho^{1/2}) < \infty$ (V.4.1.) donc $U_{x_\rho^{1/4}} M \subset M^{1/2}_\phi$. Soit $H_\rho = \overline{U_{x_\rho^{1/4}} M}^{\|\cdot\|_2}$ alors $H_\rho \subset H_\phi$.
On définit $\mathcal{T}^\natural_{M,\rho} = \overline{U_{x_\rho^{1/4}} M^+}^{\|\cdot\|_2}$.

Ce cône est égal à H^+_ϕ : Pour $y \in M^+_\phi$ définissons $x_n = \int_{1/n}^{\|x\|} \lambda de_\lambda$ où $n \in \mathbb{N}-\{0\}$ et $y_n = U_{x_\rho^{1/4}} (U_{x_n^{-1/4}} y) = U_{1\!\!1 - e_{1/n}} y$. On a $y_n \in U_{x_\rho^{1/4}} M^+ \xrightarrow[n]{\|\cdot\|_2} y$ (V.5.3.). En fait H^+_ρ apparaît comme le completé de M^+ pour le produit scalaire défini sur MxM par $s(x,y) = \phi(U_{x_\rho^{1/2}} x.y)$. Ce produit scalaire est une forme autopolaire sur M associée à ρ (cf. CONNES [2] Def. 1.1. ou WORONOWICZ [1] Def. 2 ou Appendice 8). Si maintenant ρ est quelconque $\rho = \phi(x_\rho .)$ où $x_\rho = \int_{0^-}^{\infty} \lambda de_\lambda$ et $\{e_\lambda\}_{\lambda \in \mathbb{R}^+}$ est une famille spectrale dans M^+_ϕ (V.2.3.). ρ étant fidèle on a $e_0 = 0$. Si $x_n = \int_{0^-}^{n} \lambda de_\lambda$ pour $n \in \mathbb{N}$ alors $x_n \leqslant n(e_n)$, $x_n \in M^+_\phi$ et $\{U_{x_n^{1/4}}\}_{n \in \mathbb{N}} \subset L(H_\phi)$ est une suite ayant une limite forte : Si $a \in M^+_\phi$ et $n > m$ alors d'après (V.9')

$$\|U_{x_n^{1/4}} a - U_{x_m^{1/4}} a\|_2^2 = \phi((U_{x_n^{1/4}} a)^2) + \phi((U_{x_m^{1/4}} a)^2) - 2\phi(U_{x_n^{1/4}} a \circ U_{x_m^{1/4}} a)$$

$$= \phi(U_{x_n^{1/4}} U_a x_n^{1/2}) - \phi(U_{x_m^{1/4}} U_a x_m^{1/2})$$

$$= \dot\phi(x_n^{1/2} \circ U_a x_n^{1/2}) - \dot\phi(x_m^{1/2} \circ U_a x_m^{1/2}) \quad \text{(V.1.2.)}$$

d'où le résultat car $x_n^{1/2} \xrightarrow[n]{\|\cdot\|_2} x_\rho^{1/2}$ (V.11). Si $U = \text{s-}\lim_n U_{x_n^{1/4}}$, on définit $H_\rho = \overline{UM}^{\|\cdot\|_2}$ et $\mathcal{T}^\natural_{M,\rho} = \overline{UM^+}^{\|\cdot\|_2}$. Cette définition coïncide avec la précédente si $x_\rho \in M^+_\phi$ et de même $\mathcal{T}^\natural_{M,\rho} = H^+_\phi$.

Le résultat suivant est une réciproque de IV.1.11.

V.6.6. PROPOSITION : Soient M une J.B.W. algèbre et ϕ une trace normale semi-finie fidèle sur M. Soient $H = L^2(M,\phi)$, $H^+ = \overline{M_\phi^+}^{\|\ \|_2}$ et L^ϕ l'isomorphisme de M sur $\mathcal{M} = D(H^+)_{s.a.}$. Il existe sur H^+ une trace $\tilde{\Phi}$ s-normale semi-finie fidèle qui coïncide avec ϕ sur $M_\phi^{1/2+}$. De plus la trace $\tau_{\tilde{\Phi}}$ sur $\mathcal{M}$ associée à $\tilde{\Phi}$ en IV.1.11. est égale à $\phi \circ L^{\phi-1}$ et $T_{\tilde{\Phi}}(L^\phi(M)) = L^\phi(M_\phi^{1/2})$.

Preuve : Afin d'éviter les confusions on notera ϕ_M la trace sur M et $\dot{\phi}_1$ l'extension linéaire de $\dot{\phi}_M$ à $L^1(M,\phi)$ (cf. V.2.1.).

D'après V.1.7., $\phi_M = \sum_{\alpha\in\Gamma} \phi_M(e_\alpha\,.\,)$ où $\{e_\alpha\}_{\alpha\in\Gamma}$ est une famille maximale d'idempotents orthogonaux de M_ϕ^+. Pour $a \in M_{\phi_M}^{1/2+}$ on a $\dot{\phi}_M(e_\alpha a) = \langle e_\alpha, a\rangle$.

Soit $\tilde{\Phi} = \sum_\alpha \langle e_\alpha, \ \rangle$ défini sur H^+. C'est un poids Σ-normal qui coïncide avec ϕ_M sur $M_{\phi_M}^{1/2+}$.

Puisque $M_{\phi_M}^+ \subset H_{\tilde{\Phi}}^+$, $\tilde{\Phi}$ est semi-finie car $\overline{M_{\phi_M}^+}^{\|\ \|_2} = H^+$ (III.5.3.). $\tilde{\Phi}$ est fidèle car si $x \in H^+$ vérifie $\tilde{\Phi}(x) = 0$ alors $\langle e_\alpha, x\rangle = 0$ $\forall\alpha$ et $x \in \bigcap_\alpha \langle e_\alpha\rangle^\perp$ (I.1.6.).

D'après (V.5.5.) on a $\langle e_\alpha\rangle^\perp = U_{1\!\!1-e_\alpha} H^+$ donc $L^\phi(e_\alpha)x = 0$ et (V.13) entraîne que $\|x\|_2^2 = \dot{\phi}_1(x.x) = \sum_\alpha \dot{\phi}_1((e_\alpha.x)x) = \sum_\alpha \langle L^\phi(e_\alpha)x, x\rangle$ est nul.

Montrons que $\tilde{\Phi}$ est une trace : Soient $L^\phi(a), L^\phi(b) \in \mathcal{M}$ où $a,b \in M$ (V.5.9.). Si $x \in H^+$, alors d'après V.2.3. et V.4.3. il existe une suite croissante $\{x_n\}_{n\in\mathbb{N}} \subset M_\phi^{1/2+}$ telle que $x_n \uparrow x$ (dans H^+) car l'application : $y \in M^+ \to y^{1/2}$ est monotone (cf. PEDERSEN [1] 1.3.8.). La relation $\phi_M(e^{[L_a,L_b]}y) = \phi_M(y)$ étant vraie pour tout y de M^+ (utiliser V.1.4. et l'Appendice 5 avec le fait que ϕ_M est normale semi-finie), on en déduit $\tilde{\Phi}(e^{[L^\phi(a),L^\phi(b)]}x) = \tilde{\Phi}(x)$ car $\tilde{\Phi}$ est normale (IV.1.2.).

Montrons que $\sum_{\alpha\in\Gamma} L^\phi(e_\alpha) = 1\!\!1_{L(H)}$: La famille $\{L_I = \sum_{\alpha\in I} L^\phi(e_\alpha)\}_I$ où I décrit les parties finies de l'ensemble d'indices Γ est filtrante croissante et majorée par $1\!\!1$ (V.5.3.). Si $x,y \in M_\phi$ alors

$\langle L_I x, y\rangle = \sum_{\alpha\in I} \langle L^\phi(e_\alpha)x, y\rangle = \sum_{\alpha\in I} \dot{\phi}_M(e_\alpha(xy))$ et $\lim_I \langle L_I x, y\rangle = \phi_M(x\,y) = \langle x, y\rangle$

c'est-à-dire que $\{L_I\}_I$ converge faiblement donc fortement vers $1\!\!1$.

Calculons maintenant la trace $\tau_{\tilde{\Phi}}$ sur $\mathcal{M}^+$ associée à $\tilde{\Phi}$: Si $a \in M_{\phi_M}^{1/2+}$ et $x \in H$ alors $\dot{\phi}(L^\phi(a)x) = \sum_{\alpha\in\Gamma} \langle e_\alpha, L^\phi(a)x\rangle = \sum_{\alpha\in\Gamma} \langle L^\phi(a)e_\alpha, x\rangle = \sum_{\alpha\in\Gamma} \langle L^\phi(e_\alpha)a, x\rangle = \langle a, x\rangle$.

Donc avec les notations de IV.1.9.,

$\eta_{L^\phi(a)} = a$, $L^\phi(M_\phi^{1/2}) \subset T_{\tilde\phi}(\mathfrak{M})$, $\tau_{\tilde\phi}(L^\phi(a)) = \tilde\phi(\eta_{L^\phi(a)}) = \tilde\phi(a) = \phi_M(a)$.

Réciproquement soit $L^\phi(a) \in T_{\tilde\phi}(\mathfrak{M})$ où $a \in M$ (V.5.9.). En tenant compte de la

la définition de $\eta_{L^\phi(a)}$ et de $L^\phi(a)\, y = ay$ pour $y \in M_\phi$ on obtient

$$\sup_{\substack{y \in M_\phi \\ \|y\|_2 \leq 1}} |\dot\phi_M(ay)| = \sup_{\substack{y \in M_\phi \\ \|y\|_2 \leq 1}} |\dot{\tilde\phi}(L^\phi(a)y)| \leq \|\eta_{L^\phi(a)}\|_2 .$$

D'après V.4.4. $a \in M_{\phi_M}^{1/2}$ et $T_{\tilde\phi}(\mathfrak{M}) = L^\phi(M_{\phi_M}^{1/2})$. Les deux traces $\tau_{\tilde\phi} \circ L^\phi$ et ϕ_M sont égales sur $M_\phi^{1/2+}$ donc égales sur M^+. □

V.6.7. PREUVE DU THEOREME V.5.1. : Au couple (M,ϕ) on associe (H_ϕ, H_ϕ^+) (V.5.10). Cette correspondance $\mathcal{C}$ se prolonge aux isomorphismes de la catégorie des algèbres semi-finies grâce à V.6.3. et $\mathcal{C}$ est clairement un foncteur covariant.

V.6.6. entraîne $\mathcal{M} \circ \mathcal{C}$ = Identité.

Montrons maintenant que $\mathcal{C} \circ \mathcal{M}$ = Identité : Ceci revient à construire la flèche en pointillé du diagramme suivant :

$$\begin{array}{ccc}
(H^+,\phi) & \xrightarrow{\text{IV.1.11.}} & (\mathfrak{M} = D(H^+)_{s.a.}, \tau_\phi) \\
\uparrow \vdots & & \downarrow \text{V.5.10.} \\
(H^+_{\tau_\phi}, \tilde\tau_\phi) & \xleftarrow{\text{V.6.6.}} & (H_{\tau_\phi}, H^+_{\tau_\phi})
\end{array}$$

Rappelons que $\mathfrak{M}_{\tau_\phi} \subset T_\phi(\mathfrak{M})$ (IV.1.11).

Si i désigne l'injection canonique de $\mathfrak{M}_{\tau_\phi}$ dans son complété $H_{\tau_\phi} = L^2(\mathfrak{M},\tau_\phi)$ pour la norme déduite de τ_ϕ, alors l'opérateur $U : i(\delta) \in i(\mathfrak{M}_{\tau_\phi}) \subset H_{\tau_\phi} \longrightarrow \eta_\delta \in H$ est densement défini et symétrique puisque pour $\delta, \delta' \in T_\phi(\mathfrak{M})$ on a :

$$<i(\delta), i(\delta')>_{H_{\tau_\phi}} = \tau_\phi(\delta \circ \delta') = \phi(\eta_{\delta\circ\delta'}) = \phi(\delta\eta_{\delta'}) = <\eta_\delta, \eta_{\delta'}>_H$$

De plus cet opérateur est à image dense (IV.1.8.). Donc U se prolonge en un unitaire encore noté U de H_{τ_ϕ} sur H qui conserve l'ordre d'après IV.1.10.

Montrons enfin que $\phi \circ U = \tilde\tau_\phi$: Si $\delta \in \mathfrak{M}^+_{\tau_\phi}$ alors

$$\phi\circ U\circ i(\delta) = \phi(\eta_\delta) = \tau_\phi(\delta)$$
$$= \tilde{\tau}_\phi\circ i(\delta) \qquad \text{(V.6.6.)}$$

Ainsi $\phi\circ U\circ i = \tilde{\tau}_\phi\circ i$ sur $\mathfrak{M}_{\tau_\phi}^+$ et cette égalité se prolonge à $\mathfrak{M}_{\tau_\phi}^{1/2+}$ par le raisonnement standard suivant : Si $\delta\in\mathfrak{M}_{\tau_\phi}^{1/2+}$ alors il existe $\{\delta_\alpha\}_{\alpha\in\Gamma}\subset\mathfrak{M}_{\tau_\phi}^+$ telle que $\delta_\alpha\uparrow\delta$ selon Γ (Utiliser le fait que $\mathfrak{M}_{\tau_\phi}$ est un idéal (V.1.2.) qui est $\sigma(\mathfrak{M},\mathfrak{M}_*)$-dense dans $\mathfrak{M}$ car τ_ϕ est semi-finie (V.1.4.) et l'appendice 5). Le fait que i , U conservent l'ordre et la normalité de ϕ , $\tilde{\tau}_\phi$ permet de conclure.

Soit maintenant $\xi\in H^+_{\tau_\phi}$. Puisque $L^{\tau_\phi}(\mathfrak{M}) = D(H^+_{\tau_\phi})_{s.a.}$ (V.5.10.) il existe d'après IV.1.8. une suite $\{\delta_n\}_{n\in\mathbb{N}}\subset\mathfrak{M}^+$ telle que $L^{\tau_\phi}(\delta_n)\in T_{\tilde{\tau}_\phi}(L^{\tau_\phi}(\mathfrak{M}))$ et $\eta_{L^{\tau_\phi}(\delta_n)}\uparrow\xi$ (pour l'ordre donné par $H^+_{\tau_\phi}$). On a $T_{\tilde{\tau}_\phi}(L^{\tau_\phi}(\mathfrak{M})) = L^{\tau_\phi}(\mathfrak{M}_{\tau_\phi}^{1/2})$ (V.6.6.) donc $\delta_n\in\mathfrak{M}_{\tau_\phi}^{1/2}$ et $\eta_{L^{\tau_\phi}(\delta_n)} = i(\delta_n)$ (cf. preuve de V.6.6.).

Ainsi sachant que $\tilde{\tau}_\phi$ et ϕ sont normales et U conserve l'ordre on a

$$\phi\circ U(\xi) = \lim_n \phi\circ U(i(\delta_n)) = \lim_n \tilde{\tau}_\phi(\eta_{L^{\tau_\phi}(\delta_n)}) = \tilde{\tau}_\phi(\xi). \ \square$$

<u>V.6.8.</u> On peut résumer les paragraphes V.5. et V.6. dans le diagramme suivant où seuls les objets des catégories sont écrits.

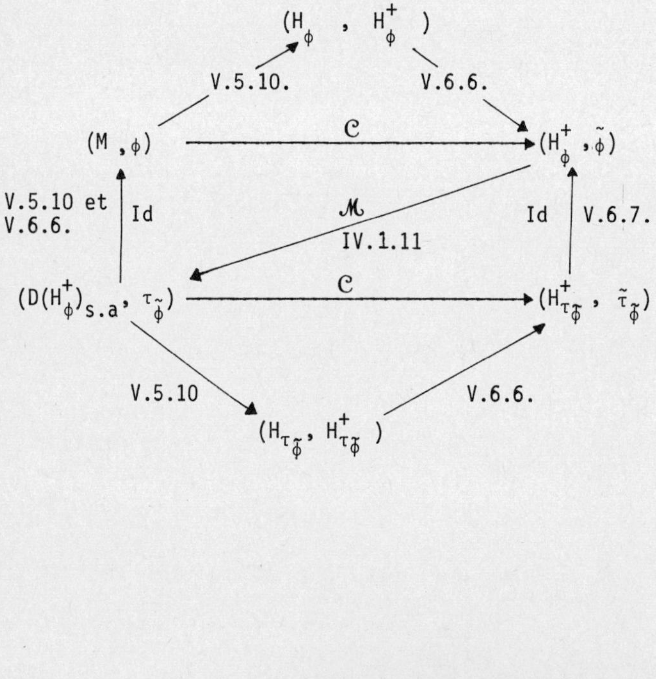

VI - CONES ORIENTABLES

Dans ce chapitre, on étudie les cônes autopolaires facialement homogènes et orientables. Cette dernière propriété géométrique d'un cône est due à CONNES [2] Def. 4.11. Elle est destinée à définir un choix entre un produit à droite et un produit à gauche à partir d'un produit de Jordan qui est symétrique par définition. La structure algébrique sur les dérivations est alors une structure d'algèbre de von Neumann (VI.1.2.). En fait il y a "peu" d'orientations sur un cône : seulement deux s'il est indécomposable (VI.2.2.). Il existe un isomorphisme de Jordan entre la partie selfadjointe de l'algèbre de von Neumann munie du produit symétrisé $x \circ y = \frac{1}{2}(xy + yx)$ et la J.B.W.algèbre du cône (VI.2.3.). Il est à remarquer cependant que cette algèbre de von Neumann n'est pas celle engendrée par $D(H^+)$ (VI.2.5.), mais dérive de la structure d'algèbre de Lie que l'on a toujours sur les dérivations (I.2.4.). L'orientation n'est d'ailleurs pas une propriété héréditaire dans la catégorie des cônes autopolaires (VI.2.6.). Ce chapitre se termine avec les différentes notions d'orientation que l'on rencontre dans la littérature (VI.2.8.).

VI.1. DÉFINITION ET RÉSULTAT PRINCIPAL

VI.1.1. DEFINITION : Un cône autopolaire H^+ est orientable s'il existe sur l'espace quotient $D(H^+)/_{ZD(H^+)}$ noté $\underline{D(H^+)}$ une structure d'espace vectoriel complexe compatible avec sa structure d'algèbre de Lie involutive, c'est-à-dire si $\delta \in D(H^+) \to \underline{\delta} = \delta + ZD(H^+)$ est la projection canonique, alors il existe $I : \underline{D(H^+)} \to \underline{D(H^+)}$ tel que

i) $I^2 = -\mathbb{1}$

ii) $[I\underline{\delta_1}, \underline{\delta_2}] = [\underline{\delta_1}, I\underline{\delta_2}] = I[\underline{\delta_1}, \underline{\delta_2}]$ où $\delta_i \in D(H^+)$

iii) $I(\underline{\delta^*}) = -(I(\underline{\delta}))^*$.

I est appelée orientation de H^+.

VI.1.2. THEOREME (CONNES [2]) : Soit H^+ un cône autopolaire facialement homogène dans un espace de Hilbert complexe (I.1.3.).
Si I est une orientation de H^+ alors
$M = \{\delta_1 + i\delta_2 | \delta_1 \in D(H^+)$ et $\delta_2 \in I(\underline{\delta_1})\}$ est une algèbre de von Neumann telle que :

i) $M' = \{\delta_1 - i\delta_2 | \delta_1 \in D(H^+)$ et $\delta_2 \in I(\underline{\delta_1})\}$ et $JMJ = M'$.

ii) $D(H^+) = \{\delta_x \mid \delta_x = \frac{1}{2}(x + JxJ)$ et $x \in M\}$.

iii) $Z(M)_{s.a.} = Z_{H^+}$ et $JxJ = x^*$ si $x \in Z(M)$.

iv) Si $x \in M$, $xJxJ \in L(H^+)$.

v) Si ξ est un quasi-intérieur de H^+ alors ξ est cyclique et séparateur pour M.

VI.1.3. REMARQUE : Le quadruplet (M,H,J,H^+) est une forme standard au sens de HAAGERUP [1] Def. 2.1. La théorie de TOMITA-TAKESAKI permet d'associer à toute algèbre de von Neumann un cône autopolaire : $H^+ = \overline{\Delta^{1/4} M^+ \xi_o}$ où ξ_o est un vecteur cyclique et séparateur pour M et Δ est l'opérateur modulaire associé (cf. ARAKI [1], [2], CONNES [2], HAAGERUP [1], WORONOWICZ [2], [3] ; cf. aussi STRATILA-ZSIDO [1] chapitre 10 ou BRATTELI-ROBINSON [1] 2.5.4.). De plus CONNES a montré que ce cône est facialement homogène (A toute face F de H^+

correspond un projecteur e de M tel que $P_F = eJeJ$; même méthode qu'en V.5.7.) et orientable. En fait les dérivations de H^+ étant de la forme $\delta_x = \frac{1}{2}(x+JxJ)$ on a une orientation canonique I_M donnée par la structure complexe de l'algèbre :

$$I_M\ (\underline{x + JxJ}) = \underline{ix + JixJ}.$$

L'algèbre de von Neumann construite en VI.1.2. grâce à I_M est alors égale à M.

Cela permet donc de conclure que la catégorie des espaces de Hilbert ordonnés par des cônes autopolaires facialement homogènes et orientables est équivalente à la catégorie des algèbres de von Neumann (La définition précédente de H^+ grâce à un vecteur cyclique et séparateur ξ_0 restreint le travail de CONNES aux algèbres de type dénombrable, mais la théorie des poids et la notion de forme standard permet sans difficulté de passer au cas général). De plus H^+ et M_*^+ sont homéomorphes par l'application $\xi \in H^+ \to \omega_\xi \in M_*^+$.

Le cône $\overline{\Delta^{1/4}M^+\xi_0}$ est un cas particulier des cônes du type $\overline{\Delta^{\alpha}M^+\xi_0}$, $\alpha \in [0,1/2]$ qui possédent de nombreuses propriétés géométriquement intéressantes : cf. ARAKI [1], [2], KOSAKI [1], [2], [4], [5], SKAU [1], HAAGERUP-SKAU [1], GROH-KÜMMERER [1].

La situation où un espace L^2 apparaît comme un intermédiaire entre un espace L^∞ (l'algèbre) et un espace L^1 (le prédual) est utilisée dans ANTOINE - LASSNER [1].

VI.2. DÉMONSTRATION DU THÉORÈME ET CONSÉQUENCES

VI.2.1. PREUVE DU THEOREME :

1°/ Il est clair que M et N $=\{\delta_1 - i\delta_2 / \delta_1 \in D(H^+)$ et $\delta_2 \in I(\underline{\delta_1})\}$ sont des espaces vectoriels selfadjoints et que $J(\delta_1+i\delta_2)J = \delta_1 - i\delta_2$ (I.1.3. et I.2.3.) donc JMJ = N. Soient $x \in (M\cup N)'$ et $\delta = x+JxJ$. On a $[\delta, J] = 0$ et $[x, D(H^+)] = 0$. En particulier $[x, N_F] = 0$ pour toute face F. On en déduit $P_F x P_{F^\perp} = 0$, $\delta \in D(H^+)$ (I.2.4.) et $\delta = \delta^*$ (I.2.7. et II.1.3.). Le même raisonnement avec ix implique $x = Jx^*J$.
Soient maintenant δ_1, $\delta_3 \in D(H^+)$, $\delta_2 \in I(\underline{\delta_1})$ et $\delta_4 \in I(\underline{\delta_3})$. On a $[\delta_1 + i\delta_2, \delta_3 - i\delta_4] = [\delta_1, \delta_3] + [\delta_2, \delta_4] + i([\delta_2, \delta_3] - [\delta_1, \delta_4])$. Puisque $[\underline{\delta_1}, \underline{\delta_3}] + [I(\underline{\delta_1}), I(\underline{\delta_3})] = \underline{0}$, $[\delta_1, \delta_3] + [\delta_2, \delta_4] \in ZD(H^+)$. De même $[I\underline{\delta_1}, \underline{\delta_3}] - [\underline{\delta_1}, I\underline{\delta_3}] = \underline{0}$ implique $[\delta_2, \delta_3] - [\delta_1, \delta_4] \in ZD(H^+)$. D'où $[\delta_1 + i\delta_2, \delta_3 - i\delta_4]$ commute avec les éléments de $D(H^+)$ donc avec ceux de M et N. C'est donc un élément du centre de $(M\cup N)''$. On en déduit qu'il est nul puisque c'est un commutateur. Ainsi $M \subset N'$. Puisque J est une involution, on a $N' = (JMJ)' = JM'J$.
M" et N" = JM"J sont donc deux algèbres de von Neumann qui commutent.

2°/ Montrons que si e est un projecteur de M" tel que eJeJ = 0 alors e est nul : Pour tout unitaire u de M" on a $ueu^*JeJ = ueJeJu^* = 0$.
Si $c_e = \bigvee_{u \in U(M'')} (ueu^*)$ (où U(M") est l'ensemble des unitaires de M") est le support central de e dans M" (cf. PEDERSEN [1] 2.6.3.) on a $c_e JeJ = 0$ et de même $c_e Jc_e J = 0$. Donc $c_e = 0$ car $c_e \in M'' \cap M' \subset N' \cap M' = (M\cup N)'$ et d'après le 1°/ $c_e = Jc_eJ$.

3°/ Montrons que si $\delta = \delta^* \in D(H^+)$, il existe un unique $\delta_o \in I(\underline{\delta})$ tel que $\delta_o^* = -\delta_o$: Si $\delta_1 \in I(\underline{\delta})$ alors $\delta_1 + \delta_1^* \in I(\underline{\delta - \delta^*}) = \underline{0}$. En définissant $\delta_o = \delta_1 - \frac{1}{2}(\delta_1 + \delta_1^*)$ on a $\delta_o = -\delta_o^*$ et $\underline{\delta_o} = \underline{\delta_1}$. Si δ'_o vérifie aussi les hypothèses alors $\delta_o - \delta'_o \in ZD(H^+)$ donc $\delta_o - \delta'_o$ est self-adjoint (I.2.7. et II.1.3.) et $\delta_o = \delta'_o$.
On notera dans la suite $I_o(\delta)$ cet élément δ_o de $I(\underline{\delta})$.

4°/ Soient $F \in Fac(H^+)$, $e_F = \delta_F + iI_o(\delta_F) \in M$ et $f_F = \delta_F - iI_o(\delta_F) \in N$.
On remarque que e_F et f_F sont selfadjoints, $e_F + Je_FJ = 2\delta_F$, $Je_FJ = f_F$ et

Spectre $\delta_F = \{0, \frac{1}{2}, 1\}$. L'algèbre de von Neumann A engendrée par e_F et Je_FJ est commutative donc isomorphe à C(X) (fonctions continues sur le convexe compact hyperstonien X). Si ~ est cet isomorphisme, on a $0 \leq \tilde{e}_F + \widetilde{Je_FJ} \leq 2\mathbb{1}$. Si χ désigne la fonction caractéristique, $0 = \chi_{\{x \in X/\tilde{e}_F(x) < 0\}} \circ \chi_{\{x \in X/\widetilde{Je_FJ}(x) < 0\}}$

et $\chi_{\{x \in X/\tilde{e}_F(x) < 0\}} = 0$ car $a \to JaJ$ est une involution sur A. Soit e le projecteur de A tel que $\tilde{e} = \chi_{\{x \in X/\tilde{e}_F(x) < 0\}}$ alors $eJeJ = 0$ et $e = 0$ car $e \in M''$ (cf. 2°/), puisque $e_F \in M$. Donc $0 \leq \tilde{e}_F$ et de même $\tilde{e}_F \leq \mathbb{1}$ c'est-à-dire $0 \leq e_F \leq \mathbb{1}$.

Si $\xi \in F$, $2\langle e_F\xi,\xi\rangle = \langle e_F\xi,\xi\rangle + \langle \xi,e_F\xi\rangle = \langle (e_F+Je_FJ)\xi, \xi\rangle = 2\langle \delta_F\xi, \xi\rangle = 2\langle \xi,\xi\rangle$

donc $0 = \langle (\mathbb{1}-e_F)\xi,\xi\rangle$ et $e_F\xi = \xi$. De même $\xi \in F^\perp$ entraîne $\langle e_F\xi,\xi\rangle = 0$ et $e_F\,\xi = 0$.

5°/ Montrons que si $x \in M' \cup N'$ alors $x + JxJ \in D(H^+)$: Il suffit de le montrer pour $x \in M'$. $\delta = x + JxJ$ vérifie $[\delta,J] = 0$. De plus si ξ, η sont orthogonaux dans H^+, alors d'après le 4°/ $e_{\langle\xi\rangle}\, x\xi = x\, e_{\langle\xi\rangle}\xi = x\,\xi$ et $\langle x\xi,\eta\rangle = \langle x\xi, e_{\langle\xi\rangle}\eta\rangle = 0$. On en déduit que $JxJ\xi$ est orthogonal à η , $\langle \delta\xi\,,\eta\rangle = 0$ et δ est une dérivation du cône d'après I.2.3.

6°/ Pour terminer la démonstration du i) et ii) il suffit de montrer que tout élément de M' est dans N : Soit donc $x \in M'$ et $\delta_1 = \frac{1}{2}(x+JxJ) \in D(H^+)$. Si $\delta_2 \in I(\underline{\delta_1})$ et $y = \delta_1 - i\delta_2 \in N \subset M'$ on a $y + JyJ = 2\,\delta_1$ c'est-à-dire $x-y+J(x-y)J=0$. Donc $x-y \in M' \cap JM'J = M' \cap N' = (M\cup N)'$ (cf. 1°/). De plus $(M\cup N)' \subset ZD(H^+)+iZD(H^+)$ car si $z = z^* \in (M\cup N)'$ alors d'après le 1°/ et le 5°/, $2z = z+JzJ \in D(H^+)$. On en déduit l'existence de δ' et δ'' dans $ZD(H^+)$ tels que $x = y + \delta' + i\delta'' = \delta_1+\delta'-i(\delta_2-\delta'')$. Or $\underline{\delta_2-\delta''} = \underline{\delta_2} = I(\underline{\delta_1}) = I(\underline{\delta_1+\delta'})$ et $x \in N$.

iii) Si $x = x^* \in Z(M) = M \cap M'$ alors $2x = x + JxJ \in ZD(H^+) = Z_{H^+}$ (II.1.3.). Réciproquement si $\delta \in ZD(H^+)$ alors $I(\underline{\delta}) = \underline{0}$ et $\delta \in M \cap M'$.

iv) Pour montrer que si $x \in M$ alors $xJxJ$ conserve l'ordre, on va procéder par étapes :

* Si x est un unitaire alors il existe $y = -y^* \in M$ tel que $x = \exp(y)$. Donc $xJxJ = \exp(y)J\exp(y)J = \exp(y+JyJ)$ car $JyJ \in M'$. D'où $xJxJ \in L(H^+)$ d'après ii).
* Si x est positif et inversible il existe $y = y^* \in M$ tel que $x = \exp(y)$ et on conclut comme précédemment.

* Si x est inversible, la décomposition polaire implique que $x = u|x|$ où u est unitaire et $|x|$ est inversible donc $xJxJ = uJuJ|x|J|x|J \in L(H^+)$.
* Enfin si $x \neq 0$, il existe une suite $\{x_n\}_{n\in\mathbb{N}}$ d'éléments inversibles de M telle que $\|x_n\| \leqslant \|x\|$ et $x = \text{s-}\lim_n x_n$ (DIXMIER-MARECHAL : Communication Math.Phys. 22 (1971) 44-50). Donc $xJxJ = \text{s-}\lim_n x_n Jx_n J \in L(H^+)$.

v) Soit ξ un quasi-intérieur de H^+. Si e est un projecteur de M tel que $e\,\xi = 0$ alors pour $\eta \in H^+$ $\langle e\, JeJ\eta,\xi \rangle = 0$, $eJeJ = 0$ et $e = 0$ (cf. 2°/) donc ξ est séparateur. ξ est cyclique puisque $J\xi = \xi$ (I.1.3.) et $JMJ = M'$. □

Le résultat suivant montre qu'il y a "peu" d'orientations et en particulier une orientation canonique impliquant uniquement deux possibilités sur H^+ si H^+ est indécomposable.

VI.2.2. COROLLAIRE: **Soit I' une autre orientation de H^+, alors il existe une face décomposante F (ie : $H^+ = F \oplus F^\perp$) telle que $I = I'$ sur $D(F)$ et $I = -I'$ sur $D(F^\perp)$.**

Preuve : Le théorème précédent permet de définir un isomorphisme ϕ entre l'algèbre de Lie involutive des dérivations de M au sens algébrique ($\approx M/_{Z(M)}$) sur l'algèbre de Lie $\underline{D(H^+)}$. (On rappelle que toute dérivation d'une algèbre de von Neumann est intérieure : SAKAI [1] 4.1.6). Soient $\varepsilon = I_\circ I'$ et $\delta, \delta' \in D(H^+)$. On a $[\varepsilon\underline{\delta},\underline{\delta'}] = [\underline{\delta},\varepsilon\underline{\delta'}] = \varepsilon[\underline{\delta},\underline{\delta'}]$ et $[\varepsilon\underline{\delta},\varepsilon\underline{\delta'}] = [\underline{\delta},\underline{\delta'}]$ d'où $[\underline{\delta}-\varepsilon^2\underline{\delta},\underline{\delta'}] = \underline{0}$, $\underline{\delta}-\varepsilon^2\underline{\delta} \in Z\underline{D(H^+)} = \underline{0}$ et $\varepsilon^2 = \mathbb{1}$. On peut donc mettre $\underline{D(H^+)}$ sous la forme $D_1 \oplus D_{-1}$ où $D_1 = \{\delta \in \underline{D(H^+)}/\varepsilon\delta=\delta\}$ et $D_{-1} = \{\delta \in \underline{D(H^+)}/\varepsilon\delta = -\delta\}$. Ces deux idéaux de Lie sont selfadjoints car $\varepsilon(\delta^*) = \varepsilon(\delta)^*$. Soient $M_1 = \{x \in M/\phi(adx) \in D_1\}$ et $M_{-1} = \{x \in M/\phi(adx) \in D_{-1}\}$. Montrons que $M_{-1} = M_1' \cap M$: Soient $x \in M_1$ et $y \in M_{-1}$, on a $\phi(ad\,[x,y]) = [\phi(adx),\phi(ady)] = -[\varepsilon\phi(adx), \varepsilon\phi(ady)] = -[\phi(adx),\phi(ady)]$ et $[x,y] \in Z(M)$ c'est-à-dire $[x,y] = 0$ ce qui entraîne $M_{-1} \subset M_1' \cap M$. Réciproquement si $x \in M_1' \cap M$ alors pour tout y dans D_1 on a $[\phi(adx),\phi(ady)] = \phi(ad[x,y]) = \underline{0}$ et $\phi(adx) \in D_{-1}$.

Ainsi $M_{-1} = M_1' \cap M$ est une sous-algèbre de von Neumann de M car M_1 est selfadjoint.

De même $M_1 = M_{-1}' \cap M$ et de plus $Z(M) \subset M_1 \cup M_{-1}$. Puisque pour $x \in M$ on a $\phi(adx) = \delta_1 \oplus \delta_{-1}$ où $\delta_i \in D_i$ on peut écrire $x = x_1 + x_{-1}$ où $x_i \in M_i$. Si $y \in M_1$, $[x,y] = [x_1,y] \in M_1$ et si $z \in M_1$ alors

$[y,z]x = [y,z]x_1 + yzx_{-1} - zyx_{-1} = [y,z]x_1 + [y,z\,x_{-1}] \in M_1$.

Si e est le plus grand projecteur de l'idéal bilatère fermé de M_1 engendré par $\{[y,z]/y,z \in M_1\}$ alors $e\,M e \subset M_1$ et $e \in Z(M_1) = Z(M)$. Puisque $(\mathbb{1}-e)M_1(\mathbb{1}-e)$ est une algèbre abelienne, $M_1 = e\,M e + Z(M)$ et $M_{-1} = (\mathbb{1}-e)\,M(\mathbb{1}-e) + Z(M)$. Puisque $e = eJeJ$ et $\mathbb{1}-e = (\mathbb{1}-e)\,J(\mathbb{1}-e)J$ conserve l'ordre d'après le théorème précédent, $F = eJeJ\,H^+$ est une face de H^+ telle que $F^\perp = (\mathbb{1}-e)J(\mathbb{1}-e)JH^+$ c'est-à-dire $H^+ = F \oplus F^\perp$. Il en résulte que ε vaut $\mathbb{1}$ sur $\underline{D(F)} = D(F) + ZD(F)$ (Rappelons que $ZD(F) = Z_F$ car F est un cône autopolaire facialement homogène dans $P_F H$ (II.1.4.) et que $ZD(H^+) = ZD(F) \oplus ZD(F^\perp)$ (I.3.2. et II.1.3.)) et $-\mathbb{1}$ sur $\underline{D(F^\perp)}$. □

Il est possible de relier le théorème précédent au travail du chapitre III et de voir que le produit de Jordan sur $D(H^+)$ correspond au produit de Jordan canonique $x \circ y = \frac{1}{2}(xy + yx)$ sur l'algèbre de von Neumann M.

VI.2.3. COROLLAIRE : L'application de $M_{s.a.}$ dans $D(H^+)_{s.a.}$ définie par : $x \longrightarrow \delta_x = \frac{1}{2}(x+JxJ)$ est un isomorphisme de Jordan.

Preuve : Soient $F \in Fac(H^+)$ et $e_F = \delta_F + iI_0(\delta_F) \in M$ (cf. 4°/ de VI.2.1.). On a vu que $0 \leq e_F \leq \mathbb{1}$, $e_F + Je_FJ = 2\delta_F$ et $e_F\xi = \xi$ si $\xi \in F$, $e_F\xi = 0$ si $\xi \in F^\perp$. Montrons que e_F est un projecteur en montrant que e_F est égal à son support s. Puisque sJsJ est un projecteur conservant l'ordre, $sJsJ\xi = \xi$ pour $\xi \in F$ car $s\xi = se_F\xi = e_F\xi = \xi$ donc $sJsJ \geq P_F$. Si $\xi \in F^\perp$, $s\xi = 0$ ($s = \mathbb{1}-(e_F)_0$ si $e_F = \int_0^1 \lambda d(e_F)_\lambda$) et $sJsJ\,H^+ \subset F^{\perp\perp}$ donc $sJsJ \leq P_{F^{\perp\perp}} = P_F$ (II.1.3.). Ainsi $P_F = sJsJ$ et on démontre de même que $P_{F^\perp} = (\mathbb{1}-s)J(\mathbb{1}-s)J$ ce qui entraîne $e_F + Je_FJ = \mathbb{1} + P_F - P_{F^\perp} = s + JsJ$. Pour montrer que $e_F = s$ il suffit de montrer que $\delta_x = \delta_y$ où x et y sont selfadjoints implique $x = y$. En fait $x-y = -J(x-y)J \in M \cap JMJ = Z(M)$ et $J(x-y)J = (x-y)^*$ (VI.1.2.) ce qui implique le résultat.

Si maintenant $x = x^* \in M$, $\delta = \frac{1}{2}(e_Fxe_F + Je_Fxe_FJ)$ est une dérivation self-adjointe vérifiant $P_F\delta = P_F\delta P_F$ et $P_{F^\perp}\delta = 0$. D'après III.1.1., $\delta = \mathcal{P}_F(\delta_x)$ et III.2.2. implique $\delta_F \circ \delta_x = \mathcal{P}_F(\delta_x) - 2[[\delta_F,\delta_x],\delta_F] = \delta_{e_F \circ x}$ où $e_F \circ x = \frac{1}{2}(e_Fx + xe_F)$ est le produit de Jordan usuel de $M_{s.a.}$. L'application : $x \to \delta_x$ étant continue le corollaire résulte de la théorie spectrale sur M et du fait qu'elle est surjective puisque $\delta \in D(H^+)_{s.a.}$ ayant la forme δ_x où $x \in M$ (VI.1.2.), on vérifie que $\delta = \delta_{1/2(x+x^*)}$. □

VI.2.4. REMARQUES : ✱ L'isomorphisme d'ordre entre les faces de $\mathfrak{F}(H^+)$ et les idempotents de M est clairement un isomorphisme de treillis qui fait coïncider la théorie des types définie en I.4. avec celle de MURRAY et von NEUMANN (cf. aussi CHO-HO-CHU et WRIGHT [1] prop. 4.8.).

✱ Le résultat précédent permet de mieux comprendre la construction exposée au chapitre III. En particulier si $\delta = \delta_x$, $P(\delta_x) = xJxJ \in L(H^+)$ (cf. III.4.5.). De plus

$$P(U_{\delta_x}\,\delta_y) = P(\{\delta_x,\delta_y,\delta_x\}) = P(\delta_{\{x,y,x\}}) = P(\delta_{xyx}) = P(\delta_x)\,P(\delta_y)\,P(\delta_x)$$

c'est-à-dire que P est une représentation quadratique de $D(H^+)_{s.a.}$ dans $L(H^+)$, (cf. III.4.9. et V.5.13.). Si $F \in \mathrm{Fac}\,(H^+)$ la preuve de VI.2.3. montre l'existence d'un projecteur e de M tel que $P_F = eJeJ$ et $P_{F^\perp} = (\mathbb{1}-e)J(\mathbb{1}-e)J$.

Donc $U_F = (2e-\mathbb{1})J(2e-\mathbb{1})J = e^{i\pi(e-JeJ)} = e^{\pi I_o(\underline{N}_F)}$ ce qui constitue une preuve directe du fait que $U_F \in L(H^+)$ et H^+ est symétrique. L'application :

$t \in [0,1] \to e^{t\pi I_o(\underline{N}_F)}$ est un chemin continu dans $S(H^+)$ reliant $\mathbb{1}$ à U_F qui est donc dans la composante connexe de l'identité de $S(H^+)$ (cf. III.7.2.).

✱ $D(H^+)$ possède deux structures : Une structure d'algèbre de Jordan donnée par $\delta_x \circ \delta_y = \delta_{x\circ y}$ et une structure d'algèbre de Lie donnée par $[\delta_x,\delta_y] = \delta_{[x,y]}$. La donnée d'une orientation sur H^+ a permis de distinguer le produit "à droite" du produit "à gauche" dans L(H) car le produit $\circ$ défini au chapitre III n'est pas relié a priori au produit de L(H) puisque $\delta^2 = \frac{1}{2}(\delta\circ\delta + P(\delta))$. Par contre l'algèbre de von Neumann engendrée par $D(H^+)$ est très grande car si H^+ est indécomposable, le corollaire suivant et le fait que $Z(M) = Z_{H^+} + iZ_{H^+}$ implique qu'elle est égale à L(H).

VI.2.5. COROLLAIRE : L'algèbre de von Neumann engendrée par $D(H^+)$ est égale à $(M\cup M')''$.

Preuve : Soit $x + JxJ \in D(H^+)$ où $x \in M$. Si $N = D(H^+)''$ on a $xJxJ = 2\,\delta_x^2 - \delta_x\circ\delta_x \in N$. On en déduit que pour $y \in M$, $xJyJ = \frac{1}{4}\sum_{n=0}^{3} e^{i\pi n/2}(x+e^{i\pi\, n/2}y)J(x+e^{i\pi\, n/2}y)J \in N$ et N contient M et M' (x ou y égal à $\mathbb{1}$). Puisque $M' = JMJ$, $D(H^+) \subset M+M' \subset (M\cup M')''$ et on a le résultat. □

VI.2.6. PROPOSITION : L'orientabilité n'est pas une propriété héréditaire dans les cônes autopolaires.

Preuve : Soit $H = M_{2x2}(\mathbb{C})_{s.a.}$ muni de la trace usuelle et $K = M_{2x2}(\mathbb{R})_{s.a.}$ on a $K^+ \subset H^+$ (I.1.11 3°/) et H^+ est orientable (prendre l'orientation canonique définie en VI.1.3.). Par contre K^+ est autopolaire facialement homogène (II.1.6.) mais n'est pas orientable. En effet supposons le contraire. K^+ étant indécomposable, l'algèbre de von Neumann associée est un facteur (VI.1.2.) de dimension finie car $D(K^+) \approx M_{2x2}(\mathbb{R})$ (ie : $\forall \delta \in D(K^+)$, il existe $A \in M_{2x2}(\mathbb{R})$ tel que $\delta B = AB + BA^*$ $\forall B \in M_{2x2}(\mathbb{R})_{s.a.}$). Ce facteur de type I_n agissant sur l'espace $K^{\mathbb{C}}$ de dimension complexe trois doit être choisi parmi $\mathbb{C}$, $M_{2x2}(\mathbb{C})$, $M_{3x3}(\mathbb{C})$. Le cône associé à ce facteur devant être égal à K^+ (cf. CONNES [2] th. 5.2.) on obtient une contradiction. □

VI.2.7. REMARQUE : Exemple de cône autopolaire H^+ possédant un quasi-intérieur ξ tel que $N_F^2 \xi \neq \xi$ $\forall F \in \mathfrak{F}(H^+)$: Soient M un facteur de type III_1 agissant sur H et ρ un état normal fidèle à centraliseur réduit aux scalaires (Le centraliseur M_ρ est l'ensemble des $x \in M$ tels que $\Delta^{it}\, x\, \Delta^{-it} = x$ $\forall t \in \mathbb{R}$ où Δ est l'opérateur modulaire associé à ρ . On a $M_\rho = \{x \in M / \rho(xy) = \rho(yx) \ \ \forall y \in M\}$). Un exemple de tel facteur est donné par HERMAN-TAKESAKI [1]. Soient $\xi \in \mathfrak{J}^\natural_{M,\rho}$ le vecteur représentant ρ (i.e. $\omega_\xi = \rho$), F une face de $\mathfrak{F}(H^+) \setminus \{0,H^+\}$ telle que $N_F^2 \xi = \xi$ et e le projecteur non trivial de M associé à F (ie. $P_F = eJeJ$, cf. preuve de VI.2.3.). Pour $x \in M$ on a

$$\rho(x) = \langle x\xi,\xi \rangle = \frac{1}{2} \langle (x+JxJ)\xi,\xi \rangle = \langle N_F^2\, \delta_x\, N_F^2\xi,\xi \rangle$$

$$= \langle P_F\delta_x P_F\xi,\xi \rangle + \langle P_{F^\perp}\delta_x P_{F^\perp}\xi,\xi \rangle \text{ car } \delta_x \in D(H^+) \text{ (I.2.4., VI.1.2. et VI.1.3.).}$$

Puisque $P_F\delta_x P_F = P_F\delta_{exe}P_F$ et $P_{F^\perp}\delta_x P_{F^\perp} = P_{F^\perp}\,\delta_{(\mathbb{1}-e)x(\mathbb{1}-e)}P_{F^\perp}$ on a $\rho(ex) = \rho(xe)$ et $e \in M_\rho$ ce qui est impossible.

VI.2.8. REMARQUES : Il existe en fait plusieurs notions d'orientation. Outre celle considérée ici, il y a l'orientation de l'espace des états d'un espace avec unité d'ordre possédant une propriété de "boule hilbertienne de dimension 3". Un tel espace est dit orientable si l'on peut faire un choix "consistant" d'orientation des boules (cf. ALFSEN-HANCHE·OLSEN-SHULTZ [1]). Une connection entre cette théorie et le présent contexte est faite dans l'Appendice 9. D'un autre côté CHOI-EFFROS [1] ont introduit les espaces "matriciellement ordonnés" (Un espace vectoriel E ordonné par un cône E^+ est matriciellement ordonné si $A(E \otimes M_{mxm}(\mathbb{C}))^+ A^* \subset (E \otimes M_{nxn}(\mathbb{C}))^+$ pour tout $A \in M_{nxm}(\mathbb{C})$.) comme des objets appropriés à l'étude des applications complètement positives. Le passage des applications positives aux applications complétement positives correspond à celui des algèbres de Jordan aux C^* algèbres (cf. EFFROS-STØRMER [2]) et suggère une autre interprétation de l'orientation : SCHMITT [1] et SCHMITT-WITTSTOCK [1], [2] caractérisent les formes standards des algèbres de von Neumann agissant sur un espace de Hilbert par les propriétés faciales des cônes autopolaires associés à l'espace de Hilbert matriciellement ordonné (cf. aussi WERNER [1],[2] et WITTSTOCK [1]).

Dans la catégorie des J.B. algèbres, le produit tensoriel n'est pas une bonne notion. HANCHE·OLSEN [2] a par exemple montré que si pour une J.B.algèbre M on suppose l'existence d'une structure de Jordan naturelle sur $M \otimes M_2(\mathbb{C})_{s.a.}$ alors M est isométriquement isomorphe à la partie self-adjointe d'une C^* algèbre (cf. aussi WULFSOHN [1]). Pour une étude d'un produit tensoriel dénombrable de formes standards d'algèbres de von Neumann, voir DELORME [1], ARAKI [1].
Si l'on identifie $H_1 \otimes H_2$ avec les opérateurs de Hilbert-Schmidt entre H_1 et H_2 alors le cône associé au produit tensoriel des algèbres de von Neumann M_1 et M_2 ou $M_i \subset L(H_i)$ correspond aux opérateurs de Hilbert-Schmidt complètement positifs : SCHMITT - WITTSTOCK [2].

VI.2.9. REFERENCES : + Des connections entre la structure de Jordan et la structure de Lie dans les algèbres d'opérateurs ont été établies par ROBINSON-STØRMER [1]. Ils utilisent les sous-espaces spectraux d'un antiautomorphisme d'ordre 2, situation apparaissant dans STØRMER [3][4][5] (Voir aussi VII.1.3. et FONG- MIERS-SOUROUR [1]).

+ STACEY [5] a étudié les J.B.W. algèbres localement orientables et montré que celles qui sont du type complexe sont des parties self-adjointes d'algèbres de von Neumann.

VII - CONES ASSOCIES AUX J.B.W. ALGEBRES

L'étude systématique des algèbres de Jordan d'opérateurs a commencé en 1965 avec les travaux de TOPPING [1] et s'est continuée avec la classification de STØRMER [1], [2], [3]. Cette notion d'algèbres de Jordan normées a été étendue de façon abstraite en J.B. algèbre (algèbre de Jordan-Banach) par ALFSEN-SHULTZ-STØRMER [1] qui ont démontré un théorème de représentation à la GELFAND-NAIMARK-SEGAL. Le cas des J.B. algèbres avec prédual (analogue aux algèbres de von Neumann) a été étudié par SHULTZ [1]. Le lecteur est renvoyé à ces travaux pour toutes les définitions ou à l'appendice 2.

Le but de ce chapitre est de généraliser le théorème V.5.1. à toutes les J.B.W. algèbres. En fait on se ramène à ce théorème sur les algèbres de von Neumann grâce à la classification des J.B.W. (cf. appendice 2). L'outil fondamental sera la théorie de TOMITA-TAKESAKI que l'auteur n'a pas su faire intrinsèquement sur les algèbres de Jordan et on utilisera donc les résultats de CONNES [2] dans toute leur force. Cependant après l'énoncé du résultat principal VII.1.1. concernant la construction d'un cône associé à une J.B.W. algèbre de type dénombrable, on démontre un certain nombre de lemmes qui permettent de mieux comprendre la structure réelle sous jacente aux algèbres de von Neumann (VII.2.1., VII.2.2., VII.2.3.).

VII.1. RÉSULTAT PRINCIPAL

Enonçons tout d'abord une extension de V.5.1. aux J.B.W. algèbres sans trace. Afin d'éviter les répétitions, la fonctorialité est détaillée et pour simplifier on se restreint aux algèbres de type dénombrable pour commencer.

VII.1.1. THEOREME : i) "Forme standard des J.B.W. algèbres"

Soient M une J.B.W. algèbre et ρ un état normal fidèle sur M. Alors il existe un espace de Hilbert H_ρ, un cône autopolaire facialement homogène $\mathcal{T}^{\natural}_{M,\rho}$ dans H_ρ et un isomorphisme isométrique L^ρ de M sur l'algèbre de Jordan des dérivations selfadjointes de $\mathcal{T}^{\natural}_{M,\rho}$.

ii) "Structure faciale" : Il existe un isomorphisme d'ordre de l'ensemble des idempotents de M sur les faces fermées de $\mathcal{T}^{\natural}_{M,\rho}$.

iii) "Unicité du cône" : * Il existe un homéomorphisme j entre M_*^+ et $\mathcal{T}^{\natural}_{M,\rho}$ défini par j : $\xi \in \mathcal{T}^{\natural}_{M,\rho} \to \omega_\xi \circ L^\rho$ dont l'inverse est concave et conserve l'ordre.

* Si ψ est un autre état normal fidèle de M alors il existe un unitaire U de H_ρ sur H_ψ tel que $U(\mathcal{T}^{\natural}_{M,\rho}) = \mathcal{T}^{\natural}_{M,\psi}$.

* Soient H^+ un cône autopolaire facialement homogène et ξ un quasi-intérieur de H^+. Alors il existe un unitaire appliquant H^+ sur $\mathcal{T}^{\natural}_{D(H^+)_{s.a.},\omega_\xi}$.

VII.1.2. COROLLAIRE : i) "Isomorphismes d'algèbre" : Tout automorphisme α de M est unitairement implémenté au sens suivant : Si $a \in M$, il existe un unique $U_\alpha \in U(\mathcal{T}^{\natural}_{M,\rho})$ tel que $L^\rho(\alpha(a)) = U_\alpha L^\rho(a) U_\alpha^*$.

α laisse Z(M) point par point invariant si et seulement si $U_\alpha \in S(\mathcal{T}^{\natural}_{M,\rho})$. De plus $U_\alpha j^{-1}(\psi) = j^{-1}((\alpha^{-1})^* \circ \psi)$ $\forall \alpha \in \mathrm{Aut}(M)$ et $\forall \psi \in M_*^+$.

ii) "Isomorphismes d'espace ordonné" : Soient $A \in GL(\mathcal{T}^{\natural}_{M,\rho})$ et $A = U|A|$ sa décomposition polaire. Alors il existe un unique automorphisme α de M tel que $U = U_\alpha$ et un unique élément inversible a de M^+ tel que $|A| = P(L^{\rho}(a))$.

iii) L'application : $\alpha \in \mathrm{Aut}(M) \to U_\alpha \in U(\mathcal{P}^{\natural}_{M,\rho})$ est un morphisme de groupe et un homéomorphisme de Aut(M) muni de la topologie u- σ (cf. V.6.1.) sur $U(\mathcal{P}^{\natural}_{M,\rho})$ muni de la topologie forte (= faible).

Ce corollaire est une extension de V.6.3., de CONNES [2] th. 3.1., 3.2., 3.3., de ARAKI [1] th. 11 et aussi de HAAGERUP [1] th. 3.2. et 3.5.

VII.1.3. : La preuve passe par plusieurs lemmes qui ont leur intérêt propre mais auparavant, on remarque que le théorème est démontré sauf les deux dernières assertions qui seront étudiées en VII.2.4. si M est semi-finie (Paragraphes V.5. et V.6.) ou si M est la partie selfadjointe d'une algèbre de von Neumann (cf. VI.1.3. et ARAKI [3] th. 3.1.).

Puisque ce théorème est compatible avec la décomposition centrale de M il suffit d'après l'appendice 2 th. 7 iv) de se restreindre au cas M_3. On supposera donc dans le reste de la preuve que

(*) M est une J.W. algèbre reversible telle que $R(M) \cap iR(M) = \{0\}$

où R(M) est l'algèbre réelle uniformément fermée engendrée par M.

D'après STØRMER [3] lem. 2.3. et th. 2.4., l'algèbre de von Neumann M" engendrée par M est $\overline{R(M)} + i\,\overline{R(M)}$ (fermeture faible) et cette décomposition de M" est unique puisque $\overline{R(M)} \cap i\overline{R(M)} = \{0\}$. Comme dans STØRMER [3] définissons $\alpha : M'' \to M''$ tel que $\alpha(x+iy) = x^* + iy^*$ où $x,y \in \overline{R(M)}$. Il est clair que α est $\mathbb{C}$-linéaire. C'est un antiautomorphisme d'ordre 2 qui est normal. De plus $M = \{x \in M''/x=x^* = \alpha(x)\}$ car M étant réversible, $\overline{(R(M)}_{s.a.} = M$. On vérifie que $\overline{R(M)} = \{x \in M''/\alpha(x) = x^*\}$. Si $M^{\mathbb{C}} = M+iM$ alors $M^{\mathbb{C}} = 1/2\ (\mathbb{1}+\alpha)\ M''$.

Si ρ est un état sur M, $\rho^{\mathbb{C}}$ son extension $\mathbb{C}$-linéaire à $M^{\mathbb{C}}$ alors $\tilde{\rho} = \rho^{\mathbb{C}} \circ (\frac{\mathbb{1}+\alpha}{2})$ est un état de M" invariant par α. Puisque $\alpha(x) = 0$ est équivalent à $x = 0$ pour $x \in M''$ l'état $\tilde{\rho}$ est normal et fidèle si ρ est normal et fidèle ce que l'on supposera. Dans ce cas soient $(H_{\tilde{\rho}}, \pi_{\tilde{\rho}}, \xi_{\tilde{\rho}})$ l'espace de Hilbert complexe, la représentation de M" dans $L(H_{\tilde{\rho}})$ et le vecteur cyclique et séparateur pour $\pi_{\tilde{\rho}}(M'')$ associés à la représentation de GELFAND-NAIMARK-SEGAL pour $\tilde{\rho}$. On utilisera la théorie de TOMITA-TAKESAKI avec les objets standards $S_{\tilde{\rho}}$, $\Delta_{\tilde{\rho}}$, $J_{\tilde{\rho}}$. Puisque $\tilde{\rho}$ est fixe dans ce problème et que $\pi_{\tilde{\rho}}(M'') = (\pi_{\tilde{\rho}}(M))''$, on supprime, sauf dans les définitions les indices $\tilde{\rho}$ et on écrit $x\xi$ pour $\pi_{\tilde{\rho}}(x)\xi_{\tilde{\rho}}$. Rappelons que $\mathcal{P}^{\natural}_{M'',\tilde{\rho}} = \overline{\Delta^{1/4}\ (M'')^+\xi}$ est un cône autopolaire facialement homogène et orientable (CONNES [2]).

VII.1.4. REMARQUE : L'étude des antiautomorphismes d'ordre 2 commencée par STØRMER [3] [4] (Voir aussi EFFROS-STØRMER [2]) suggère que la classification des J.B.W. algèbres est reliée à la classification des antiautomorphismes d'ordre 2 d'algèbres de von Neumann à automorphismes près. Ceci a été fait par GIORDANO [2] dans le cas des facteurs injectifs (Voir aussi STØRMER [5], STACEY [4]) : Pour les facteurs de type I, il y a deux classes d'antiautomorphismes. Pour les facteurs injectifs de type II_1, II_∞ et le facteur d'ARAKI-WOODS de type III_1 il n'y a qu'une classe alors que pour les III_λ $(0<\lambda<1)$ il y en a deux. Pour les facteurs injectifs du type III_0 il y en a autant que de classes de conjugaison d'automorphismes d'ordre deux de leurs flots des poids.

VII.2. CONSTRUCTION $\mathfrak{T}^{\natural}_{M,\rho}$

VII.2.1. LEMME : Soit U l'opérateur défini sur $D(U) = \Delta^{1/4}M''\xi$ par $U(\Delta^{1/4}x\xi) = \Delta^{1/4}\alpha(x)\xi$. Alors la fermeture de U (encore notée U) est un unitaire selfadjoint de H tel que

i) $[U,J] = 0$.

ii) $\alpha(x) = JU\,x^*(JU)^*$, $\forall x \in M''$ (ie.: α est antiunitairement implementé).

iii) $U \in L(\mathfrak{T}^{\natural}_{M'',\tilde{\rho}})$.

iv) Si U est positif alors il existe un unitaire selfadjoint u de M'' tel que U = uJuJ. De plus α est un antiautomorphisme intérieur au sens de STØRMER [4].

Preuve : i) Soit $\{\sigma_t = \Delta^{it}.\Delta^{-it}\}_{t\in\mathbb{R}}$ le groupe modulaire de $\tilde{\rho}$ (cf. TAKESAKI [2] ou PEDERSEN [1]). D'après GIORDANO [1] lem. 2 ou [2] lem. 4.1., $\{\alpha^{-1}\sigma_{-t}\alpha\}_{t\in\mathbb{R}}$ est le groupe modulaire de $\tilde{\rho}\circ\alpha = \tilde{\rho}$. Par unicité on a $\alpha\circ\sigma_t(x) = \sigma_{-t}\circ\alpha(x)$ $\forall\ t\in\mathbb{R}$, $\forall x\in M''$. De plus si $x\in M''$ alors $x_n = \sqrt{\frac{n}{\pi}}\int_{-\infty}^{+\infty}\sigma_t(x)e^{-nt^2}\,dt$ est un élément de M'' tel que si $z\in\mathbb{C}$ alors $\sigma_z(x_n) = \sqrt{\frac{n}{\pi}}\int_{-\infty}^{+\infty}\sigma_t(x)\,e^{-n(t-z)^2}\,dt$ et $\sigma_z(x_n)\in M''$. (x_n est dit analytique pour $\{\sigma_t\}_{t\in\mathbb{R}}$ et on note $(M'')_a$ l'ensemble de ces éléments). De plus $\|x_n\| \leq \|x\|$, $\{x_n\}_{n\in\mathbb{N}}$ tend ultrafaiblement vers x et $(M'')_a$ est une sous algèbre involutive de M'' telle que $(\sigma_z(x))^* = \sigma_{\bar{z}}(x^*)$. On vérifie que $\sigma_z\circ\alpha(x_n) = \alpha\circ\sigma_{-z}(x_n)$. Soient $x,y\in(M'')_{s.a.}$ et $\{x_n\}_{n\in\mathbb{N}}\subset(M'')_a$ (resp. $\{y_n\}_{n\in\mathbb{N}}$) la suite $\sigma(M'',M''_*)$-convergente vers x (resp. y).

$$\begin{aligned}<U\Delta^{1/4}x_n\xi, U\Delta^{1/4}y_m\xi> &= <\sigma_{-i/4}\alpha(x_n)\xi, \sigma_{-i/4}\alpha(y_m)\xi> = <\alpha(\sigma_{i/4}(x_n))\xi, \alpha(\sigma_{i/4}(y_n))\xi> \\ &= \tilde{\rho}\Big(\alpha(\sigma_{i/4}(x_n)^*)\ \alpha(\sigma_{i/4}(y_m))\Big) = \tilde{\rho}\circ\alpha(\sigma_{i/4}(y_m).\sigma_{i/4}(x_n)^*) \\ &= <\sigma_{i/4}(y_m)^*\xi, \sigma_{i/4}(x_n)^*\xi> = <J\Delta^{1/2}\ \Delta^{-1/4}\ y_m\xi, J\Delta^{1/2}\Delta^{-1/4}x_n\xi> \\ &= <\Delta^{1/4}\ x_n\xi, \Delta^{1/4}\ y_m\ \xi>\end{aligned}$$

On en déduit par passage à la limite que $<U\Delta^{1/4}x\xi, U\Delta^{1/4}y\xi> = <\Delta^{1/4}x\xi, \Delta^{1/4}y\xi>$. Puisque $\Delta^{1/4}(M'')_a\xi = (M'')_a\xi$ est dense dans H, U est un opérateur fermable dont la fermeture U est un unitaire de H. Avec le même type de calcul on montre que

$U = U^*$. Montrons que $[U,J] = 0$: si $x \in (M'')_a$ alors

$$J U \Delta^{1/4} x\xi = J\Delta^{1/4}\alpha(x)\xi = J\Delta^{1/2}\ \Delta^{-1/4}\alpha(x)\xi = (\sigma_{i/4}\circ\alpha(x))^*\xi = \sigma_{-i/4}\alpha(x)^*\xi$$
$$= \Delta^{1/4}\alpha(x^*)\xi = U\Delta^{1/4}x^*\xi = (UJ)\ J\Delta^{1/4}\ \ J\Delta^{1/2}\ x\ \xi\ = U\ J\ \Delta^{1/4}\ x\ \xi$$

car $J\Delta^{1/4}J = \Delta^{-1/4}$ sur $M''\ \xi$ (cf. TAKESAKI [2]).

ii) Si $x,y \in (M'')_a$, on a

$$U x U \Delta^{1/4} y\xi = U x \Delta^{1/4}\alpha(y)\xi = U\Delta^{1/4}\ (\Delta^{-1/4}\ x\ \Delta^{1/4})\alpha(y)\xi = \Delta^{1/4}\ y.\alpha\circ\sigma_{i/4}(x)\xi$$
$$= \Delta^{1/4} y \Delta^{1/4}\alpha(x)\xi = \Delta^{1/4} y \Delta^{1/4}\Delta^{-1/2} J\alpha(x^*)\ J\ \xi$$
$$= (\sigma_{-i/4}y) J\alpha(x^*)J\xi = \ J\alpha(x^*)J\ \sigma_{-i/4}(y)\xi \quad \text{car } JM''J = M'$$
$$= J\alpha(x^*)\ J\ \ \Delta^{1/4}\ y\ \xi$$

Ainsi $UxU = J\alpha(x^*)\ J$ et $\alpha(x) = JU\ x^*\ (JU)^*$.

iii) U conserve l'ordre de $\mathcal{P}^\natural_{M'',\xi}$ puisque $\mathcal{P}^\natural_{M'',\xi} = \overline{\Delta^{1/4}\ M''^+\xi}$

iv) Ceci résulte directement de CONNES [2] th. 3.9. (ou de III.4.8. et VI.1.3.). De plus si x est un élément selfadjoint de $Z(M'')$ alors $x = JxJ$ et $\alpha(x) = UxU$, donc $\alpha(x) = x$ puisque $U = uJuJ \in (M''\cup M')''$. On en déduit que α est un antiautomorphisme intérieur car $(JU)^2 = \mathbb{1}$. □

Il est à noter que la condition $[U,Z(M'')] = 0$ est suffisante pour que α soit intérieur.

<u>VII.2.2. LEMME : Soient $\mathcal{P}^\natural_{M,\rho} = \overline{\Delta^{1/4}_{\tilde\rho}\pi_{\tilde\rho}\ (M^+)\xi_{\tilde\rho}}$ et $Q = \frac{\mathbb{1}+U}{2}$. Alors Q est une projection orthogonale de $L(\mathcal{P}^\natural_{M'',\tilde\rho})$ telle que $\mathcal{P}^\natural_{M,\rho} = Q(\mathcal{P}^\natural_{M'',\tilde\rho})$ est un cône autopolaire facialement homogène dans $H_\rho = \overline{\pi_{\tilde\rho}(M)\xi_{\tilde\rho}}$.</u>

<u>Preuve</u> : Il est clair que $Q=Q^*=Q^2\in L(\mathcal{P}^\natural_{M'',\tilde\rho})$ d'après le lemme précédent et que $QH_{\tilde\rho} = \overline{\Delta^{1/4}_{\tilde\rho}\pi_{\tilde\rho}(M)\xi_{\tilde\rho}}$ donc $\mathcal{P}^\natural_{M,\rho}$ est un cône autopolaire facialement homogène dans H_ρ d'après I.1.13. et II.1.6. □

VII.2.3. COROLLAIRE : i) Si $\delta \in D(\mathcal{P}_{M,\rho}^\natural)_{s.a.}$ alors il existe un unique $x \in M$ tel que $\delta = \frac{1}{2}(x+JxJ)$.

ii) Il existe un isomorphisme d'ordre de l'ensemble des idempotents e de M sur l'ensemble des faces fermées F_e de $\mathcal{P}_{M,\rho}^\natural$ où $F_e = eJeJ\,\mathcal{P}_{M,\rho}^\natural$.

Preuve : i) D'après II.2.8., δ a une unique extension $\delta' \in D(\mathcal{P}_{M'',\tilde{\rho}}^\natural)$ telle que $\delta'P_{<\mathcal{P}_{M,\rho}^\natural>^\perp} = 0$. Or δ' est de la forme $\delta_x = \frac{1}{2}(x+JxJ)$ où $x \in (M'')_{s.a.}$ (VI.1.2. et VI.1.3.). Puisque $[Q, \delta'] = 0$ on a $U\delta'U = \delta'$ et VII.2.1. implique $\frac{1}{2}(\alpha(x^*) + J\,\alpha(x^*)J) = \frac{1}{2}(x+JxJ)$. L'unicité de x (VI.2.3.) entraîne $\alpha(x)=x$ et $x \in M$.

ii) Toute face de $\mathcal{P}_{M,\rho}^\natural$ est en fait l'image par Q d'une face de $\mathcal{P}_{M'',\tilde{\rho}}^\natural$. Le résultat est donc immédiat d'après CONNES [2] th. 4.2. ou VI.1.2.. En particulier les projections faciales P_F où $F \in Fac(\mathcal{P}_{M,\rho}^\natural)$ sont de la forme $eJeJ\mathcal{P}_{M,\rho}^\natural$ où e est un idempotent de M. □

VII.2.4. PREUVE DU THEOREME VII.1.1.

i) Si δ_x et δ_y sont deux dérivations selfadjointes de $\mathcal{P}_{M,\rho}^\natural$ (VII.2.3.) alors $\delta_x \circ \delta_y = \delta_{x \circ y}$ d'après VI.2.3. car le produit de Jordan (III.2.1.) défini sur $D(\mathcal{P}_{M,\rho}^\natural)_{s.a.}$ est la restriction du produit de Jordan de $D(\mathcal{P}_{M'',\tilde{\rho}}^\natural)_{s.a.}$ (cf. preuve de II.2.8.). L'application $L^\rho : x \in M \to \delta_x \in D(\mathcal{P}_{M,\rho}^\natural)_{s.a.}$ étant surjective (VII.2.3.) et injective (VI.2.3.) est un isomorphisme de Jordan. On remarque que si $\delta_x = \int_a^b \lambda d\delta_{F(\lambda)}$ où $F(\lambda) \in \mathcal{F}(\mathcal{P}_{M,\rho}^\natural)$ alors $x = \int_a^b \lambda de_\lambda$ où e_λ est un idempotent de M tel que $P_{F(\lambda)} = e_\lambda Je_\lambda J$, donc L^ρ est isométrique.

Il reste à prouver le iii) : * Si $\psi \in M_*^+$ alors $\tilde{\psi} = \psi^{\mathbb{C}} \circ (\frac{1+\alpha}{2})$ ($\psi^{\mathbb{C}}$ est l'extension $\mathbb{C}$-linéaire de ψ à $M^{\mathbb{C}}$) est dans $(M'')_*^+$. Il existe d'après CONNES [2], ARAKI [1], HAAGERUP [1] un vecteur η dans $\mathcal{P}_{M'',\tilde{\rho}}^\natural$ tel que $\tilde{\psi} = \omega_\eta$. L'invariance de $\tilde{\psi}$ par α et de η par J entraîne pour $x \in M''$:

$$<x\eta,\eta> = <\alpha(x)\eta,\eta> = <JUx^*UJ\eta,\eta> = <UJ\eta, x^*UJ\eta> = <xU\eta, U\eta>$$

Donc d'après ARAKI [1] th. 4 $\|\eta - U\eta\|^2 \leq \|\omega_\eta - \omega_{U\eta}\| = 0$ (même preuve que III.5.1.) et $\eta = \frac{(\mathbb{1}+U)}{2}\eta \in \mathcal{P}^\natural_{M,\rho}$, $\psi = \omega_\eta/_M$. Réciproquement chaque $\eta \in \mathcal{P}^\natural_{M,\rho}$ induit une forme normale ω_η sur M.

j^{-1} est concave et conserve l'ordre car ceci est vrai pour le couple $((M'')_*, \mathcal{P}^\natural_{M'',\tilde{\rho}})$ (ARAKI [4] th. 3.1.) donc par restriction c'est vrai sur $(M_*, \mathcal{P}^\natural_{M,\rho})$.

$*$ Soit ψ un état normal fidèle sur M. Comme dans VII.1.3. supposons tout d'abord que M possède une trace ϕ. On a $\mathcal{P}^\natural_{M,\rho} = H^+_\phi = \mathcal{P}^\natural_{M,\psi}$ (V.6.5.). Si maintenant M satisfait l'hypothèse ($*$) alors l'existence d'un unitaire U tel que $U\mathcal{P}^\natural_{M,\psi} = \mathcal{P}^\natural_{M,\rho}$ résulte de CONNES [2] th. 2.1. ou HAAGERUP [1] th. 2.3. : En effet on vérifie que si U est l'unitaire de $H_{\tilde{\rho}}$ sur $H_{\tilde{\psi}}$ tel que $\pi_{\tilde{\rho}} = U\pi_{\tilde{\psi}}U^*$ et $U\mathcal{P}^\natural_{M'',\tilde{\rho}} = \mathcal{P}^\natural_{M'',\tilde{\psi}}$ alors pour $Q_{\tilde{\rho}}$ (resp. $Q_{\tilde{\psi}}$) définis en VII.2.2. on a $Q_{\tilde{\rho}} = UQ_{\tilde{\psi}}U^*$ et donc $U\mathcal{P}^\natural_{M,\rho} = \mathcal{P}^\natural_{M,\psi}$.

$*$ Si ξ est un quasi-intérieur, ω_ξ est une forme normale fidèle sur la J.B.W. algèbre $\mathfrak{M} = D(H^+)_{s.a.}$ (II.1.5.). Comme précédemment, on décompose centralement $\mathfrak{M}$ en deux cas : $\mathfrak{M}$ possède une trace normale fidèle finie ϕ et $\mathfrak{M}$ vérifie l'hypothèse ($*$). Dans le premier cas, H^+ possède un vecteur trace quasi-intérieur ξ_o (III.5.2. et IV.2.1.) tel que $\phi = \omega_{\xi_o}$. L'application $U : \delta\xi_o \to \delta$ de $<\xi_o>-<\xi_o> \subset H$ sur $\mathfrak{M} \subset H_\phi$ est surjective (IV.2.4.) et isométrique car

$<U\delta\xi_o, U\delta'\xi_o> = <\delta,\delta'>_\phi = \phi(\delta\circ\delta') = <\delta\circ\delta'\xi_o, \xi_o> = <\delta\xi_o, \delta'\xi_o>$ (IV.2.1.) donc elle se prolonge en un unitaire U tel que $UH^+ = H^+_\phi$. D'après V.6.5., H^+ est donc unitairement appliqué sur $\mathcal{P}^\natural_{\mathfrak{M},\omega_\xi}$.

Supposons pour terminer que $\mathfrak{M}$ vérifie ($*$) de VII.1.3.. On reprend les notations de VII.1.3. avec $\rho = \omega_\xi$ où $\xi \in H^+$.

Définissons sur $\mathfrak{M}$ une forme bilinéaire par

$s : (\delta_1,\delta_2) \in \mathfrak{M} \times \mathfrak{M} \to <\Delta^{1/4}\pi_{\tilde{\rho}}(\delta_1)\xi_{\tilde{\rho}}, \pi_{\tilde{\rho}}(\delta_2)\xi_{\tilde{\rho}}>$. D'après CONNES [2] lem. 1.5 , s est une forme $\mathfrak{M}^+$-positive (cf. Appendice 8) qui vérifie donc $s(\delta,\delta) \leq s(\mathbb{1},\delta\circ\delta) = \omega_\xi(\delta\circ\delta)$ (Appendice 8 lem. 3).

Or d'après III.4.5., $\omega_\xi(\delta\circ\delta) = 2\ \|\delta\xi\|^2 - < P(\delta)\xi,\xi> \leqslant 2\|\delta\xi\|^2$ donc il existe un opérateur A de $L(\overline{\mathcal{M}\xi}) = L(H)$ tel que $s(\delta_1,\delta_2) = <\delta_1\xi, A\delta_2\xi>$ et $0 \leqslant A \leqslant 2\mathbb{1}$.

Soit $K^+ = \overline{A^{1/2}\mathcal{M}^+\xi}$. Alors K^+ est un cône de H qui est unitairement appliqué sur $\mathcal{P}^\natural_{\mathcal{M},\omega_\xi}$: En effet $U : A^{1/2}\delta\xi \to \Delta^{1/4}_{\tilde\rho}\ \pi_{\tilde\rho}\ (\delta)\xi_{\tilde\rho}$ est linéaire, à image dense et isométrique. K^+ est donc d'après i) un cône autopolaire facialement homogène dans $K = K^+ - K^+ \subset H$ et l'on peut supposer que $D(K^+)_{s.a.} = D(H^+)_{s.a.}$. Montrons que $K^+ = H^+$. Tout d'abord on remarque que $\xi = A\xi$ car $\forall \delta \in \mathcal{M}$, $<\delta\xi, \xi - A\xi> = \omega_\xi(\delta) - s(\delta,\mathbb{1}) = 0$ et $\mathcal{M}\xi$ est dense dans H (II.1.5.). Donc $\xi = A^{1/2}\xi \in K^+$ (il suffit d'approcher $A^{1/2}$ par des polynômes en A). D'après III.4.7., $H^+ = \overline{\text{conv}\ \{P(\delta)\xi / \delta \in D(H^+)_{s.a.}\}} \subset K^+$ donc $K = H$ (I.1.2.) et $H^+ = K^+ = U\,\mathcal{P}^\natural_{\mathcal{M},\omega_\xi}$. □

<u>VII.2.5. PREUVE DE VII.1.2.</u> : Si M possède une trace, alors le corollaire est démontré (V.6.3.). Supposons que M vérifie l'hypothèse (*) de VII.1.3.

i) On rappelle que le produit de Jordan sur M est donné par $x \circ y = \frac{1}{2}\,(xy+yx)$ où xy est le produit dans M". Soit β un automorphisme de Jordan de M. Si $\psi = \tilde\rho \circ \beta^{-1}$ et η est le vecteur de $\mathcal{P}^\natural_{M,\rho}$ représentant ψ (ie. : $\psi(a) = <L^\rho(a)\eta,\eta> = <\pi_{\tilde\rho}(a)\eta,\eta>$ on définit $U : a\ \xi \to \beta(a)\ \eta$ où $\tilde\rho = \omega_\xi$. Ainsi $\|U\ a\ \xi\|^2 = <\beta(a^2)\ \eta,\eta> = \psi(\beta(a^2)) = \|a\ \xi\|^2$.

Puisque U a une image dense dans H_ρ sa fermeture notée U est un unitaire.

Montrons que $L^\rho\ (\beta(a)) = U_\beta L^\rho(a) U^*_\beta$, $\forall\ a \in M$: Si $x, y \in M$ on a

$$<U_\beta a U^*_\beta\, x\eta,\ y\eta> = <\beta^{-1}(y)\ a\ \beta^{-1}(x)\xi\ ,\ \xi>$$
$$= \frac{1}{2}\ [<\beta^{-1}(y)\ a\ \beta^{-1}(x)\xi,\xi> + <\beta^{-1}(x)\ a\ \beta^{-1}(y)\xi,\xi>]$$
$$= <\{\beta^{-1}(y),\ a,\ \beta^{-1}(x)\}\xi,\xi>$$

où $\{\ ,\ ,\}$ désigne le triple produit de Jordan (cf. Appendice 2). Ainsi

$$<U_\beta L^\rho(a) U^*_\beta\ x\eta,\ y\eta> = \rho\ (\{\beta^{-1}(y),a,\beta^{-1}(x)\}) = \psi(\{y,\beta(a),x\}) = <L^\rho(\beta(a))x\eta,\ y\eta>.$$

Le seul point non élémentaire à montrer pour terminer la démonstration de i) est que $U_\beta \in L(\mathcal{P}^\natural_{M,\rho})$. Pour cela on va montrer que $[U_\beta, J_{\tilde\rho}] = 0$ car alors puisque toute dérivation δ de $\mathcal{P}^\natural_{M,\rho}$ est de la forme δ_x où $x \in M$ (VII.2.3.) et $L^\rho(x) = \delta_x$ on a $U_\beta(\delta_x)^2\xi = (U_\beta L^\rho(x)U^*)U\ L^\rho(x)\xi = L^\rho(\beta(x))\ L^\rho(\beta(x))\eta = \delta_{\beta(x)}^2\eta$ et $U_\beta P(\delta_x)\xi = P(\delta_{\beta(x)})\eta$ ce qui entraîne que U_β conserve l'ordre (III.4.7.). En fait U applique $H_\rho = \overline{\Delta^{1/4}_{\tilde\rho}\ \pi_{\tilde\rho}\ (M)\xi_{\tilde\rho}}$ dans lui-même donc commute avec $J_{\tilde\rho}$.

ii) et iii) Même démonstration que celle de V.6.3. □

VII.3 - CONSÉQUENCES ET APPLICATIONS

Le théorème VII.1.1. est important car il montre que l'on peut "représenter" une J.B.W. algèbre comme algèbre d'opérateurs selfadjoints sur un espace de Hilbert réel. Bien entendu le produit de cette algèbre ne coïncide pas forcément avec le produit de Jordan usuel sur l'ensemble des opérateurs bornés de cet espace de Hilbert. De plus cette méthode va permettre de décomposer dans cette "représentation" les J.B.W. algèbres en intégrale directe de J.B.W. facteurs. On utilise les notations de VII.1.1. avec la simplification de notation $\mathfrak{T}^{\natural}_{M,\rho} \equiv H^+_\rho$ où M est une J.B.W. algèbre quelconque munie d'un état normal fidèle ρ.

VII.3.1 PROPOSITION : i) $L^\rho(Z(M)) = Z_{H^+_\rho}$.

ii) Si M est $\sigma(M, M_*)$ séparable alors il existe un ensemble borelien standard Z, une mesure borelienne positive finie ν sur Z et un champ ν-intégrable d'espaces de Hilbert $\{H(\alpha)\}_{\alpha \in Z}$ tels que

- $H^+_\rho = \int_Z^{\oplus} H^+_\rho(\alpha)d\nu(\alpha)$
- $L^\rho(M) = \int_Z^{\oplus} M(\alpha)d\nu(\alpha)$ où $\{M(\alpha)\}_{\alpha \in Z}$ est un champ ν-intégrable (ie : mesurable et essentiellement borné) de J.B.W. facteurs vérifiant $M(\alpha) = D(H^+_\rho(\alpha))_{s.a.}$ pour presque tout ν. De plus $L^\rho(Z(M)) = L^\infty_{\mathbb{R}}(Z,\nu)$.

Preuve : D'après VII.1.1 et III.3.6, $L^\rho(Z(M)) = Z(D(H^+_\rho)_{s.a.}) = Z_{H^+_\rho}$. Le ii) résulte directement de III.3.7 (cf. I.3.4, I.3.5) car la séparabilité de M entraine que H_ρ est séparable. □

Les résultats précédents permettent d'améliorer III.4.7.

VII.3.2 PROPOSITION : Soit H^+ un cône autopolaire facialement homogène de type dénombrable. Alors il existe un quasi-intérieur ξ dans H^+ tel que $H^+ = \overline{\{P(\delta)\xi/\delta \in D(H^+)^+_{s.a.}\}}$.

Preuve : Ce résultat est compatible avec une décomposition orthogonale (I.3.4). Si H^+ possède un vecteur trace ξ alors le résultat est vrai d'après IV.2.8. Si H^+ ne possède pas de vecteur trace quasi-intérieur, alors on peut supposer d'après VII.1.1. que $H^+ = \mathfrak{T}^{\natural}_{M,\rho}$ où $M = D(H^+)_{s.a.}$ est une J.B.W. algèbre vérifiant l'hypothèse (*) de VII.1.3. et ρ est un état normal fidèle sur M. Puisque

$\mathfrak{J}^{\natural}_{M'',\tilde{\rho}} = \overline{\{P(\delta)\xi_{\tilde{\rho}} \,/\, \delta \in D(\mathfrak{J}^{\natural}_{M'',\tilde{\rho}})^{+}_{s.a.}\}}$ d'après CONNES [2] lem. 2.9 et VI.1.2,
on a avec les notations de VII.2.2, $H^{+} = Q\mathfrak{J}^{\natural}_{M'',\tilde{\rho}} = \{P(\delta)\xi_{\tilde{\rho}} / \delta \in M^{+}\}$. □

VII.3.3 REMARQUE : Le théorème VII.1.1 est restreint au cas des J.B.W. algèbres σ-finies (Appendice 6) dont les cônes associés sont de type dénombrable (III.3.8). Cette restriction n'est pas essentielle. En effet toute J.B.W. algèbre se décompose centralement en partie semi-finie et purement infinie (V.1.6). Sur la partie semi-finie, VII.1.1 et VII.1.2 ont été démontrés aux paragraphes V.5 et V.6. La partie purement infinie se décompose en partie selfadjointe d'une algèbre de von Neumann et en partie satisfaisant l'hypothèse (∗) de VII.1.3 (Appendice 2, th.7). On peut utiliser grâce aux résultats de VII.2 les formes standard des algèbres de von Neumann (HAAGERUP[1]) qui permettent si un état normal n'est pas fidèle, de se restreindre à l'algèbre réduite par son support (HAAGERUP [1] lem. 2.6) et donc de supposer que l'état est fidèle sur cette algèbre réduite. Ceci permet de reformuler le théorème VII.1.1 et son corollaire sous la forme fonctorielle suivante :

THEOREME : La catégorie des algèbres de Jordan-Banach avec prédual munie des bijections linéaires conservant l'ordre (resp. des isomorphismes de Jordan) est isomorphe à la catégorie des cônes autopolaires facialement homogènes dans les espaces de Hilbert réels munie des bijections linéaires (resp. des unitaires) conservant l'ordre.

APPENDICES

APPENDICE 1

UN RESULTAT TECHNIQUE

Soient μ et ν deux mesures boréliennes positives finies sur $\mathbb{R}$ telles que $\int e^{t\lambda} d\mu(\lambda) \leqslant \int e^{t\lambda} d\nu(\lambda)$ pour tout réel t. Alors si ν est concentrée sur un intervalle (non nécessairement fermé) I, μ est aussi concentrée sur I.

Preuve : Supposons que $I = [a, +\infty[$. Montrons tout d'abord que $\mu(]-\infty, a-\varepsilon[) = 0 \ \forall \varepsilon > 0$.

Soit $t \leqslant 0$ alors $e^{t(a-\varepsilon)} \int_{]-\infty,a-\varepsilon[} d\mu(\lambda) \leqslant \int_{]-\infty,a-\varepsilon[} e^{\lambda t} d\mu(\lambda) \leqslant \int e^{\lambda t} d\mu(\lambda)$

$$\leqslant \int_I e^{\lambda t} d\nu(\lambda) \ .$$

Donc $0 \leqslant e^{-t\varepsilon} \mu(]-\infty,a-\varepsilon[) \leqslant \int_I e^{t(\lambda-a)} d\nu(\lambda)$.

Le théorème de convergence dominée de LEBESGUE implique que le terme de droite converge vers $\nu(\{a\})$ si $t \to -\infty$. Donc $\mu(]-\infty,a-\varepsilon[) = 0 \ \ \forall\varepsilon > 0$. Il reste à montrer que si $\nu(\{a\}) = 0$ alors $\mu(\{a\})=0$. Pour $t < 0$ et $\varepsilon > 0$ on a

$$e^{t(a+\varepsilon)} \int_{[a-\varepsilon,a+\varepsilon]} d\mu(\lambda) \leqslant \int_{[a-\varepsilon,a+\varepsilon]} e^{t\lambda} d\mu(\lambda) \leqslant \int_I e^{t\lambda} d\nu(\lambda)$$

donc $e^{t\varepsilon} \int_{[a-\varepsilon,a+\varepsilon]} d\mu(\lambda) \leqslant \int_I e^{t(\lambda-a)} d\nu(\lambda)$ et en faisant tendre ε vers 0

$\mu(\{a\}) \leqslant \int_I e^{t(\lambda-a)} d\nu(\lambda)$. Si t tend vers $-\infty$ on a $\mu(\{a\}) \leqslant \nu(\{a\})$.

Même raisonnement avec $I = [a,b]$ où $I =]-\infty,a]$. □

APPENDICE 2

ALGEBRES DE JORDAN - BANACH

DEFINITION 1: Une algèbre (linéaire) de Jordan est un espace vectoriel réel M avec un produit bilinéaire commutatif non nécessairement associatif vérifiant l'identité de Jordan : $a^2.(a.b) = a.(a^2.b)$ où $a,b \in M$. (références JACOBSON [1], [2], SCHAFER [1], BRAUN-KOECHER [1]) ; En fait, on peut généraliser cette notion à un corps de caractéristique différente de 2 (et même au cas 2 : cf. Mc CRIMMON [1]) . Une J.B. Algèbre ou algèbre de Jordan-Banach est une algèbre de Jordan avec identité $\mathbb{1}$ munie d'une structure d'espace de Banach telle que :

i) $\| a^2 \| = \| a \|^2$

ii) $\| a^2 - b^2 \| \leq \max(\|a\|^2, \|b\|^2)$.

Remarques : * ii) est équivalent à $\|a^2\| \leq \|a^2+b^2\|$ et ces deux axiomes impliquent que $\|ab\| \leq \|a\| \, \|b\|$ (cf. ARAKI-ELLIOTT [1]).

* Supposer que M possède une identité n'est pas restrictif car comme dans le cas des C^*-algèbres on peut toujours plonger algébriquement et isométriquement une J.B. algèbre sans unité dans une J.B. algèbre avec unité (SMITH [1], Th.3.4, YOUNGSON [3]).

On note L_a l'opérateur sur M de multiplication par a et $U_a = 2L_a^2 - L_{a^2}$. Un autre exemple de produit intéressant est donné par le triple produit: $\{a,b,c\} = (ab)c + a(bc) - b(ac)$. Le centre d'une J.B. algèbre M est $Z(M) = \{a \in M / [L_a, L_b] = 0 \quad \forall b \in M\}$.

Exemples de J.B. algèbres :

* L'ensemble des fonctions continues sur un compact muni du produit et de la norme usuelle: toute J.B. algèbre associative (et même alternative, c'est-à-dire que la sous-algèbre engendrée par deux éléments est associative, cf. BOYADJIEV-YOUNGSON [1]) est de ce type.

* Sous-espace vectoriel fermé de $L(H)_{s.a}$ stable sur carré où H est un espace de Hilbert complexe. Ce type d'algèbres est appelé J.C.-algèbres (cf. TOPPING [1], STØRMER [1], [2], [3]). En particulier les parties self-adjointes de C^*-algèbres munies du produit $x.y = 1/2(xy+yx)$ sont des J.C. algèbres. Dans ce cas $\{x,y,z\} = 1/2\,(xyz + zyx)$.

* L'algèbre des matrices 3x3 self-adjointes (pour le produit de Jordan matriciel) à entrées dans l'algèbre de Cayley . Cette algèbre d'octonions est une algèbre formée à partir des quaternions, de dimension réelle égale à 8 ni commutative, ni associative, mais seulement alternative (cf. SCHAFER [1]).

Toutes les J.B. algèbres irréductibles de dimension finie ont été classifiées par JORDAN-VON NEUMANN-WIGNER [1]. Elles sont du type $M_n(A)_{s.a}$ où $A = \mathbb{R}, \mathbb{C}, \mathbb{K}$, $M_3(\mathbb{O})_{s.a}$ notée aussi M_3^8 ($M_n(A)_{s.a}$ désigne les matrices nxn à entrées dans A, self-adjointes pour l'involution de A) et enfin les algèbres (appelées facteur de spin par TOPPING) engendrées par $\mathbb{1}$ et $\{s_i\}_{i\in\{1,\dots,n\}} \subset L(H)_{s.a}$ telles que $s_i \neq \pm\mathbb{1}$ et $s_i \circ s_j = \delta_{ij}\mathbb{1}$.
Il est à noter qu'au moyen de la trace, ceci est équivalent (ALFSEN-SHULTZ-STØRMER [1], Prop. 7.1) au facteur de spin abstrait construit à partir d'un espace de Hilbert K et du produit de Jordan sur $M = \mathbb{R} \oplus K$ défini par $(r,\xi) \circ (r',\xi') = (rr' + \langle \xi, \xi' \rangle_K + r\xi' + r'\xi)$. M n'est autre que l'algèbre de Jordan de l'algèbre de Clifford de K (cf. JACOBSON [1], th.1, p.261).

Dans un facteur de spin tout élément positif qui n'est pas un idempotent, est inversible (dans l'algèbre). Ceci implique que tout état (normal) fidèle est de la forme $\phi(x.\ )$ où ϕ est la trace usuelle (ie. $\phi : (r,\xi) \to r$) et x est inversible dans M (cf. TOPPING [2]).

Dans le cas de dimension finie, l'inégalité $\|a^2\| \leqslant \|a^2 + b^2\|$ est équivalente à "$a^2 + b^2 = 0$ entraine $a = b = 0$", mais cette dernière assertion purement algèbrique ne convient plus en dimension infinie. Cette condition entraîne que tout idempotent primitif (atome) est de rang 1 : TILLIER[1][2], HURT[1].
La structure d'ordre des J.B. algèbres et leurs représentations concrètes étant essentielles, on dispose des résultats suivants donnés par ALFSEN-SHULTZ-STØRMER [1].

<u>THEOREME 2</u> : <u>Si M est une J.B. algèbre alors $\{a^2/a \in M\}$ est un cône convexe saillant qui fait de l'espace vectoriel M un espace avec unité d'ordre $\mathbb{1}$ (cf. ALFSEN [1]) complet pour la norme d'ordre déduite</u>

$$\|a\| = \inf\{\, r > 0 \;/\; -r\mathbb{1} \leqslant a \leqslant r\mathbb{1} \,\},$$

<u>car les deux normes coïncident. Réciproquement si M est un espace avec unité d'ordre $\mathbb{1}$ complet pour la norme d'ordre</u>

et muni d'une structure d'algèbre de Jordan où $\mathbb{1}$ est l'identité tel que la condition $-\mathbb{1} \leqslant a \leqslant \mathbb{1}$ implique $0 \leqslant a^2 \leqslant \mathbb{1}$, alors M est une J.B. algèbre pour cette norme.

L'unicité de la norme implique que tout homomorphisme entre J.B. algèbres est continu. De plus, on peut faire du calcul fonctionnel pour les fonctions continues. (L'unicité de la norme pour les algèbres de Jordan-Banach est étudiée dans BALACHANDRAN-REMA [1], BEHNCKE [1], YOUNGSON [2])

THEOREME 3 : Toute J.B. algèbre M possède un unique idéal de Jordan J tel que le quotient de M par J aît une représentation isométrique fidèle sur une J.C algèbre. De plus, chaque représentation factorielle de M qui n'annulle pas J est sur $M_3(\mathbb{O})_{s.a}$.

Ce résultat permet de distinguer deux types de J.B. algèbres : les algèbres spéciales (donc du type J.C. algèbres) dont le produit dérive d'une symétrisation d'un produit associatif et les algèbres exceptionnelles construites sur $M_3(\mathbb{O})_{s.a}$ dont le produit n'est la symétrisation d'aucun produit associatif (ALBERT [1]).

On peut penser qu'une J.B. algèbre A est une somme directe de sa partie spéciale et de sa partie exceptionnelle mais ceci est faux (cf. ALFSEN-SHULTZ-STØRMER [1], 9.8). En fait A est une extension de $J \oplus J°$ par une J.B. algèbre spéciale de type I_n où $n \leqslant 3$ ($J°$ est l'annihilateur de J) : cf. BEHNCKE-BÖS [1].

REMARQUES 4 : * Il est possible de généraliser les J.B. algèbres par les J.B *algèbres introduites par KAPLANSKY. Une J.B * algèbre est une algèbre de Jordan complexe munie d'une structure d'espace de Banach et d'une involution $*$ telles que $\| a.b\| \leqslant \| a \| \| b \|$ et $\| U_a a^* \| = \| a\|^3$. Ces axiomes impliquent que $\| a^* \| = \| a \|$ (YOUNGSON [1], Lem.4). La partie self-adjointe de toute J.B * algèbre est une J.B. algèbre, ceci découlant du fait que chaque sous-algèbre self-adjointe associative et fermée est une C^*-algèbre. WRIGHT [1] a prouvé que toute J.B. algèbre est la partie self-adjointe d'une unique J.B * algèbre qui est en fait sa complexifiée en tant qu'espace vectoriel. Grâce au théorème de VIDAV-PALMER, ces algèbres peuvent être définies sans référence à une involution (BONSALL [1], [2], YOUNGSON [1]).

* On peut construire des sous-algèbres de Jordan réelles ou complexes de L(H) au moyen des opérations 1/2(ab + ba) ou i(ab - ba) (Pour l'étude de ces opérations, voir BONSALL-ROSENTHAL [1]).

Une question naturelle est de savoir si le bidual M^{**} est une J.B. algèbre quand M en est une. La réponse est oui (SHULTZ [1], HANCHE HOLSEN [1], Appendice 10 prop. 2) et ceci conduit à

DEFINITION 5 : Une J.B.W. resp. J.W. algèbre est une J.B. resp. J.C. algèbre qui est le dual d'un espace de Banach.

THEOREME 6 (SHULTZ [1]) : Soit M une J.B. algèbre, alors M est une J.B.W. algèbre si et seulement si M est monotone fermée et admet un ensemble séparant d'états normaux. Dans ce cas, le prédual M_* est unique et coïncide avec les états normaux sur M.

Ces algèbres possèdent toujours une unité (EDWARDS [2]). Comme dans le cas des algèbres de von Neumann, on peut faire une théorie spectrale dans les J.B.W. algèbres. (Ceci est en fait un cas particulier de ALFSEN-SHULTZ [1]). De plus, il est possible de faire une théorie de la comparaison sur le treillis orthomodulaire complet des idempotents ce qui permet de définir des types I_n, I_∞, II_1, II_∞ et III. (A noter que l'on peut définir des JBW *-algèbres (EDWARDS [1]) dont les propriétés découlent de celles des J.B.W.). L'opération de réduction par un idempotent $e : a \in M \to U_e a$ a un bon comportement central : $Z(U_e M) = U_e Z(M)$ (EDWARDS [2]). Il existe plusieurs sortes de décomposition de ces algèbres :

THEOREMES DE DECOMPOSITION 7 : Soit M une J.B.W. algèbre.

i) Décomposition en partie spéciale et partie exceptionnelle : $M = M_{sp} \oplus C(X, M_3(\mathbb{O})_{s.a})$ où M_{sp} est une J.W. algèbre et $C(X, M_3(\mathbb{O})_{s.a}))$ est l'espace réel des fonctions continues du convexe compact hyperstonien X dans $M_3(\mathbb{O})_{s.a}$ muni du produit de Jordan point par point (SHULTZ [1], th.3.9).

ii) Décomposition à partir des traces en parties finie (resp. semi-finie) et proprement infinie (resp. purement infinie): cf. V.1.6 .

iii) Décomposition en types

iv) Décomposition en fonction de la réversibilité (voir ci-dessous).

* La décomposition en différents types se fait suivant les propriétés de modularité du treillis des idempotents (TOPPING [1] th. 13). Une classification des J.B.W. algèbres est aussi donnée par STACEY [1], [2], [3] th. 2.3. et [6]. Ceci est à rapprocher du paragraphe I.4.

* Notion de réversibilité : Si M est une J.W. algèbre, M est réversible si pour tout entier n, $x_1.x_2...x_n+x_nx_{n-1}...x_2x_1$ est dans M quand x_i est dans M. (Produit dans L(H)). A noter qu'il s'agit si n=2 du produit de Jordan, si n=3 du triple produit et cette condition ne doit être vérifiée que pour n=4 (Th. de COHN, cf. JACOBSON [1] p. 8).

On note R(M) l'algèbre réelle uniformément fermée engendrée par M dans L(H). M est réversible si et seulement si $M = R(M)_{s.a.}$.

Toute J.W. algèbre se décompose centralement en $M_1 \oplus M_2 \oplus M_3$ (STØRMER [1] th. 6.4.) où

M_1 est la partie selfadjointe d'une algèbre de von Neumann

M_3 est réversible et $R(M_3) \cap iR(M_3) = \{0\}$

M_2 est la partie totalement non réversible (i.e. l'idéal réversible fermé de M_2 $\{a \in M_2 / bac + c^*a^*b^* \in M\ ,\ \forall b,c \in M_2\}$ est réduit à $\{0\}$)

Puisque M_2 est du type I_2 (STØRMER [1] th. 6.6.) on a $M_2 = \bigoplus_{\alpha\in\Gamma} L^\infty(\Omega_\alpha,\mu_\alpha,FS(H_\alpha))$ où Γ est un ensemble de cardinaux plus grand que 1, H_α est un espace de Hilbert de dimension α, $FS(H_\alpha)$ est le facteur de spin construit sur H_α, Ω_α est un espace localement compact muni d'une mesure de Radon μ_α et $L^\infty(\Omega_\alpha, \mu_\alpha, FS(H_\alpha))$ est l'espace (des classes d'équivalences) des fonctions bornées faiblement μ_α-mesurables de Ω_α dans $FS(H_\alpha)$ (cf. STACEY [2]).

* Existence d'une trace sur M_2 : Si $FS(H_\alpha) = \mathbb{R} \oplus K_\alpha$ alors $\tau_\alpha : r \oplus \xi_\alpha \to r$ est une trace normale fidèle sur $FS(H_\alpha)$. Si $f_\alpha \in L^1(\Omega_\alpha,\mu_\alpha)$ est strictement positive

$$\phi_\alpha : x \in L^\infty(\Omega_\alpha,\mu_\alpha, FS(H_\alpha)) \to \|f_\alpha\|^{-1} \int f_\alpha(\omega_\alpha)\tau_\alpha(x_\alpha(\omega_\alpha))d\mu_\alpha(\omega_\alpha)$$

est une trace normale finie qui est fidèle si Ω_α est au plus dénombrable.

Donc si $g \in l^1(\Gamma)$ et $g(\alpha)>0$ $\forall\alpha\in\Gamma$, l'application

$$\phi : \bigoplus_{\alpha\in\Gamma} x_\alpha \longrightarrow \sum_{\alpha\in\Gamma} g(\alpha)\ \phi_\alpha\ (x_\alpha)$$

est une trace normale finie qui est fidèle si l'algèbre est du type dénombrable.

* Type I_2 borné : On dira qu'une J.B.W. algèbre a une partie I_2 bornée si sur M_2 on a $\sup_{\alpha\in\Gamma} (\alpha) < \infty$.

REMARQUES 8 : Les travaux de KOECHER sur les relations en dimension finie entre algèbres de Jordan, cônes autopolaires transitivement homogènes et domaines symétriques bornés (classifiés par CARTAN) admettant une realisation tubulaire (i.e., demi-plan généralisé) ont été étendus grâce aux travaux de LOOS [1] [2] [3], HARRIS [1], KAUP [1], KAUP-UPMEIER [1] sur les systèmes de Jordan triple. BRAUN-KAUP-UPMEIER [1] ont ensuite établi une correspondance bijective entre les J.B * algèbres et les domaines symétriques bornés sur les espaces de Banach complexes (voir aussi KAUP [2]). En particulier, si M est une J.B. algèbre , $M^{\mathbb{C}} = M + iM$ est la J.B * algèbre correspondante, et si V est l'intérieur topologique de M^+, alors $D = \{ a \in M^{\mathbb{C}} / \operatorname{Im}(a) \in V \}$ est un domaine symétrique (i.e., $\forall a \in M^{\mathbb{C}}$, il existe une application holomorphe s_a de $M^{\mathbb{C}}$ dans $M^{\mathbb{C}}$ telle que $s_a^2 = \mathbb{1}$ et possédant a comme seul point fixe) qui est tubulaire (i.e., est biholomorphiquement équivalent à un domaine borné). Dans notre cas, la symétrie au point $i\mathbb{1} \in D$ est $s : a \longrightarrow -a^{-1}$, et la transformation de Cayley : $a \longrightarrow i(a-i\mathbb{1})(a+i\mathbb{1})^{-1}$ applique D biholomorphiquement sur la boule unité ouverte de $M^{\mathbb{C}}$. (Pour une vision générale des domaines de Cartan et Siegel, voir TAKEUCHI [1], VAGI [1], pour les applications à la Physique voir TILGNER [1] , PANEITZ [1] , [2]).
Le résultat suivant est cité dans EMCH-KING [1].

LEMME 9 : Soient M une J.B.W. algèbre et $\psi \in M_*^+$ fidèle. La face $<\psi>$ de ψ dans M_*^+ est normiquement dense dans M_*^+. (On rappelle que $<\psi> = \{\rho \in M_*^+ / 0 \leqslant \rho \leqslant \lambda\,\psi \text{ où } \lambda \in \mathbb{R}^+\}$).

Preuve : Ce lemme étant compatible avec une décomposition centrale, on va utiliser celle du th. 7.

1°) Cas à trace : Supposons que M possède une trace normale semi-finie fidèle. D'après V.1.9., $\psi = \lim_n \dot{\phi}(x_n \cdot)$ où $x_n = \int_{1/n}^{n} \lambda df_\lambda$. De même si $\omega \in M_*^+$, $\omega = \lim_m \omega_m$ où $\omega_m = \dot{\phi}(y_m \cdot)$ et $\{y_m\}_{m \in \mathbb{N}}$ est une suite croissante de M_ϕ^+ convergente pour $\| \ \|_1$. Si $a \in M^+$, $n, m \in \mathbb{N}$ et $e_n = f_n - f_{1/n}$ alors en utilisant V.1.2. :

$$0 \leqslant \omega_m(U_{e_n}(a)) = \dot{\phi}(aU_{e_n} y_m) \leqslant \|y_m\| \, \dot{\phi}(ae_n)$$

$$\leqslant n \, \|y_m\| \, \dot{\phi}(ax_n) \leqslant n \, \|y_m\| \, \psi(a) \; .$$

Donc $\omega_{m,n} = \omega_m \circ U_{e_n} \in \langle\psi\rangle$. ψ étant fidèle, $f_o = 0$ et $\omega_m \in \overline{\langle\psi\rangle}$

car $|\omega_m(a)-\omega_{n,m}(a)| = |\omega_m((\mathbb{1}-e_n)a) + 2\omega_m((\mathbb{1}-e_n)e_n a)|$

$$\leqslant 3 \; \|a\| \quad \|\omega_m\| \quad \|\mathbb{1}-e_n\| \; .$$

Il est clair que $\omega = \lim\limits_{m} \; \omega_m \in \overline{\langle\psi\rangle}$.

2°) Cas où M est la partie self-adjointe d'une algèbre de von Neumann. Le lemme résulte de EFFROS [1] Lem. 4.1 ou PEDERSEN [1] 3.6.11.

3°) Cas du type réversible avec $R(M) \cap iR(M) = \{o\}$. Dans ce cas avec les notations de VII.1.3., $\tilde{\psi} = \psi^{\mathbb{C}} \circ 1/2(\mathbb{1}+\alpha) \in (M'')^+_*$ est fidèle, $\overline{\langle\tilde{\psi}\rangle} = (M'')^+_*$ d'après le 2°) et $\overline{\langle\psi\rangle} = M^+_*$. □

<u>REMARQUES 10</u> : * Les J.C * algèbres ont été généralisées dans le cas non commutatif par PAYA-PEREZ-RODRIGUEZ [1] (cf. aussi MARTINEZ-MOJTAR-RODRIGUEZ [1], RODRIGUEZ-PALACIOS [1] BRAUN [1] , [2] , PAYA [1])

* Un certain nombre de résultats sur les C^*-algèbres ont été étendus aux J.C *algèbres : théorèmes de RUSSO-DYE, KADISON, VIDAV-PALMER (cf. WRIGHT-YOUNGSON [1], [2], YOUNGSON [1], RAGGIO [1]) de AKEMANN, PEDERSEN, TOMIYAMA sur les multiplicateurs (cf. EDWARDS [5],[6]), de KOROVKIN (cf. PRIESTLEY [1]).

* Pour les représentations de Jordan des algèbres d"opérateurs non bornés voir BHATT [1] .

APPENDICE 3

TRIPLE PRODUIT DE JORDAN

Sachant qu'une J.B. algèbre avec identité $\mathbb{1}$ est un espace avec unité d'ordre (cf. ALFSEN [1]), on a facilement :

LEMME 1 : Soit M une J.B. algèbre. L'application $L : a \in M \longrightarrow L_a$ telle que $L_a b = a \circ b$ vérifie $\| L_a \| = \| a \|$. De même si $U : a \in M \longrightarrow U_a$ telle que $U_a b = \{a,b,a\}$ alors $\| U_a \| = \| a \|^2$.

LEMME 2 : Soit M une J.B. algèbre. Si $a \in M$, on a $\exp L_a = U_{\exp 1/2a}$.

Preuve : (cf. par exemple BRAUN-KOECHER [1], XI 2.2, pour certaines algèbres de Jordan). On sait que $U_{a_1} U_{a_2} U_{a_1} = U_{\{a_1,a_2,a_1\}}$; donc si on pose $a_1 = e^{t/2\,a}$, $a_2 = e^{t/4\,a}$ et $u(t) = U_{e^{t/2\,a}}$ où $t \in \mathbb{R}$ on a $u(t/2)\, u(t)\, u(t/2) = u(\,t)$ en utilisant le fait que la J.B. algèbre engendrée par un élément et l'identité est associative (ALFSEN-SHULTZ-STØRMER [1], Prop. 2.3 et (2.25)). Puisque $[u(t),u(t')] = 0$ (car en tant qu'algèbre de Jordan, M vérifie $[L_a, L_{a^2}] = 0$ et donc $[L_{a^n}, L_{a^m}] = 0 \quad \forall\, n,m \in \mathbb{N}$), on a $u(t+t') = u(t)u(t')$ et $\{u(t)\}_{t \in \mathbb{R}}$ est un groupe à un paramètre. Puisque $U_a = 2\,L_a^2 - L_{a^2}$, on a $U_{\mathbb{1}+x} = \mathbb{1} + U_x + 2L_x$. En posant $x = e^{t/2\,a} - \mathbb{1}$ et en utilisant le fait que $\| U_x \| = \| x \|^2$, on obtient

$$\lim_{t \to 0} \frac{1}{t} \left\| U_{e^{t/2\,a}} - \mathbb{1} - 2L_{(e^{t/2\,a} - \mathbb{1})} \right\| = \lim_{t \to 0} \frac{1}{t} \left\| (e^{t/2\,a} - \mathbb{1})^2 \right\| = 0 \,.$$

Ainsi, $\|.\|\text{-}\lim_{t \to 0} \frac{1}{t} (U_{e^{t/2\,a}} - \mathbb{1}) = L_a$. D'après le théorème de STONE, $u(t) = e^{tA}$ où A est un opérateur linéaire sur M, $A = (\frac{\partial u}{\partial t})(0)$, et donc $A = L_a$. □

APPENDICE 4

DECOMPOSITION DE JORDAN DANS LE PREDUAL D'UNE J.B.W. ALGEBRE

LEMME 1 : Soit M une J.B.W. algèbre. Soient $\omega \in M^*$ et $a \in M^+$ tels que $\omega(a) = \|a\| \; \|\omega\|$, alors $\omega \in (M^*)^+$.

Preuve : On peut toujours se ramener au cas $\|a\| = \|\omega\| = 1$, c'est-à-dire $\omega(a) = 1$ et $0 \leqslant a \leqslant \mathbb{1}$. Supposons que $\omega(\mathbb{1}) < 1$. Dans ce cas $\|\mathbb{1}-2a\| \geqslant |\omega(\mathbb{1}-2a)| = |\omega(\mathbb{1}) - 2| > 1$, ce qui est impossible car $-\mathbb{1} \leqslant \mathbb{1}-2a \leqslant \mathbb{1}$, donc $\|\mathbb{1}-2a\| \geqslant 1$. Puisque $\omega(\mathbb{1}) = 1$ alors si $0 \leqslant b \leqslant \mathbb{1}$ et $\omega(b) < 0$, on a

$$1 \geqslant \|\mathbb{1}-b\| \geqslant \omega(\mathbb{1}-b) = 1-\omega(b) > 1$$

ce qui est encore impossible. Puisque ω est linéaire, $\omega \in (M^*)^+$. □

PROPOSITION 2 : Soit M une J.B.W. algèbre. Si $\omega \in M_*$, alors il existe une unique décomposition de $\omega = \omega^+ - \omega^-$ où $\omega^{\pm} \in M_*^+$ et $\|\omega\| = \|\omega^+\| + \|\omega^-\|$, ce qui entraîne $s_{\omega^+} \circ s_{\omega^-} = 0$ si s est le support.

Preuve : On suppose que $\|\omega\| = 1$.
$M_1 = \{a \in M / \|a\| \leqslant 1\}$ est $\sigma(M,M_*)$ compact, donc ω étant $\sigma(M,M_*)$ continue, il existe $a \in M_1$ tel que $\omega(a) = 1$ et l'ensemble $E = \{a \in M_1 / \omega(a) = 1\}$ est non vide. Puisque E est $\sigma(M,M_*)$ compact E possède des points extrêmaux d'après le théorème de KREIN-MILMAN. Si $a \in \mathrm{Ext}(E)$, alors $a \in \mathrm{Ext}(M_1)$. Puisque les extrêmaux de M_1^+ sont les idempotents, les extrêmaux de M_1 sont de la forme $s = 2e-\mathbb{1}$ où e est un idempotent, c'est-à-dire des symétries, car $a \longrightarrow 1/2(\mathbb{1} + a)$ est un homéomorphisme affine de M_1 sur M_1^+.

Soit $|\omega| : a \in M \longrightarrow \omega(sa)$ où $s = 2e - \mathbb{1} \in \mathrm{Ext}(E)$. Alors d'après le lemme précédent, $|\omega|$ est un état car $\||\omega|\| \leqslant \|s\| = 1$ et $|\omega|(\mathbb{1}) = \omega(s) = 1$.

Soit $\omega^{\pm} = 1/2\ (|\omega|+\omega)$. Montrons tout d'abord que $\omega^{+}\circ U_e > 0$.
On a $\omega^{+}(a) = \omega\,(ea)$, donc $\omega^{+}(e) = \omega\,(e) = \omega\,(se) = |\omega|(e) \geqslant 0$.
De plus, si $b = U_e b$ est tel que $\|b\| \leqslant 1$ et $\omega^{+}(b) > \omega^{+}(e)$ alors

$$\omega(b-(\mathbb{1}-e))=\omega^{+}(b)-\omega^{-}(\mathbb{1}-e)>\omega^{+}(e)-\omega^{-}(\mathbb{1}-e)=\omega(e)-\omega(\mathbb{1}-e)=\omega(s)=1$$

ce qui est impossible car $\|b-(\mathbb{1}-e)\| \leqslant 1$.
Ainsi, d'après le lemme précédent, $\omega^{+}\circ U_e$ est positive. Montrons maintenant que $\omega(\{e,a,\mathbb{1}-e\}) = 0$, $\forall a \in M$. En effet si D est une dérivation bornée sur M, la fonction : $t \in \mathbb{R} \to \omega(e^{tD}s)$ est réelle, analytique et possède un maximum en $t = 0$, car $e^{tD}\mathbb{1} = \mathbb{1}$ entraîne $\|e^{tD}s\| \leqslant 1$. Donc $0 = \omega\,(Ds) = 2\omega(De)$. En particulier si $D = [L_a, L_b]$ où $a,b \in M$ (cf. preuve de V.1.4) on a pour $b = \mathbb{1}-e$, $\omega\,(ae) = \omega\,(e(ae))$
Donc $\omega(U_e a) = \omega(ae) = \omega^{+}(a)$ et $\omega^{+}(a) = \omega^{+}(U_e a)$. On a ainsi montré que $\omega^{+} \geqslant 0$ et que $\|\omega^{+}\| = \omega^{+}(\mathbb{1}) = \omega^{+}(e)$.
De même en changeant e en $\mathbb{1}-e$, on obtient $\omega^{-} \geqslant 0$ et $\|\omega^{-}\| = \omega^{-}(\mathbb{1}-e)$.
De plus, $\|\omega\| = 1 = \omega(s)=\omega^{+}(2e-\mathbb{1})-\omega^{-}(2e-\mathbb{1})=\omega^{+}(e)+\omega^{-}(\mathbb{1}-e)= \|\omega^{+}\|+\|\omega^{-}\|$.
Il reste à montrer l'unicité d'une telle décomposition : Soit $\phi^{+}-\phi^{-}$ une autre décomposition. Puisque $\omega^{+}(\mathbb{1}) - \omega^{-}(\mathbb{1}) = \phi^{+}(\mathbb{1}) - \phi^{-}(\mathbb{1})$ et
$\omega^{+}(\mathbb{1}) + \omega^{-}(\mathbb{1}) = \phi^{+}(\mathbb{1}) + \phi^{-}(\mathbb{1})$, on a $\omega^{+}(\mathbb{1}) = \phi^{+}(\mathbb{1})$ et $\omega^{-}(\mathbb{1}) = \phi^{-}(\mathbb{1})$.
Si s_ω désigne le support de ω, alors $s_{\omega^+} \leqslant e$ et $\omega(s_{\omega^+}) = \omega^{+}(s_{\omega^+}) = \|\phi^{+}\|$,
$\|\phi^{+}\| = \phi^{+}(s_{\omega^+}) - \phi^{-}(s_{\omega^+})$. On en tire $\phi^{-}(s_{\omega^+}) = 0$, $s_{\omega^+} \geqslant s_{\phi^+}$
$\omega^{+}(a) = \omega(s_{\omega^+}.a) = \phi^{+}(s_{\omega^+}.a) - \phi^{-}(s_{\omega^+}.a) = \phi^{+}(s_{\omega^+}.a)$
et $\phi^{+}(s_{\omega^+}.a) = \phi^{+}(s_{\phi^+}.a) + \phi^{+}((s_{\omega^+} - s_{\phi^+}).a) = \phi^{+}(s_{\phi^+}.a) = \phi^{+}(a)$.
Ainsi $\phi^{+} = \omega^{+}$ et $\phi^{-} = \omega^{-}$. □

APPENDICE 5

IDEAL D'UNE J.B.W. ALGEBRE

Soit J un idéal d'une J.B.W algèbre M. Alors J est engendré par $J^+ = M^+ \cap J$. En effet, si $x \in M$, la théorie spectrale entraîne $x = x^+ - x^-$ où $x^+ = U_e x$, $x^- = U_{1-e} x$ et e est un idempotent de M. Donc $x \in J$ entraîne $x^\pm \in J$. Pour une étude des idéaux, voir EDWARDS [4].

PROPOSITION : Soit J un ideal (non nécessairement fermé en norme) d'une J.B.W. algèbre M. Si $x \in (\overline{J}^{\sigma(M,M_*)})^+$, il existe un ensemble filtrant croissant $\{x_\alpha\}_{\alpha \in \Gamma}$ dans J^+ tel que $x_\alpha \uparrow x$ selon Γ. Si x est un idempotent, on peut prendre les x_α idempotents.

Preuve : i) DIXMIER [1] I.3.4. Soit $x \in (\overline{J}^{\sigma(M,M_*)})^+$. Soit $\{x_\alpha\}_{\alpha\in\Gamma}$ une famille maximale d'éléments non nuls de J^+ telle que $\sum_{\alpha\in I} x_\alpha \leqslant x$ pour toute partie finie I de Γ. Puisque la famille $\{x_I\}_I$ où $x_I = \sum_{\alpha\in I} x_\alpha$ est filtrante croissante et que $\overline{J}^{\sigma(M,M_*)}$ est monotone fermé (SHULTZ [1], th. 2.3), cette famille a une borne supérieure $y \in \overline{J}^{\sigma(M,M_*)}$ qui est majorée par x. Supposons que $y \neq x$. Si e est le plus grand idempotent de $\overline{J}^{\sigma(M,M_*)}$ (cf. SHULTZ, [1] Lem. 2.1), et que $\{e_\beta\}_{\beta\in\Gamma'}$ est une famille de J_1^+ qui $\sigma(M,M_*)$-converge vers e, on a (SHULTZ [1] Lem. 2.2)

$$U_{(x-y)^{1/2}} e_\beta \xrightarrow[\beta]{\sigma(M,M_*)} U_{(x-y)^{1/2}} e = x-y$$

Donc il existe $\beta \in \Gamma'$ tel que $U_{(x-y)^{1/2}} e_\beta \neq 0$ et $0 \leqslant U_{(x-y)^{1/2}} e_\beta \leqslant x-y$. Puisque $U_{(x-y)^{1/2}} e_\beta \in J^+$, ceci contredit la maximalité de $\{x_\alpha\}_{\alpha\in\Gamma}$ et donc $y = x$.

ii) Si x est un idempotent, soit une famille maximale d'idempotents $\{x_\alpha\}_{\alpha\in\Gamma}$ de J telle que $\sum_{\alpha\in I} x_\alpha \leqslant x$. On en déduit que y est un idempotent de $\overline{J}^{\sigma(M,M_*)}$. D'après ALFSEN-SHULTZ-STØRMER [1]

Lem. 9.1 , il existe une unité approchée $\{u_\beta\}_{\beta \in \Gamma''}$ de $\overline{J}^{\|\cdot\|}$ dans J^+. Il est clair que $u_\beta \uparrow e$ et $U_{(x-y)^{1/2}} u_\beta \uparrow U_{(x-y)^{1/2}} e = x-y$ selon Γ'' . Puisque $U_{(x-y)^{1/2}} u_\beta \in J^+$, cet élément majore par la théorie spectrale un idempotent de J, mais ceci contredit la maximalité de $\{x_\alpha\}_{\alpha\in\Gamma}$. □

<u>REMARQUE</u> : Un idéal de Jordan de L(H) est un idéal associatif (FONG-MIERS -SOUROUR [1]) .

APPENDICE 6

J.B.W. ALGEBRES DENOMBRABLES

LEMME 1 : Si M est une J.B.W. et $\phi \in M_*$ est un état fidèle, l'ensemble $\{L_a^* \circ \phi / a \in M\}$ est normiquement dense dans M_*.

Preuve : Application directe du théorème de séparation de HAHN-BANACH, appliqué au convexe fermé $\overline{\{L_a^* \circ \phi / a \in M\}}^{\|\cdot\|}$. □

LEMME 2 : Si M est une J.B.W. algèbre, on a l'équivalence de :

i) M possède un état normal fidèle.

ii) $M_1 = \{x \in M / \|x\| \leq 1\}$ est métrisable dans la topologie $s(M,M_*)$.

iii) M est σ-finie (i.e. M a un sous-ensemble au plus dénombrable d'idempotents orthogonaux).

Preuve : (cf par exemple TAKESAKI [1], II.3.19) pour le cas des algèbres de von Neumann).

i) $\Longrightarrow$ ii) Soient ϕ un état normal fidèle, $a,b \in M_1$ et $d_\phi(a,b) = \phi((a-b)^2)^{1/2}$. d_ϕ définit une métrique sur M_1. Montrons qu'un ensemble filtrant $\{a_\alpha\}_{\alpha \in \Gamma}$ dans M_1 est convergent vers $a \in M_1$ pour la topologie $s(M,M_*)$ si et seulement si $d_\phi(a,a_\alpha) \xrightarrow[\alpha]{} 0$. Une implication est claire. Soit donc $\psi \in M_*^+$. D'après le Lemme 1, il existe une suite $\{x_n\}_{n \in \mathbb{N}}$ de M telle que $\|\psi - L_{x_n}^* \phi\| \xrightarrow[n]{} 0$. Donc

$$\begin{aligned}
|\psi((a-a_\alpha)^2)| &\leq |\psi((a-a_\alpha)^2) - \phi(x_n.(a-a_\alpha)^2)| + |\phi(x_n.(a-a_\alpha)^2)| \\
&\leq \|a-a_\alpha\|^2 \, \|\psi - L_{x_n}^* \phi\| + \phi(x_n^2)^{1/2} \, \phi((a-a_\alpha)^4)^{1/2} \\
&\leq 4 \, \|\psi - L_{x_n}^* \phi\| + 2\,\phi(x_n^2)^{1/2} \, \phi((a-a_\alpha)^2)^{1/2}
\end{aligned}$$

et M_1 est $s(M,M_*)$-métrisable.

ii) $\Longrightarrow$ iii) Soit $\{e_\alpha\}_{\alpha \in \Gamma}$ une famille d'idempotents orthogonaux tels que $\sum_{\alpha \in \Gamma} e_\alpha = \mathbb{1}$. Si I décrit les parties finies de Γ et $e_I = \sum_{\alpha \in I} e_\alpha$

l'ensemble filtrant croissant $\{e_I\}_I$ étant borné, $s(M,M_*)$-converge vers $\mathbb{1}$ (ALFSEN-SHULTZ-STØRMER [1], Lem. 4.1). Puisque M_1 est $s(M,M_*)$-métrisable il existe une suite $\{I_n\}_{n \in \mathbb{N}}$ de sous-ensembles finis de I tels que $e_{I_n} \xrightarrow[n]{s(M,M_*)} \mathbb{1}$. D'où $\sum_n e_{I_n} = \mathbb{1}$ et $e_\alpha = 0$ si $\alpha \notin \bigcup_n I_n$.

iii) $\Longrightarrow$ i) : Remarquons tout d'abord que pour tout idempotent e de M il existe une forme normale de support (V.1.5) inférieur à e. En effet si $\psi \in M_*^+$ vérifie $\psi(e) > 0$, alors $\phi = \psi \circ U_e \in M_*^+$ est tel que $s_\phi \leqslant e$. Soit maintenant $\{\phi_\alpha\}_{\alpha \in \Gamma}$ une famille maximale dans M_*^+ telle que les s_{ϕ_α} soient orthogonaux. Puisque $\sum_{\alpha \in \Gamma} s_{\phi_\alpha} = \mathbb{1}$, Γ peut être inclus dans $\mathbb{N}$. Soit $\phi = \sum_n \frac{1}{2n} \phi_n$; ϕ est positive normale et fidèle car si $\phi(a) = 0$ où $a \in M^+$, $\phi_n(a) = 0$ $\forall n$ et $U_{s_{\phi_n}} a = 0$; donc $s_{\phi_n} a = 0$ (ALFSEN-SHULTZ-STØRMER [1], Cor. 2.9) et $a = 0$. □

APPENDICE 7

ESPERANCES CONDITIONNELLES

Comme dans le cas des C^*-algèbres, on a :

LEMME 1 : Soient M une J.B. algèbre et $\pi : M \longrightarrow M$ une projection ($\pi^2 = \pi$) de norme 1 sur une sous-algèbre N de M telle que $\pi(\mathbb{1}_M) = \mathbb{1}_N$. Alors :

i) π est positive

ii) $\pi(a)^2 \leqslant \pi(a^2)$

iii) $\pi(\{b,a,b'\}) = \{b,\pi(a),b'\}$ où $a \in M$, $b,b' \in N$.

Réciproquement, si π est une projection positive telle que $\pi(\mathbb{1}_M) = \mathbb{1}_N$, alors π est de norme 1.

Preuve : i) Soit ϕ un état de N. Alors

$\|\phi\circ\pi\| \geqslant \phi\circ\pi(\mathbb{1}_M) = \phi(\mathbb{1}_N) = \|\phi\| \geqslant \|\phi\circ\pi\|$ et $\phi\circ\pi$ est positive sur M (Appendice 4). On en déduit que π est positive puisque $(M,\mathbb{1}_M)$ est un espace avec unité d'ordre (ALFSEN [1] II.1.7).

ii) L'inégalité de KADISON-SCHWARZ $\pi(a)^2 \leqslant \pi(a^2)$ démontrée pour la partie self-adjointe de la C^*-algèbre engendrée par a et $\mathbb{1}$ s'étend aux J.B. algèbres (ROBERTSON-YOUNGSON [1], Th. 1.2).

iii) (EFFROS-STØRMER [1], Lem. 1.1). Soit ϕ un état sur M et $\rho = \phi\circ\pi$. Soient $\langle a,b\rangle_\rho = \rho(a\,b)$ le produit scalaire réel associé à ρ et $K = \{a \in M \,/\, \rho(a^2) = 0\}$. L'application canonique $a \in M \longrightarrow \tilde{a} \in M/K$ donne l'espace de Hilbert $H_\rho = \overline{M/K}^{\langle\,,\,\rangle_\rho}$. On remarque que $P : \tilde{a} \in M/K \longrightarrow \pi(a)^\sim$ est bien définie car si $a \in K$, alors

$0 \leqslant \rho((\pi(a))^2) \leqslant \rho(\pi(a^2)) = \rho(a^2) = 0$ et $\pi(a) \in K$.

De plus, $P = P^2$ et P est une contraction, car

$\|P(\tilde{a})\|_\rho^2 = \rho((\pi(a))^2) \leqslant \rho(\pi(a^2)) = \rho(a^2) = \|\tilde{a}\|_\rho^2$ donc $P = P^*$

et

$$\phi(\pi(a).\pi(b)) = \phi(\pi(\pi(a).\pi(b))) = \rho(\pi(a).\pi(b)) = <\pi(a)^{\sim},\pi(b)^{\sim}>$$
$$= <P\tilde{a},P\tilde{b}> = <\tilde{a},P\tilde{b}>$$
$$= \rho(a.\pi(b)) = \phi(\pi(a.\pi(b)))$$

Donc $\pi(a).\pi(b) = \pi(a.\pi(b))$. On en déduit iii). □

DEFINITION 2 : Une projection unitale et de norme 1 sur une J.B.-algèbre est appelée espérance conditionnelle.

REFERENCES : Des rapports entre les projections positives sur les C^*-algèbres et les algèbres de Jordan sont étudiés par WORONOWICZ [4] [5], EFFROS-STØRMER [2], STØRMER [7][8][9], ROBERTSON-YOUNGSON [1], FRIEDMAN-RUSSO [1], [2], GROH [1], WRIGHT [1].

APPENDICE 8

FORMES AUTOPOLAIRES

REFERENCES 1 : CONNES [2], WORONOWICZ [1], HAAGERUP-HANCHE·OLSEN [1], THAHEEM-VAN DAELE-VANHEESWIJCK [1].

DEFINITIONS 2 : Soit M une J.B. algèbre. On appelle forme M^+ - positive sur M une application bilinéaire de $M\times M$ dans $\mathbb{R}$ telle que pour $a,b \in M$

i) $s(a,b) = s(b,a)$

ii) $s(a,a) \geqslant 0$

iii) $s(a,b) \geqslant 0$ si $a,b \in M^+$.

On note s^* l'application : $a \longrightarrow s(a,.)$. La propriété iii) peut alors s'écrire $s^*([0,\mathbb{1}]) \subset [0,s^*(\mathbb{1})]$ où le premier intervalle d'ordre est dans M^+ et le second dans $(M^*)^+$.
Une forme M^+-positive, non dégénérée (i.e. $s(a,a) = 0 \Longrightarrow a = 0$) et vérifiant $s^*([0,\mathbb{1}]) = [0,s^*(1)]$ est dite autopolaire.
Un état ρ de M est dit associé à s lorsque $\rho = s^*(\mathbb{1})$.

LEMME 3 : Une forme M^+ - positive sur une J.B. algèbre M vérifie

$$s(a,a) \leqslant s(\mathbb{1},a^2) \quad \forall a \in M.$$

Preuve : Soient $a,b \in M$ et a^+-a^-, b^+-b^- leur décomposition de Jordan. On a :

$$\begin{aligned} s(a,b) &\leqslant s(a^+,b^+) + s(a^-,b^-) + s(a^+,b^-) + s(a^-,b^+) \\ &\leqslant (\|a^+\|\|b^+\| + \|a^-\|\|b^-\| + \|a^+\|\|b^-\| + \|a^-\|\|b^+\|)s(\mathbb{1},\mathbb{1}) \\ &\leqslant 4\ \|a\|\ \|b\|\ s(\mathbb{1},\mathbb{1}) . \end{aligned}$$

Donc s est continue en chaque variable simultanément.
Si $a \in M$, a peut être approché faiblement par des éléments de la forme

$$a_n = \sum_{i=1}^{n} \lambda_i e_i \quad \text{où } \{e_i\}_{i \in \{1,..,n\}}$$ est une famille d'idempotents

orthogonaux de M^{**} de somme $\mathbb{1}$ et $\lambda_i \in \mathbb{R}$. Il suffit donc de prouver que l'extension faiblement continue (donc fortement continue) s^{**} de $M^{**} \times M^{**}$ dans $\mathbb{R}$ vérifie $s^{**}(a_n,a_n) \leqslant s^{**}(\mathbb{1},a_n)$ puisque s^{**} est une forme $(M^{**})^+$ - positive et que la multiplication est fortement continue sur les ensembles bornés.

On a :

$$0 \leqslant \frac{1}{2} \sum_{i,j} (\lambda_i-\lambda_j)^2 s^{**}(e_i,e_j) = s^{**}(\sum_i e_i, \sum_j \lambda_j^2 e_j) - s^{**}(\sum_i \lambda_i e_i, \sum_j \lambda_j e_j)$$

$$= s(\mathbb{1},a_n^2) - s(a_n,a_n) \text{ . } \square$$

PROPOSITION 4 : Soient s et t deux formes autopolaires sur une J.B. algèbre M telles que $s^*(\mathbb{1}) = t^*(\mathbb{1})$; alors $s = t$.

Preuve : L'application linéaire $\alpha = (s^*)^{-1}t^*$ a un sens, car

$$t^*(M^+)=\{\rho\in(M^*)^+/\exists\lambda\in\mathbb{R}^+ \text{ , } \rho\leqslant\lambda t^*(\mathbb{1})\} = s^*(M^+) \text{ .}$$

Elle est bijective car t est non dégénérée, conserve l'ordre et l'identité. α est donc un isomorphisme de Jordan (cf. KADISON [1] avec la même démonstration). Si $a,b \in M$

$$(*) \qquad t(a,b) = s(\alpha(a),b).$$

La forme $\rho = s^*(\mathbb{1})$ est positive fidèle et invariante par α , car

$$\rho(\alpha(a)) = s(\mathbb{1},\alpha(a)) = s(\alpha(a),\mathbb{1}) = t(a,\mathbb{1}) = s(\alpha(\mathbb{1}),a) = s(\mathbb{1},a)$$
$$= \rho(a).$$

L'application : $(a,b) \in M\times M \longrightarrow \rho(a\, b)$ définit une structure préhilbertienne sur M. Si η_ρ est l'injection canonique de M dans le complété H_ρ, U l'application : $\eta_\rho(a) \to \eta_\rho(\alpha(a))$, U se prolonge en un unitaire sur H_ρ . D'après le Lemme 3, $s(a,a) \leqslant \rho(a^2)$; donc il existe un opérateur A sur H_ρ tel que $0 \leqslant A \leqslant \mathbb{1}$ et $s(a,b) = \langle A\eta_\rho(a), \eta_\rho(b)\rangle$. $(*)$ entraîne $0 \leqslant t(a,a) = \langle AU\eta_\rho(a), \eta_\rho(a)\rangle$ et AU est un opérateur positif. Par unicité de la décomposition spectrale, $AU = A$. On en déduit l'unicité de la forme autopolaire associée à ρ . $\square$

Les différents types de formes autopolaires :

Soit $M = M_3(\mathbb{O})_{s.a}$ ou $M = FS(K)$ (cf. Appendice 2);

alors tout état normal fidèle ρ sur M est de la forme $\phi(x\cdot)$ où $x \in M^+$ est inversible dans M et ϕ est la trace usuelle. L'application $s:(a,b) \in M\times M \longrightarrow \phi(U_{x^{1/2}}\, a.b)$ est une forme autopolaire: D'après (V.14) $\phi(U_c\, a.b) = \phi(a.U_c b)$ $a,b,c \in M$ donc s est symétrique.

$s(a,a) = \phi((U_{x^{1/4}}\, a)^2) > 0$ si $a \neq 0$ car ϕ est fidèle et x inversible.

Si $a,b \in M^+$, alors $s(a,b) = \phi(U_{b^{1/2}}\, U_{x^{1/2}} a) \geqslant 0$ (V.1.2). Il reste à montrer que si $\psi \in M^*$ vérifie $0 \leqslant \psi \leqslant \rho$, alors il existe $h \in M_1^+$ tel que $\psi = s(h,.)$. Puisque $\psi = \phi(y.)$ où $y \in M^+ \in M^+$ est inférieur à x, il suffit de prendre $h = U_{x^{-1/2}}\, y$. Donc $h \in M_1^+$ et pour $a \in M$

$$\psi(a) = \phi(y.a) = \phi(U_{x^{1/2}} h.a) = s(h,a).$$

Dans les autres cas (i.e. M est une J.B.W. algèbre de type I_2 ou la partie self-adjointe d'une algèbre de von Neumann ; Voir Appendice 2, Th.7 et notations de VII.1), on prend

$$s(a,b) = \langle \Delta_{\tilde{\rho}}^{1/4}\, \Pi_{\tilde{\rho}}(a)\xi_{\tilde{\rho}} \,,\, \Delta_{\tilde{\rho}}^{1/4}\, \Pi_{\tilde{\rho}}(b)\xi_{\tilde{\rho}} \rangle$$

(CONNES [2], lem.1.5). Il est à noter que l'application : $a \in M \to U_{x^{1/4}}\, a \in H_\rho$ (resp. $\Delta_{\tilde{\rho}}^{1/4}\, \pi_{\tilde{\rho}}(a)\xi_{\tilde{\rho}}$) se prolonge en un unitaire U tel que $U H_s^+ = \mathfrak{P}^\natural_{M,\rho}$ où $H_s^+ = \overline{\eta_s(H^+)}^{s(\cdot,\cdot)}$ d'après V.6.5 et VII.2.2. H_s^+ est donc un cône autopolaire facialement homogène.

APPENDICE 9

ESPACES DES ETATS NORMAUX DES J.B.W. ALGEBRES ET DES ALGEBRES DE VON NEUMANN

Les correspondances entre la théorie ici développée et celle de ALFSEN-SHULTZ [1], [2], [3], ALFSEN-HANCHE·OLSEN-SHULTZ [1] sont nombreuses, mais les cadres de travail sont différents. On a utilisé un seul espace, à savoir un espace de Hilbert ordonné alors que ces auteurs exploitent la dualité algèbre-dual. Plus précisément ils s'intéressent à une caractérisation géométrique du convexe compact des états d'une J.B.(C^*) algèbre. Cette caractérisation est exprimée essentiellement à partir de conditions sur les états purs (points extrémaux du convexe). Il s'agit donc d'une théorie "locale". L'ensemble des états normaux d'une J.B.W. algèbre n'est plus compact en général et ne possède pas nécessairement d'états purs. Cependant cet ensemble convexe d'états normaux peut être pris comme la base d'un espace normé complet ("base norm space" : ALFSEN [1]) et il est possible d'utiliser la dualité citée. L'homogénéité faciale apparait alors sous la notion d'ellipticité de l'espace des états (th. 8) et la symétrie joue le même rôle (th. 5). Une propriété géométrique appelée propriété de boule globale permet de sélectionner les algèbres de von Neumann parmi les J.B.W. algèbres (th. 16). Cet appendice constitue donc un "dictionnaire de passage" entre les deux points de vue. Voir aussi CHU [2] th. 4.3.

Références : + IOCHUM-SHULTZ [1].
+ Pour les termes non définis, voir ALFSEN-SHULTZ [1], [3].

RAPPELS 1 : Un convexe K est spectral si K peut être réalisé comme la base d'un espace vectoriel normé complet V en dualité spectrale avec un espace avec unité d'ordre $(M,\mathbb{1})$ tel que $M \simeq V^*$. (M est l'ensemble des fonctions affines bornées sur K et $\mathbb{1}$ vaut 1 sur K). Si P est une P-projection sur M avec quasi-complément P' alors $F = K \cap \operatorname{Im} P^*$ et $F^\# = K \cap \operatorname{Im} P'^*$ sont des faces projectives de K qui sont quasi-complémentaires. Il existe une unique projection affine $\psi_F = (P + P')^*/_K$ de K sur conv $(F \cup F^\#)$. Un convexe compact est fortement spectral s'il est spectral et si M est fermé pour le calcul fonctionnel par des fonctions continues. (En particulier M est fermé par carré).

Le résultat géométrique suivant est immédiat.

LEMME 2 : Soit K un convexe spectral. Soient P une P-projection sur M avec quasi-complément P' et ρ un état dans K. Si $P^* \rho \neq 0$, $P^* \rho \neq \rho$ et ρ n'est pas contenu dans le segment linéaire $[\sigma, \tau]$ où $\sigma = \| P^* \rho \|^{-1} P^* \rho$, $\tau = \| P'^* \rho \|^{-1} P'^* \rho$ alors

$$\rho_t = \langle \mathbb{1} , e^{t(P-P')^*} \rho \rangle^{-1} e^{t(P-P')^*} \rho$$

décrit quand t varie de $-\infty$ à $+\infty$ la moitié de l'ellipse $A_P(\rho)$ dans V passant par ρ, ayant $[\sigma, \tau]$ comme premier axe et $\rho - \psi_F \rho$ comme direction de second axe.

Si $\rho \in [\sigma, \tau]$ alors ρ_t décrit l'ellipse dégénérée $[\sigma, \tau]$.

DEFINITION 3 (dûe à ALFSEN) : Un convexe spectral K est elliptique si l'ellipse $A_P(\rho)$ est incluse dans K pour toute P-projection P de M et tout état ρ dans K. K est symétrique si pour toute P-projection P, $S_P = (2(P+P') - \mathbb{1})\, M^+ \subset M^+$.

REMARQUES 4 : L'ellipticité peut être considérée en terme de géométrie des fibres $\psi_F{}^{-1}([\sigma, \tau])$ où F est une face projective de K et $\sigma \in F$, $\tau \in F^\sharp$ (ALFSEN) : K est elliptique si et seulement si chaque sous-espace affine de dimension 2 passant par $[\sigma, \tau]$ rencontre la fibre $\psi_F{}^{-1}([\sigma, \tau])$ en un disque elliptique.

D'après le lemme 2, la partie supérieure de $A_P(\rho)$ est dans K pour tout ρ dans K si et seulement si

$$(1) \qquad e^{t(P-P')} M^+ \subset M^+ \qquad \forall t \in \mathbb{R} .$$

On reconnait la notion d'homogénéité faciale (II.1.1) et on peut réécrire II.1.10:

THEOREME 5 : Tout convexe spectral elliptique est symétrique.

Preuve : Soit K un convexe spectral elliptique. Pour tout réel t et toutes P-projections P et Q, $P(|t|^{-1} (e^{t(Q-Q')} - \mathbb{1}))\, P'$ conserve l'ordre donc

$$(2) \qquad P(Q-Q')\, P' = 0$$

On en déduit $S_P(Q-Q')S_P = Q-Q' + 2[P-P', [Q-Q', P-P']]$. Puisque

$$e^{t(Q-Q')} = e^t\, Q + e^{-t}\, Q' + \mathbb{1} - (Q+Q'),\ Q = \lim_{t\to+\infty} e^{-t}\, e^{t(Q-Q')} \quad \text{et}$$

$$S_P Q S_P = \lim_{t\to+\infty} e^{-t}\, e^{t\, S_P(Q-Q')S_P},$$ on a $S_P(Q-Q')S_P\, M^+ \subset M^+$. Si S_P ne conserve pas l'ordre, il existe $a \in M^+$ tel que $b = S_P\, a \notin M^+$. Soit $b^+ - b^-$ la décomposition

orthogonale unique dans M^+ de b (ALFSEN-SHULTZ [3] th 2.2). Si Q est la P-projection associée au support $r(b^-)$ de b^- (ie $r(b^-) = Q\mathbb{1}$) alors $Qb = -b^-$ (ALFSEN-SHULTZ [1] déf. p. 44 et prop. 4.4).
Ainsi $0 \leqslant S_P Q S_P\, a = -S_P b^-$ et $S_P b^- \leqslant 0$. Donc $Pb^- = P'b^- = 0$ car $0 \leqslant (P+P')\, b^- = (P+P')\, S_P b^- \leqslant 0$ ce qui entraine $b^- = 0$ et une contradiction. □

REMARQUE 6 : La condition (2) est équivalente à l'ellipticité.

On peut réécrire aussi II.1.8.:

LEMME 7 : Soit K un convexe spectral. Les propriétés suivantes sont équivalentes.

i) K est elliptique

ii) Si $a \in M^+$, $\rho \in K$ et P est une P-projection alors

$$|\langle(\mathbb{1}-(P+P'))a, \rho\rangle| \leqslant 2\langle Pa, \rho\rangle^{1/2} \langle P'a, \rho\rangle^{1/2}$$

iii) $P(Q-Q')\,P' = 0$ pour toutes P-projections P et Q.

Preuve : Les implications i) $\Longrightarrow$ ii) $\Longrightarrow$ iii) se montrent comme dans II.1.8.

iii) $\Longrightarrow$ i) : Puisque $(M,\mathbb{1})$ est un espace avec unité d'ordre, M^+ possède la propriété suivante : Si $a \in M$, il existe $b \in M^+$ tel que $\|a-b\| = \mathrm{dist}(a, M^+)$
D'après EVANS-HANCHE·OLSEN [1] th 1, il suffit de montrer que la condition $\langle a,\rho\rangle = 0$ où $a \in M^+$ et $\rho \in K$ entraine $\langle (Q-Q')a, \rho\rangle = 0$ pour toute P-projection Q.
On a $\langle r(a), \rho\rangle = 0$ (ALFSEN-SHULTZ [1] prop. 4.7) donc si P est la P-projection associée à r(a), $\langle P'\mathbb{1}, \rho\rangle = \langle \mathbb{1}-P\mathbb{1}, \rho\rangle$ et $P'^{*} \rho = \rho$ (ALFSEN-SHULTZ [1] lem. 2.3).
Puisque $P_a = a$, la condition iii) implique
$0 = \langle P'(Q-Q')\,P\,a, \rho\rangle = \langle (Q-Q')\,a, \rho\rangle$. □

THEOREME 8 : Un ensemble convexe (resp. et compact) est affinement isomorphe (resp. et homéomorphe) à l'espace des états normaux d'une J.B.W. algèbre (resp. des états d'une J.B. algèbre) si et seulement s'il est spectral (resp. fortement spectral) et elliptique.

Preuve : L'espace K des états d'une J.B.W. algèbre M est spectral et à chaque P-projection P est associé un idempotent e dans M tel que $P = U_e$ (ALFSEN-SHULTZ [3] prop. 3.1). Donc pour $a \in M$ et $t \in \mathbb{R}$,

$$e^{t(P-P')}\, a = U_{e^{t/2}\, e + e^{-t/2}\, (\mathbb{1}-e)}\, a$$

et la condition (1) étant vérifiée, K est elliptique (rem. 6).
Réciproquement soit K un convexe spectral elliptique. M est une J.B.W. algèbre si $[P-P', Q-Q']\mathbb{1} = 0$ pour toute P-projection P et Q (ALFSEN-SHULTZ [3] Cor. 3.7).

Le lemme 7 entraine

$$(3) \qquad (P-P')(Q-Q')(P-P') = (P+P')(Q-Q')(P+P')$$

Puisque

$$[P-P', Q-Q']^2 \mathbb{1} = (P-P')(Q-Q')(P-P')(Q-Q')\mathbb{1} + (Q-Q')(P-P')(Q-Q')(P-P')\mathbb{1} - (P-P')(Q+Q')(P-P')\mathbb{1} - (Q-Q')(P+P')(Q-Q')\mathbb{1}$$

en remplaçant $\mathbb{1}$ par $(P+P')\mathbb{1}$ et $(Q+Q')\mathbb{1}$ dans les deux derniers termes et en utilisant (3)

$[P-P', Q-Q']^2 \mathbb{1} = 0$. Pour tout réel t, $e^{t(P-P')}$ et $e^{t(Q-Q')}$ conservent l'ordre, donc $e^{t[P-P', Q-Q']}$ aussi (cf. preuve de I.2.3 i)). Ainsi $0 \leq e^{t[P-P', Q-Q']} \mathbb{1} = \mathbb{1} + t[P-P', Q-Q']\mathbb{1}$ et $|t| \, \| [P-P', Q-Q']\mathbb{1} \| \leq \|\mathbb{1}\| = 1$ $\forall t \in \mathbb{R}$, d'où le résultat. □

<u>RAPPELS 9</u> : Soient M une J.B.W. algèbre et K son espace d'états normaux. Chaque face de K qui est l'intersection de K avec une variété d'appui est projective (Si M est la partie selfadjointe d'une algèbre de von Neumann, chaque face de K fermée en norme est projective). Deux faces projectives F et $F^{\#}$ sont quasi-complémentaires si $F = e^{-1}(1)$ et $F^{\#} = (\mathbb{1}-e)^{-1}(1)$ où e est un idempotent de M. Si $s = 2e - \mathbb{1}$ est la symétrie associée à e, on note R_F l'application duale de U_s. R_F est un automorphisme de période 2 de K dont l'ensemble des points fixes est $\mathrm{conv}(F \cup F^{\#})$.
On remarque que M est isomorphe à $(M_{2x2}(\mathbb{C}))_{s.a.}$ si et seulement si K est isomorphe à la boule unité E_3 de $\mathbb{R}^3$. Dans ce cas des points antipodaux de la sphère S_3 sont des faces projectives quasi-complémentaires et R_F est la symétrie par rapport au diamètre reliant ces points.

<u>DEFINITION 10</u> : Si K est l'espace des états normaux d'une J.B.W. algèbre M, K est une <u>boule globale</u> s'il existe une application affine surjective ϕ de K sur E_3 telle que

i) L'application : $F \to \phi^{-1}(F)$ est un isomorphisme du treillis des faces de E_3 sur celui de K.

ii) L'application : $R_F \to R_{\phi^{-1}(F)}$ s'étend en un isomorphisme du groupe des automorphismes affines de E_3 sur celui de K.

REMARQUES 11 : * Puisque chaque face F de E_3 est projective, $\phi^{-1}(F)$ aussi.

* La condition i) est équivalente au fait que pour une paire de points antipodaux σ,τ de S_3, la face de K engendrée par $\phi^{-1}(\sigma)$ et $\phi^{-1}(\tau)$ est exactement K.

* La condition ii) peut être affaiblie dans son utilisation en : Si $R_{F_1} R_{F_2} = R_{F_3}$ alors $R_{\phi^{-1}(F_1)} R_{\phi^{-1}(F_2)} = R_{\phi^{-1}(F_3)}$

* La notion de boule globale est compatible avec la structure algébrique : Puisque chaque face $F = e^{-1}(1)$ de K peut être identifiée à l'espace des états normaux de la J.B.W. algèbre réduite $U_e M$, savoir si F est une boule globale a un sens.

La notion de boule globale est justifiée par le résultat suivant :

PROPOSITION 12 : Soit K l'espace des états normaux d'une J.B.W. algèbre M. K est une boule globale si et seulement si M est isomorphe à la partie selfadjointe de $M_{2x2}(\mathbb{C}) \otimes A$ où A est une algèbre de von Neumann.

La preuve est basée sur l'idée suivante : les points de S_3 définis par un repère orthonormé centré en l'origine de $\mathbb{R}^3$ forment des faces F_1, F_2, F_3 telles que

i) $R_{F_i}(F_j) = F_j^\#$ si $i \neq j$.

ii) $R_{F_1} R_{F_2} R_{F_3}$ = identité.

Si $F_i = p_i^{-1}(1)$ ceci implique que p_i et $(\mathbb{1}-p_i)$ sont des idempotents équivalents. Donc M n'a pas de représentation sur $M_{3x3}(\mathbb{O})_{s.a.}$ et on peut supposer que M est une J.W. algèbre (Appendice 2 th. 3). M est réversible (argument similaire). On construit sur R(M) (Appendice 2) une structure d'algèbre de von Neumann dans laquelle l'identité est la somme de deux projections équivalentes. Donc $R(M) \simeq M_{2x2}(\mathbb{C}) \otimes A$ et $M = R(M)_{s.a.}$ entraine le résultat. Pour la réciproque voir SHULTZ [2].

DEFINITION 13 : Soit K l'espace des états normaux d'une J.B.W. algèbre M. Les faces F et G de K sont équivalentes s'il existe des faces $\{F_i\}_{i \in \{1,\dots n\}}$ telles que $\prod_i R_{F_i} F = G$.

On remarque que : * Si $F = e^{-1}(1)$ et $G = f^{-1}(1)$ alors F est équivalente à G si et seulement si e et f sont des idempotents équivalents.

* Si K est l'espace des états d'une C^* algèbre vu comme l'espace des états normaux de l'algèbre de von Neumann enveloppante, deux états purs sont unitairement équivalents si les faces correspondantes sont équivalentes.

DEFINITION 14 : K a la propriété de boule globale si pour chaque paire F et G de faces équivalentes et orthogonales (ou disjointes) de K, la face engendrée par F et G est une boule globale.

REMARQUE 15 : Soient M une J.B. algèbre et K son espace d'états vu comme états normaux de la J.B.W. algèbre M^{**}. Si $\{\sigma\}$ et $\{\tau\}$ sont les faces associées aux états purs σ et τ alors la face engendrée est une boule (hilbertienne) notée $B(\sigma,\tau)$ (ALFSEN-SHULTZ [2]). Les faces $\{\sigma\}$ et $\{\tau\}$ sont équivalentes si et seulement si $\dim B(\sigma,\tau) \geqslant 2$. On peut choisir σ' et τ', deux états purs équivalents et orthogonaux tels que $B(\sigma',\tau') = B(\sigma,\tau)$. Donc si K a la propriété de boule globale, $B(\sigma,\tau)$ doit être une boule globale. En fait ceci ne se produit que dans le cas où $B(\sigma,\tau) = E_3$ puisque le seul facteur de spin isomorphe à la partie selfadjointe d'une algèbre de von Neumann est de dimension 4. La propriété de boule globale implique donc la propriété de boule hilbertienne de dimension 3 ("3-ball property" : ALFSEN-SHULTZ [2])

THEOREME 16 : Soient M une J.B.W. algèbre et K son espace d'états normaux. M est isomorphe à la partie selfadjointe d'une algèbre de von Neumann si et seulement si K possède la propriété de boule globale.

La preuve s'appuie sur la proposition 12 (Pour les détails voir IOCHUM-SHULTZ [1]).

COROLLAIRE 17 : Un ensemble convexe est affinement isomorphe à l'espace des états normaux d'une algèbre de von Neumann si et seulement s'il est spectral, elliptique et possède la propriété de boule globale.

REMARQUES 18 : * Il est possible de donner un sens physique à la notion de P-projection (cf. ALFSEN-SHULTZ [3] et introduction) : Chaque $\rho \in V^+$ représente un faisceau de particules d'intensité $\|\rho\| = \langle \mathbb{1},\rho\rangle$. Une paire P,P' de P-projections quasi-complémentaires représente des filtres complémentaires destinés à voir si une particule possède ou pas une propriété "P". A la sortie

du filtre P le faisceau est dans l'état $P^*\rho$ et le même filtre placé ensuite sur le faisceau a une probabilité égale à 1 de passer. Dans ce point de vue opérationnel, la propriété $[P-P', Q-Q']\mathbb{1} = 0$ citée plus haut qui est équivalente à $[P,Q']\mathbb{1} = [Q,P']\mathbb{1}$ peut s'interpréter de la façon suivante :
On s'intéresse à la probabilité de disjonction exclusive des propriétés "P" et "Q" : Soit l'une, soit l'autre est vérifiée mais pas les deux. Cette probabilité est égale à $\| Q'^* P^* \rho\| + \| Q^* P'^* \rho\| = \langle PQ' + P'Q)\mathbb{1}, \rho\rangle$ si l'on suppose que la mesure de "P" précède celle de "Q". En renversant le sens des mesures, on obtient $\langle (QP' + Q'P)\mathbb{1}, \rho\rangle$. La propriété $[P,Q']\mathbb{1} = [Q,P']\mathbb{1}$ est donc équivalente à ce que ces deux probabilités soient égales.

* les treillis d'algèbre de von Neumann ou plus généralement les treillis orthomodulaires de l'axiomatique quantique (cf. Introduction) ont été utilisés en chimie théorique (PRIMAS [1]). Pour une vue récente de la logique quantique voir BELTRAMETTI - FRAASSEN [1].

APPENDICE 10

QUASI-REPRESENTATION DES J.B. ALGEBRES

On va montrer que toute J.B. algèbre est isomorphe à une J.B. algèbre d'opérateurs selfadjoints sur un espace de Hilbert réel, le produit étant en général différent du produit de Jordan symétrisé 1/2(AB + BA). Cependant l'ordre et la norme de cette algèbre "quasi-représentée" sont ceux des opérateurs sur l'espace de Hilbert en question.

NOTATIONS Soient M une J.B. algèbre et $S = (M^*)_1^+$ l'ensemble de ses états. Pour $\omega \in S$ on note $\text{Ker}\ \omega = \{a \in M\ /\ \omega(a) = 0\}$ et

$$N_\omega = \{a \in M\ /\ \omega(a^2) = 0\}.$$

Rappelons qu'un sous-espace vectoriel N de M est un idéal quadratique si $U_a b \in N$ pour $a \in N$ et $b \in M$. Un tel idéal est une sous-J.B. algèbre de M puisque $a \circ b = 1/2(U_{a+b} - U_a - U_b)\ \mathbb{1}$.

LEMME 1 : N_ω est un idéal quadratique fermé de M tel que $M \circ N_\omega \subset \text{Ker}\ \omega$.

Preuve : Si $a, b \in N_\omega$ et $c \in M$,

$$0 \leqslant \omega\ ((a+b)^2) = 2\ \omega\ (ab) \leqslant 2\ \omega\ (a^2)^{1/2}\ \omega\ (b^2)^{1/2} = 0$$

$$|\omega\ (a^2 - c^2)| = \omega\ ((a+c)\ (a-c)) \leqslant \|a+c\|\ \|a-c\|$$

De plus $0 \leqslant (U_a c)^2 = U_a\ U_c\ a^2 \leqslant \|U_c a^2\|\ U_a\ \mathbb{1}$ entraine $0 \leqslant \omega\ ((U_a c)^2) \leqslant \|U_c a^2\|\ \omega\ (a^2) = 0$. □

Soient η_ω la projection canonique de M sur le quotient M / N_ω et H_ω le complété de ce quotient par rapport au produit scalaire défini par $\langle\eta_\omega(a), \eta_\omega(b)\rangle = \omega\ (ab)$.

Le résultat suivant dû à SHULTZ [1] et HANCHE-OLSEN [1] montre que le bidual M^{**} de M a une structure canonique de J.B. algèbre. Rappelons que l'on peut identifier M^{**} avec l'espace $A^b(S)$ des fonctions affines bornées sur S (ALFSEN [1] chap. 2). On appelle topologie faible sur M^{**} la topologie $\sigma(M^{**}, M^*)$.

PROPOSITION 2 : M^{**} est une J.B.W. algèbre pour un produit (nécessairement unique) qui est une extension de celui de M.

Preuve : Soit $\eta_\omega^{**} : M^{**} \to H_\omega^{**} = H_\omega$ l'extension faiblement continue de η_ω. Si a, b$\in M^{**}$, on définit

$$f_{a,b} : \omega \in S \to < \eta_\omega^{**}(a), \eta_\omega^{**}(b) >$$

Il est clair que $f_{a,b}$ est une fonction affine sur S lorsque a,b$\in$M. La continuité faible de η_ω^{**} implique que $f_{a,b}(\omega)$ est une fonction faiblement continue en a et b. Donc $f_{a,b}$ est une fonction affine pour chaque paire a,b$\in M^{**}$ puisque M est faiblement dense dans M^{**}. $f_{a,b}$ étant bornée, il existe $a\circ b \in M^{**}$ tel que

$$< a\circ b, \omega > = <\eta_\omega^{**}(a), \eta_\omega^{**}(b) >$$

Le produit $\circ$ est bilinéaire, commutatif et faiblement continu en chaque variable séparément. M^{**} sera une J.B. algèbre si l'on montre que $[L_a, L_a^2] = 0$. Cette formule peut se linéariser en

$$[L_a, L_{b\circ c}] + [L_c, L_{a\circ b}] + [L_b, L_{a\circ c}] = 0$$

(JACOBSON [1] page 34). Le terme de gauche appliqué à d est linéaire en a,b,c et il est possible de passer à la limite faible. On obtient alors la même identité avec a,b,c,d$\in M^{**}$.

Si $a\in M^{**}$ et $-\mathbb{1}\leq a\leq \mathbb{1}$, $<a^2, \omega> = \|\eta_\omega^{**}(a)\|^2 \leq \|a\|^2 \leq 1$ et $0 \leq a^2 \leq \mathbb{1}$. D'après le th. 2 de l'appendice 2, M^{**} est une J.B. algèbre et donc une J.B.W. algèbre puisque c'est le dual d'un espace de Banach. □

Soit a$\in$M. L'application $\omega_a : (b,c) \in M \times M \to \omega(\{b,a,c\})$ est une forme bilinéaire symétrique telle que $|\omega(\{b,a,b\})| \leq \|a\| \, \omega(b^2) = \|a\| \, \|\eta_\omega(b)\|^2$ Donc elle se prolonge à $H_\omega \times H_\omega$ et il existe $\Pi_\omega(a) \in L(H_\omega)$ tel que

$$\omega(\{b,a,c\}) = <\eta_\omega(b), \Pi_\omega(a)\, \eta_\omega(c)>$$

(Th. de RIESZ). Puisque ω_a est symétrique, $\Pi_\omega(a)$ est selfadjoint.
Voyons maintenant comment on peut relier le produit de M à des propriétés de Π_ω qui n'est évidemment pas un homomorphisme en général. Afin d'alléger les notations l'indice ω est souvent supprimé.

LEMME 3 : i) L'application $\Pi : a\in M \to \Pi(a) \in L(H)_{s.a.}$ conserve l'ordre.
Si a,b$\in$M on a
ii) $\Pi(a)\,\eta(b) + \Pi(b)\,\eta(a) = 2\,\eta(ab)$
iii) $\Pi(a)\,\eta(\mathbb{1}) = \eta(a)$
iv) $1/2(\Pi(a)\,\Pi(b) + \Pi(b)\,\Pi(a))\eta(\mathbb{1}) = \Pi(ab)\,\eta(\mathbb{1})$.
v) $\|a\| = \sup_{\omega\in S} \|\Pi_\omega(a)\|$.

Preuve : i) Π est positive par construction donc vérifie $-\|a\|\,\mathbb{1} \leqslant \Pi(a) \leqslant \|a\|\,\mathbb{1}$ car $\Pi(\mathbb{1}) = \mathbb{1}$.

ii) $<\eta(c), \Pi(a)\eta(b) + \Pi(b)\eta(a)> = \omega(\{c,a,b\} + \{c,b,a\})$

$$= 2\omega((ab)c)$$

$$= 2 <\eta(c), \eta(ab)>$$

iii) et iv) sont immédiats.

v) On sait déjà que $\|\Pi_\omega(a)\| \leqslant \|a\|$. D'autre part

$$\sup_{\omega \in S} \|\Pi_\omega(a)\| \geqslant \sup_{\omega \in S} \|\Pi_\omega(a)\eta_\omega(\mathbb{1})\| = \sup_{\omega \in S} \omega(a^2)^{1/2}$$

Le dernier terme est égal à $\|a^2\|^{1/2} = \|a\|$ (ALFSEN [1] II.1.17). □

Soit $J_\omega = \{a \in M \,/\, \Pi_\omega(a^2) = 0\}$. On rappelle que $L(H_\omega)_{s.a.}$ a un produit de Jordan naturel donné par le produit symétrisé.

LEMME 4 : i) Π est un homomorphisme de Jordan de N dans $L(H)_{s.a.}$.
ii) J est un idéal fermé de M tel que $J = \text{Ker}\,\Pi \subset N$.

Le quotient de la sous-J.B. algèbre N de M par l'idéal J a une structure de J.B. algèbre pour le produit de Jordan naturel et la norme quotient (ALFSEN-SHULTZ-STØRMER [1] lem. 9.2). Π est ainsi un isomorphisme de N/J sur une sous-algèbre de Jordan de $L(H_\omega)_{s.a.}$, donc

COROLLAIRE 5 : N/J est une J.B. algèbre spéciale.

Preuve du lemme : i) Soient $a \in N$ et $b \in M$.
$1/2\, \Pi(a)\,\eta(b) = \eta(ab)$ (lem. 3) et $U_a b \in N$ (lem. 1) donc

$$[2(1/4\, \Pi(a)^2) - 1/2\, \Pi(a^2)]\, \eta(b) = 2\,\eta(a(ab)) - \eta(a^2 b) = \eta(U_a b) = \eta(o)$$

Ainsi $\Pi(a)^2 = \Pi(a^2)$ et par polarisation, Π est un homomorphisme de Jordan sur N.

ii) Soient $a,b \in J$ et $c \in M$.
Puisque $(a+b)^2 \leqslant 2(a^2 + b^2)$ et $0 \leqslant \Pi_\omega((a+b)^2) \leqslant 2\,\Pi(a^2) + 2\,\Pi(b^2) = 0$, J est un espace vectoriel qui est inclus dans N car $\omega(a^2) = <\eta(\mathbb{1}), \Pi(a^2)\,\eta(\mathbb{1})> = 0$, stable par produit (lem. 1 et i)). Montrons

(*) $\quad a\,c \in N_\omega$

(**) $\quad a(a\,c) \in J_\omega$

En fait $0 \leqslant \omega((U_c a)^2) = \omega(U_c\, U_a c^2)$

$$\leqslant \|c\|^2\, \omega(U_c a^2) = \|c\|^2 <\eta(c), \Pi(a^2)\,\eta(c)> = 0$$

et $U_c a \in N$ donc $a\ c = 1/4(U_{\mathbb{1}+c} - U_{\mathbb{1}-c})\ a \in N$. Π étant un homomorphisme sur N, on a d'après (*)

$$\Pi((a(ac))^2) = (\Pi(a(ac)))^2 = (\Pi(a)\circ\Pi(ac))^2$$

le dernier terme étant nul car $(\Pi(a))^2 = \Pi(a^2) = 0$, (**) est démontrée.
Puisque $-\|c\|\ \Pi(a^2) \leqslant \Pi(U_a c) \leqslant \|c\|\ \Pi(a^2)$, $U_a c \in J$ et $a^2 c = (2a(ac) - U_a c) \in J$.
J est un idéal si l'on montre que $J^+ = J \cap M^+$.
Or si $a^+ - a^-$ est la décomposition orthogonale dans M de a,
$(a^\pm)^2 \leqslant (a^+)^2 + (a^-)^2 = a^2$ et $o \leqslant \Pi((a^\pm)^2) \leqslant \Pi(a^2) = 0$.
Il reste à montrer que $J = \mathrm{Ker}\ \Pi$: Si $a \in J$, $\Pi(a)^2 = \Pi(a^2) = 0$ et $a \in \mathrm{Ker}\ \Pi$. Réciproquement si $\Pi(c) = 0$ alors $\omega(c^2) = <\eta(\mathbb{1}), \Pi(c)\ \eta(c)> = 0$, (lem. 3) $c \in N$ et $\Pi(c^2) = (\Pi(c))^2 = 0$. □

<u>COROLLAIRE 6 : J est le plus grand idéal (fermé) de M contenu dans N.</u>

<u>Preuve</u> : Il suffit de montrer que $J_1 = \{a \in M\ /\ ab \in N,\ \forall b \in M\}$ est égal à J.
D'après (*) $J \subset J_1$. Réciproquement si $a \in M$ vérifie $ab \in N$ pour tout b dans M, $\omega(U_a b.b)$ et $\omega(U_a b^2)$ sont nuls car $\omega(a^2) = 0$ $(b=\mathbb{1})$ et

$$|\omega(U_a b.b)| \leqslant \omega(b^2)^{1/2}\ \omega((U_a b)^2)^{1/2} = \omega(b^2)^{1/2}\ \omega(U_a\ U_b\ a^2)^{1/2}$$
$$\leqslant \omega(b^2)^{1/2}\ \|U_b\ a^2\|^{1/2}\ \omega(a^2)^{1/2} \quad ,$$

$$0 \leqslant \omega(U_a b^2) \leqslant \|b\|^2\ \omega(a^2).$$

Sachant que $(ab)^2 = 1/2\ U_a b.b + 1/4\ U_a b^2 + 1/4\ U_b a^2$ on obtient
$0 = \omega((ab)^2) = 1/4\ \omega(U_b a^2) = 1/4\ <\eta(b), \Pi(a^2)\ \eta(b)>$ et par polarisation $a \in J$. □

Le travail de ALFSEN-SHULTZ [2] sur la caractérisation de l'espace d'états d'une J.B. algèbre utilisant les états purs, le résultat suivant permet de situer l'idéal J dans leur contexte.
Soit $\tilde{\omega}$ le prolongement de ω à la J.B.W. algèbre M^{**}. Si c est le support central de $\tilde{\omega}$, U_c est un homomorphisme de M^{**} et $\mathrm{Ker}\ U_c \cap M$ est un idéal fermé de M.

<u>COROLLAIRE 7 : i) $J = \mathrm{Ker}\ U_c \cap M$.</u>
<u>ii) Si ω est un état pur, J est le polaire de la plus petite face décomposante ("split face") de S contenant ω.</u>

Preuve : i) Soit $J_2 = \mathrm{Ker}\, U_c \cap M$. Si $a \in J_2$, $\omega(a^2) = \tilde{\omega}(U_c a^2) = \tilde{\omega}((U_c a)^2) = 0$ et $J_2 \subset N$. Le cor. 6 entraîne $J_2 \subset J_1$.
Réciproquement soient $a \in J_1$ et $b \in M$. Comme précédemment, $0 = \omega((ab)^2) = 1/4\ \omega(U_b a^2)$ et $0 = \tilde{\omega}(ba)$ $\forall b \in M^{**}$. Puisque $A = \overline{\{\tilde{\omega}(b\cdot) \,/\, b \in M^{**}\}}$ est un sous-ensemble fermé de M^* qui est M^{**} -invariant, A est de la forme $U_e^*\ M^*$ où e est un idempotent central de M^{**} (EDWARDS [4]). Comme $e = c$ ($\tilde{\omega}$ $(\mathbb{1}-c) = 0$ entraine $\tilde{\omega}(b(\mathbb{1}-c)) = 0$ $\forall b \in M^{**}$, $\rho(U_e\ (\mathbb{1}-c)) = 0$ $\forall \rho \in M^*$ et $U_e\ (\mathbb{1}-c) = 0$ c'est à dire $e = ec$; $\tilde{\omega}$ étant invariant par U_e, $c \leqslant e$ et $c = e$), $U_c^* \circ \rho\ (a^2) = 0$ $\forall \rho \in M^*$ et on a $(U_c a)^2 = U_c(a^2) = 0$ donc $a \in J_2$.

ii) Si ω est pur et F_ω est la plus petite face décomposante de S contenant ω, le polaire $(F_\omega)°$ dans M^{**} est égal à Ker U_c (ALFSEN-HANCHE·OLSEN-SHULTZ [1] p. 279), donc $(F_\omega)° \cap M = J$. □

DEFINITION 8 : Soit $\sim$ l'application quotient de M sur la J.B. algèbre M/J. L'application bilinéaire : $(\Pi(a), \Pi(b)) \longrightarrow \Pi(ab)$ pour $a, b \in M$ notée $\Pi(a) \circ \Pi(b)$ a un sens d'après le lem. 3 car $\Pi(\tilde{a}) = \Pi(a)$ $\forall a \in M$.

PROPOSITION 9 : $(\Pi_\omega(M), \circ)$ est une J.B. algèbre pour la norme déduite de $L(H_\omega)$, qui est isomorphe à M_ω/J_ω. De plus $\Pi_\omega(M)$ est un sous-espace d'ordre de l'espace avec unité d'ordre $(L(H_\omega)_{s.a.}, L(H_\omega)^+_{s.a.}, \mathbb{1})$.

Preuve : Rappelons que $\|\tilde{a}\| = \|a+J\| = \inf_{b \in J}\|a+b\|$. Montrons

(***) $$\|\Pi(a)\| = \|\tilde{a}\| \quad \forall a \in M$$

On sait déjà que pour $b \in J$, $\|\Pi(a)\| = \|\Pi(a+b)\| \leqslant \|a+b\|$ donc $\|\Pi(a)\| \leqslant \|\tilde{a}\|$. On peut supposer que l'application π est injective.

Soit $\varepsilon > 0$. Il existe $b \in C(a)$ (Sous-J.B. algèbre de M engendrée par a et $\mathbb{1}$) à spectre inclus dans $[\ \|a\| - \varepsilon, \|a\|\ ]$.
Donc $U_b a = b^2 a \geqslant (\|a\| - \varepsilon)\ b^2$ et
$<\eta(b), \Pi(a)\ \eta(b)> = \omega(U_b a) \geqslant (\|a\| - \varepsilon)\ \omega(b^2) = (\|a\| - \varepsilon)\ \|\eta(b)\|^2$.
On en déduit $\Pi(a) \geqslant \|a\| - \varepsilon$ si $b \notin N$.
Si $b \in N$ alors il existe $c \in M$ tel que $cb \in N$ d'après le cor. 6. La J.B. algèbre engendrée par b et c étant spéciale on a

$$(b\ c)^2 = \frac{1}{2}\, b.U_c b + \frac{1}{4}\, U_b c^2 + \frac{1}{4}\, U_c b^2$$

$$U_{bc} a = \frac{1}{4}\, U_c(ab^2) + \frac{1}{4}\, U_b U_c a + \frac{1}{2}\, b.U_c(ab)\ .$$

On en déduit

$$\omega(U_{bc}a) = \frac{1}{4}\,\omega(U_c(ab^2)) \geqslant (\|a\| - \varepsilon)\frac{1}{4}\,\omega(U_c b^2) = (\|a\|-\varepsilon)\,\omega((bc)^2)$$

et $\|\pi(a)\| \geqslant \|a\|-\varepsilon$ ce qui entraîne (***).

Le reste de la proposition est immédiat. □

On peut construire l'analogue d'une représentation universelle : Soient $H = \underset{\omega \in S}{\oplus} H_\omega$ et Π l'application linéaire : $a \in M \longrightarrow \underset{\omega \in S}{\oplus} \Pi_\omega(a)$. Π est isométrique car $\|\Pi(a)\| = \underset{\omega \in S}{\sup} \|\Pi_\omega(a)\| = \|a\|$ (lem. 3). En munissant $\Pi(M)$ du produit $\Pi(a) \circ \Pi(b) = \Pi(a \circ b)$ on obtient la généralisation

THEOREME 10: $(\Pi(M), \circ)$ est une J.B. algèbre pour la norme déduite de $L(H)$, qui est isométriquement isomorphe à M. De plus $\Pi(M)$ est un sous-espace d'ordre de l'espace avec unité d'ordre $(L(H)_{s.a.}, L(H)^+_{s.a.}, \mathbb{1})$.

π^{**} est une isométrie linéaire et un homéomorphisme faible de M^{**} dans $\pi^{**}(M^{**}) = \overline{\pi(M)}$ (fermeture faible). En utilisant la proposition 2 on obtient :

COROLLAIRE 11 : M^{**} est une J.B.W. algèbre isométriquement isomorphe à la fermeture faible de $\pi(M)$.

DEFINITION 12 : Π est appelée une quasi-représentation de la J.B. algèbre M si Π est un morphisme d'ordre isométrique de M sur un sous-espace d'ordre de $L(H)_{s.a.}$ où H est un espace de Hilbert.

Soit Aut(M) l'ensemble des automorphismes de M. Si $\alpha \in \mathrm{Aut}(M)$ et $\omega \in S$, $\alpha^* \circ \omega \in S$ et l'application $U_{\alpha,\omega} : \eta_{\alpha^* \circ \omega}(a) \longrightarrow \eta_\omega(\alpha(a))$ s'étend en un unitaire de $H_{\alpha^* \circ \omega}$ sur H_ω car $U_{\alpha,\omega}$ est à image dense et vérifie

$$\| U_{\alpha,\omega}\, \eta_{\alpha^* \circ \omega}(a) \|^2 = \| \eta_\omega(\alpha(a))\|^2 = \omega((\alpha(a))^2) = \omega \circ \alpha\, (a^2) = \| \eta_{\alpha^* \circ \omega}(a)\|^2$$

Il est clair que $U_\alpha = \underset{\omega \in S}{\oplus} U_{\alpha,\omega}$ est un unitaire de H.

On appellera implémentation unitaire d'un sous-groupe G de Aut(M), un homomorphisme : $\alpha \longrightarrow U_\alpha$ de G dans les unitaires d'un espace de Hilbert réel K tel que $\Pi(\alpha(a)) = U_\alpha \Pi(a) U_\alpha^*$ où Π est une quasi-représentation de M sur K.

COROLLAIRE 13 : Le groupe des automorphismes d'une J.B. algèbre possède une implémentation unitaire.

REFERENCES : Les isomorphismes d'ordre ont été étudiés par KADISON [1], [4] pour les C^* algèbres et MILES [1] pour les B^* algèbres. Voir aussi NAIMARK [1] pour les liens avec la représentation de GELFAND-NAIMARK-SEGAL.
Les représentations des algèbres de Jordan ont été étudiées par RAVATIN [1],[2],[3],[4] et RAVATIN-IMMEDIATO [1],[2],[3].

- REFERENCES (1ere PARTIE) -

M.C. ABBATI et A. MANIÃ,

[1] Quantum logic and operational quantum mechanics, Report Math.Phys.

[2] A spectral theory for order unit spaces, Ann.Inst. H. Poincaré 35 (1981), 259-285.

M. AJLANI,

[1] Cônes autopolaires en dimension finie, Séminaire Choquet (1974-1975), n°18.

Š.A. AJUPOV,

[1] Matrix OJ. algebras (Russian), Dokl. Akad. Nauk. UzSSR 5 (1980) 3-4. Math. Rev. 82c : 17014.

[2] Normal states on OJB algebras (Russian), Izv. Akad. Nauk. UzSSR Ser. Fiz. Mat. Nauk 3 (1980) 9-13. Math. Rev. 81 j. 46101.

A.A. ALBERT,

[1] On a certain algebra of quantum mechanics, Ann.Math. 35 (1934), 65-73.

[2] On Jordan algebras of linear transformations, Trans.Amer.Math.Soc., 59 (1946), 524-555.

E.M. ALFSEN,

[1] Compact convex sets and boundary integrals, Ergebnisse Math.57, Springer Verlag (Berlin), 1971.

[2] On the state spaces of Jordan and C^*-algebras, Colloque International CNRS, Marseille (1977), Algèbres d'opérateurs et leurs applications en physique mathématique, p.15-40.

E.M. ALFSEN et T.B. ANDERSEN,

[1] Split faces of compact convex sets, Proc. London Math. Soc. 21 (1970), 415-441.

E.M. ALFSEN, H. HANCHE-OLSEN et F.W. SHULTZ,

[1] State spaces of C^*-algebras, Acta Math. 144 (1980), 267-305.

E.M. ALFSEN et F.W. SHULTZ,

[1] Non commutative spectral theory for affine function spaces on convex sets, Memoirs of the A.M.S. 172 (1976).

[2] States spaces of Jordan algebras, Acta Math. 140 (1978), 155-190.

[3] On non commutative spectral theory and Jordan algebras, Proc. London Math. Soc. 38 (1979), 497-516.

E.M. ALFSEN, F.W. SHULTZ et E. STØRMER,

[1] A Gelfand-Neumark theorem for Jordan algebras, Adv. in Math. 28 (1978), 11-56.

H. ARAKI,

[1] Some properties of modular conjugation operator of von Neumann algebras and a non commutative Radon-Nikodym theorem with a chain rule, Pacific Journ. Math. 50, n° 2 (1974), 309-354.

[2] Positive cone, Radon-Nikodym theorem, relative Hamiltonian and the Gibbs condition in statistical mechanics. An application of the Tomita-Takesaki theory, C^*-algebras and their applications to statistical mechanics and quantum field theory (1975), p. 64-100.

[3] On the characterization of the state space of quantum mechanics, Commun.Math.Phys. 75 (1980), 1-25.

[4] Introduction to relative Hamiltonian and relative entropy, Lectures given at Marseille (1975).

H. ARAKI, G.A. ELLIOTT,
[1] On the definition of C^*-algebras, Publ. R.I.M.S. Kyoto University, 9 (1973), 93-112.

L. ASIMOW et A.J. ELLIS,
[1] Convexity theory and its applications in functional analysis, Academic Press, London (1980).

V.K. BALACHANDRAN et P.S. REMA,
[1] Uniqueness of the norm topology in certain Banach Jordan algebras, Publication of the Ramanujan Institute 1 (1969), 283-289.

G.P. BARKER,
[1] Perfect cones, Linear Alg. and its Appl. 22 (1978), 211-221.

[2] Modular face lattices : low dimensional cases, Rocky Mountain Journ. of Math. 11 (1981), 435-439.

[3] The lattice of faces in a finite dimensional cone, Linear Alg. and its Appl. 7 (1973), 71-82.

[4] Theory of cones, Linear Alg. and its Appl. 39 (1981), 263-291.

G.P. BARKER et J. FORAN,
[1] Selfdual cones in Euclidean spaces, Linear Alg. and its Appl. 13 (1976), 147-155.

G.P. BARKER et R. LOEWY,
[1] The structure of cones of matrices, Linear Alg. and its Appl. 12 (1975), 87-94.

H. BEHNCKE,
[1] Hermitean Jordan Banach algebras, J. London Math. Soc. 20 (1979), 327-333.

H. BEHNCKE et W. BÖS,
[1] Jordan Banach algebras with an exceptional ideal, Math. Scand. 42 (1978), 306-312.

J. BELLISSARD et B. IOCHUM,
[1] Homogeneous selfdual cones versus Jordan algebras. The theory revisited. Ann. Inst. Fourier, Grenoble 28 (1978), 27-67.

[2] L'algèbre de Jordan d'un cône autopolaire facialement homogène, C.R.Acad.Sci. Paris, 288 (1979), 229-232.

[3] Spectral theory for facially homogeneous symmetric selfdual cones, Math.Scand. 45 (1979), 118-126.

[4] Homogeneous selfdual cones and Jordan algebras, Quantum Field Algebras, Processes (L. Streit Editor), p. 154-165, Springer-Verlag (1980).

J. BELLISSARD, B. IOCHUM et R. LIMA,
[1] Homogeneous and facially homogeneous selfdual cones, Linear Alg. and its Appl. 19 (1978), 1-16.

S.K. BERBERIAN,
[1] Notes on spectal theory, Van Nostrand Mathematical Studies (D. van Nostrand Co.), 1966.

L.C. BIEDENHARN et L.P. HORWITZ,
[1] Non associative algebras and exceptional gauge groups, Lecture Notes in Physics (H.D. DOEBNER ed.) 139 (1981) 152-166.

L.C. BIEDENHARN, L.P. HORWITZ et D. SEPUNARU,
[1] Some quantum aspects of theories with hypercomplex and non associative structure, Third Int. Workshop on Currents Problems in High Energy Particle Theory, May 30 - June 1 (1979) Johns HOPKINS Ed.

G. BIRKHOFF, J. von NEUMANN,
[1] The logic of quantum mechanics, Ann. Math. 37 (1936), 823-843.

P. BONNET,
[1] Une théorie spectrale dans certains espaces de Banach ordonnés, Preprint Université de St.Etienne (1975), C.R.Acad.Sc.Paris 282 (1976), 207-210.

F.F. BONSALL,
[1] Jordan algebras spanned by hermitian elements of a Banach algebra. Math. Proc. Camb. Phil. Soc. 81 (1977) , 3-13.

[2] Jordan subalgebras of Banach algebras, Proc. Edinburgh Math. Soc. 21 (1978) , 103-110.

F.F. BONSALL et P. ROSENTHAL,
[1] Certain Jordan operator algebras and double commutant theorems. J. Functional Anal. 21 (1976) 155-186.

W. BÖS,
[1] A classification for selfdual cones in Hilbert space, Archiv. der Mathematik 30 (1978), 75-82.

[2] Direct integrals of selfdual cones and standard forms of von Neumann algebras, Inventiones Math. 37 (1976), 241-251.

[3] The structure of finite homogeneous cones and Jordan algebras, Preprint Osnabrück (1976).

A.M. BOUVIER et M. PERRONET,
[1] Cônes autopolaires et algèbres de von Neumann, Séminaire Paris (1975).

H.N. BOYADJIEV et M.A. YOUNGSON,
[1] Alternators on Banach Jordan algebras, C.R. Acad. Bulgare Sci. 33 (1980), 1589-1590.

S. BOYCE et S. GUDDER
[1] A comparison of the Mackey and Segal models for quantum mechanics, Inter. J. Theor. Phys. 3 (1970) 7-21 .

O. BRATTELI et D.W. ROBINSON,
[1] Operator algebras and quantum statistical mechanics I, Springer Verlag, New York (1979).

R.B. BRAUN
[1] A Guelfand - Neumark theorem for C^* alternative algebras, Habilitationsschrift, Tübingen (1980).

[2] A Guelfand - Neumark theorem for C^* normed non associative algebras, Semesterbericht Funktionalanalysis, Tübingen (1981-1982).

H. BRAUN et M. KOECHER,
[1] Jordan algebren, Springer-Verlag, Berlin (1966).

R. BRAUN, W. KAUP et H. UPMEIER,
[1] A holomorphic characterization of Jordan C^*algebras, Math. Z. 161 (1978), 277-290.

M. BROISE,
[1] Sur les isomorphismes de certaines algèbres de von Neumann, Ann. Sci. Ec. Norm. Sup. 83 (1966), 91-111.

CHO-HO-CHU,
[1] On central traces and group of symmetries of order unit Banach spaces, Proc. Edinburgh Math. Soc. 21 (1978), 159-166.

CHO-HO-CHU et J.D.M. WRIGHT,
[1] A theory of types for convex sets and ordered Banach spaces, Proc. London Math. Soc. 36 (1978), 494-517.

M.D. CHOI et E. EFFROS,
[1] Injectivity and operator spaces, J. Functional Anal. 24 (1977), 156-209.

R. CIRELLI et P. COTTA-RAMUSINO,
[1] On the isomorphism of a "quantum logic" with the logic of the projections in a Hilbert space, I, Int. J. Theor. Phys. 8 (1973) 11-29.

R. CIRELLI, P. COTTA-RAMUSINO et E. NOVATI,
[1] On the isomorphism of a quantum logic with the logic of the projections in a Hilbert space II, Int. J. Theor. Phys. 11 (1974) 135-144.

R. CIRELLI, F. GALLONE et B. GUBBAY,
[1] An algebraic representation of continuous superselection rules, Journ. Math. Phys. 16 (1975), 201-213.

J.A. CLARKSON,
[1] Uniformly convex spaces, Trans. Amer. Math. Soc. 40 (1936), 396-414.

A. CONNES,
[1] Groupe modulaire d'une algèbre de von Neumann, C.R. Acad. Sci. Paris 274 (1972), 523-526.

[2] Caractérisation des espaces vectoriels ordonnés sous jacents aux algèbres de von Neumann, Ann. Inst. Fourier, Grenoble 24 (1974), 121-155.

[3] On the spatial theory of von Neumann algebras, J. Funct. Anal. 35 (1980), 153-164.

E.B. DAVIES,
[1] Quantum stochastic processes,

I : Comm. Math. Phys. 15 (1969), 277-304.

II : Comm. Math. Phys. 19 (1970), 83-105.

E.B. DAVIES et J.T. LEWIS,
[1] An operational approach to quantum probability, Comm. Math. Phys. 17 (1970), 239-260.

P. DELORME,
[1] Irréducibilité de certaines représentations de $G^{(x)}$, Journ. Funct. Anal. 30 (1978), 36-47.

J. DIXMIER,
[1] Les algèbres d'opérateurs dans l'espace Hilbertien, Gauthier-Villars, Paris (1969).

[2] Formes linéaires sur un anneau d'opérateurs, Bull. Soc. Math. France 81 (1953), 9-39.

J. DORFMEISTER,
[1] Eine theorie der homogenen, regulären Kegel, Dissertation, Univ. of Münster (1974).

[2] Inductive construction of homogeneous cones,
Trans. Amer. Math. Soc. 252 (1979), 321-349.

[3] Algebraic description of homogenous cones,
Trans. Amer. Math. Soc. 255 (1979), 61-89.

H.A. DYE,
[1] On the geometry of projections in certain operator algebras,
Ann. Math. 61 (1955), 73-89.

C.M. EDWARDS,
[1] On Jordan W* algebras,
Bull. Sciences Math. 104 (1980), 393-403 .

[2] On the centers of hereditary J.B.W. subalgebras of a J.B.W. algebra
Math. Proc. Camb. Phil. Soc. 85 (1979), 317-324.

[3] On the facial structure of a Jordan Banach algebra,
J. London Math. Soc. 19 (1979), 335-344.

[4] Ideal theory in Jordan Banach algebras,
J. London Math. Soc. 16 (1977), 507-513.

[5] Multipliers on J.B. algebras,
Math. Ann. 249 (1980), 265-272.

[6] Double centralizers on Jordan algebras,
Preprint Oxford (1981).

[7] The operational approach to algebraic quantum theory I,
Comm. Math. Phys. 16 (1970), 207-230.

[8] Classes of operations in quantum theory,
Comm. Math. Phys. 20 (1971), 26-56.

[9] The theory of pure operations,
Comm. Math. Phys. 24 (1972), 260-288.

E.G. EFFROS,
[1] Order ideals in a C* algebra and its dual,
Duke Math. J. 30 (1963), 391-412.

E.G. EFFROS et E. STØRMER,
[1] Jordan algebras of selfadjoint operators,
Trans. Amer. Math. Soc. 127 (1967), 313-316.

[2] Positive projections and Jordan structure in operator algebras,
Math. Scand. 45 (1979), 127-138.

G.G. EMCH et W.P.C. KING,
[1] Faithful normal states on J.B.W algebras,
Proc. of Symposia in Pure Math. vol.38 (1982), 305-307 .

D.E. EVANS et H. HANCHE-OLSEN,
[1] The generators of positive semigroups,
J. Functional Anal. 32 (1979), 207-212.

C.K. FONG, C.R. MIERS et A.R. SOUROUR,
[1] Lie and Jordan ideals of operator on Hilbert space,
Proc. Amer. Math. Soc 84 (1982) 516-520 .

D.J. FOULIS,
[1] A note on orthomodular lattice,
Portugaliae Mathematica 21 (1962), 65-72.

[2] Baer * semigroups,
Proc. Amer. Math. Soc. 11 (1960), 648-654.

D.J. FOULIS et C.H. RANDAL,

[1] The operational approach to quantum mechanics, dans : The logico-algebraic approach to quantum mechanics Vol. III (C.A. Hooker Ed.), D. Reidel Publ. Co. (1977).

H. FREUDENTHAL,

[1] Oktaven, Ausnahmegruppen und Oktaven geometrie, Math. Inst. der Rijksuniversitet te Utrecht (1951) Math. Rev., 13-433.

Y. FRIEDMAN et B. RUSSO,

[1] Contractive projections on operator triple systems, Math. Scand. 52 (1983), 279-311.
Contractive projections on C^* algebras : Proc. of Symposia of Pure Math. 38 (1982), 615-618.

[2] Function representation of commutative operator triple systems, Preprint, Irvine (1982).

A. GAMBA,

[1] Peculiarities of the eight-dimensional space, Journ. Math. Phys. 8 (1964), 775-781.

T. GIORDANO,

[1] Antiautomorphismes involutifs des facteurs injectifs, C.R. Acad. Sci. Paris 291 (1980) 583-585.

[2] Antiautomorphismes involutifs des facteurs injectifs, Thèse, Neuchâtel (1981). J. Funct. Anal. 51 (1983), 326-360.

R.J. GREECHIE,

[1] Some results from the combinatorial approach to quantum logic, Synthese, 29 (1974), 113-127.

U. GROH,

[1] Some observations on the spectra of positive operators on finite dimensional C^* algebras, Linear Alg. and its Appl. 42 (1982), 213-222.

U. GROH et B. KÜMMERER,

[1] Bibounded operators on W^* algebras, Math. Scand. 50 (1982), 269-285.

S. GUDDER,

[1] Axiomatic operational quantum mechanics, Reports on Math. Phys. 16 (1979) 147-166.

S. GUDDER et J.P. MARCHAND,

[1] Conditional expectations on von Neumann algebras : A new approach, Rep. Math. Phys. 12 (1977), 317-329.

M. GÜNAYDIN,

[1] Octonionic Hilbert spaces, the Poincaré group and SU(3), J. Math. Phys. 17 (1976), 1875-1883.

[2] Quadratic Jordan formulation of quantum mechanics and construction of Lie (super)algebras for Jordan (super)algebras, VIII International Colloquium on Group Theoretical methods in Physics at Kiriat Anavim, Israel (1979).

M. GÜNAYDIN et F. GÜRSEY,

[1] Quark structure and octonions, J. Math. Phys. 14 (1973), 1651-1667.

[2] Quark statistics and octonions, Phys. Review D. 9 (1974), 3387-3391.

M. GÜNAYDIN, C. PIRON et H. RUEGG,
[1] Moufong plane and octonionic quantum mechanics,
Comm. Math. Phys. 61 (1978), 69-85.

J. GUNSON,
[1] On the algebraic structure of quantum mechanics,
Comm. Math. Phys. 6 (1967), 262-285.

W. GUZ,
[1] Filter theory and covering law,
Ann. Inst. H. Poincaré 24 (1978), 357-378.

[2] Conditional probability in quantum axiomatics,
Ann. Inst. H. Poincaré 33 (1980), 63-119.

[3] On the axiom system for non relativistic quantum mechanics,
Reports on Math. Phys. 6 (1974) 445-454.

[4] A modification of the axiom system of quantum mechanics,
Reports on Math. Phys. 7 (1975), 313-320.

R. HAAG,
[1] Lecture at Boulder Summer School, 1960,

Bemerkungen zum begriffsbild der quantenphysik
Z. Physik 229 (1969), 384-391.

R. HAAG et D. KASTLER,
[1] An algebraic approach to quantum field theory,
J. Math. Phys. 5 (1964), 848-861.

U. HAAGERUP,
[1] The standard form of von Neumann algebras,
Math. Scand. 37 (1975), 271-283.

[2] The standard form of von Neumann algebras,
Preprint Copenhagen (1973).

[3] L^p spaces associated with an arbitrary von Neumann algebra,
Colloq. Intern CNRS n° 274 (1979) 175-184.

U. HAAGERUP et H. HANCHE-OLSEN,
[1] A Tomita-Takesaki theory for J.B.W. algebras.
Proc. Symposia in Pure Math. 38 (1980), 301-303.

U. HAAGERUP et C.F. SKAU,
[1] Geometric aspects of the Tomita-Takesaki theory II,
Math. Scand. 48 (1981), 241-252.

H. HANCHE-OLSEN,
[1] A note on the bidual of a Jordan Banach algebra,
Math. Z. 175 (1980), 29-31.

[2] On the structure and tensor products of J.C. algebras,
Preprint Oslo 1981.

[3] Split faces and ideal structure of operator algebras,
Math. Scand. 48 (1981) 137-144.

L.A. HARRIS,
[1] Bounded symmetric homogeneous domains in infinite dimensional spaces,
Springer Lecture Notes in Mathematics N° 364 (1973), 13-40.

[2] A generalization of C^* algebras,
Proc. London Math. Soc. 42 (1981) 331-361.

E. HAYNSWORTH et A.J. HOFFMAN,
[1] Two remarks on copositive matrices,
Linear Alg. and its Appl. 2 (1969), 387-392.

R.H. HERMAN et M. TAKESAKI,
[1] States and automorphism groups of operator algebras,
Comm. Math. Phys. 19 (1970), 142-160.

C. HERTNECK,
[1] Positivitäts und Jordan strukturen,
Math. Ann. 146 (1962), 433-455.

M. HILSUM,
[1] Les espaces L^p d'une algèbre de von Neumann (théorie spatiale),
Journ. Fonct. Anal. 40 (1981), 151-169.

S.S. HOLLAND,
[1] The current interest in orthomodular lattice,
dans The logico-algebraic approach to quantum mechanics, Vol. I (1975)
(C.A. Hooker Ed.), p. 437-496, Dordrecht, Reidel Publ.

[2] A Radon-Nikodym theorem in dimension lattices,
Trans. Amer. Math. Soc. 108 (1963), 67-87.

N.E. HURT,
[1] Jordan algebras and quantizable dynamical systems,
Lettere N. Cim. 1 (1971), 473-474.

B. IOCHUM et F.W. SHULTZ,
[1] Normal state spaces of Jordan and von Neumann algebras,
J. Funct. Anal. 50 (1983), 317-328.

R. IORDANESCU,
[1] Jordan algebras with applications,
Preprint Bucarest (1979).

N. JACOBSON,
[1] Structure and representations of Jordan algebras,
Amer. Math. Soc. Pub. 39, Providence (1968).

[2] Structure theory of Jordan algebras,
Lecture Notes in Mathematics, Univ. of Arkansas Vol 5 (1981) Fayetteville.

[3] Basic Algebra I,
Freeman, San Francisco (1974).

G. JAMESON,
[1] Ordered linear spaces,
Lecture Notes in Mathematics, N° 141, Springer-Verlag Berlin (1970).

M.F. JANOWITZ,
[1] A semigroup approach to lattices,
Canad. J. Math. 18 (1966), 1212-1223.

G. JANSSEN,
[1] Die verbandstheoretische strukture der positiven ordnungsideale
von positivitätsbereiche,
Habilitationsschrift 1973/74 Braunschweig.

[2] Formal-reelle Jordanalgebren unendlicher dimension und verallgemeinerte
positivitätsbereiche,
Journ. für reine und angew.. Math. 249 (1971), 173-200.

[3] Reelle Jordanalgebren mit endlicher spur,
Manuscripta Math. 13 (1974), 237-273.

[4] Die struktur endlicher schwach abgeschlossener Jordan algebren,
Teil. I Manuscripta Math. 16 (1975), 277-305.

Teil. II Manuscripta Math. 16 (1975), 307-332.

[5] Positivitätsbereiche, die diffeomorph zu einem kreiskegel sind,
Preprint Braunschweig (1981).

J.M. JAUCH,
[1] Foundations of quantum mechanics, Addison-Wesley Pub. Co. (1968).

P. JORDAN,
[1] Uber eine klasse nichtassoziativer hyperkomplexer algebren, Nachr. Ges. Wiss. Göttingen (1932), 569-575.

[2] Uber verallgemeinerungsmöglichkeiten des formalismus der quantenmechanik, Nachr. Ges. Wiss. Göttingen (1933), 209-217.

[3] Uber die multiplication quantenmechanischer grössen, Z. Physik 80 (1933), 285-291.

[4] Uber das verhältnis der theorie der elementarlänge zur quantentheorie, I : Comm. Math. Phys. 9 (1968), 279-292.

II : Comm. Math. Phys. 11 (1969), 293-296.

Zur frage einer physikalischen verwendbarkeit nichtassoziativer algebren, Z. Physik 229 (1969), 193-198.

P. JORDAN, J. VON NEUMANN et E. WIGNER,
[1] On an algebraic generalization of the quantum mechanical formalism, Ann. Math. 35 (1934), 29-64.

R.V. KADISON,
[1] A generalized Schwarz inequality and algebraic invariants for operator algebras, Ann. Math. 56 (1952), 494-503.

[2] Order properties of bounded selfadjoint operators, Proc. A.M.S. 2 (1951), 505-510.

[3] Transformations of states in operator theory and dynamics, Topology vol. 3, suppl. 2 (1965), 177-198.

[4] Isometries of operator algebras, Ann.Math. 54 (1951), 325-338.

F.A. KAEMPFFER,
[1] Concepts of quantum mechanics, Academic Press, New York (1965).

S. KAKUTANI et G.W. MACKEY,
[1] Two characterizations of real Hilbert space, Ann.Math.45 (1944), 50-58.

[2] Rings and lattice characterizations of complex Hilbert space, Bull. Amer. Math. Soc. 52 (1946), 727-733.

J. KAPLANSKY,
[1] Any orthocomplemented complete modular lattice is a continuous geometry, Ann. Math. 61 (1955), 524-541.

D. KASTLER et J.M. SOURIAU,
[1] Cayley octonions and strong interactions, Conférence Internationale d'Aix-en-Provence sur les Particules Elémentaires (1961), 169-170.

W. KAUP,
[1] Algebraic characterization of symmetric complex Banach manifold, Math. Ann. 228 (1977), 39-64.

[2] Jordan algebras and holomorphy, Seminario de Analyse Funcional, Holomorfia e Teoria da Aproximacao, Rio de Janeiro (1978).

W. KAUP et U. UPMEIER,
[1] Jordan algebras and symmetric Siegel domains in Banach spaces, Math. Z. 157 (1977), 179-200.

M. KOECHER,
[1] Positivitätsbereichen in $\mathbb{R}^m$, Amer.J.Math. 79 (1957), 575-596.
[2] Die geodätischen von positivitätsbereichen, Math. Ann. 135 (1958), 192-202.
[3] Konvexe kegel, Mimeographed notes of the University of München (1968).

A.N. KOLMOGOROV,
[1] Foundations of probability theory, Chelsea, New York (1960).

H. KOSAKI,
[1] Positive cones associated with a von Neumann algebra, Math. Scand. 47 (1980), 295-307.
[2] Positive cones and L^p spaces associated with a von Neumann algebra, J. Operator Theory 6 (1981) 13-23.
[3] Application of the complex interpolation method to von Neumann algebra, Preprint (1981).
[4] A Radon-Nikodym theorem for natural cones associated with von Neumann algebras, I Proc. Amer. Math. Soc. 84 (1982) 207-211.
II Preprint, Lawrence (1982).
[5] Remarks on positive cones associated with a von Neumann algebra, Tôhoku Math. J. 33 (1981) 587-591.

J.L. KOSZUL,
[1] Trajectoires convexes de groupe affines unimodulaires, Essays on Topology and Related Topics, Mémoires dédiés à G. de Rham, Springer Verlag, Berlin (1970).

R. KUNZE,
[1] L^p-Fourier transforms in locally compact unimodular groups, Trans.Amer.Math.Soc. 89 (1958), 519-540.

H.E. LACEY,
[1] The isometric theory of classical Banach spaces, Springer Verlag, Berlin (1974).

J. LINDENSTRAUS et L. TZAFRIRI,
[1] Classical Banach spaces II, function spaces, Springer Verlag, Berlin (1979).
[2] On the complemented subspaces problem, Israel Journ. Math. 9 (1971), 263-269.

L.H. LOOMIS,
[1] The lattice theoretic background of the dimension theory of operator algebras, Memoirs Amer.Math.Soc. Providence (1955).

O. LOOS,
[1] Symmetric spaces I : General theory ; II : Compact spaces and Classification, Benjamin, New York (1969).
[2] Jordan pairs, Lecture Notes in Mathematics, vol. 460 (1975), Springer Verlag, Berlin.
[3] Bounded symmetric domains and Jordan pairs, Mathematical lectures, Irvine (1977).

G. LUDWIG,
[1] Versuch einer axiomatischen grundlegung der quantenmechanik und allgemeinerer physikalischer theorien, Z. Physik 181 (1964), 233-260.

[2] An improved formulation of some theorems and axioms in the axiomatic foundation of the Hilbert space structure of quantum mechanics, Comm. Math. Phys. 26 (1972), 78-86.

C.A. Mc CARTHY,
[1] C_p , Israel Journ. Math. 5 (1967), 249-271.

K. Mc CRIMMON,
[1] Jordan algebras and their applications, Bull. Amer. Math. Soc. 84 (1978), 612-627.

G.W. MACKEY,
[1] Mathematical foundations of quantum mechanics, Benjamin, New York (1963).

M.D. Mc LAREN,
[1] Nearly modular orthocomplemented lattices, Trans. Amer. Math. Soc. 114 (1965), 401-416.

[2] Atomic orthocomplemented lattices, Pacific Journ. Math. 14 (1964), 597-612.

[3] Notes on axioms for quantum mechanics, Argonne Nat. Lab. Rept. 7065 (july 1965).

S. MAEDA,
[1] Dimension functions on certain general lattices, J. Sci. Hiroshima Univ. A.1 19 (1955), 211-237.

F. MAEDA et S. MAEDA,
[1] Theory of symmetric lattices, Springer Verlag, New York (1970).

J. MARTINEZ, A. MOJTAR, A. RODRIGUEZ,
[1] On a non associative Vidav-Palmer theorem, Quaterly J. of Math. 32 (1981) 435-442.

B. MIELNIK,
[1] Geometry of quantum states, Comm. Math. Phys. 9 (1968), 55-80.

[2] Theory of filters, Comm. Math. Phys. 15 (1969), 1-46.

P.E. MILES,
[1] Order isomorphisms of B^*-algebras, Trans. Amer. Math. Soc. 107 (1963), 217-236.

B. MITCHELL,
[1] Theory of categories, Academic Press, New York (1965).

J.J. MOREAU,
[1] Décomposition orthogonale d'un espace hilbertien selon deux cônes mutuellement polaires, C.R.Acad.Sci. Paris, 255 (1962), 138-140.

P.S. MUHLY et J.N. RENAULT,
[1] C^*-algebras of multivariable Wiener-Hopf operators, Preprint Iowa City (1980).

[2] Wiener-Hopf operators on homogeneous selfdual cones, Preprint Iowa City (1980).

R.J. NAGEL,
[1] Ideals in ordered locally convex spaces, Math.Scand. 29 (1971), 259-271.

M.A. NAIMARK,
[1] Normed Rings, Noordhoff, Groningen (1959).

E. NELSON,
[1] Probability theory and Euclidean field theory, Constructive Quantum Field Theory, Erice (1973), G. Velo et A. Wightman eds., Lecture Notes in Physics N° 25 , p.94-124 .

[2] Notes on non commutative integration,
Journ. Funct. Anal. 15 (1974), 103-116.

J. von NEUMANN,
[1] Continuous geometry, Princeton Univ. Press (1960).

[2] On an algebraic generalization of the quantum mechanical formalism (Part I), Math. Sborn. 1 (1936), 415-484, Collected Works vol. II, n° 17.

[3] Mathematical foundations of quantum mechanics,
Princeton Univ. Press (1955).

[4] Mathematische Begründung der quanten-mechanik,
Gött.Nachr.(1927), 1-57 (Collected works vol. 1, n° 9).

[5] Wahrscheinlichkeitstheoretischer aufbau der quanten-mechanik,
Gött. Nachr. (1927), 245-272 (Collected works vol. 1, n° 10).

A. PAIS,
[1] Remarks on the algebra of interactions, Phys.Rev.Letters 7 (1961), 291-293.

S.M. PANEITZ,
[1] Invariant convex cones and causality in semisimple Lie algebras and groups, J. Funct. Anal. 43 (1981) 313-359.

[2] Determination of invariant convex cones in simple lie algebras,
Arkiv för Mathematik

R. PAYA, J. PEREZ, A. RODRIGUEZ,
[1] Non commutative Jordan C^*-algebras, Manuscripta Math. 37 (1982), 87-120.

G.K. PEDERSEN,
[1] C^*-algebras and their automorphisms groups, Academic Press, London (1979).

G.K. PEDERSEN et E. STØRMER,
[1] Traces on Jordan algebras, Canadian J. Math. 34 (1982), 370-373 .

R.C. PENNEY,
[1] Selfdual cones in Hilbert space, Journ.Funct.Anal. 21 (1976), 305-315.

A.L. PERESSINI,
[1] Ordered topological vector spaces, Harper and Row, New York (1967).

J. DE PILLIS,
[1] Linear transformations which preserve Hermitian and positive semi-definite operators, Pac. Journ. Math. 23 (1967), 129-137.

C. PIRON,
[1] Axiomatique quantique, Helv. Phys. Acta 37 (1964), 439-468.

[2] Foundations of quantum physics, Benjamin, New York (1976).

J.C.T. POOL,
[1] Semi-modularity and the logic of quantum mechanics,
Comm. Math. Phys. 9 (1968), 212-228.

[2] $Baer^*$-semigroups and the logic of quantum mechanics,
Comm. Math. Phys. 9 (1968), 118-141.

E.T. POULSEN,
[1] A note on selfdual cones, non publié.

R.T. POWERS et E. STØRMER,
[1] Free states of the canonical anticommutation relations,
Comm. Math. Phys. 16 (1970), 1-33.

W.M. PRIESTLEY,
[1] A non commutative Korovkin theorem,
Jour. Approximation Theory 16 (1976), 251-260.

H. PRIMAS,
[1] Foundations of theoretical chemistry, dans "Quantum dynamics of molecules : the new experimental challenge to theorists", Nato Adv. Study Inst. Series, R.G. Woolley ed., Plenum Press, New York (1980).

E. PRUGOVEČKI,
[1] A non-Hilbert space formulation of quantum field theory, Journ. Math. Phys. 7 (1966), 2107-2120.

L. PUKANSKY,
[1] The theorem of Radon-Nikodym in operator rings, Acta Sci. Math. Szeged 15 (1954), 149-156.

S. PULMANNOVA,
[1] Superpositions of states and a representation theorem, Ann. Inst. H. Poincaré 32 (1980), 351-360.

G.A. RAGGIO,
[1] Groups of Jordan *-automorphisms on W^*-algebras, Preprint (1980).

A. RAMSAY,
[1] Dimension theory in complete orthocomplemented weakly modular lattices, Trans. Amer. Math. Soc. 116 (1965), 9-31.

J. RAVATIN,
[1] Représentations unitaires continues d'algèbres de Jordan et fonctionnelles positives, Math. Ann. 184 (1970), 309-316.

[2] Etats R-liés d'une algèbre de Jordan commutative, C.R.Acad.Sci. Paris 272 (1971), 523-524.

[3] Eléments R-inversibles d'une algèbre de Jordan commutative et algèbres de Jordan de type de Baer, C.R.Acad.Sci. Paris 275 (1972), 415-416.

[4] Jordan algebras of semi-Baer type. Application to the axiomatics of C. Piron, Ark'all Comm. I (1976), 93-114.

J. RAVATIN et H. IMMEDIATO,
[1] Représentations unitaires continues d'algèbres de Jordan, C.R.Acad.Sci. Paris 266 (1968), 1019-1020.

J. RAVATIN et H. IMMEDIATO,
[2] Représentations et extensions d'algèbres de Jordan, Comm. Math. Phys. 16 (1970), 184-190.

[3] Polynômes d'algèbres de Jordan et propriétés d'algèbres de Jordan spéciales, Acta Math. Acad. Sci. Hungaricae 23 (1972), 87-99.

F. RIESZ et B.Sz. NAGY,
[1] Leçons d'analyse fonctionnelle, Gauthiers-Villars (1972).

A.G. ROBERTSON,
[1] Automorphisms of spin factors and decomposition of positive map, Quaterly J. Math. 34 (1983), 87-96.

A.G. ROBERTSON et M.A. YOUNGSON,
[1] Positive projections with contractive complements on Jordan algebras, J. London Math.Soc. 25 (1982), 365-374.

D.W. ROBINSON et E. STØRMER,
[1] Lie and Jordan structure in operator algebras, J. Austral. Math. Soc. 29 (1980), 129-142.

A. RODRIGUEZ-PALACIOS,
[1] Vidav Palmer theorem for Jordan C^* algebras , J. London Math Soc. 22(1980),318-332 .

O.S. ROTHAUS,
[1] Domains of positivity, Bull. Amer. Math. Soc. 64 (1958), 85-86, Abh. Math. Semin. Univ. Hambourg 24 (1960), 189-235.

[2] The construction of homogeneous convex cones, Bull. Amer. Math. Soc. 69 (1963), 248-250. Ann. Math. 83 (1966), 358-376. Correction : Ann. Math. 87 (1968), 399.

[3] Order isomorphisms of cones, Proc. Amer. Math. Soc. 17 (1966), 1284-1288.

B. RUSSO,
[1] Isometries of L^p-spaces associated with finite von Neumann algebras, Bull. Amer. Math. Soc. 74 (1968), 228-232.

S. SAKAI,
[1] C^*-algebras and W^*-algebras, Springer Verlag, Berlin (1971).

[2] The absolute value of W^*-algebras of finite type, Tohoku Math. J. 8 (1956), 70-85.

U. SASAKI,
[1] Orthocomplemented lattices satisfying the exchange axiom, Journ. Sci. Hiroshima Univ. 17 (1954), 293-302.

I. SATAKE,
[1] Linear imbeddings of selfdual homogeneous cones, Nagoya Math. J. 46 (1972), 121-145.

H.H. SCHAEFER,
[1] Topological vector spaces, Springer Verlag, New York (1970).

[2] Banach lattices and positive operators, Springer Verlag, Berlin (1974).

R.D. SCHAFER,
[1] An introduction to non associative algebras, Academic Press, New York (1966).

L.M. SCHMITT,
[1] Charakterisierung von W^*-algebren durch autopolare, 2-geordnete, diagonalhomogene, 2-positive kegelpaare, Diplomarbeit Saarbrücken (1979).

L.M. SCHMITT et G. WITTSTOCK,
[1] Characterization of matrix-ordered standard forms of W^*-algebras, Math. Scand. 51 (1982), 241-260.

[2] Kernel representation of completely positive Hilbert-Schmidt operators on standard forms, Archiv. Math. 38 (1982), 453-458.

H. SCHNEIDER et M. VIDYASAGAR,
[1] Cross positive matrices, Siam J. Numer. Anal. 7 (1970), 508-519.

I.E. SEGAL,
[1] A non commutative extension of abstract integration, Ann.Math. 57 (1953), 401-457 ; Correction : Ann.Math. 57 (1953), 595-596.

[2] Postulates for general quantum mechanics, Ann.Math. 48 (1947), 930-948.

S. SHERMAN,
[1] On Segal's postulates for general quantum mechanics, Ann. Math. 64 (1956), 593-601.

[2] Order in operator algebras, Amer.J.Math. 73 (1951), 227-232.

F.W. SHULTZ,
[1] On normed Jordan algebras which are Banach dual spaces, Journ. Funct. Anal. 31 (1979), 360-376.

[2] Duals maps of Jordan homomorphisms and $*$-homomorphisms between C^*-algebras, Pacific Journ. Math. 93 (1981), 435-441.

[3] A characterization of state spaces of orthomodular lattices, Journ. Comb. Theory 17 (1974), 317-328.

C.F. SKAU,
[1] Geometric aspects of the Tomita-Takesaki theory, I, Math.Scand. 47 (1980), 311-328.

R.R. SMITH,
[1] On non unital Jordan Banach algebras, Math. Proc. Camb. Phil. Soc. 82 (1977), 375-380.

P.J. STACEY,
[1] The structure of type I J.B.W. algebras, Math. Proc. Camb. Phil. Soc. 90 (1981), 477-482.

[2] Type I_2 J.B.W. algebras, Quaterly J. Math. Oxford 33 (1982), 115-127.

[3] Local and global splittings in the state space of a J.B. algebra, Math. Ann. 256 (1981) 497-507.

[4] Real structure in the approximately finite dimensional II_∞ factor, Preprint (1981).

[5] Locally orientable J.B.W. algebras of complex type, Quaterly J. Math. Oxford 33 (1982), 247-251.

[6] Real structure in σ-finite factors of type $III_\lambda (0 < \lambda < 1)$, Proc.London Math. Soc.

P. STOLZ,
[1] Attempt of an axiomatic foundation of quantum mechanics and more general theories, V, Comm.Math.Phys. 11 (1969), 303-313.

I.E. STØRMER,
[1] Jordan algebras of type I, Acta Math. 115 (1966), 165-184.

[2] On the Jordan structure of C^*-algebras, Trans.Amer.Math.Soc. 120 (1965), 438-447.

[3] Irreducible Jordan algebras of self-adjoint operators, Trans.Amer.Math.Soc. 130 (1968), 153-166.

[4] On antiautomorphisms of von Neumann algebras, Pac. Journ. Math. 21 (1967), 349-370.

[5] Real structure in the hyperfinite factor, Duke Math. J. 47 (1980), 145-153.

[6] Jordan algebras versus C^*-algebras, Acta Physica Austriaca, Suppl.16 (1976), 1-14, Quantum Dynamics : Models and Mathematics, Springer Verlag, L. Streit Ed.

[7] Positive projections with contractive complements on C^*-algebras, Preprint Oslo (1981).

[8] Decomposition of positive projections on C^*-algebras, Math. Ann. 247 (1980), 21-41.

[9] Positive linear maps of C^*-algebras, dans Foundations of quantum mechanics and ordered linear spaces, Lecture Notes in Physics vol. 29 (1974), Springer Verlag (Berlin), Hartkämper Ed.

S. STRATILA et L. ZSIDO,
[1] Lectures on von Neumann algebras, Abacus Press, Tunbridge Wells (1979).

M. TAKESAKI,
[1] Theory of operator algebras, I, Springer Verlag, New York (1979).

[2] Tomita's theory of modular Hilbert algebras and its applications, Lecture Notes in Mathematics n° 128, Springer Verlag (1970).

M. TAKEUCHI,
[1] Homogeneous Siegel domains, Lecture Notes, Tokyo (1973).

B.S. TAM,
[1] Some results on cross-positive matrices, Linear Alg. and its Appl. 15 (1976), 173-176.

P.K. TAM,
[1] Isometries of L_p-spaces associated with semi-finite von Neumann algebras, Trans. Amer. Math. Soc. 254 (1979), 339-354.

A.B. THAHEEM, A. VAN DAELE, L. VANHEESWIJCK,
[1] A result on two one-parameter groups of automorphisms, Math. Scand.

H. TILGNER,
[1] Symmetric spaces in relativity and quantum theories, dans "Group theory in non linear problems", O.A. Barut Ed., 143-184, Riedel Pub. Co., Dordrecht (1974).

A. TILLIER,
[1] Sur les idempotents primitifs d'une algèbre de Jordan formelle réelle, C.R.Acad.Sci. Paris 280 (1975), 767-769.

[2] Quelques applications géométriques des algèbres de Jordan, Publ. Dep. Math. Lyon 14-3 (1977), 59-132.

D.M. TOPPING,
[1] Jordan algebras of selfadjoint operators, Bull. Amer. Math. Soc. 71 (1965), 160-164. Memoirs Amer. Math. Soc. 53, Providence (1965).

[2] An isomorphism invariant for spin factors, Journ. Math. and Mech. 15 (1966), 1055-1063.

[3] Vector lattices of selfadjoint operators, Bull. Amer. Math. Soc. 69 (1963), 251-255. Trans. Amer. Math. Soc. 115 (1965), 14-30.

H. UPMEIER,
[1] Derivations of Jordan C^*-algebras, Math. Scand. 46 (1980), 251-264.

[2] Derivation algebras of Jordan Banach algebras, Manuscripta Math. 30 (1979), 199-214. Erratum: 32 (1980), 211.

[3] Automorphism groups of Jordan C^*-algebras, Math. Z. 176 (1981), 21-34.

S. VAGI,
[1] Harmonic analysis on Cartan and Siegel domains, Studies in harmonic analysis, vol. 13, 257-309 (J.M. Ash Ed.), Mathematical Association of America.

V.S. VARADARAJAN,
[1] Geometry of quantum theory, vol. I, Von Nostrand Co., Princeton (1968).

E.B. VINBERG,
[1] The theory of convex homogeneous cones, Trans. Moscow Math. Soc. 12 (1963), 340-403.

[2] The structure of the group of automorphisms of a homogeneous convex cone, Soviet Math. Dokl. 3 (1962), 371-374 ; Trans. Moscow Math. Soc. 13 (1965), 63-93.

[3] Homogeneous cones, Soviet. Math. Dokl. 1 (1960), 787-790.

C. VIOLA DEVAPAKKIAM,
[1] Hilbert space methods in the theory of Jordan algebras,
I : Math. Proc. Camb. Phil. Soc. 78 (1974), 293-300.
II : Math. Proc. Camb. Phil. Soc. 79 (1976), 307-319.

K.H. WERNER,
[1] Charakterisierung von C^*-algebren durch P-projektionen auf matrix-n-geordneten räumen, Dissertation Saarbrücken (1978).

[2] A characterization of C^*-algebras by nh-projections on matrix ordered spaces, Preprint (1980).

A.S. WIGHTMAN,
[1] Hilbert sixth problem : Mathematical treatment of the axioms of physics, Mathematical developments arising from Hilbert problems, Proc. Symposia in Pure Math. 28 (1976), 147-240, Amer. Math. Soc. Pub.

W. WILS,
[1] The ideal center of partially ordered vector spaces, Acta Math. 127 (1971), 41-77.

G. WITTSTOCK,
[1] Matrix order and W^*-algebras in the operational approach to statistical physical systems, Comm.Math.Phys. 74 (1980), 61-70.

S.L. WORONOWICZ,
[1] Selfpolar forms and their applications to the C^*-algebra theory, Rep. Math. Phys. 6 (1974), 487-495.

[2] On the purification of factor states, Comm.Math.Phys.28 (1972), 221-235.

[3] On the purification map, Comm.Math.Phys. 30 (1973), 55-67.

[4] Positive maps of low dimensional matrix algebras, Rep. Math. Phys. 10 (1976), 165-183.

[5] Non extendible positive maps, Comm.Math.Phys.51 (1976), 243-282.

A. WöRZ-BUSEKROS
[1] Algebras in genetics, Lecture Notes in Biomathematics vol. 36 (1980), Springer Verlag.

J.D.M.WRIGHT,
[1] Jordan C^*-algebras, Michigan Math. J. 24 (1977), 291-302.

S. WRIGHT,
[1] Multiplicative properties of positive projections on C^*-algebras, Preprint (1981).

J.D.M. WRIGHT et M.A. YOUNGSON,
[1] A Russo-Dye theorem for Jordan C^*-algebras, Functional Analysis : Surveys and Recent Results, K.D. Bierstedt and B. Fuchssteiner Eds. North Holland Pub. Co., Amsterdam (1977).

[2] On isometries of Jordan algebras, J.London Math.Soc. 17 (1978), 339-344.

A. WULFSOHN,
[1] Tensor product of Jordan algebras, Can.J.Math.27 (1975), 60-74.

F.J. YEADON,
[1] Non commutative L^p spaces, Math.Proc.Camb.Phil.Soc. 77 (1975), 91-102.

M.A. YOUNGSON
[1] A Vidav theorem for Banach Jordan algebras, Math.Proc.Camb.Phil.Soc. 84 (1978), 263-272.

[2] Equivalent norms on Banach Jordan algebras, Math.Proc.Camb.Phil.Soc. 86 (1979), 261-269.

[3] Non unital Banach Jordan algebras and C^*-triple systems, Proc. Edinburgh Math. Soc. 24 (1981), 19-29.

[4] Hermitian operators on Banach Jordan algebras, Proc. Edinburgh Math. Soc. 22 (1979), 169-180.

E.C. ZEEMAN,

[1] Causality implies the Lorentz group, Journ.Math.Phys. 5 (1964), 490-493.

N. ZIERLER,

[1] Axioms for non relativistic quantum mechanics,
Pacific J.Math. 11 (1961), 1151-1169.
Correction : Pacif. J.Math. 19 (1966), 583-585.

[2] Order properties of bounded observables
Proc. A.M.S. 14 (1963), 346-351.

- REFERENCES (2eme PARTIE)-

S.A. AJUPOV,

[3] A spectral theorem for OJ algebras, Dokl. Akad. Nauk. UzSSR 9 (1979), 3-5. Math.Rev.82e: 17019.

[4] A theorem of ergodic type in Jordan algebras, Izv. Akad. Nauk. UzSSR Ser. Fiz. Mat. Nauk. 6 (1980) 9-16. Mat. Rev. 82e: 46069.

[5] Statistical ergodic theorems in Jordan algebras, Uspekki Mat. Nauk 36 (1981) 201-202. Russian Math. Surveys 36 (1981), 169-170. Math.Rev. 83a:46077.

[6] Conditional mean values and martingales on Jordan algebras Dokl. Akad. Nauk. UzSSR 10 (1981), 3-5. Math. Rev. 83c: 60072.

[7] OJ algebras of bounded elements, Izv. Akad. Nauk. UzSSR Ser. Fiz. Mat. 2 (1980), 3-8. Math. Rev. 83d: 46058.

[8] Universal OJ algebras, Tashkent Gos. Univ. Sb. Nauchn. Trudov 623 (1980), 3-5. Math. Rev. 83e: 17017.

[9] Measure and topology on Jordan algebras, Proc. Conference Topology and Measure III (Vitte/Hiddensee, GDR 1980) Greifwald (1982) 1-14.

[10] Ergodic theorem for Markov operators on Jordan algebras,
I : Isv. Akad. Nauk. UzSSR Ser. Fiz. Mat.Nauk 3 (1982), 12-15.
II: 5 (1982), 7-12.

[11] Partially ordered Jordan algebras, Soviet Math. Dokl. 20 (1979), 1352 - 1355.

[12] Construction of Jordan algebras of selfadjoint operators, Soviet Math. Dokl. 27 (1982),

[13] Jordan algebras of measurable elements, Isv. Akad. Nauk. UzSSR Ser. Fiz. Mat. Nauk.5 (1981), 3-6.

[14] Extension of traces and type criterions for Jordan algebras of selfadjoint operators, Math. Z. 181 (1982), 253-268.

[15] Type of Jordan algebras of selfadjoint operators and their enveloping von Neumann algebras, Funct. Anal. and its Appl. 17 (1983), 50-51.

[16] Ergodic theorem in Jordan algebras of measurable elements, Anal. Univ.Craiova 9 (1981), 22-28.

[17] Martingale convergence and stron laws of large numbers in Jordan algebras, Anal.Univ. Craiova 9 (1981), 29-34.

[18] Integration on Jordan algebras Isz. Akad. Nauk SSSR, Ser. Math. 47 (1983), 3-24.

J.P.ANTOINE et G. LASSNER ,

[1] Partial inner product structures on certain topological vector spaces, Preprint (1982).

K. ALVERMANN ,

[1] A coordinatization theorem for non commutative Jordan algebras. Preprint. Braunschweig Univ.

[2] Real and complex noncommutative Jordan Banach factors, Preprint.

H. ARAKI,

[5] On quasi free state of CAR and Bogoliubov automorphism, Pub. R.I.M.S. 6 (1970/1971), 385-442.

H. ARAKI et T.MASUDA,

[1] Positive cones and L_p spaces for von Neumann algebras, Pub. R.I.M.S.18 (1982), 339-411.

B. AUPETIT,

[1] The uniqueness of the complete norm topology in Banach algebras and Banach Jordan algebras, J. Funct. Anal. 47 (1982) 1-6.

H. BEHNCKE,

[2] Finite dimensional representations of J.B. algebras, Proc. Amer. Math. Soc. 88 (1983), 426-428.

E.G. BELTRAMETTI et B.C. van FRASSEN ,

[1] Current issues in quantum logic, Plenum Press, New York (1981).

S.J. BHATT,

[1] On Jordan representations of unbounded operators algebras , Proc. Amer. Math. Soc. 84 (1982), 393-396.

L.C. BIEDENHARN et L.P. HORWITZ,

[1] Non associative algebras and exceptional gauge groups, Lecture Notes in Math. 139 (1978), 152-166.

R.B. BRAUN,

[3] Structure and representations of non commutative C^*-Jordan algebras,
Manuscripta Math. 41 (1983), 139-171.

L.J. BUNCE,

[1] A Glimm-Sakai theorem for Jordan algebras,
Preprint (1982).

[2] Type I JB algebras, Quat. J. Math. Oxford 34 (1983), 7-19 .

[3] On compact action in JB-algebras,
Proc. Edingburgh Math. Soc. 26 (1983), 353-360.

[4] Theory and structure of dual J.B. algebras,
Math. Zeit.

C.H. CHU,

[2] On convexity theory and C^*-algebra, Proc. London Math. Soc. 31 (1975) 257-288.

[3] On the Radon-Nikodym property in Jordan algebras,
Glasgow Math. J.

P. CIVIN et B. YOOD,

[1] Lie and Jordan structures in Banach algebras,
Pac. J. Math. 15 (1965), 775-797.

C.V. COFFMAN et C.L. GROVER,

[1] Obtuse cones in Hilbert spaces and applications to partial differential equations,
J. Funct. Anal.35 (1980), 369-396.

J.R. FAULKNER,

[1] An apology for Jordan algebras in quantum theory,
Contemporary Math., 13 (1982), 317-320.

[2] Measurement systems and Jordan algebras,
J. Math. Phys. 23 (1982), 1617-1621.

Y. FRIEDMANN et B. RUSSO,

[3] Operator algebras without order: complete solution to the contractive projection problem,
Preprint (1983).

[4] Solution of the contractive projectum problem,
Preprint (1983).

[5] Conditional expectation without order,
Preprint (1983).

S.P. GUDDER,

[2] Representations of Baer *-semigroups and quantum logics in Hilbert space, in E. BELTRAMETTI and B.C. van FRASSEN Plenum Press (1981), 365-373.

R. HAAG,

[2] Mathematical structure of orthodox quantum theory and its relation to operationally definable physical principles. Lecture Notes in Phys. 153 (1982), 168-172.

U. HAAGERUP,

[4] Normal weights on W*algebras, J. Funct. Anal. 19 (1975), 302-317.

G. JANSSEN,

[6] Factor representations of type for non commutative J.B. and J.B.*algebras, Preprint (1983).

W. KAUP,

[3] Constructive projections on Jordan C*algebras and generalizations, Preprint (1983).

[4] Über die Klassifikation der symmetrischen hermetischen Mannigfaltigkeiten unendlicher Dimension, Math. Ann. 257 (1981), 463-486; 262 (1983), 57-75.

W.P.C. KING,

[1] Semi-finite traces on JBW algebras, Math. Proc. Cambridge Phil. Soc. 93 (1983), 503-509.

S.H. KULKARNI et B.V. LIMAYE,

[1] Gelfand-Naimark theorems for real Banach *algebras, Math. Japonica 25 (1980), 545-558.

J. MARTINEZ-MORENO,

[1] JV algebras, Math. Proc. Comb. Phil. Soc. 87 (1980), 47-50.

R. PAYA, J. PEREZ et A. RODRIGUEZ,

[2] Type I factor representations of non commutative JB^* algebras, Preprint (1982).

P.S. PUTTER et B. YOOD,

[1] Banach Jordan *-algebras, Proc. London Math. Soc. 41 (1980), 21-44.

A.G.ROBERTSON,

[2] Positive extensions of automorphism of spin factors, Proc. Royal Soc. Edingburgh 94 (1983), 72-77.

A. RODRIGUEZ PALACIOS,

[2] Non associative normed algebras spanned by hermitian elements, Prerpint (1983).

H.ROOS,

[1] A note on Jordan automorphisms, Preprint (1983).

L. SCHMITT,

[2] Characterization of $L^2(M)$, M_* and M_{**} for injective W*-algebras M, Preprint (1983).

S. SHIRALI

[1] On the Jordan structure of complex Banach *algebras, Pac. J. Math. 27 (1968), 357-404.

B. UPMEIER,

[4] Jordan algebras and harmonic analysis on symmetric spaces. Amer. J. Math.

[5] Toeplitz operators on bounded symmetric domains, Preprint (1983).

[6] Jordan algebras and operator theory: A survey, Semesterbericht Funktionalanalysis, Tübingen, Sommersemester (1982).

R. WERNER,

[1] The concept of embeddings in statistical mechanics, Dissertation, Universität Marburg/Lahn (1982).

W.J. WILBUR,

[1] On characterizing the standard quantum logics, Trans. Amer. Math. Soc. 233 (1977), 265-282.

INDEX TERMINOLOGIQUE

INDEX DES NOTATIONS

$\mathbb{N}$	: Nombres entiers
$\mathbb{Q}$	: Nombres rationnels
$\mathbb{R}$	: Nombres réels
$\mathbb{C}$	: Nombres complexes
$\mathbb{H}$	: Quaternions
$\mathbb{O}$	: Octonions (ou algèbre de CAYLEY)
H	: Espace de Hilbert (réel sauf spécification contraire)
$\dim H$	: Dimension de H
H^+	: Cône dans H
F	: Face de H^+
$\bar{A}$	: Fermeture de $A \subset H$
$L(H)$	: Opérateurs linéaires bornés sur H
$\{A\}'$	: Commutant de $A \subset L(H)$
$\{A\}_{s.a.}$	: Partie selfadjointe de $A \subset L(H)$
$[A,B]$	= $AB-BA$ pour $A, B \in L(H)$
s-lim	: Limite forte d'opérateurs
$\underline{\lim}$	: Limite inférieure
$\overline{\lim}$	: Limite supérieure
s.c.i.	: Semi-continuité inférieure
ν-p.p.	: ν-presque partout
M	: J.B. algèbre (Appendice 2)
M_1	: Boule unité de M
M^*	: Dual de M
M_*	: Prédual de la J.B.W.algèbre M
□	: Fin de la preuve

Vol. 900: P. Deligne, J. S. Milne, A. Ogus, and K.-Y. Shih, Hodge Cycles, Motives, and Shimura Varieties. V, 414 pages. 1982.

Vol. 901: Séminaire Bourbaki vol. 1980/81 Exposés 561–578. III, 299 pages. 1981.

Vol. 902: F. Dumortier, P.R. Rodrigues, and R. Roussarie, Germs of Diffeomorphisms in the Plane. IV, 197 pages. 1981.

Vol. 903: Representations of Algebras. Proceedings, 1980. Edited by M. Auslander and E. Lluis. XV, 371 pages. 1981.

Vol. 904: K. Donner, Extension of Positive Operators and Korovkin Theorems. XII, 182 pages. 1982.

Vol. 905: Differential Geometric Methods in Mathematical Physics. Proceedings, 1980. Edited by H.-D. Doebner, S.J. Andersson, and H.R. Petry. VI, 309 pages. 1982.

Vol. 906: Séminaire de Théorie du Potentiel, Paris, No. 6. Proceedings. Edité par F. Hirsch et G. Mokobodzki. IV, 328 pages. 1982.

Vol. 907: P. Schenzel, Dualisierende Komplexe in der lokalen Algebra und Buchsbaum-Ringe. VII, 161 Seiten. 1982.

Vol. 908: Harmonic Analysis. Proceedings, 1981. Edited by F. Ricci and G. Weiss. V, 325 pages. 1982.

Vol. 909: Numerical Analysis. Proceedings, 1981. Edited by J.P. Hennart. VII, 247 pages. 1982.

Vol. 910: S.S. Abhyankar, Weighted Expansions for Canonical Desingularization. VII, 236 pages. 1982.

Vol. 911: O.G. Jørsboe, L. Mejlbro, The Carleson-Hunt Theorem on Fourier Series. IV, 123 pages. 1982.

Vol. 912: Numerical Analysis. Proceedings, 1981. Edited by G. A. Watson. XIII, 245 pages. 1982.

Vol. 913: O. Tammi, Extremum Problems for Bounded Univalent Functions II. VI, 168 pages. 1982.

Vol. 914: M. L. Warshauer, The Witt Group of Degree k Maps and Asymmetric Inner Product Spaces. IV, 269 pages. 1982.

Vol. 915: Categorical Aspects of Topology and Analysis. Proceedings, 1981. Edited by B. Banaschewski. XI, 385 pages. 1982.

Vol. 916: K.-U. Grusa, Zweidimensionale, interpolierende Lg-Splines und ihre Anwendungen. VIII, 238 Seiten. 1982.

Vol. 917: Brauer Groups in Ring Theory and Algebraic Geometry. Proceedings, 1981. Edited by F. van Oystaeyen and A. Verschoren. VIII, 300 pages. 1982.

Vol. 918: Z. Semadeni, Schauder Bases in Banach Spaces of Continuous Functions. V, 136 pages. 1982.

Vol. 919: Séminaire Pierre Lelong – Henri Skoda (Analyse) Années 1980/81 et Colloque de Wimereux, Mai 1981. Proceedings. Edité par P. Lelong et H. Skoda. VII, 383 pages. 1982.

Vol. 920: Séminaire de Probabilités XVI, 1980/81. Proceedings. Edité par J. Azéma et M. Yor. V, 622 pages. 1982.

Vol. 921: Séminaire de Probabilités XVI, 1980/81. Supplément: Géométrie Différentielle Stochastique. Proceedings. Edité par J. Azéma et M. Yor. III, 285 pages. 1982.

Vol. 922: B. Dacorogna, Weak Continuity and Weak Lower Semicontinuity of Non-Linear Functionals. V, 120 pages. 1982.

Vol. 923: Functional Analysis in Markov Processes. Proceedings, 1981. Edited by M. Fukushima. V, 307 pages. 1982.

Vol. 924: Séminaire d'Algèbre Paul Dubreil et Marie-Paule Malliavin. Proceedings, 1981. Edité par M.-P. Malliavin. V, 461 pages. 1982.

Vol. 925: The Riemann Problem, Complete Integrability and Arithmetic Applications. Proceedings, 1979-1980. Edited by D. Chudnovsky and G. Chudnovsky. VI, 373 pages. 1982.

Vol. 926: Geometric Techniques in Gauge Theories. Proceedings, 1981. Edited by R. Martini and E.M.de Jager. IX, 219 pages. 1982.

Vol. 927: Y. Z. Flicker, The Trace Formula and Base Change for GL (3). XII, 204 pages. 1982.

Vol. 928: Probability Measures on Groups. Proceedings 1981. Edited by H. Heyer. X, 477 pages. 1982.

Vol. 929: Ecole d'Eté de Probabilités de Saint-Flour X – 1980. Proceedings, 1980. Edited by P.L. Hennequin. X, 313 pages. 1982.

Vol. 930: P. Berthelot, L. Breen, et W. Messing, Théorie de Dieudonné Cristalline II. XI, 261 pages. 1982.

Vol. 931: D.M. Arnold, Finite Rank Torsion Free Abelian Groups and Rings. VII, 191 pages. 1982.

Vol. 932: Analytic Theory of Continued Fractions. Proceedings, 1981. Edited by W.B. Jones, W.J. Thron, and H. Waadeland. VI, 240 pages. 1982.

Vol. 933: Lie Algebras and Related Topics. Proceedings, 1981. Edited by D. Winter. VI, 236 pages. 1982.

Vol. 934: M. Sakai, Quadrature Domains. IV, 133 pages. 1982.

Vol. 935: R. Sot, Simple Morphisms in Algebraic Geometry. IV, 146 pages. 1982.

Vol. 936: S.M. Khaleelulla, Counterexamples in Topological Vector Spaces. XXI, 179 pages. 1982.

Vol. 937: E. Combet, Intégrales Exponentielles. VIII, 114 pages. 1982.

Vol. 938: Number Theory. Proceedings, 1981. Edited by K. Alladi. IX, 177 pages. 1982.

Vol. 939: Martingale Theory in Harmonic Analysis and Banach Spaces. Proceedings, 1981. Edited by J.-A. Chao and W.A. Woyczyński. VIII, 225 pages. 1982.

Vol. 940: S. Shelah, Proper Forcing. XXIX, 496 pages. 1982.

Vol. 941: A. Legrand, Homotopie des Espaces de Sections. VII, 132 pages. 1982.

Vol. 942: Theory and Applications of Singular Perturbations. Proceedings, 1981. Edited by W. Eckhaus and E.M. de Jager. V, 363 pages. 1982.

Vol. 943: V. Ancona, G. Tomassini, Modifications Analytiques. IV, 120 pages. 1982.

Vol. 944: Representations of Algebras. Workshop Proceedings, 1980. Edited by M. Auslander and E. Lluis. V, 258 pages. 1982.

Vol. 945: Measure Theory. Oberwolfach 1981, Proceedings. Edited by D. Kölzow and D. Maharam-Stone. XV, 431 pages. 1982.

Vol. 946: N. Spaltenstein, Classes Unipotentes et Sous-groupes de Borel. IX, 259 pages. 1982.

Vol. 947: Algebraic Threefolds. Proceedings, 1981. Edited by A. Conte. VII, 315 pages. 1982.

Vol. 948: Functional Analysis. Proceedings, 1981. Edited by D. Butković, H. Kraljević, and S. Kurepa. X, 239 pages. 1982.

Vol. 949: Harmonic Maps. Proceedings, 1980. Edited by R.J. Knill, M. Kalka and H.C.J. Sealey. V, 158 pages. 1982.

Vol. 950: Complex Analysis. Proceedings, 1980. Edited by J. Eells. IV, 428 pages. 1982.

Vol. 951: Advances in Non-Commutative Ring Theory. Proceedings, 1981. Edited by P.J. Fleury. V, 142 pages. 1982.

Vol. 952: Combinatorial Mathematics IX. Proceedings, 1981. Edited by E. Billington, S. Oates-Williams, and A.P. Street. XI, 443 pages. 1982.

Vol. 953: Iterative Solution of Nonlinear Systems of Equations. Proceedings, 1982. Edited by R. Ansorge, Th. Meis, and W. Törnig. VII, 202 pages. 1982.

Vol. 954: S.G. Pandit, S.G. Deo, Differential Systems Involving Impulses. VII, 102 pages. 1982.

Vol. 955: G. Gierz, Bundles of Topological Vector Spaces and Their Duality. IV, 296 pages. 1982.

Vol. 956: Group Actions and Vector Fields. Proceedings, 1981. Edited by J.B. Carrell. V, 144 pages. 1982.

Vol. 957: Differential Equations. Proceedings, 1981. Edited by D.G. de Figueiredo. VIII, 301 pages. 1982.

Vol. 958: F.R. Beyl, J. Tappe, Group Extensions, Representations, and the Schur Multiplicator. IV, 278 pages. 1982.

Vol. 959: Géométrie Algébrique Réelle et Formes Quadratiques, Proceedings, 1981. Edité par J.-L. Colliot-Thélène, M. Coste, L. Mahé, et M.-F. Roy. X, 458 pages. 1982.

Vol. 960: Multigrid Methods. Proceedings, 1981. Edited by W. Hackbusch and U. Trottenberg. VII, 652 pages. 1982.

Vol. 961: Algebraic Geometry. Proceedings, 1981. Edited by J.M. Aroca, R. Buchweitz, M. Giusti, and M. Merle. X, 500 pages. 1982.

Vol. 962: Category Theory. Proceedings, 1981. Edited by K.H. Kamps, D. Pumplün, and W. Tholen, XV, 322 pages. 1982.

Vol. 963: R. Nottrot, Optimal Processes on Manifolds. VI, 124 pages. 1982.

Vol. 964: Ordinary and Partial Differential Equations. Proceedings, 1982. Edited by W.N. Everitt and B.D. Sleeman. XVIII, 726 pages. 1982.

Vol. 965: Topics in Numerical Analysis. Proceedings, 1981. Edited by P.R. Turner. IX, 202 pages. 1982.

Vol. 966: Algebraic K-Theory. Proceedings, 1980, Part I. Edited by R.K. Dennis. VIII, 407 pages. 1982.

Vol. 967: Algebraic K-Theory. Proceedings, 1980. Part II. VIII, 409 pages. 1982.

Vol. 968: Numerical Integration of Differential Equations and Large Linear Systems. Proceedings, 1980. Edited by J. Hinze. VI, 412 pages. 1982.

Vol. 969: Combinatorial Theory. Proceedings, 1982. Edited by D. Jungnickel and K. Vedder. V, 326 pages. 1982.

Vol. 970: Twistor Geometry and Non-Linear Systems. Proceedings, 1980. Edited by H.-D. Doebner and T.D. Palev. V, 216 pages. 1982.

Vol. 971: Kleinian Groups and Related Topics. Proceedings, 1981. Edited by D.M. Gallo and R.M. Porter. V, 117 pages. 1983.

Vol. 972: Nonlinear Filtering and Stochastic Control. Proceedings, 1981. Edited by S.K. Mitter and A. Moro. VIII, 297 pages. 1983.

Vol. 973: Matrix Pencils. Proceedings, 1982. Edited by B. Kågström and A. Ruhe. XI, 293 pages. 1983.

Vol. 974: A. Draux, Polynômes Orthogonaux Formels – Applications. VI, 625 pages. 1983.

Vol. 975: Radical Banach Algebras and Automatic Continuity. Proceedings, 1981. Edited by J.M. Bachar, W.G. Bade, P.C. Curtis Jr., H.G. Dales and M.P. Thomas. VIII, 470 pages. 1983.

Vol. 976: X. Fernique, P.W. Millar, D.W. Stroock, M. Weber, Ecole d'Eté de Probabilités de Saint-Flour XI – 1981. Edited by P.L. Hennequin. XI, 465 pages. 1983.

Vol. 977: T. Parthasarathy, On Global Univalence Theorems. VIII, 106 pages. 1983.

Vol. 978: J. Ławrynowicz, J. Krzyż, Quasiconformal Mappings in the Plane. VI, 177 pages. 1983.

Vol. 979: Mathematical Theories of Optimization. Proceedings, 1981. Edited by J.P. Cecconi and T. Zolezzi. V, 268 pages. 1983.

Vol. 980: L. Breen. Fonctions thêta et théorème du cube. XIII, 115 pages. 1983.

Vol. 981: Value Distribution Theory. Proceedings, 1981. Edited by I. Laine and S. Rickman. VIII, 245 pages. 1983.

Vol. 982: Stability Problems for Stochastic Models. Proceedings, 1982. Edited by V.V. Kalashnikov and V.M. Zolotarev. XVII, 295 pages. 1983.

Vol. 983: Nonstandard Analysis-Recent Developments. Edited by A.E. Hurd. V, 213 pages. 1983.

Vol. 984: A. Bove, J.E. Lewis, C. Parenti, Propagation of Singularities for Fuchsian Operators. IV, 161 pages. 1983.

Vol. 985: Asymptotic Analysis II. Edited by F. Verhulst. VI, 497 pages. 1983.

Vol. 986: Séminaire de Probabilités XVII 1981/82. Proceedings. Edited by J. Azéma and M. Yor. V, 512 pages. 1983.

Vol. 987: C.J. Bushnell, A. Fröhlich, Gauss Sums and p-adic Division Algebras. XI, 187 pages. 1983.

Vol. 988: J. Schwermer, Kohomologie arithmetisch definierter Gruppen und Eisensteinreihen. III, 170 pages. 1983.

Vol. 989: A.B. Mingarelli, Volterra-Stieltjes Integral Equations and Generalized Ordinary Differential Expressions. XIV, 318 pages. 1983.

Vol. 990: Probability in Banach Spaces IV. Proceedings, 1982. Edited by A. Beck and K. Jacobs. V, 234 pages. 1983.

Vol. 991: Banach Space Theory and its Applications. Proceedings, 1981. Edited by A. Pietsch, N. Popa and I. Singer. X, 302 pages. 1983.

Vol. 992: Harmonic Analysis, Proceedings, 1982. Edited by G. Mauceri, F. Ricci and G. Weiss. X, 449 pages. 1983.

Vol. 993: R.D. Bourgin, Geometric Aspects of Convex Sets with the Radon-Nikodým Property. XII, 474 pages. 1983.

Vol. 994: J.-L. Journé, Calderón-Zygmund Operators, Pseudo-Differential Operators and the Cauchy Integral of Calderón. VI, 129 pages. 1983.

Vol. 995: Banach Spaces, Harmonic Analysis, and Probability Theory. Proceedings, 1980–1981. Edited by R.C. Blei and S.J. Sidney. V, 173 pages. 1983.

Vol. 996: Invariant Theory. Proceedings, 1982. Edited by F. Gherardelli. V, 159 pages. 1983.

Vol. 997: Algebraic Geometry – Open Problems. Edited by C. Ciliberto, F. Ghione and F. Orecchia. VIII, 411 pages. 1983.

Vol. 998: Recent Developments in the Algebraic, Analytical, and Topological Theory of Semigroups. Proceedings, 1981. Edited by K.H. Hofmann, H. Jürgensen and H.J. Weinert. VI, 486 pages. 1983.

Vol. 999: C. Preston, Iterates of Maps on an Interval. VII, 205 pages. 1983.

Vol. 1000: H. Hopf, Differential Geometry in the Large, VII, 184 pages. 1983.

Vol. 1001: D.A. Hejhal, The Selberg Trace Formula for PSL(2, ℝ). Volume 2. VIII, 806 pages. 1983.

Vol. 1002: A. Edrei, E.B. Saff, R.S. Varga, Zeros of Sections of Power Series. VIII, 115 pages. 1983.

Vol. 1003: J. Schmets, Spaces of Vector-Valued Continuous Functions. VI, 117 pages. 1983.

Vol. 1004: Universal Algebra and Lattice Theory. Proceedings, 1982. Edited by R.S. Freese and O.C. Garcia. VI, 308 pages. 1983.

Vol. 1005: Numerical Methods. Proceedings, 1982. Edited by V. Pereyra and A. Reinoza. V, 296 pages. 1983.

Vol. 1006: Abelian Group Theory. Proceedings, 1982/83. Edited by R. Göbel, L. Lady and A. Mader. XVI, 771 pages. 1983.

Vol. 1007: Geometric Dynamics. Proceedings, 1981. Edited by J. Palis Jr. IX, 827 pages. 1983.

Vol. 1008: Algebraic Geometry. Proceedings, 1981. Edited by J. Dolgachev. V, 138 pages. 1983.

Vol. 1009: T.A. Chapman, Controlled Simple Homotopy Theory and Applications. III, 94 pages. 1983.

Vol. 1010: J.-E. Dies, Chaînes de Markov sur les permutations. IX, 226 pages. 1983.